轧制工艺学

宋仁伯　编著

北京
冶金工业出版社
2014

内 容 提 要

本书根据“卓越工程师教育培养计划”的教学要求和专业特点，在阐明轧制工艺理论的基础上，既介绍工程应用技术，也介绍应用实例及发展前景。全书共6章，主要内容包括轧钢工艺概述、钢坯生产、型钢生产、型钢孔型设计、板带钢生产和钢管生产；侧重于基本概念、基本原理、典型生产工艺及设备的讲解；同时介绍不同钢材品种的轧制方法、生产工艺、质量控制技术的相关案例。

本书可作为“卓越工程师教育培养计划”中材料科学与工程专业（材料成型及控制工程方向）或相关专业的教材，也可供从事金属材料研究、生产和使用的科研人员和工程技术人员参考。

图书在版编目(CIP)数据

轧制工艺学/宋仁伯编著.—北京：冶金工业出版社，2014.4

卓越工程师教育培养计划配套教材

ISBN 978-7-5024-6506-3

Ⅰ.①轧…　Ⅱ.①宋…　Ⅲ.①轧制—教材　Ⅳ.①TG33

中国版本图书馆 CIP 数据核字(2014)第 055783 号

出 版 人　谭学余

地　　址　北京北河沿大街嵩祝院北巷 39 号，邮编 100009

电　　话　(010)64027926　电子信箱　yjcbs@cnmip.com.cn

责任编辑　谢冠伦　李维科　美术编辑　吕欣童　版式设计　孙跃红

责任校对　王永欣　责任印制　牛晓波

ISBN 978-7-5024-6506-3

冶金工业出版社出版发行；各地新华书店经销；北京慧美印刷有限公司印刷

2014 年 4 月第 1 版，2014 年 4 月第 1 次印刷

169mm×239mm；19.5 印张；426 千字；302 页

39.00 元

冶金工业出版社投稿电话：(010)64027932　投稿信箱：tougao@cnmip.com.cn

冶金工业出版社发行部　电话：(010)64044283　传真：(010)64027893

冶金书店　地址：北京东四西大街 46 号(100010)　电话：(010)65289081(兼传真)

前　言

“卓越工程师教育培养计划”的本科教学要求是：“厚学科基础、宽专业领域、重创新实践、强工程训练、懂经营管理”，有别于普通本科的要求。其中材料科学与工程专业（材料成型及控制工程方向）本科学生的培养，更强调专业知识的实践性、应用性和技术性，对于实际的工程技术和应用能力的要求更加迫切。与此相应，就需要编写符合材料科学与工程专业“卓越工程师”人才特点，符合“卓越工程师教育培养计划”课程设置，突出高级应用技术型人才培养特色，具有灵活性、实践性和前瞻性的特色教材。

轧制工艺作为材料科学与工程专业的重要研究领域，迫切需要一本基础理论系统、内容翔实、反映轧制技术发展趋势的新教材。本书在分析现有专业教材的基础上，根据“卓越工程师教育培养计划”教学要求和专业特点，在编写内容上力求突出应用性和针对性，以培养学生分析、解决问题的能力及工程实践能力，力求体现以下特色：

(1)“专业”特色。针对培养钢铁工业高级应用型技术人才关于知识积累的要求，内容在选取上有的放矢，重点放在轧制工艺的设计、控制及应用上，同时对轧制工艺设计理论、轧制设备布置原则等内容也进行了必要的介绍。

(2)“产品”特色。本书用典型钢铁产品生产及研发案例将轧制工艺及技术、轧制产品质量控制原理及手段引出、讲解，进而细化，通过典型轧制产品及工艺引入工程应用背景和工程知识，以求达到良好的教学效果。

(3)“应用”特色。有关基础理论的内容以必需、够用为度，以掌握概念、强化应用为重点，简化了繁杂的理论分析及公式推演过程，以缓解日益缩减的理论学时与不断扩充的新知识、新内容之间的矛盾。通过典型轧制工艺案例，将轧制理论、钢铁材料、轧钢机械、工艺设计等知识点以工程应用为纽带结合在一起，为培养学生正确的思维方法打下基础。

本书承蒙北京科技大学刘雅政教授、孙建林教授、赵志毅教授和辽宁科技大学李胜利教授对书稿进行审阅，在此向他们表示衷心的感谢！

由于作者水平所限，书中不妥之处，诚请广大读者批评指正。

宋仁伯

2013年12月

目　录

1 轧钢工艺概述

【本章概要】

本章首先介绍了轧钢生产工艺基本概念，其中包括钢材的品种和用途，轧钢生产系统，轧钢生产工艺过程及其制定，轧钢生产各基本工序的作用；并简要叙述了现代轧钢生产现状及技术发展；最后对钢材产品标准和技术要求进行了阐述。

【关 键 词】

型钢，板带钢，钢管，线材，轧钢生产系统，轧钢生产工艺过程，塑性，变形抗力，导热系数，摩擦系数，相图，淬硬性，缺陷，加热温度，加热速度，加热时间，轧制，变形程度，变形温度，变形速度，冷却，精整，力学性能，组织，技术要求，产品标准

【章节重点】

本章应重点掌握轧钢生产工艺过程的主要工序及其作用，在此基础上熟悉轧制工艺参数制定的依据和原则；了解轧钢生产工艺、技术及产品的现状及发展趋势；掌握合格钢材的验收标准及技术条件。

1.1 轧钢生产工艺基本概念

1.1.1 钢材的品种和用途

轧制钢材的断面形状和尺寸总称为钢材的品种规格。目前，以轧制方法生产的钢材品种规格已达数万种。根据钢材形状特征之不同，可分为板带钢、钢管、型钢和线材等数类。

型钢和线材是广泛使用的钢材，在工业先进的国家中一般占总钢材30%～50%。型钢的品种很多，按其用途可分为常用型钢（方钢、圆钢、扁钢、角钢、槽钢、工字钢等）及专用型钢（钢轨、钢桩、球扁钢、窗框钢等）。按其断面形状可分为简单断面型钢、复杂断面型钢和异型断面型钢。

板带钢是应用最广泛的钢材，各工业先进国家多占50%～60%以上，美国达66%以上，按制造方法可分为热轧板带和冷轧板带；按用途可分为锅炉板、桥梁板、造船板、汽车板、镀锡板、电工钢板等；按产品厚度一般分为：（1）厚板：厚4～

500mm 或以上，宽至 5000mm，长 25m 以上，一般成块供应。(2) 薄板：厚 0.2 ~ 4mm，宽至 2800mm，可剪成定尺长度，也可成卷供应。(3) 箔材：厚 0.2 ~ 0.001mm 或以下，宽 20 ~ 660mm，一般成卷供应。各种钢板宽度及厚度的组合已超过 5000 种，宽度对厚度的比值达 10000 以上。异型断面钢板、变断面钢板等新型产品正不断出现。板带钢不仅作为成品钢材使用，而且也常用作制造弯曲型钢、焊接型钢和焊接钢管等的原料。

钢管用途也很广，一般约占总钢材的 8% ~15%。它的规格用外形尺寸（外径或边长）和内径及壁厚表示。它的断面一般为圆形，但也有多种异型钢管及变断面钢管。按用途分为输送管道用钢管、锅炉管、地质钻探管、轴承钢管、注射针管等；按制造方法分为无缝钢管、焊接钢管及冷轧拔管等。各种钢管的规格按直径与壁厚组合也非常多，其外径最小可达 0.1mm，最大可至 4m，壁厚薄达 0.01mm，厚至 100mm。随着科学技术的不断发展，新的钢管品种也在不断增多。

用轧制方法生产钢材，生产效率高、质量好、金属消耗少及生产成本低。随着轧制钢材产量的不断提高，钢材品种必将日益扩大。

以下为现今比较常见的钢材品种及其用途：

(1) 大型型钢。大型型钢是指高度不小于 80mm 的 H 型钢、I 型钢（工字钢）、U 型钢（槽钢）、角钢、Z 字钢、丁字钢、T 型钢、钢板桩等。

(2) 中小型型钢。中小型型钢是指高度小于 80mm 的 H 型钢、I 型钢（工字钢）、U 型钢（槽钢）、角钢、T 型钢以及球扁钢、窗框钢等。

(3) 棒材。棒材是指产品断面形状为圆形、方形、矩形（包括扁形）、六角形、八角形等简单断面，并通常以直条交货的钢材，不包括混凝土用钢筋。

(4) 钢筋。钢筋是指钢筋混凝土用和预应力钢筋混凝土用钢材，例如：按照 GB1499、GB4463、GB13013、GB13014、GB13788 等标准组织生产的钢材。其横截面为圆形，有时为带有圆角的方形；包括光圆钢筋、带肋钢筋、扭转钢筋；通常以直条交货，不包括线材轧机生产的钢材。

(5) 线材（盘条）。线材是指经线材轧机热轧后卷成盘状交货的钢材，又称盘条。其横截面通常为圆形、椭圆形、方形、矩形、六角形、八角形、半圆形等。碳含量在 0.6% 以上的线材俗称硬线，在 0.6% 以下的俗称软线。线材主要用于建筑和拉制钢丝及其制品。热轧线材直接使用时多用于建筑业，充当光圆钢筋。

(6) 特厚板。特厚板是指厚度不小于 50mm 的钢板，一般用可逆式热轧特厚板轧机生产，主要用于锅炉、造船、航空、军工国防、建筑、桥梁及容器等。

(7) 厚板。厚板是指厚度大于 20mm 而小于 50mm 的钢板，一般用可逆式热轧中厚板轧机生产，主要用于锅炉、造船、航空、军工国防、建筑、桥梁及容器等。

(8) 中板。中板是指厚度大于 3mm 而小于 20mm 的钢板，可以是可逆式热轧中厚板轧机生产的，也可以是连续式宽带钢热轧机所生产的热轧带钢的剪切产品，其薄规格产品还可以经过冷轧机的加工。中板主要用于锅炉、造船、火车车厢、汽车、集装箱、军工国防、建筑、桥梁及容器等。

(9) 热轧薄板。热轧薄板通常用连续式宽带钢热轧机、炉卷轧机、薄板坯连铸连轧设备生产的热轧宽带钢经过剪切得到。单张生产或叠轧生产的热轧薄板生产工艺属于淘汰工艺。

(10) 冷轧薄板。冷轧薄板可以用可逆式冷轧机单张轧制，也可以用可逆式冷轧机或连续式宽带钢冷轧机生产的冷轧宽带钢经过剪切得到。

(11) 镀层板（带）。镀层板（带）是指在基体板（带）的表面镀有一层金属的钢材。

镀锌板是指表面镀有一层锌的钢板。镀锌是一种经常采用的经济而有效的钢板防腐方法。镀锌板按生产工艺分为热镀锌板和电镀锌板。热镀锌板的镀层较厚，用于抗蚀性强的部件。电镀锌板的镀层较薄且均匀，多用于涂漆或室内用品。

镀锡板，俗称马口铁，是指表面镀有一薄层金属锡的钢板。其具有良好的抗腐蚀性能，有一定的强度和硬度，成型性好又易焊接，锡层无毒无味，能防止铁溶进被包装物，且表面光亮，印制图画可以美化商品；主要用于食品罐头工业，还可用于化工油漆、油类、医药等包装材料。镀锡板按生产工艺分为热镀锡板和电镀锡板。

(12) 涂层板（带）。涂层板（带）是指以镀锌板、镀铝板、镀锌铝合金板、冷轧板等作为基体材料，表面涂上一层或两层有机涂料（如环氧酯、聚酯、丙烯酸酯、塑料溶胶等）或者覆上一层塑料薄膜而得到的产品。由于可以制成不同的颜色或压出花纹，也称为彩色钢板。这种钢板广泛用于建筑、交通运输、容器、轻工、电器、家具及仪表等。

(13) 无缝钢管。无缝钢管是指由整块金属制成的、表面没有接缝的钢管，按生产方法可分为热轧管、冷轧管、冷拔管、挤压管和旋压管，按断面形状可分为圆形和异形两种。无缝钢管的最大直径可达650mm（扩径管），最小直径为0.3mm（毛细管）。按壁厚不同又可分为厚壁管和薄壁管。无缝钢管主要用作石油地质勘探管、石油化工用裂化管、锅炉管、轴承管以及汽车、航空用高精度结构钢管等。

(14) 焊接钢管。焊接钢管是指用钢带或钢板弯曲变形为圆形、方形等预期形状后再焊接成的、表面有接缝的钢管，按焊接方法不同可分为电弧焊管、高频或低频电阻焊管、气焊管、炉焊管、邦迪管等，按焊缝形状可分为直缝焊管和螺旋焊管。电焊钢管主要用于石油钻采和机械制造业等；炉焊管可用作水煤气管等，大口径直缝焊管用于高压油气输送等；螺旋焊管用于油气输送、管桩和桥墩等。焊接钢管与无缝钢管相比成本低、生产效率高。

(15) 其他钢材。

1) 冷弯型钢。冷弯型钢是指用钢板或钢带在冷状态下弯曲成的、各种断面形状的成品钢材。除能弯曲成一般的角钢、Z字钢和槽钢之外，还能弯曲成很多种用热轧法不能获得的型材。冷弯型钢主要用于金属结构、金属家具、运输机械、农业机械以及管道等。

2) 复合钢板。复合钢板是以碳素钢或低合金钢作为母材，在其外面包覆不锈钢、钛合金之类的复合材料，或在两层钢材之间夹有其他金属或非金属材料，经压力或爆破加工而成的复层钢板。其主要用于制作化工设备及化学品储罐，或者获得减震等特殊功能。复合钢板的制造方法有轧制法、爆炸法等，但大多采用轧制法。

3）减振复合钢板。减振复合钢板是把钢板与减振性能优异的黏弹性物质（如树脂）复合（粘贴或涂覆）而成的一种结构型功能材料。它有效地把金属材料和黏弹性物质的特性结合起来，从而使产品具有优异的减振降噪功能。其应用领域涵盖汽车、家电、建筑和工程机械等行业。

1.1.2 轧钢生产系统

由于世界连铸技术的飞速发展，目前其已取代模铸钢锭技术。采用钢水直接通过连铸形成一定断面形状和规格的钢坯，省去了铸锭、初轧等许多工序，大大简化了钢材生产工艺过程。连铸坯生产会在第2章中详细叙述。连铸的优点主要有节约金属、提高成材率、节约燃料消耗、降低生产成本、改善劳动条件、提高劳动生产率及改善枝晶偏析、提高钢材质量等。

一般在组织生产时，根据原料来源、产品种类以及生产规模之不同，将连续铸钢装置与各种成品轧机配套设置，组成各种轧钢生产系统。例如，按生产规模分为大型、中型及小型的生产系统；按产品种类分为板带钢、型钢、钢管以及混合生产系统。每一种生产系统的车间组成、轧机配置及生产工艺过程又是千差万别的。因此，在这里只举几种较为典型的例子，大致说明一般钢材的生产过程及生产系统的特点。

(1) 板带钢生产系统。近代板带钢生产系统由于广泛采用了连续轧制方法，生产规模越来越大。例如，一套现代化的宽带钢热连轧机年产量达300万~600万吨；一套宽厚板轧机年产约100万~200万吨。

(2) 型钢生产系统。型钢生产系统的规模往往并不是很大，就其本身规模而言又可分为大型、中型和小型三种生产系统。一般年产100万吨以上的可称为大型的系统，年产30万~100万吨的可称为中型的系统，年产30万吨以下的可称为小型的系统。

(3) 钢管生产系统。钢管生产系统通常指生产各类无缝钢管的轧钢生产系统。虽然无缝钢管在热轧材中的比例不大，但无缝钢管具有广泛的用途，对管坯的质量要求又比较高，故这种单一型的轧钢生产系统已逐步成为钢管生产的发展方向，并且正在朝着冶炼、铸造（或连铸）、轧制、管端加工一体化的方向发展。一套现代化的热轧无缝钢管车间年产量可达60万吨以上。

(4) 混合生产系统。若钢铁企业中可同时生产板带钢、型钢或钢管，这类轧钢系统称为混合系统。无论在大型、中型或小型的企业中，混合系统都比较多，其优点是可以满足多品种的需要。但单一的生产系统有利于产量和质量的提高。

(5) 合金钢生产系统。由于合金钢的用途、钢种特性及生产工艺都比较特殊，材料也比较稀少昂贵，产量不大而产品种类繁多，故它常属中型或小型的型钢生产系统或混合生产系统。由于有些合金钢塑性较低，故开坯设备除轧机以外，有时还采用锻锤。

现代化的轧钢生产系统向着大型化、连续化、自动化的方向发展，原料断面及重量日益增加，生产规模日益加大。但应指出，近年来大型化的趋向已日渐消退，而投资省、收效快、生产灵活且经济效果好的中小型钢厂在不少国家（如美国及很多发展中国家）却有了较快的发展。

1.1.3 轧钢生产工艺过程及其制定

将钢锭或钢坯轧成具有一定规格和性能的钢材这一系列加工工序的组合被称为轧钢生产工艺过程。

组织轧钢生产工艺过程首先是为了获得合格的（即合乎质量要求或技术要求的）产品，也就是说，保证产品质量是轧钢生产工作中的一个主要目标。因此，拟定某种产品的生产工艺过程，就必须以该产品的质量要求或技术要求作为主要依据。

组织轧钢生产工艺过程的另一项任务是，在保证产品质量的基础上努力提高产量。这一任务的完成不仅取决于生产工艺过程的合理性，而且取决于时间和设备的充分利用程度。此外，在提供好的质量和产量的同时，还应该力求降低成本。因此，如何能够优质、高产、低成本地生产出合乎技术要求的钢材，乃是制定轧钢生产工艺过程的总任务和总依据。

在了解钢材技术要求的同时，我们还必须充分了解各种钢的内在特性，尤其是加工工艺特性及组织性能变化特性，即该钢种的固有内在规律；然后，利用这些规律，才能正确地制定生产工艺过程并采用有效的工艺手段，达到生产合乎技术要求的产品的目标。

为了正确制定钢材的生产工艺过程和规程，必须深入了解所轧钢材的钢种特性，即其固有的内在规律。下面分述与生产工艺过程和规程相关的钢种特性：

（1）塑性。纯金属和固溶体有较高的塑性，单相组织比多相组织的塑性要好，而杂质元素和合金元素越多或相数越多，尤其是有化合物存在时，一般都会使塑性降低（稀土元素例外），尤其是硫、磷、铜和铅锑等易熔金属更是如此。因此，一般纯铁和低碳钢的塑性最好，碳含量越高，塑性越差；低合金钢的塑性也较好，高合金钢一般塑性较差。钢的塑性，一方面取决于金属的本性，这主要是与组织结构中变形的均匀程度，即与组织中相的分布、晶界杂质的形态与分布等有关，同时也与钢的再结晶温度有关，再结晶开始温度高、速度慢，往往表现出塑性差。另一方面，塑性还与变形条件，即与变形温度、变形速度、变形程度及应力状态有关，其中变形温度影响较大，故必须了解塑性与温度的变化规律，掌握适宜的热加工温度范围。此外，在较低的变形速度下轧制，或采用三向压应力较强的变形过程，如采用限制宽展或包套轧制等，都有利于金属塑性的改善。

（2）变形抗力。一般地说，随着碳含量及合金含量的增加，钢的变形抗力将提高。由加工原理可知，凡能引起晶格畸变的因素都使抗力增大。合金元素尤其是碳、硅等元素的增加使铁素体强化。合金元素尤其是稳定碳化物形成元素，在钢中一般都能使奥氏体晶粒细化，使钢具有较高的强度。合金元素还通过影响钢的熔点和再结晶温度与速度，通过相的组成及化合物的形成，以及通过影响表面氧化铁皮的特性等来影响变形抗力。在这里还要指出，在高温时由于合金钢一般熔点都较低，因而合金钢变形抗力可能大为降低，例如，高碳钢、硅钢等在高温时甚至比低碳钢还要软。

（3）导热系数。随着钢中合金元素和杂质含量的增多，导热系数毫无例外地都要降低。碳素钢的导热系数一般在 13.7 ~ 43.6W/(m·K) 之间，随着合金元素的增多，导热系数将降低。钢的导热系数还随温度而变化，一般是随着温度升高而增大，但碳钢在大约800℃以下是随温度升高而降低。铸造组织比经轧制加工的组织的导热系数要小，故在低温阶段，尤其是对钢坯铸造组织进行加热和冷却时，应该特别小心谨慎。

合金钢的导热系数越低，则在钢锭凝固时冷却越缓慢，因而使树枝状结晶（枝晶）越发达和粗大，甚至横穿整个钢坯，这种组织称为柱状晶或横晶。这种柱状晶组织可能本身并不十分有害，但由于不均匀偏析较严重，当有非金属夹杂或有脆性组织成分存在时，则使塑性降低，轧制时容易开裂。因而在制订加热和轧制规程时必须加以注意。

（4）摩擦系数。合金钢的热轧摩擦系数一般都比较大，因而宽展也较大。各种钢的摩擦系数的修正系数见表 1 - 1。由该表可见，很多合金钢的摩擦系数要比碳素钢大，因而其宽展也大。这主要是因为这些合金钢中大都含有铬、铝、硅等元素。铬含量高的钢形成黏团性的氧化铁皮，使摩擦系数增加，宽展加大；含少量铬的钢则具有中等的宽展。同样，含铝、硅的钢的氧化铁皮也较软而黏，因而摩擦系数也较大。但与此相反，含钒、镍和高硫的钢则使摩擦系数降低。合金钢的摩擦系数和宽展的这种变化，在拟订生产工艺过程和制订压下规程及孔型设计时必须加以考虑。

表 1 - 1　各种钢的摩擦系数的修正系数

钢　种	钢　号	对摩擦系数的修正系数
碳素钢	10	1.0
莱氏体钢	W18Cr4V	1.1
珠光体、马氏体钢	GCr15	1.24 ~ 1.35
奥氏体钢	Cr14Ni14W2MoTi	1.36 ~ 1.52
奥氏体钢（含少量铁素体）	1Cr18Ni9Ti	1.44 ~ 1.53
奥氏体钢（含碳化物）	1Cr17Al5	1.55
铁素体	Cr15Ni60	1.56 ~ 1.64

（5）相图形态。合金元素在钢中影响相图的形态，影响奥氏体的形成与分解，因而影响到钢的组织结构和生产工艺过程。例如，铁素体钢和奥氏体钢都没有相变，因而不能用淬火的方法进行强化，也不能通过相变改变晶粒组织结构，而且在加热过程中晶粒往往容易粗大。了解一种钢的相图变化规律和特点，是制订好该种钢的生产工艺过程及规程的必要基础。

（6）淬硬性。合金钢往往较碳素钢易于淬硬或淬裂。除钴以外，合金元素一般皆会使奥氏体转变曲线往右移，亦即延缓奥氏体向珠光体的转变，降低钢的临界淬火速度，甚至如马氏体钢在常化的冷却速度下也可得到马氏体组织。这样使钢的硬度和强度增高，对于塑性较差的钢也就很容易产生冷却裂纹（冷裂或淬裂）。由于合金钢容易淬硬和冷裂，因而在生产过程中便时常采取缓冷、退火等工序，以消除应力及降低硬度，以便清理表面或进一步加工。

(7) 对某些缺陷的敏感性。某些合金钢比较倾向于产生某些缺陷，如过烧、过热、脱碳、淬裂、白点、碳化物不均等。这些缺陷在中碳钢和高碳钢中也都可能产生，只不过是某些合金钢由于合金元素的加入对于某些缺陷更为敏感，例如，不同成分及用不同方法冶炼的钢的过热敏感性也不相同。一般来说，钢中的合金元素多，可在不同程度上阻止钢的晶粒长大，尤其是铝、钛、铌、钒、锆等元素有强烈抑制晶粒长大的作用，故大多数合金钢较之于碳素钢的过热敏感性要小。但是，碳、锰、磷等元素由于能扩大奥氏体（γ）区，却往往有促使晶粒长大的趋势。又如钢的化学成分对脱碳的影响，首先表现在碳含量较高的钢，其脱碳倾向也较大；钢中含少量的铬有利于阻止脱碳，但硅、铝、锰、钨却起着促进脱碳的作用。所以，通常在硅钢片生产中能利用脱碳退火的方法来降低碳含量，而在生产弹簧钢 60Si2Mn 时却比 60Si2CrA 更加要注意防止脱碳。淬裂或冷裂是在冷却过程中因热应力而产生的由表面向中心发展的一种裂纹，而白点是分布在钢材内部的一种特殊形式的细微裂纹。只要钢材断面积较大，氢气就不容易扩散，而且冷却时各部分相变的时间也会不同，这必将导致较大的组织应力，容易形成白点。

以上只是简要论述了合金钢与碳素钢相比几点值得注意的主要钢种特性。实际上，每种钢的具体特性是各不相同的，在制订某种产品的生产工艺过程和规程时，就必须对它的钢种特性作详尽的调查研究，如果是文献资料或经验资料不够，还必须进行实验研究，以求得必要的工艺性能参数，作为制订生产工艺规程的依据。

碳素钢和合金钢的一般生产工艺过程如图 1－1 和图 1－2 所示。

(1) 碳素钢的生产工艺过程，一般可分为四个基本类型：

1）采用连续铸坯的生产系统的工艺过程，其特点是不需要大的开坯机，无论是板钢或型钢，一般多是一次加热轧出成品。显然这是先进的生产工艺，现在已得到广泛的应用。

2）采用铸锭的大型生产系统的工艺过程，其特点是必须有能力强大的初轧机；钢锭重量大的，一般采用热锭作业及二次或三次加热轧制的方式。

3）采用铸锭的中型生产系统的工艺过程，其特点是一般采用 ϕ650～900mm 二辊或三辊开坯机。这种系统不仅可用来生产碳素钢钢材，而且也常常用来生产合金钢钢材。

4）采用铸锭的小型生产系统的工艺过程，其特点是通常在中、小轧机上用冷的小钢锭经一次加热轧制直接轧成成品。不管是哪一种类型，其基本工序是：原料准备（清理）—加热—轧制—冷却与精整清理。

(2) 合金钢的生产工艺过程，可分为冷锭和热锭以及正在发展的连续铸坯三种作业方式。由于按产品标准对合金钢成品钢材的表面质量和物理力学性能等技术要求比普通碳素钢要高，并且其钢种特性也较复杂，故其生产工艺过程一般也比较复杂。除各工序的具体工艺规程会因钢种不同而不同以外，在工序上还比碳素钢多出了原料准备中的退火、轧制后的退火、酸洗等工序，以及在开坯中有时要采用锻造来代替轧钢等。

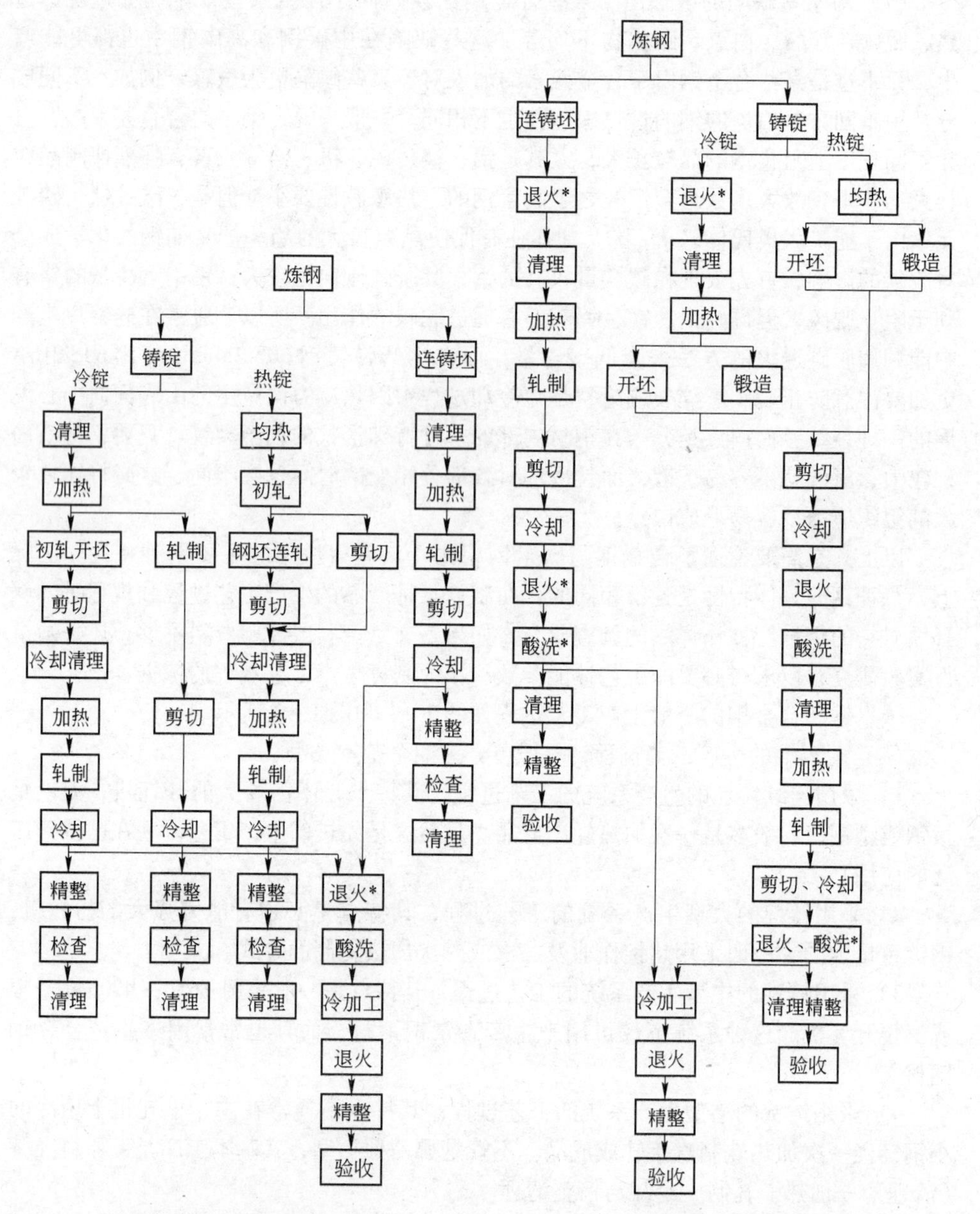

图 1－1　碳素钢和低合金钢的一般生产工艺过程
（带＊号的工序有时可以略去）

图 1－2　合金钢的一般生产工艺过程
（带＊号的工序按需要而定，可不经过）

(3) 钢材的冷加工生产工艺过程，它包括冷轧和冷拔，其特点是必须有加工前的酸洗和加工后的退火相配合，以组成冷加工生产线。

1.1.4 轧钢生产各基本工序的作用

1.1.4.1 原料的选择及准备

一般轧钢常用的原料为钢锭、轧坯及连铸坯三种，近年来中小型企业还开始发展压铸坯。各种原料的比较见表1－2。通过比较可知，采用连铸坯作为原料是发展的方向，且已得到迅速推广；而直接以钢锭为原料的古老方法，除某些钢种以外，正处于日益收缩之势。原料种类、尺寸和重量的选择，不仅要考虑其对产量和产品质量的影响（例如，考虑压缩比及终轧温度对性能质量及尺寸精度的影响），而且要综合考虑生产技术经济指标的情况及生产的可能条件。连铸坯的选择应在技术可能的条件下，按照所需压缩比的要求，尽量使坯料尺寸接近于成品的尺寸，以得到最少的轧制道次和最大的产量。但是与初轧坯相比，连铸坯由于受结晶器规格的限制，其断面尺寸灵活变化的可能性也往往受到限制。

表1－2 轧钢所用各种原料的比较

原料种类	优 点	缺 点	适用情况
钢锭	不用初轧开坯，可独立进行生产	金属消耗大，成件率低，不能中间清理，压缩比小，偏析重，质量差，产量低	企业级特厚板生产
轧坯	可用大锭，压缩比大并可由中间清理，故钢板质量好，成材率比用扁锭时高；钢种不受限制，坯料尺寸规格可灵活选择	需要初轧开坯，使工艺设备复杂化，使消耗和成本增大，比连铸坯金属消耗大得多，成材率小得多	大型企业钢种品种较多及规格特殊的钢坯；生产厚板并可用横轧方法
连铸坯	总的金属消耗小，节约6%～12%以上的金属；不用初轧，简化生产过程及设备，降低消耗，每吨钢可节约热能6×10^5J，降低成本约10%；比初轧坯形状好，短尺少、成分均匀，使轧板成材率比初轧坯高2%～4%；坯的尺寸和重量可大可小，生产规模可大可小；节省投资及劳动力，易自动化	目前尚只适用镇静钢，钢种受一定限制；受压缩比限制，不适于生产厚板；受结晶限制，钢坯规格灵活变化；连铸工艺要求严，难掌握	适用大、中、小型联合企业品种较简单的大批量生产；受压缩比限制，适于生产厚度适中的板带钢
压铸坯	总金属消耗少，质量比连铸坯好，组织均匀致密，设备简单，投资少，规格变化灵活性大	生产能力较低，不太适用于大企业大规模生产，连续化自动化较差	适用于中小型企业及特殊钢生产

钢锭、轧坯或铸坯表面经常存在各种缺陷（结疤、裂纹、夹渣、折叠、飞刺等），如果在轧钢前不加以清理，轧制中必将不断扩大，并引起更多的缺陷，甚至影响钢在轧制时的塑性与成型。因此，为了提高钢材表面质量和合格率，对于轧钢前的原料和轧后的成品，都应该进行仔细的表面清理，特别是对合金钢要求应更加严格。

原料表面各种清理方法的比较见表1-3。

表1-3 原料表面各种清理方法的比较

清理方法	人工火焰清理	机械火焰清理	风铲清理	电弧清理	砂轮清理	机床车刨削	火焰腐蚀	喷砂	酸洗
适用情况	碳钢及部分合金钢局部处理	碳钢及部分合金钢大面积剥皮	碳钢及不能用火焰的优质钢局部清理	优质钢	合金钢及高硬度的高级合金钢	高级合金钢去表面剥皮	清理铁皮	清理铁皮	清理铁皮

对于碳素钢，一般常用风铲清理和火焰清理；对于合金钢，由于表面容易淬硬，一般用砂轮清理或机床刨削清理（剥皮）等。根据情况，某些高碳钢和合金钢也可采用风铲或火焰清理，但在火焰清理前往往要对钢坯进行不同温度的预热。每种清理方法都有各自的操作规程。

最常用的火焰清理法，其实质是利用高温火焰的气割和熔除作用将有表面缺陷的部分金属烧除。它是生产率最高和成本最低的清理方法。火焰清理可以由人工利用火焰枪进行，也可利用专门的火焰清理机来完成。采用火焰清理时，由于钢坯表面温度骤然升高，然后又急速冷却，导热性差的金属在加热尤其是冷却过程中容易产生裂纹。钢中奥氏体越稳定，碳含量越高，冷却速度越快，则产生裂纹的可能性越大。因此，对于一些导热性差的容易产生龟裂缺陷的合金钢和高碳钢，一般不适宜采用火焰清理。合金钢或高碳钢采用火焰清理时可先进行预热，或利用轧后余热使清理时保持一定温度，以防止产生裂纹。目前，火焰清理方法是采用火焰清理机进行在线清理，例如：在初轧机和大剪之间设置火焰清理机，及时而连续地对热状态的钢坯进行全表面清理，但这样却会带来较大的金属损耗。

其次，风铲清理也应用得较广。它可用于一般合金钢坯或高碳钢坯在冷态下的清理，或作为其他清理方法的辅助手段以清除局部表面缺陷。风铲清理是一种劳动强度很大，生产能力很低的清理方法，不适于现代生产规模。

重要用途的合金钢要用机械方法剥皮，清除表面缺陷，如对原料表面进行车、刨、铣加工。对局部缺陷经常采用砂轮研磨来清理。

采用砂轮清理时，由于剧烈摩擦使钢的表面局部产生急热，冷却后容易出现裂纹。为防止裂纹，需注意砂轮的圆周线速度和砂轮对钢表面所施加的压力，并在研磨时有适当的停歇时间，以便使热量得以传散。

1.1.4.2 原料的加热

在轧钢之前，要将原料进行加热，其目的是提高钢的塑性，降低变形抗力及改善金属内部组织和性能，以便于轧制加工。这就是说，一般要将钢加热到奥氏体单相固溶体组织的温度范围内，并使之有较高的温度和足够的时间以均匀组织及溶解碳化物，从而得到塑性高、变形抗力低、加工性能好的金属组织。一般为了更好地降低变形抗力和提高塑性，加工温度应该尽量提高一些。但是，高温及不正确的加热制度可能引起钢的强烈氧化、脱碳、气泡暴露、过热、过烧等缺陷，影响钢的质量，导致废品。因此，钢的加热温度主要应根据各种钢的特性和压力加工工艺要求，从保证钢材的质量及多快好省地生产钢材角度出发来进行确定。

加热温度的选择应当因钢种的不同而不同。对于碳素钢，最高加热温度应低于铁碳平衡图的固相线 100～150℃；加热温度偏高，时间偏长，会使奥氏体晶粒过分长大，引起晶粒之间的结合力减弱，钢的力学性能变坏，这种缺陷称为过热。过热的钢可用热处理的方法来消除其缺陷。加热温度过高，或在高温下停留时间过长，金属晶粒除长得粗大以外，还会使偏析夹杂富集的晶粒边界发生氧化或熔化，在轧制时金属经受不住变形，往往发生碎裂或崩裂，有时甚至一旦受碰撞即行碎裂，这种缺陷称为过烧。过烧的金属无法进行补救，只能报废。过烧实质上是过热的进一步发展，因此，防止过热即可防止过烧。随着钢中碳含量及某些合金元素的增多，过烧的可能性也相应增大。高合金钢由于其晶间物质和共晶体容易熔化而特别容易过烧。过热过烧敏感性最大的是铬合金钢、镍合金钢以及含铬、镍的合金钢。某些钢的加热及过烧温度见表 1－4。

表 1－4 某些钢的加热及过烧温度

钢 种	加热温度/℃	过热温度/℃	钢 种	加热温度/℃	过热温度/℃
碳素钢 1.5% C	1050	1140	硅锰弹簧钢	1250	1350
碳素钢 1.1% C	1080	1180	镍钢 3% Ni	1250	1370
碳素钢 0.9% C	1120	1220	8% 镍铬钢	1250	1370
碳素钢 0.7% C	1180	1280	铬钒钢	1250	1350
碳素钢 0.5% C	1250	1350	高速钢	1280	1380
碳素钢 0.2% C	1320	1470	奥氏体钢、镍铬钢	1300	1420
碳素钢 0.1% C	1350	1490			

此外，加热温度越高（尤其是在 900℃以上），时间越长，炉内氧化性气氛越强，则钢的氧化越剧烈，生成氧化铁皮越多。氧化铁皮的一般组成结构，如图 1－3 所示。氧化铁皮除直接造成金属损耗（烧损）以外，还会引起钢材表面缺陷如麻点、铁皮等造成次品或废品。氧化严重时，还会使钢的皮下气孔暴露和氧化，经轧制后形成发裂。钢中含有铬、硅、镍、铝等成分会使形成的氧化铁皮致密，它有保护金属及减少氧化的作用。加热时钢的表层所含碳分被氧化而减少的现象称为脱碳。脱碳会引起钢材表层硬度降低，高碳钢、工具钢、滚珠轴承钢及许多用于制造重要零件的合金钢材不允许有这种缺陷发生。影响脱碳的因素有炉内气氛、钢的成分、加热温度和加热时间等。加热温度越高，时间越长，脱碳层越厚；钢中含钨和硅也对于

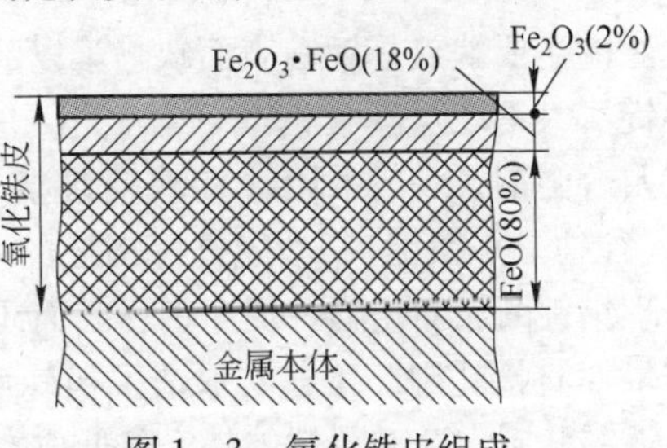

图 1－3 氧化铁皮组成

脱碳起促进作用。

确定钢的加热速度时，必须考虑到钢的导热性。这一点对于合金钢和高碳钢钢坯，尤其是钢锭显得更加重要。很多合金钢和高碳钢在500～600℃以下塑性很差。如果突然将它们装入高温炉中或者加热速度过快，那么，由于表层与中心温度差过大所引起的强大的热应力，加上组织应力和铸造应力，往往会使中部产生“穿孔”开裂的缺陷（常伴有巨大的响声，故有时也称“响裂”或“炸裂”）。因此，加热导热性和塑性都差的钢种，例如，高碳工具钢、高锰钢、滚珠轴承钢、高速钢、高硅钢等，应该放慢加热速度，尤其是在600～650℃以下要特别小心。加热到700℃以上的温度时，钢的塑性已经很好，就可以用尽可能快的速度加热。应该指出，快的加热速度不仅可以提高生产能力，而且可以防止或减轻某些缺陷，例如，可减少氧化和脱碳、可防止晶粒过于粗大而降低塑性等。允许的最大加热速度，不仅取决于钢种的导热性和塑性，还取决于原料的尺寸和外部形状。显然，尺寸越小，允许的加热速度越大。此外，生产上的加热速度还常常受到炉子的结构、供热的能力及加热条件所限制。对于普碳钢之类的多数钢种，一般只要加热设备许可，就可以采用尽可能快的加热速度。但是不管如何加热，一定要保证原料各处都均匀加热到所需要的温度并使组织成分较为均化，这也是加热的重要任务。如果加热不均匀，不仅影响产品质量，而且在生产中往往引起事故，损坏设备。因此，一般在加热过程中往往分为三个阶段，即预热阶段（低温阶段）、加热阶段（高温阶段）及均热阶段。在低温阶段（700～800℃以下），由于钢的导热性和塑性都较差，往往要放慢加热的速度以进行预热，否则容易开裂；到700～800℃以上的高温阶段，钢的塑性显著增加，为了提高产量就可提高加热速度；快速加热到高温带以后，为了使钢的内外各处温度、组织及成分均匀，需在高温带停留一定时间，时间长短取决于钢坯断面尺寸的大小及钢种特性，这就是均热阶段。应该指出，并非所有的原料都必须经过这样三个阶段，这要看原料的钢种、断面尺寸和入炉前的温度而定。例如，加热塑性较好的低碳钢，即可由室温直接快速加热到高温；加热冷钢锭往往低温阶段要长，而加热冷钢坯则可用较短的低温阶段，甚至直接到高温阶段加热。

为了提高加热设备的生产能力及节省能源消耗，生产中应尽可能采用热装炉的操作方式。热锭及热坯装炉的主要优点是：（1）充分利用热能，提高加热设备的生产能力，节省能源，降低成本；根据实测，钢锭温度每提高50℃，即可提高均热炉生产能力约7%；（2）热装时由于减少了冷却和加热过程，钢锭中内应力较少。热锭装炉的主要缺点是钢锭表面缺陷难以清理，不利于合金钢材表面质量的提高。对于大钢锭、大钢坯及碳素钢或低合金钢，应尽量采用热锭或热坯装炉；对于小钢锭（坯）及合金钢，一般采用冷锭或冷坯装炉。此外，钢锭如果是只经一次加热轧成成品（往往是小钢锭），不能进行钢坯的中间清理时，一般也往往采用冷锭装炉，以便清理钢锭的表面缺陷，提高钢材表面质量。近年来，国外有的机构在大钢锭生产中采用了“直接轧制”工艺，取消了初轧后的再加热工序，并正在研究和采用液芯加热或液芯轧制，这对节约能耗、降低成本有显著成效。

原料的加热时间长短不仅影响加热设备的生产能力，同时也影响钢材的质量，即使加热温度不过高，也会由于时间过长而造成加热缺陷。合理的加热时间取决于原料的钢种、尺寸、装炉温度、加热速度及加热设备的性能与结构。原料热装炉时的加热时间往往只占冷装时所需加热时间的30% ~40%，所以只要条件允许，应尽量实行热装炉，以减少加热时间，提高产量和质量。这里，热装炉应是指将原料在入炉后即可进行快速加热的温度下装入高温炉内。热装温度对一般碳钢来说，取决于其碳含量，碳含量大于0.4%，原料表面温度一般应高于750 ~800℃；若碳含量小于0.4%，则表面温度可高于600℃。允许不经预热即可快速加热的热装温度则取决于钢的成分及钢种特性。一般含碳及合金元素量越多，则要求热装温度越高。关于加热时间的计算，用理论方法目前还很难满足生产实际的要求，现在主要还是依靠经验公式和实测资料来进行估算。例如，在连续式炉内加热钢坯时，加热时间 t(h) 可用式（1-1）估算：

$$t = Bc \tag{1-1}$$

式中 B——钢料边长或厚度，cm；

c——考虑钢种成分和其他因素影响的系数（表1-5）。

表1-5　各种钢的系数 c 值

钢　种	c	钢　种	c
碳素钢	0.1 ~0.15	高合金结构钢	0.20 ~0.30
合金结构钢	0.15 ~0.20	高合金工具钢	0.30 ~0.40

加热设备除初轧及厚板厂采用均热炉及室状炉以外，大多数钢板厂和型钢厂皆采用连续式炉。近年来新建的连续式炉多为热滑轨式或步进式的多段式加热炉，其出料多由抽出机来执行，以代替过去利用斜坡滑架和缓冲器进行出料的方式，可减少板坯表面的损伤和对辊道的冲击事故。热滑轨式加热炉虽然和步进式炉一样能大大减少水冷黑印，提高加热的均匀性，但它仍属推钢式加热炉，其主要缺点是板坯表面易擦伤和易于翻炉，这样使板坯尺寸和炉子长度（炉子产量）受到限制，而且炉子排空困难，劳动条件差。采用步进式炉可避免这些缺点，但其投资较多，维修较难，且由于支梁妨碍辐射，使板坯或钢坯上下面仍有一些温度差，热滑轨式没有这些缺点。因此，近年来新建的连续式加热炉多为这两种形式，其加热能力可高达150 ~300t/h。

1.1.4.3　钢的轧制

轧钢工序的两大任务是精确成型及改善组织和性能，因此轧制是保证产品质量的一个中心环节。

在精确成型方面，要求产品形状正确、尺寸精确、表面完整光洁。对精确成型有决定性影响的因素是轧辊孔型设计（包括辊型设计及压下规程）和轧机调整。变形温度、速度规程（通过对变形抗力的影响）和轧辊工具的磨损等也对精确成型产生很重要的影响。为了提高产品尺寸的精确度，必须加强工艺控制，这就不仅要求孔型设计、压下规程比较合理，而且也要尽可能保持轧制变形条件稳定，主要是温度、速度及前后张力等条件的稳定。例如，在连续轧制小型线材和板带钢时，这些工艺因素的波动会直接影响变形抗力，从而影响到轧机弹跳和辊缝的大小，影响到厚度的精确。这就要求对轧制工艺过程进行高度的自动控制。只有这样，才可能保证钢材成型的高精确度。

在改善钢材性能方面有决定性影响的因素是变形的热动力因素，主要是变形温度、速度和变形程度。所谓变形程度主要体现在压下规程和孔型设计，因此，压下规程、孔型设计也同样对性能有重要影响。

（1）变形程度与应力状态对产品组织性能的影响。一般说来，变形程度越大，三向压应力状态越强，对于热轧钢材的组织性能越有利，因为：

1）变形程度大、应力状态强有利于破碎合金钢锭的枝晶偏析及碳化物，即有利于改变其铸态组织。以较大的总变形程度（越大越好）进行加工，才能充分破碎铸造组织，使组织细密，碳化物分布均匀。

2）为改善机械性能，必须改造钢锭或铸坯的铸造组织，使钢材组织致密。因此，对一般钢种也要保证一定的总变形程度，即保证一定的压缩比。例如，重轨压缩比往往要达数十倍，钢板也要在5~12倍以上。

3）在总变形程度一定时，各道次变形量的分配（变形分散度）对产品质量也有一定影响。从产量、质量观点出发，在塑性允许的条件下，应该尽量提高每道次的压下量，并同时控制好适当的终轧压下量。在这里，主要是考虑钢种再结晶的特性，如果是要求细致均匀的晶粒度，就必须避免落入使晶粒粗大的临界压下量范围内。

（2）变形温度对产品组织性能的影响。轧制温度规程要根据有关塑性、变形抗力和钢种特性的资料来确定，以保证产品正确成型不出裂纹、组织性能合格和能耗少。轧制温度的确定主要包括开轧温度和终轧温度的确定。钢坯生产时，往往并不要求一定的终轧温度。因此，开轧温度应在不影响质量的前提下尽量提高。钢材生产往往要求一定的组织性能，故要求一定的终轧温度。因此，开轧温度的确定必须以保证终轧温度为依据。一般来说，对于碳素钢加热最高温度常低于固相线100~200℃（图1-4）。而开轧温度由于从加热炉送至轧钢机的温度降低，一般比加热温度还要低一些。确定加热最高温度时，必须充

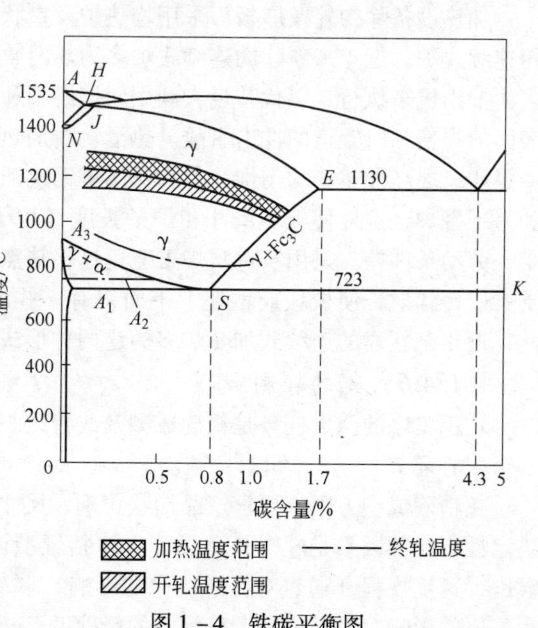

图1-4 铁碳平衡图

分考虑到过热、过烧、脱碳等加热缺陷产生的可能性。

终轧温度因钢种不同而不同，它主要取决于产品技术要求中规定的组织性能。如果该产品可能在热轧以后不经热处理就具有这种组织性能，那么终轧温度的选择应以获得所需要的组织性能为目的。在轧制亚共析钢时，一般终轧温度应该高于 A_3 线约 50~100℃，以便在终轧以后迅速冷却到相变温度，获得细致的晶粒组织。若终轧温度过高，则会得到粗晶组织和低的力学性能；反之，若终轧温度低于 A_3 线，则有加工硬化产生，使强度提高而伸长率下降。

（3）变形速度或轧制速度主要影响轧机的产量。因此，提高轧制速度是现代轧机提高生产率的主要途径之一。但是，轧制速度的提高受到电机能力、轧机设备结构及强度、机械化自动化水平以及咬入条件和坯料规格等一系列设备和工艺因素的限制。要提高轧制速度，就必须改善这些条件。轧制速度或变形速度通过对硬化和再结晶的影响也对钢材性能质量产生一定的影响。此外，轧制速度的变化通过摩擦系数的影响，还经常影响到钢材尺寸精确度等质量指标。总的说来，提高轧制速度不仅有利于产量的大幅度提高，而且对提高质量、降低成本等也都有益处。

20 世纪 60 年代以来大力发展了“控制轧制”工艺，它是严格控制非调质钢材的轧制过程，运用变形过程热动力因素的影响，使钢的组织结构与晶粒充分细化，或使在一定碳含量时珠光体的数量减少，或通过变形强化诱导有利夹杂沉淀析出，从而提高钢的强度和冲击韧性，降低脆性转变温度，改善焊接性能，以获得具有很好综合性能的优质热轧态钢材。根据轧制中细化晶粒方法的不同，可分为再结晶控制轧制法和无再结晶控制轧制法两种，前者是在 γ 区间使轧制变形和再结晶不断交替发生，让奥氏体晶粒随温度降低而逐步细化，在重结晶后得到细小的铁素体晶粒；而后者则是对某种成分的钢，在 γ 区内一定温度（难再结晶的温度）以下轧制，虽经大变形量而再结晶难以发生，使奥氏体晶粒充分细化，直至通过重结晶而转变为铁素体，得到极其细小的晶粒。从而大大提高钢的综合性能。此外，还有双相区控制轧制，是将加热至奥氏体化温度的钢轧制冷却到两相区，在 A_1 以上的温度继续进行轧制，轧后冷至一定温度进行热处理，以获得所需的组织和性能。

1.1.4.4 钢材的轧后冷却与精整

如前所述，钢材在不同的冷却条件下会得到不同的组织结构和性能，因此，轧后冷却制度对钢材组织性能有很大的影响。实际上，轧后冷却过程就是一种利用轧后余热的热处理过程。实际生产中就是经常利用控制轧制和控制冷却的手段来控制钢材所需要的组织性能。显然，冷却速度或过冷度对奥氏体转化的温度及转化后的组织会产生显著的影响。随着冷却速度的增加，由奥氏体转变而来的铁素体——渗碳体混合物也变得越来越细，硬度也有所增高，相应地形成细珠光体、极细珠光体及贝氏体等组织结构。

根据产品技术要求和钢种特性，在热轧以后应采用不同的冷却制度，一般在热轧后常用的冷却方式有水冷、空冷、堆冷及缓冷等。钢材冷却时不仅要求控制冷却速度，而且要力求冷却均匀，否则容易引起钢材扭曲变形和组织性能不均等缺陷。

（1）水冷。水冷包括在冷床或辊道上喷水或喷雾冷却，或将钢材放入水池中，或将行进中的钢材（线材）通过龙型水管强制冷却。

（2）空冷。这也是最常用的一种钢材冷却方式。凡在空气中冷却时不产生热应力裂纹，最终组织不是马氏体或半马氏体的钢，例如，普碳钢、低合金高强度钢、大部分碳素结构钢及合金结构钢、奥氏体不锈钢等都可在冷床上空冷。

（3）堆冷及缓冷。对要求具有较高强度、韧性和塑性的钢材，在冷床上冷却到一定温度以后，可采取堆垛冷却，这样不仅可减少冷床负担，而且更主要的是可以减少内应力，防止产生裂纹，并提高其塑性和降低其硬度，以利于对表面缺陷的清理。某些合金钢及高合金钢在冷却时易产生应力和裂纹，在空气中冷却或者堆冷仍会产生裂纹。所以，必须采用极缓慢的冷却速度，例如，在缓冷坑或保温炉中冷却，甚至还要在带加热烧嘴的缓冷坑或保温炉中进行等温处理和缓冷。同样，对于白点敏感性强的钢材，例如，轴承钢、重轨等，也必须采取类似的缓冷或等温处理来防止白点产生。

钢材在冷却以后还要进行必要的精整（例如，切断、矫直等），以保证正确的形状和尺寸。钢板的切断多采用冷剪，钢管多用锯切，简单断面的型材多用热剪或热锯，复杂断面多用热锯、冷锯或带异型剪刃的冷剪。钢材矫直多采用辊式矫直机，少数也采用拉力或压力矫直机；各类钢材采用的矫直机型式也各不一样。按照表面质量的要求，某些钢材有时还要酸洗、镀层等。按照组织性能的要求，有时还要进行必要的热处理或平整。某些产品按特殊要求还可有特殊的精整加工。

1.1.4.5 钢材质量的检查

成品质量检查的任务是确定成品质量是否符合产品标准和技术要求。检查的内容取决于钢的成分、用途和要求，一般包括化学分析、力学性能检验、工艺试验、低倍组织及显微组织的检验等。

只有知道钢的化学成分之后，才能确定钢材的用途，并借以判定钢种是否混乱、钢材中化学成分分布是否均匀及是否含有有害杂质。分析化学成分的方法除采用化学分析方法以外，还常采用光谱分析、光学比色分析及上述的火花分析方法。

机械和物理性能检验包括拉伸试验、冲击试验、弯曲试验、扭转试验、硬度试验等。根据用途不同，有些钢材还要作时效试验、疲劳试验、磁性检验等。产品标准中对这些试验的试样选取、试样尺寸形状及试验方法都作了规定。

工艺试验用以测定钢材的韧性和塑性。按各种钢材的用途不同，参考使用时的相似条件，采用各种不同的工艺试验方法。根据国家标准，常用的工艺试验方法有弯曲试验、反复弯曲试验、焊接性能试验、顶锻试验、展宽试验、型材展平试验等，对无缝钢管则进行压扁试验、扩口试验和缩口试验、卷边试验及弯曲试验等等。其中最常用的弯曲试验（绕心棒或不用心棒）是用于确定金属的冷脆性、蓝脆性和热脆性的。弯曲角度180°，在弯折处不应出现裂纹。热状态下的顶锻试验常用来发现裂纹、折叠及一般检查所不能发现的其他缺陷。试样顶锻到原高度的1/2或1/3，顶锻后在冷状态检查不得出现裂纹缺陷。

阶梯式车削检查法也是较常用的质量检查方法。它是从钢材表面车去不同厚度的金属层，以确定缺陷是否深入钢材内部及其扩展程度。

最终成品检查的任务还包括内部组织缺陷的低倍组织检查和显微组织检验。低倍组织检查用以评定碳素结构钢、工具钢和其他用途钢材的质量，其中包括断口试验和酸浸法检验，前者常用于评定钢材中的缩孔痕迹、疏松、夹杂、分层、白点和岩状断口，后者常用于检查优质钢材的缩孔痕迹、疏松、孔隙、白点和气孔度。显微组织检验用于检查比较重要用途的碳素钢和合金钢的质量。检验内容包括确定脱碳层深度、白点、奥氏体晶粒度、珠光体和铁素体的原始晶粒度、带状组织以及微观的孔隙、碳化物夹杂和非金属夹杂等。

1.2 现代轧钢生产现状及技术发展

进入21世纪以来，中国钢铁工业飞跃发展，为中国社会进步和经济腾飞做出了巨大贡献。作为钢铁工业的关键成材工序，轧钢行业在引进、消化、吸收的基础上，开展集成创新和自主创新，在轧制工艺技术进步、装备和自动化系统研制和引领未来钢铁材料的开发方面实现跨越式发展，为中国钢铁工业的可持续发展做出了突出贡献。经过改革开放以来的持续发展，中国已经建设了一大批具有国际先进水平的轧钢生产线，比较全面地掌握了国际上最先进的轧制技术，具备了轧钢先进设备的开发、设计、制造能力，一大批国民经济急需、具有国际先进水平的钢材产品源源不断地供应国民经济各个部门，为中国经济与社会发展、人民幸福安康提供了重要的基础原材料。

作为一个发展中的国家，必须尽快掌握世界上最先进的轧钢技术，引进、消化、吸收是必须的。改革开放以来，以宝钢建设为契机，中国成套引进了热连轧、薄板坯连铸连轧、冷连轧、中厚板轧制、棒线轧制、长材轧制、钢管轧制等各类轧制工艺技术以及相应的轧制设备和自动化系统，开始了轧制技术跨越式发展的第一步。通过引进技术的消化吸收和再创新，中国快速掌握了轧钢领域的前沿工艺技术；通过设备的合作制造以及自主研发，中国掌握了重型轧机的设计、制造、安装的核心技术，逐步具备了自主集成和开发建设先进轧机的能力；利用先进的工艺和装备技术，以及严格科学精细的管理，开发了一大批先进的钢铁材料，满足了经济发展的急需，产品的质量水平不断提高。进入21世纪以来，轧钢领域的广大科技工作者遵循“自主创新，重点跨越，支撑发展，引领未来”的科技发展方针，以节省资源和能源、工艺和产品的绿色化、实现可持续发展为目标，在工艺、装备、产品等方面开展技术创新，逐步解决制约轧钢技术发展的重大关键技术和共性技术问题，自主建设并高效运行了一大批轧钢生产线，推动了轧钢工业的跨越式发展。2012年中国粗钢的产量已达7.17亿吨，创下历史新高。一些重要的钢材品种，例如管线钢、电工钢、造船板、建筑钢筋等已经可以跻身于世界前列，对中国经济社会的飞跃发展和国家安全的保证提供了强有力的支撑。

1.2.1 热轧带钢生产和轧制技术的发展现状

改革开放之前，中国热轧带钢轧机只有鞍钢建国初期由前苏联援建的鞍钢1700半连轧机和20世纪70年代武钢从日本引进的3/4连续式1700热连轧机，技术水平与国际上有很大的差距。改革开放之后，由宝钢引进2050热连轧机为契机，开始了初期以引进为主的现代化热连轧机的建设。当时，德国开发的最新热连轧装备和工艺技术，例如热连轧加热炉燃烧控制技术、厚度控制技术（AGC）、板形控制技术（CVC）、立辊控宽和调宽技术（AWC和短行程控制）、连轧张力控制技术、卷取控制技术（AJC）、加速冷却技术（ACC）等工艺控制技术以及全套的计算机控制系统，经过消化和吸收，逐步为科技人员所掌握，使中国轧钢工作者接触到世界轧钢技术的前沿。随后，宝钢的1580和鞍钢的1780引进了日本三菱的热轧工艺技术和装备。一些具有特色的技术，例如PC轧机、调宽压力机、自由程序轧制技术、在线磨辊技术等开始投入生产，从另一个角度武装了热轧带钢行业，推动了中国轧制技术的进步。

2000年，鞍钢通过原1700热连轧机的技术改造，率先开发了中厚板坯的短流程生产技术，实现了中国热连轧机的第一次自主集成；接着，在2005年，建设了新的2150ASP热连轧机，并转让到济钢，建设ASP1700热连轧机。此后，设计院、高校、研究单位、重机厂紧密合作，又在多条热连轧线上实现自主集成和创新，建设了新疆八一1700、天铁1780、莱钢1500、日照2150、宁波1780等多套热连轧机及全套自动控制系统，实现了中国在热连轧机技术集成上的跨越式发展。在引进、建设和改造热轧带钢轧机的过程中，广大轧制工作者自主开发了VCL轧辊板形控制技术、UFC+ACC控制冷却系统、氧化铁皮控制技术、集约化生产技术等创新性技术，利用传统流程开发了X70、X80管线钢、细晶高强钢等一批具有国际水平的先进钢铁材料。

世纪之交，中国又结合当时国际上短流程技术的发展趋势，引进了一批紧凑流程热连轧生产线，包括CSP和FTSR，总计11套。在引进的基础上，进行了技术创新，研究了短流程生产钢材的力学性能特征、强化机制、析出物特征等重要基础理论问题，开发了具有中国特色的短流程生产线产品生产技术，例如高强集装箱用钢、微合金化高强钢、双相钢、冷轧基料、电工钢等特色产品，为国际上薄板坯连铸连轧技术的发展做出了重大贡献。

1.2.2 冷轧带钢生产和轧制技术的发展现状

建国初期，中国冷轧带钢轧机只有由前苏联援建的单机架可逆式1250、1700冷轧机。在20世纪70年代，武钢引进了1700冷连轧机和连退、涂镀设备。总体说来，中国冷轧技术发展相对缓慢。改革开放之后，宝钢等大型企业相继从国外引进大型冷连轧机2030、1550、1420等，以板形控制手段为代表的机型也几乎囊括了国外开发的各种机型，CVC、HC、UC、UCM、UCMW、DSR轧辊、VC轧辊等，采用了当今世界上最先进的工艺、控制技术，如厚度控制、板形控制、轧制润滑、动态变规格、交流传动等。布置方式也由酸洗、单卷轧制分开，逐步过渡到无头轧机、酸轧联机。在前部工序，采用紊流酸洗、废酸再生等先进酸洗工艺；在连续退火和涂镀生产线，采用具有较高冷速的快速冷却系统，其中马钢2230冷轧薄板连续退火线引进闪冷技术，氢气比例35%时，达到160℃/s（0.8mm厚）的高冷却速率。2005年，鞍钢完成了自主集成1780冷连轧机项目，这是第一次依靠自己的技术力量，由鞍钢技术总负责，联合中国第一重型机械（集团）有限责任公司、中冶南方工程技术有限公司，通过自主研制、开发和集成建设成功投入运行的大型冷轧生产线。其采用酸洗－轧机联合生产技术、紊流盐酸酸洗技术、六辊－四辊轧机混合配置等一系列冷轧领域的先进关键技术。在集成过程中，探索、形成的系统集成方法已经成功应用于鞍钢1500mm冷轧硅钢生产线、2130mm冷轧生产线、1250mm单机架可逆轧机改造项目中（新增冷轧能力330万吨）。

冷轧数学模型创新和优化：以宝钢2030冷连轧机控制系统改造为平台，自主研发与集成宽带钢冷连轧工艺及模型控制技术，自主集成、研发、调优宽带钢冷连轧数学模型系统，实现宽带钢冷连轧机在连续轧制过程中最大程度的柔性轧制，自主研发、实施了极限规格拓展和高等级带钢表面质量控制技术等先进技术。

1.2.3 长材生产和轧制技术的发展现状

长材是国家工业化过程中需要量很大的一个钢材门类，包括的范围也极为广泛，形状、尺寸复杂，从大型H型钢、重轨等大型材，到直径数毫米的线材，均为长材产品。在改革开放之前，中国大型材，如重轨、工字钢、槽钢、角钢等主要由鞍钢、包钢、攀钢的几个轨梁厂生产，同时还有一大批中型轧钢厂生产中型钢材，一批小型轧钢厂生产棒线材。但是，除个别工厂外，基本上采用横列式布置，可逆轧制，多火成材，产品质量和成材率较低，生产成本和能耗较高。改革开放之后，我国引进一批先进的自动化棒线材连轧机组，随后又以H型钢为代表，在马钢、莱钢等厂建成了大H型钢生产线。此后，以重轨发展为主要目标，鞍钢、攀钢、包钢又引进万能机组，兼生产重轨和H型钢。通过引进设备的消化、吸收，国内开始了长材轧机设计、制造、建设的自主发展，开发出具有中国特色的短应力线棒材连轧机、H型钢轧机等长材轧制设备，以及一火成材、切分轧制（最多4切分）、超快冷却、高强钢筋生产等工艺装备技术，使中国长材生产技术跻身于国际先进行列。

1.2.4 无缝钢管生产和轧制技术的发展现状

新中国成立后，鞍钢无缝钢管厂120机组于1953年10月27日建成投产，从此结束了中国不能生产无缝钢管的历史。此后，中国以76机组为主，建设了一批无缝钢管热轧机组，并形成了标准设计。改革开放之前，依据当时的发展需要，我国也曾从前苏联、匈牙利等国家引进一批热轧和冷轧机组，并建成了成都无缝、鞍钢无缝、包钢无缝等几个主要生产厂，但是技术相对落后，重要高端产品仍需要进口。改革开放以来，由于国家改革开放政策的实施和国民经济的高速发展，急需大量无缝钢管，特别是高质量无缝钢管。上海宝钢无缝钢管厂于1986年率先从德国全套引进F140mm芯棒全浮式连轧机组和锅炉、油井管生产加工线。天津无缝钢管公司于1993年建成投产全套引进的F250mm芯棒限动式连轧管机组和从美国引进的光管、石油套管生产加工线，无缝钢管年产量达50万吨，其中石油套管35万吨。此后，无锡西姆莱无缝钢管厂、武汉重型铸锻厂、鲁宝钢管有限责任公司、齐齐哈尔钢厂等企业全套或部分引进了国外装备与技术，建设了若干套各类连轧管机、精密轧管机、顶管机。近年来，天津钢管、攀成钢、衡阳钢管、包钢无缝又相继投产一批ϕ250～750无缝钢管机组。特别是天津钢管与达涅利合作研发、创新建设的三辊限动芯棒连轧管机组，开创了三辊连轧的先河，达到了国际领先水平。目前，中国约有几百家无缝钢管厂，钢管总生产能力近2500万吨。2008年，钢管产量达到2383万吨，钢管品种、质量水平也大幅度提高，工业发展急需的油井管、石油套管、锅炉管、原子能用管等已经基本满足国内需要，还大量出口国外。

1.2.5 实验研究平台的发展现状

为了增强科技创新能力，中国政府正在构建以企业为主体、以市场为导向、产学研相结合的技术创新体系。为了进行钢铁工业技术和产品的研发，中国的钢铁企业建立了一批技术中心，在研究机构和大学也建立了一批重点实验室。例如，东北大学的轧制技术及连轧自动化国家重点实验室（RAL）、北京科技大学的高效轧制国家工程研究中心、北京钢铁研究总院的先进钢铁材料国家重点实验室等。

1.2.6 当前轧钢技术创新的重点问题和发展方向

（1）引进生产线的消化、吸收和再创新，迅速发挥引进效益。近年来，中国钢铁行业引进了大量的轧钢生产线和先进的生产技术，对国内钢铁工业的发展起到了重要的作用。但是在钢铁市场红火、供不应求的情况下，一些企业忙于生产，忽视了引进技术的消化和吸收，甚至有些花费巨资引进的高级功能逐渐退化，最终丧失。在受金融危机影响的形势下，应当利用目前生产不紧、产量压力不大的时机，组织产学研结合的队伍，花大力气进行引进技术的消化和吸收，破解引进技术中的“黑箱”部分，不但要恢复原有的功能，实现引进设备应当带来的效益，同时还要进行自主创新，根据产品开发的需要，开发新的装备、工艺和技术，增添新的有特色功能，进行工艺技术的优化和再创新，以利于在目前激烈的市场竞争中占得先机。各企业应当依据自己的具体条件和优势，选择可以放大引进投资效果的项目，进行适当改造，挖掘引进设备和工艺的潜力，生产具有特色的高附加值产品。

（2）加强工艺、设备改造，解决关键、共性问题，建立特色技术。在中央进一步扩大内需促进经济增长的10项措施中明确指出：“在全国所有地区、所有行业全面实施增值税转型改革，鼓励企业技术改造”，必须认真体会中央指示的精神，以中央的指示为准则，规划好企业技术改造的方向和目标。应当承认，中国一大批引进项目的特色不够突出，大家从几个国际知名的大公司引进几乎同样的工艺、几乎同样的装备、生产几乎相同的产品，即使这些技术当时看起来是“先进”的，但是大家在一个水平线上，还是处于同样高水平的无序竞争状态。在这种情况下，不但一些老旧设备需要改造，一些近期引进的新设备也面临着需要改造的问题。必须突破引进技术的框架，充分考虑中国的经济建设和可持续发展的需要，建立起具有中国特色的技术开发框架。各个企业应当针对中国市场的特点、行业的共性和关键技术以及各自存在的问题，进行技术创新和产品创新，每个单位都应有自己的“绝招”，应有自己的特色产品，以特色创名牌，以特色占市场，做到“人无我有，人有我精，人精我特，人特我绝”，体现出“更高、更强、更好”。这样，企业就可以以更低的成本、更低的资源和能源消耗、更少的排放，生产性能优良的、绿色的、可循环的钢铁产品，在目前国际、国内的激烈竞争中处于主动地位，在业内独树一帜。

近年来，轧制技术领域将重点推进一批先进技术，实现对现有轧制设备的技术改造，提高产品水平。应当采用新一代的轧制设备和冷却设备，大力推行新一代 TMCP 技术，开发高级船板，能源用钢，轿车用钢，电工钢，节镍型不锈钢，无铬、无铅涂镀钢板等重要材料和产品，提高产品的档次，有效利用钢材，提高产品的市场竞争力。要大力发展高精度轧制技术，提高轧材的外形尺寸精度、力学性能、表面质量的控制水平，提高产品生产的稳定性、均匀性和成材率，全面提高产品质量。在轧制工序中大力推进工序节能，将工序能耗节省 30% 以上。

(3) 自主创新，研发前沿性的重大工艺技术，开发引领性新产品。中国钢铁行业的发展与其他行业的发展是互为依存、互相促进的。中国制造业、建筑业、交通运输业等行业正在谋求跨越式发展，将对所采用的钢铁原料提出新的产量、品种、质量需求，钢铁工业企业要以积极的态度应对这一新的市场需求，在非调质钢、硅钢、高强高韧结构钢、汽车用钢、能源用钢、建筑用钢等钢材品种方面谋求快速发展，为相关行业提供低成本、高性能、绿色化的新材料，引领中国钢铁材料的使用和发展。

引领性新产品的重大进展只有采用新的工艺、装备、技术才能实现。因此，国内轧钢科技工作者依照国民经济的客观需求，进行自主创新，在新一代高强高韧汽车用钢生产技术，消除、减少或改性氧化铁皮的热轧生产技术，绿色除鳞的冷轧技术，基于组织性能预测和控制的集约化轧制技术，冷轧柔性连退技术，涂镀板生产技术和创新性涂镀产品等重大技术的研发方面取得突破，从而带动引领性新产品的开发，助推中国国民经济的发展。

在新工艺、技术的研发方面，实验研究条件是重要的前提条件。在建立产学研相结合的技术创新体系的过程中，进一步加强企业技术中心、技术研究院的建设，建立具有自身特色的硬件、软件工艺技术和产品开发平台，通过冶金和轧制过程的物理模拟和数值模拟、材料力学性能和使用性能的检验、材料微观组织的观察和分析、全尺寸和服役条件下材料性能检验等手段的建设和应用，推进新一代钢铁工艺流程和新一代钢铁材料的开发，并加快向生产过程的转化。

(4) 开发减量化技术，节能减排，实现可持续发展。开发减量化技术，实现节约型制造，是材料生产过程的重要发展趋势。钢铁材料轧制过程应当利用新一代 TM-

CP技术、相变强化等各种工艺手段，实现材料成分的减量化设计，节省昂贵的合金元素资源；应当开发新的减量化的生产新工艺流程，例如，薄板坯连铸连轧生产汽车高强钢、硅钢工艺，用回收废钢生产高P、Cu钢的薄带连铸工艺，以大规模定制为基础的集约化轧制技术等；应当开发生态型环境友好的新产品，实现轧制产品在后续用户生产过程的减量化，对环境友好，节省能源和资源，保护环境，防止污染，促进人与自然的和谐相处。因此，应当大力发展钢铁材料全生命周期评价技术、用户服务技术、生产厂早期介入技术、低成本高强高韧钢材生产技术等新的轧制技术，推进节能减排，实现可持续发展。

(5) 突破自动化技术的瓶颈，加强自动化检测仪表的自主开发。中国目前已经基本掌握了轧制过程自动化技术，不仅可以实现技术集成，而且可以自主开发。目前，自动化技术的最大的问题是检测仪表。目前所使用的绝大多数检测仪表和各类传感器是由发达国家引进的，这极大地限制了中国轧制过程自动化技术的发展。在这种情况下，应当通过产学研的结合和行业、学科的交叉，努力开发各种轧制过程必需的检测仪表和传感器，突破瓶颈，促进轧制自动化的发展，这对于提高控制精度、生产优质产品十分重要。目前，机械制造、传感技术、计算机软件技术、电子控制技术等周边技术的发展，可以为各类检测仪表和传感器的开发提供良好的基础，只要集中各方面的力量，完全可以取得突破，实现跨越式的发展。这些检测仪表和传感器包括：测厚仪、凸度仪、板形仪、测力计、测速计、测温仪、位置传感器、角度传感器、流量计等。

随着中国国民经济的发展和需求的增长，轧制技术也取得了长足的进步，通过消化引进技术、自主集成和科技创新，中国已经跻身于轧制技术发达国家之列。自主创新开发的新工艺、新技术、新装备、新产品，已经在为钢铁工业的发展和社会的进步以及人民的福祉发挥关键的作用。今后，要进一步加强轧制企业的技术改造、突破制约钢铁轧制技术发展的关键和共性技术，大力开发前沿性新技术，节能减排、创新工艺和装备，实现钢铁材料的减量化、节约型制造，推动钢铁工业的可持续发展。

近年来，世界粗钢产量不断增加，全球经济一体化的发展对钢铁工业在节能降耗、降低生产成本、生产先进高强钢和高表面质量产品等方面的要求越来越高，从而也促进了世界范围内轧钢技术、轧钢设备和控制技术的进步。

(1) 无头或半无头轧制技术。无头轧制技术由轧机追尾控制技术、头尾焊接技术、高精度成品轧制技术和高速卷取技术等组成。目前，日本JFE公司的无头轧制技术可实现厚1mm薄板的稳定生产，其中关键的头尾焊接采用了感应加热焊接和激光焊接。通过对精轧第4~6机架采用小径、单辊驱动的热连轧机，在大压下的同时实施出口穿水快冷工艺，获得了抗拉强度较高，抗疲劳性、加工性和焊接性优良，铁素体晶粒直径为$\phi 2 \sim 5\mu m$的微细组织的热轧钢板。

在薄板坯连铸连轧生产线上，除了批量轧制外，半无头轧制和快速产品切换(FPC, flying product change) 技术也具有很好的应用前景，它可以在实现不同规格产品快速切换的同时，保证较高的尺寸精度和较小的机架间的张力波动。

2005 年，意大利布雷西亚 Alfa Acciai 棒材无头轧制作业线生产出第一批经过卷取的棒材大盘卷。它是世界上第一条无头轧制工字轮卷取作业线，将达涅利最新推出的 ERW 无头焊接轧制技术和工字轮卷取作业线有机地融合在一起。ERW 无头焊接轧制技术通过方坯在线自动闪光焊接，使轧机实现不间断生产。工字轮卷取线则是通过无扭卷取，将带肋钢筋、棒材卷取成超紧凑/超重大盘卷，Alfa Acciai 工字轮卷取作业线可生产 ϕ8 ~ 16mm、经无扭卷取的超紧凑、超重带肋钢筋、棒材大盘卷，最大卷重可达 3t。

（2）先进的钢轨轧制技术。SMS Meer 公司作为钢轨轧机的主供应商近年来为钢轨轧机技术做出了重要贡献。SMS 钢轨轧制的前沿技术主要包括：1）轧机数目最小化的紧凑式布置节省了投资和生产运营成本；2）不需要独立的精轧机；3）适于生产钢轨和其他产品的紧凑式连轧机上的万能轧制技术；4）带有液压调节系统的 CCS（compact cartridge stand）轧机机架，便于实现快速换辊、快速更换产品规格以及减小偏差；5）Rail Cool™ 技术对钢轨可以实现选择冷却，保证了钢轨均匀冷却以避免发生弯曲并在最大程度上减小了钢轨的残余内应力。该公司还开发了一种新的紧凑式钢轨轧制技术，这种技术采用纵列式可逆轧机进行钢轨的万能轧制，并在韩国 INI Steel 公司浦项厂第一次成功应用。目前，包括美国 Steel Dynamics 公司、印度 Jindal Steel & Power 公司和土耳其 Kardemir 钢铁公司等都用此技术进行钢轨生产。

（3）先进的控制冷却技术。金属带材制造商 C. D. Walzholz 和工业气体和技术供应商 Air Products 共同开发了一种新的 Air Products 冷却轧制技术。这种技术用液氮冷却取代常规水基冷却液冷却，用于冷轧最后阶段或精整阶段，大大提高了产品的产量和表面质量，减少了废品，提高了工作辊的使用寿命，已成功应用于德国海根和巴西圣保罗的 C. D. Walzholz 工厂。

新日铁开发了新一代 CLC（CLC，continuous on line control process）控制冷却工艺，并成功应用于君津厚板厂。采用先进的冷却喷嘴和新的水流量控制方法，能在大的冷却速率范围内对钢板进行冷却，明显提高了钢板温度的均匀性，与传统的 CLC 工艺相比，钢板温度的波动幅度可减小 1/2。

（4）新钢种开发。近年来，随着汽车工业减重节能、安全性要求的不断提高及镁铝合金的挑战，对汽车用钢的高强度和优良成形性要求也越来越高。为此，高强钢和先进高强钢（AHSS）已研发成功并越来越多地应用于汽车工业。高强度钢包括 HSLA 钢、烘烤硬化（BH）钢；先进高强钢包括 DP 钢、TRIP 钢、TWIP 钢、SIP 钢、CP 钢和马氏体钢。

JFE 公司在连续退火机组上，开发出具有世界最高冷却能力（1000℃/s）的 WQ - CAL 冷却技术，由此生产出了具有高成形性、抗拉强度为 780 ~ 1470MPa 级超高强度钢板，并使之商品化。

新日铁和三菱重工联合开发了 YP460MPa 级大型集装箱船用高强度厚钢板，钢板厚度为 60 ~ 70mm。这种高强度钢板的开发基于新日铁的 TMCP 技术，其结构性能通过了 8000t 超大拉伸试验机的验证，由于其具有高强度、高韧性，因而在减重节能的同时能保证船只结构的可靠性、安全性。JFE公司采用“JFE EWEL”技术也开发了YP460MPa级高强度厚钢板，通过控制TiN粒子最小化粗晶热影响区（HAZ）及加入B、Ca细化HAZ组织来提高基体韧性，并采用超级－在线加速冷却（Super－OLAC）和最新的TMCP工艺生产这种厚板。

俄罗斯钢管冶金公司目前正在开发壁厚达40mm、具有内外涂层的X100级天然气输送管道用大口径（ϕ508～1420mm）直缝钢管，年产能达75万吨。

JFE公司利用控轧和快速冷却及冷却后立刻进行在线热处理工艺获得了超高强度X120管线钢，该钢具有铁素体－贝氏体双相组织并具有大变形能力，屈强比低，均匀伸长率高，试生产的X120管线钢力学性能见表1－6。以UOE工艺制作的ϕ914.4mm、壁厚19.00mm钢管，不仅拉伸性能优良，而且其夏比冲击特性及DWTT性能都完全满足设计要求，所开发的X120级钢管完全能适应在寒冷、地震等环境恶劣地区铺设。除此之外，JFE公司还生产高强韧性的厚壁管线（ERW管线）和高耐蚀的12Cr马氏体不锈钢管线（SML）。

表1－6 JFE公司生产的X120管线钢的力学性能

编号	横向性能				纵向性能				
	屈服强度/MPa	抗拉强度/MPa	屈强比/%	伸长率/%	屈服强度/MPa	抗拉强度/MPa	屈强比/%	伸长率/%	均匀伸长率/%
1	906	934	97	18	750	920	82	29	40
2	840	958	88	19	743	963	77	30	48

超细晶钢是在传统钢的化学成分基础上，通过先进的热机械处理工艺或大变形等方法获得的高强度高韧性的亚微级超细晶钢。日本住友金属公司开发了在奥氏体稳定区进行轧制来生产超细晶薄钢板的超短时间间隔多道次轧制技术（SSMR），成功试制了铁素体晶粒为1μm左右的0.15%C－0.7%Mn超细晶薄钢板。

（5）轧钢智能化技术。全球竞争的加剧对钢铁制造业的产量、灵活性和产品质量（包括尺寸精度、力学性能和表面质量）的要求越来越高，传统的轧制力计算公式已不能适应更高精度的要求，数学模型方法则是一种较理想、用于轧制过程控制和轧机设备设计的方法。由于轧制过程影响因素众多，如应变硬化、摩擦、轧辊压扁、温度等及其之间的相互作用，使得轧制过程的模型理论分析变得困难复杂，神经网络等方法在轧制过程中的应用提高了预报精度和生产的控制水平。通过建模以及对工艺过程定量和定性方面的优化，为钢铁工业提供了低成本的优化策略。

另外，软计算作为一门新兴技术也应用于轧制系统设计优化，其主要包括进化计算、模糊逻辑、神经计算和概率计算，软计算把人类知识和求解方法论相结合，为处理现实中问题的不确定性和模糊性提供了途径。主要的软计算方法有：模糊逻辑＋遗传算法、神经网络＋遗传算法、神经网络＋混沌理论、神经计算＋模糊逻辑和模糊逻辑＋概率推理等。

总之，为了满足经济持续发展的需要，不断进行技术创新和设备改进，并开发具有高强度甚至超高强度，优良耐蚀性能、成形性能和高表面质量等性能的钢铁产品，节约能源、节省合金元素、减少工序、降低成本，仍是未来轧制技术的重要研发方向和发展趋势。

1.3 钢材产品标准和技术要求

钢材的技术要求就是为了满足使用上的需要，对钢材提出的必须具备的规格和技术性能，例如，形状、尺寸、表面状态、力学性能、物理化学性能、金属内部组织和化学成分等方面的要求。钢材技术要求是由使用单位按用途提出，再根据当时实际生产技术水平的可能性和生产的经济性来制订的，它体现为产品的标准。钢材技术要求有一定的范围，并且随着生产技术水平的提高，这种要求及其可能满足的程度仍在不断提高。轧钢工作者的任务就是不断提高生产技术水平来尽量满足使用上的更高要求。

由于各种钢材的适用范围不同，有的范围小，有的范围极为广泛，因而产品标准相应地分为企业标准、地方标准与国家标准或部颁标准。企业标准是几个企业之间根据使用要求和生产条件相互协商而制定的标准，它仅适用于承认该协议的各企业。地方标准是指对于某些只在局部地区通用的产品所制定的标准，它只适用于一定的地区。而国家标准则是对使用范围很广泛而且多家生产厂家生产的钢材，根据产品的使用要求与生产条件所制订出的适用于全国各生产厂家的标准。

钢材的产品标准一般包括有品种（规格）标准、技术要求、试验标准及交货标准等多方面的内容。

品种（规格）标准主要规定钢材形状和尺寸精度方面的要求，要求形状正确，消除断面歪扭、长度上弯曲不直和表面不平等。尺寸精确度是指可能达到的尺寸偏差的大小。尺寸精确度之所以重要是因为钢材断面尺寸的变化不仅影响到使用性能，而且与钢材的节约有很大关系。如果钢材尺寸超过了国家标准，不仅满足不了使用的要求，而且会造成金属的浪费，从而增加成本。钢材断面越小，这种浪费的百分比也就越大。例如，直径6mm的线材，如果超差0.2～0.3mm，便会浪费4%～10%的金属。在这方面按缩减公差或负公差轧制是非常必要的。所谓负公差轧制，是在负偏差范围内轧制，实质上就是对轧制精确度的要求提高了一倍，这样自然要节约大量金属，并且还能使金属结构的重量减轻。但应该指出，有些钢材若在使用时还要经过加工处理工序，则常按正偏差交货。例如，工具钢由于要经过退火、钢板长度要经裁剪，故全部按正偏差交货。

产品技术要求除规定品种规格要求以外，还规定其他的技术要求，例如，表面质量、钢材性能、组织结构及化学成分等，有时还包括某些试验方法和试验条件等。

产品的表面质量直接影响到钢材的使用性能和寿命。所谓表面质量主要是指表面缺陷的多少、表面光滑平坦和光洁度。产品表面缺陷种类很多，其中最常见的是表面裂纹、结疤、重皮和氧化铁皮等。造成表面缺陷的原因是多方面的，与铸锭、加热、轧制及冷却都有很大关系。因此，在整个生产过程中，都要注意提高钢材表面质量。

钢材性能的要求主要是对钢材的力学性能、工艺性能（弯曲、冲压、焊接性能等）及特殊物理化学性能（磁性、抗腐蚀性能等）的要求。其中最通常的是力学性能（强度性能、塑性和韧性等），有时还要求硬度及其他性能。这些性能可以由拉伸试验、冲击试验及硬度试验确定出来。

强度极限 σ_b 代表材料在破断前强度的最大值，而屈服极限或屈服强度（σ_s 或 $\sigma_{0.2}$）表示开始塑性变形的抗力。这是用来计算结构强度的基本参数。屈强比值（σ_s/σ_b）对于钢材的用途有很大意义。此比值越小，则说明钢材的使用可靠性越高，但太小则又使金属的有效利用率较低；若此比值很高，则说明钢材塑性差，不能做很大的变形。根据经验数据，随结构钢用途的不同，屈强比一般宜在 0.65 ~ 0.75 之间。

钢材使用时还要求有足够的塑性和韧性。伸长率包括拉伸时均匀变形和局部变形两个阶段的变形率，其数值依试样长度而变化；断面收缩率为拉伸时的局部最大变形程度，可理解为在构件不致破坏的条件下金属能承受很大局部变形的能力，它与试样的长度及直径无关。因此，断面收缩率能更好地表明金属的真实塑性。故不少学者建议按断面收缩率来测定金属的塑性。但实际工作中由于测定伸长率较为简便，迄今伸长率仍然是最广泛使用的指标，有时也要求断面收缩率。钢材的冲击性能（α_K 值及脆性转变温度）以试样折断时所耗的功表示，它是对金属内部组织变化最敏感的质量指标，反映了高应变率下抵抗脆性断裂的能力或抵抗裂纹扩展的能力。金属内部组织的微小改变，在静力试验中难以显出，而对冲击韧性却有很大影响。但变形速度极大时，要想测得应力 - 应变曲线很困难，因而往往采用击断试样所需的能量来综合地表示高应变率下金属材料的强度和塑性。必须指出，促使强度性能提高的因素往往不利于塑性和韧性，欲使钢材强度和韧性都得到提高，即提高其综合力学性能，便必须使钢材具有细晶粒的组织结构。

钢材性能主要取决于钢材的组织结构及化学成分，因此，在技术条件中规定了化学成分的范围，有时还提出金属组织结构方面的要求，例如，晶粒度、钢材内部缺陷、杂质形态及分布等。生产实践证明，钢的组织是影响钢性能的决定因素，而钢的组织又主要取决于化学成分和轧制生产工艺过程，因此，通过控制生产工艺制度来控制钢材组织结构状态，通过对组织结构的控制来获得所要求的使用性能，是我们轧钢工作者的重要任务。

产品标准中还包括了验收规则和需要进行的试验内容，包括：做试验时的取样部位、试样形状和尺寸、试验条件和试验方法。此外，产品标准还规定了钢材交货时的包装和标志方法以及质量证明书的内容等。某些特殊的钢材在产品标准中还规定了特殊的性能和组织结构等附加要求以及特殊的成品试验要求等。

各种钢材根据用途的不同都有各自不同的产品标准或技术要求。由于各种钢材的不同技术要求，再加上不同的钢种特性，便导致它们不同的生产工艺过程和生产工艺特点。

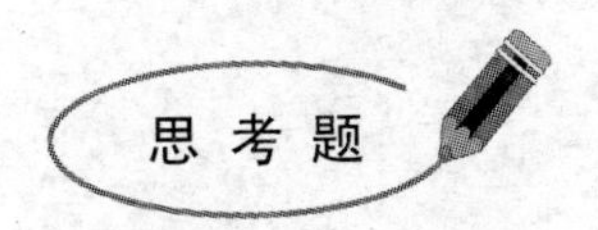

1. 钢材的主要品种有哪些?
2. 钢材的主要用途体现在哪些领域?
3. 轧钢生产系统包括哪些?
4. 轧钢生产工艺过程主要包括哪些工序?各工序的主要作用是什么?
5. 加热工艺参数制订的依据是什么?
6. 轧制工艺参数的制订包括哪些内容?
7. 现代轧钢生产发展的趋势是什么?
8. 产品技术要求包括哪些内容?

2 钢坯生产

【本章概要】

本章首先介绍了轧钢原料——钢坯的种类及生产方法；重点叙述了连铸坯生产工艺，其中包括连铸法的历史及发展趋势，连铸生产工艺，连铸坯的结构特点，连铸生产的现状及未来；最后介绍了薄板坯连铸连轧工艺。

【关 键 词】

钢坯，连铸，初轧，结晶器，凝固，拉坯速度，一次冷却，二次冷却，激冷层，柱状晶区，等轴晶区，薄板坯连铸连轧

【章节重点】

本章应重点掌握连铸坯生产工艺过程和工艺参数制定的依据和原则；熟悉连铸坯的组织结构特点；了解连铸生产的现状和未来，以及薄板坯连铸连轧生产工艺的特点。

2.1 钢坯生产概述

钢坯的生产是将钢锭初轧开坯，至今已有140多年的历史。从20世纪60年代以后，连铸钢坯在工业生产中推广运用。由于连铸钢坯生产在能耗和成坯率两项指标上的明显优势，以及连铸坯在质量上的不断提高，连铸钢坯的生产逐步取代钢锭－初轧钢坯生产，已经成为今后钢铁生产的主要发展方向。

钢坯是生产型钢、板带钢和钢管成品轧材的半成品。钢坯生产的方法有：轧制法、锻压法和连铸法三种。连铸及初轧是生产钢坯的两种主要方法；锻压开坯用于小批量合金钢锭的开坯；而粉末合金钢坯的产量就更少，仅生产一些特殊要求的零件及坯料。

近年来，随着钢坯产量、质量的不断提高，钢坯的精整工序有了很大发展。强化钢坯的轧后冷却，改进钢坯的表面清理及自动检测已经成为现代初轧厂改造的迫切任务。连续铸钢技术的迅速发展，使连铸坯的产量迅猛提高。由于经过连铸机铸出的连铸坯，省去了铸锭、初轧等许多工序，大大简化了钢材生产工艺过程，而且有节约金属、提高成材率、节约能耗，降低生产成本、改善劳动条件，提高劳动生产率及改善枝晶偏析、提高钢材质量等许多优点；此外，浇铸的钢种和品种也不断扩大，除了浇

铸碳素钢外还用于浇铸低合金钢、高合金钢和硅钢等，生产的品种除板坯、薄板坯、方坯和圆坯外还可浇铸空心管坯和异型坯。因此，连铸坯生产已经成为钢铁生产的主流。

2.2 连铸坯生产

2.2.1 连铸法的历史及发展趋势

有色金属（铜、铝等）的连铸在20世纪30年代已获成功，40年代，德国永汉斯（S. Junghans）、美国罗西（I. Rossi）在连续铸钢方面取得工业规模的成功。50年代，钢水连铸工艺已经比较成熟，由于对连铸工艺的冶金理论认识加深、连铸机设备结构和生产工艺不断改进，操作安全和铸坯质量得到基本保证。连铸机设备型式从半连续垂直式开始，经立弯连续式逐步降低了设备高度，到60年代成为现在通用的弧型连铸机。80年代，工业发达国家已有不少电炉车间实现了全连铸化，新建大型转炉车间也有全连铸的。浇铸的钢种在1970年以前大多是普通碳素钢。目前，除极少数高碳、高合金钢和易产生裂纹的钢种，如含铅易切削钢、高速工具钢和某些轴承钢及阀门钢，连铸尚有困难外，约有85%钢种都可以连续浇铸。70年代采用了电磁搅拌，可提高连铸坯质量。连铸生产的钢种包括：深冲的薄板钢，高强度的中厚板钢、钢轨钢、弹簧钢、线材钢、不锈耐酸钢等。

在大型连铸机组上为快速调整铸坯断面的生产要求，通常将机组部件整体更换；从结晶器上口送入引锭杆，可减少通常从下口送进引锭杆的辅助作业时间；有的板坯铸机将结晶器制成六段，可分别独立交换改变断面；在改变断面时，只需要停浇钢水20s，便能继续生产其他新断面的产品。有些板坯机生产单一尺寸的宽板坯，然后纵切成所需宽度尺寸的窄坯。为了在一台连铸机上增加品种和提高产量，发展出多流连铸机。板坯机有的采用2~3流机组，方坯机可多至8~10流。

近年来，连铸生产自动化技术迅速发展。在技术先进的钢厂已经开始实现对钢水成分、温度、结晶器钢液面、铸速、二次水冷却、铸坯质量热检查、定尺切割等用计算机进行全面自动控制；生产过程中有质量不合格铸坯时，实行自动切除；然后热送连轧生产。

2.2.2 连铸生产工艺

将高温钢水连续不断地浇到一个或几个用强制水冷带有“活底”（引锭头）的铜模内（结晶器），钢水很快与“活底”凝结在一起，待钢水凝固成一定厚度的坯壳后，就从铜模的下端拉出“活底”，这样已凝固成一定厚度的铸坯就会连续地从水冷结晶器内被拉出来，在二次冷却区继续喷水冷却。带有液芯的铸坯，一边走一边凝固，直到完全凝固。待铸坯完全凝固后，用氧气切割机或剪切机把铸坯切成一定尺寸的钢坯。这种把高温钢水直接浇注成钢坯的新工艺，就称为连续铸钢。图2-1所示为连铸工艺流程简图。

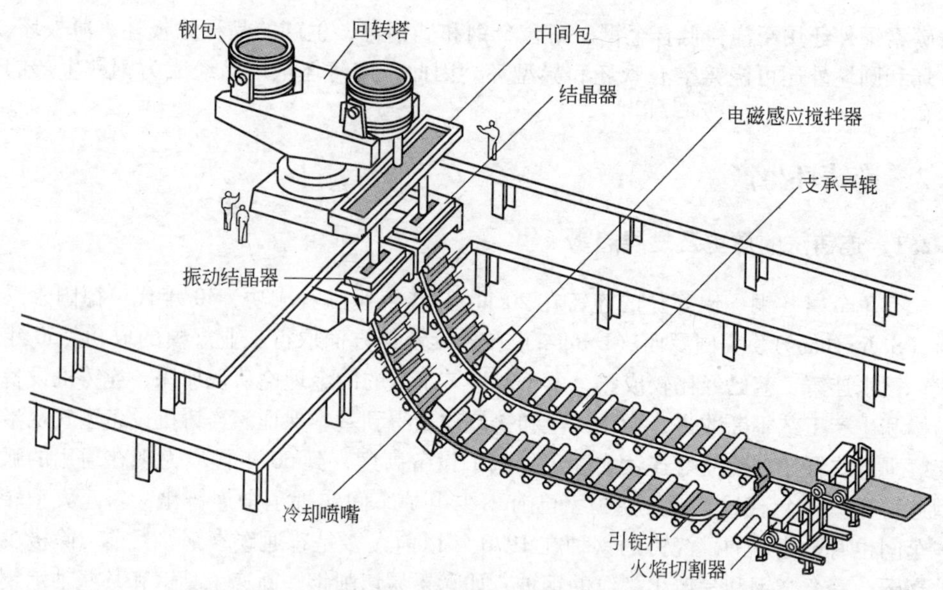

图 2－1 连铸工艺流程简图

2.2.2.1 连铸钢水的温度控制

钢水温度过高的危害：（1）出结晶器坯壳薄，容易漏钢；（2）耐火材料侵蚀加快，易导致铸流失控，降低浇铸安全性；（3）增加非金属夹杂，影响板坯内在质量；（4）铸坯柱状晶发达；（5）中心偏析加重，易产生中心线裂纹。

钢水温度过低的危害：（1）容易发生水口堵塞，浇铸中断；（2）连铸表面容易产生结疤、夹渣、裂纹等缺陷；（3）非金属夹杂不易上浮，影响铸坯内在质量。

根据冶炼钢种严格控制出钢温度，使其在较窄的范围内变化；其次，要最大限度地减少从出钢、钢包中、钢包运送途中及进入中间包的整个过程中的温降。

实际生产中在钢包内调整钢水温度的措施有：（1）钢包吹氩调温；（2）加废钢调温；（3）在钢包中加热钢水技术；（4）钢包的保温。

2.2.2.2 浇铸温度的确定

浇铸温度是指中间包内的钢水温度，通常一炉钢水需在中间包内测温3次，即开浇后5min、浇铸中期和浇铸结束前5min，而这3次温度的平均值被视为平均浇铸温度。浇铸温度（也称目标浇铸温度）可由式（2－1）表示：

$$T_{浇} = T_{液相线温度} + \Delta T \tag{2-1}$$

式中 ΔT——过热度，钢水的过热度主要是根据铸坯的质量要求和浇铸性能来确定，表2－1为不同钢种的过热度。

表 2－1 不同钢种的过热度

钢种类别	过热度	钢种类别	过热度
非合金结构钢	10～20℃	高碳、低合金钢	5～15℃
铝镇静深冲钢	15～25℃		

另外，出钢温度的确定对于优质钢坯的生产也是必不可少的。钢水从出钢到进入中间包经历5个温降过程：

$$\Delta T_{总} = \Delta T_1 + \Delta T_2 + \Delta T_3 + \Delta T_4 + \Delta T_5 \tag{2-2}$$

式中 ΔT_1——出钢过程的温降；

ΔT_2——出钢后钢水在运输和静置期间的温降（1.0～1.5℃/min）；

ΔT_3——钢包精炼过程的温降（6～10℃/min）；

ΔT_4——精炼后钢水在静置和运往连铸平台的温降（5～12℃/min）；

ΔT_5——钢水从钢包注入中间包的温降。

$$T_{出钢} = T_{浇} + \Delta T_{总} \tag{2-3}$$

控制好出钢温度是保证目标浇铸温度的首要前提。具体的出钢温度要根据每个钢厂在自身温降规律调查的基础上，根据每个钢种所要经过的工艺路线来确定。

2.2.2.3 拉坯速度的确定和控制

拉坯速度是以每分钟从结晶器拉出的铸坯长度来表示。拉坯速度应和钢液的浇注速度相一致。拉坯速度控制合理，不但可以保证连铸生产的顺利进行，而且可以提高连铸生产能力，改善铸坯的质量，确保铸坯出结晶器时能承受钢水的静压力而不破裂，一般拉坯速度应确保出结晶器的坯壳厚度为12～14mm。

拉坯速度的确定受到以下因素的限制：

（1）机身长度的限制。根据凝固的平方根定律，铸坯完全凝固时达到的厚度。

（2）拉坯力的限制。拉坯速度提高，铸坯中的未凝固长度变长，各相应位置上凝固壳厚度变薄，铸坯表面温度升高，铸坯在辊间的鼓肚量增多，拉坯时负荷增加。超过拉拔转矩就不能拉坯，所以限制了拉坯速度的提高。

（3）结晶器导热能力的限制。根据结晶器散热量计算出最高浇注速度：一般而言，板坯的最高浇注速度为2.5m/min，方坯为3～4m/min。

（4）拉坯速度对铸坯质量的影响。降低拉坯速度可以阻止或减少铸坯内部裂纹和中心偏析，提高拉坯速度可以防止铸坯表面产生纵裂和横裂；为防止矫直裂纹，拉坯速度应使铸坯通过矫直点时表面温度避开钢的热脆区。

（5）钢水过热度的影响。一般连铸会规定允许的最大钢水过热度，在允许的过热度下，拉坯速度随着过热度的降低而提高。

（6）钢种影响。就碳含量而言，拉坯速度按低碳钢、中碳钢、高碳钢的顺序依次降低。就钢中合金含量而言，拉坯速度按普碳钢、优质碳素钢、合金钢顺序降低。

2.2.2.4 铸坯冷却的控制

钢水在结晶器内的冷却即一次冷却（一冷），其冷却效果可以由通过结晶器壁传出的热流大小来度量。一冷就是结晶器通水冷却。其作用是确保铸坯在结晶器内形成一定的初生坯壳。一冷强度的确定是根据经验，以在一定工艺条件下结晶器内钢水能够形成足够的坯壳厚度和确保结晶器安全运行为前提条件。通常结晶器周边供水2L/(mm·min)。进出水温差不超过8℃，出水温度控制在450～500℃为宜，水压控制在0.4～0.6MPa。

二次冷却（二冷）是指出结晶器的铸坯在连铸机二冷段进行的冷却过程。其目的是对带有液芯的铸坯实施喷水冷却，使其完全凝固，以达到在拉坯过程中均匀冷却。二冷强度的确定通常结合铸坯传热与铸坯冶金质量两个方面来考虑。铸坯刚离开结晶器，要采用大量水冷却以迅速增加坯壳厚度，随着铸坯在二冷区移动，坯壳厚度增加，喷水量逐渐降低。因此，二冷区可分为若干冷却段，每个冷却段单独进行水量控制，同时考虑钢种对裂纹敏感性而有针对性地调整二冷喷水量。对普碳钢和低合金钢，冷却强度为 1.0 ~ 1.2L/kg 钢；对低碳钢和高碳钢，冷却强度为 0.6 ~ 0.8L/kg 钢；对热裂纹敏感性强的钢种，冷却强度为 0.4 ~ 0.6L/kg 钢，水压为 0.1 ~ 0.5MPa。

2.2.3 连铸坯的结构特点

连铸坯低倍结构对产品质量有着重要的影响。铸坯的低倍结构呈树枝形状，如图 2-2 所示，铸坯低倍结构由三个结构带组成：

（1）激冷层。钢水浇入冷结晶器，在弯月面区有高的温度梯度和快的冷却速度（>100℃/s），提供极大的过冷度，形成细小等轴晶。激冷层厚度为 2 ~ 5mm。

（2）柱状晶区。从横断面来看，树枝晶呈竹林状分布，由于冷却的不均匀性，柱状晶的发展不规则，有时会形成穿晶结构。

（3）内部等轴晶区。在液相穴固液界面，由于钢液对流运动把树枝晶打断，一部分熔化加速了过热度消除，另一部分枝晶下沉到液相穴底部作为等轴晶核心，此时由逐渐结晶过渡到体积结晶，生长的柱状晶与沉积在液相穴底部等轴晶相连接柱状晶停止生长而形成等轴晶区。铸坯中心区等轴晶较粗大且呈不规则排列。有的甚至于无等轴晶而呈柱状晶穿晶结构（如不锈钢）。铸坯中心有不同程度的缩孔疏松和偏析。

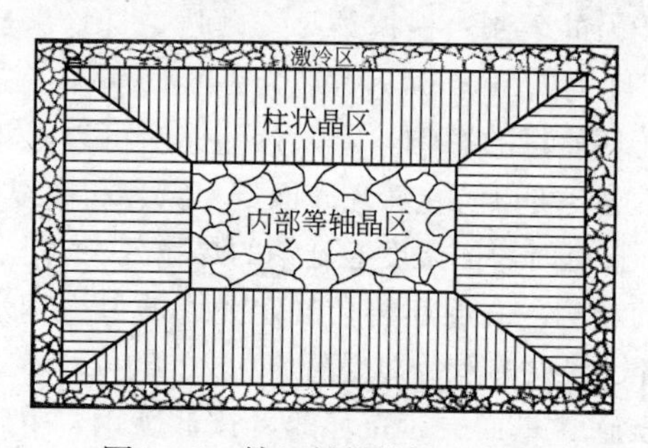

图 2-2 铸坯低倍结构示意图

从铸坯纵断面来看，除可分出三个结构带外，铸坯中心有缩孔、疏松和偏析（中心偏析和 V 偏析）等缺陷。它的形状取决于液相穴凝固进程和冷却的控制。

等轴晶的优点包括：结构致密，各个等轴晶彼此相互嵌入结合牢固；热加工性能好；钢材力学性能呈各向同性。柱状晶的缺点包括：柱状晶枝干较纯，而枝晶间偏析严重，热变形后，枝晶偏析区被延伸，使组织具有带状特征，力学性能呈各向异性尤其是横向性能和韧性降低；在柱状晶交界面，由于杂质元素富集，构成了薄弱面，是裂纹优先扩展的地方，热加工性变差；在柱状晶充分发达时，铸坯已形成穿晶结构，造成中心疏松、缩孔，降低了铸坯中心的致密度。

因此，除了某些特殊用途产品，如电工钢、气轮叶片等为了改善磁性、耐磨、耐腐蚀性能而要求柱状晶发达外，一般的钢都希望得到等轴晶结构的连铸坯。

2.2.4 连铸生产的现状及未来

作为钢材生产流程的中间环节，连铸技术的发展表现出如下几个明显特征：

(1) 流程紧凑。如各类近终形铸机与常规连铸的带液芯压下和动态轻压下技术的发展与应用。

(2) 技术密集。浇注与凝固、机械与液压、自动控制、过程检测与多级通讯的技术集成度大大提高。

(3) 功能扩大。钢水精炼、浇注与凝固控制、近终形、铸轧与组织控制等系统集成技术受到重视。可以说，现代连铸技术在冶金工业中的作用与地位已越发重要。

连铸技术创新的推动力来自于用户对铸机性能和使用要求的不断提高。当前，随着钢铁市场环境与社会发展的需要，连铸技术发展更倾向于保证产品质量、提高钢材成材率以及高附加值钢种的生产，且节能增效。为了提高钢坯纯净度、控制中心偏析，直弧形机型动态辊缝铸机得到快速发展。其中，远程辊缝控制技术及凝固末端动态轻压下技术在板坯连铸以及大方坯连铸中受到用户的高度重视。国际先进连铸技术已在向精细化及数字化技术方向发展。

通过自主开发、跟踪转化以及联合设计，国内连铸设计水平取得了较大的进步。尤其是一些先进的单体技术装备设计基本都实现了国产化，如结晶器液面控制、自动下渣监测、电磁搅拌、漏钢预报、动态配水、动态轻压下、质量跟踪与判定等。

近年来，由于国民经济发展较快，我国冶金企业投放的技改资金比较大，新上项目较多，连铸项目也较多。但先进铸机设备和技术还是多习惯于引进，其中我国薄板坯连铸连轧已经引进了10多条生产线。截至2002年底，中国共有551台（1749流）连铸机，其中板、方坯连铸机分别为101台（130流）、429台（1564流），圆坯、异型坯连铸机分别为20台（52流）、1台（3流）。

此外，国内新上的高规格铸机多由国外知名连铸商（VAI、DANIELI、CONCAST、SMS/德马克等）和国内设计单位联合设计。这种局面促进了国内相关技术水平的提高，但不利于自主知识产权品牌的应用与提升。可喜的是，随着国内设计水平的提高，尤其是新技术开发及其成熟度的提高，加之投资和后期维护成本的优势，一些钢铁生产用户开始陆续使用全套国产装置，铸机配置水平也逐渐提高，尤其是大方坯、大圆坯连铸工程设计等已经表现出很强的竞争力。

从连铸技术发展的历史来看，关键设备与技术的突破与发展往往是推动其发展的重要因素（如钢包回转台、结晶器振动台以及扇形段技术等）。先进的连铸设备是保证钢铁制造具有长期竞争力的有效办法，通过不断进步来满足生产和市场的需要，以实现钢铁生产的优质高效，并获得合理的成本控制。其中，中间包冶金、结晶器优化设计、结晶器振动及无摩擦浇铸技术、动态辊缝扇形段以及控制系统、结晶器电磁搅拌、辊式搅拌、末端电搅和低应变拉矫技术等都是当前连铸技术的关键设备与技术环节。这些关键技术设备的发展与规范化使用技术是保证我国连铸全面生产稳定发展、产品质量普遍提高的重要基础。

2.2.5 薄板坯连铸连轧工艺

薄板坯连铸连轧技术是20世纪90年代世界钢铁工业发展的一项重大新技术，它的开发成功是近终形浇铸技术的重大突破。由于薄板坯连铸工艺具有节能、减少基建投资、降低生产成本、提高钢材收得率，改善热带产品质量等优点，故是国际上竞相开发的重大工艺技术。与传统钢材生产技术相比，从原料到成品，薄板坯连铸设备的吨钢投资降低19%~34%，吨材成本降低80~100美元，生产时间可缩短十倍至数十倍，厂房面积减少24%，金属消耗可减少66.7%，加热能耗可减少40%，电耗可减少80%，当然这些数字最终视各厂具体情况不同而变化。薄板坯连铸连轧技术的开发成功并投入商业化生产，已经为许多钢铁企业带来经济效益和竞争优势，一些小型钢厂（如美国纽柯公司、动力钢公司等）利润大增，成为钢铁工业结构改革成功的典范，而且一批长流程钢厂也竞相新建或改建薄板坯连铸设备，因此，薄板坯连铸连轧技术最终必然会对整个钢铁工业产生重大影响。薄板坯连铸连轧技术除SMS开发的CSP（Compact Strip Production）外，还有Demag的ISP（Inline Strip Production）、住友的QSP（Quality Strip Production）、Dmieli的FTSR（Flexible Thin Slab Rolling）和VAI的CONROLL（Continue Rolling）等共5种类型。

1989年7月，世界上第一台由德国SMS供货的CSP在美国纽柯钢铁公司克劳福兹维尔厂内投产，其生产工艺流程如图2-3所示。这开辟了一个生产宽带产品的新时代，从结晶器内钢水到卷取成热带，前后不超过30min。

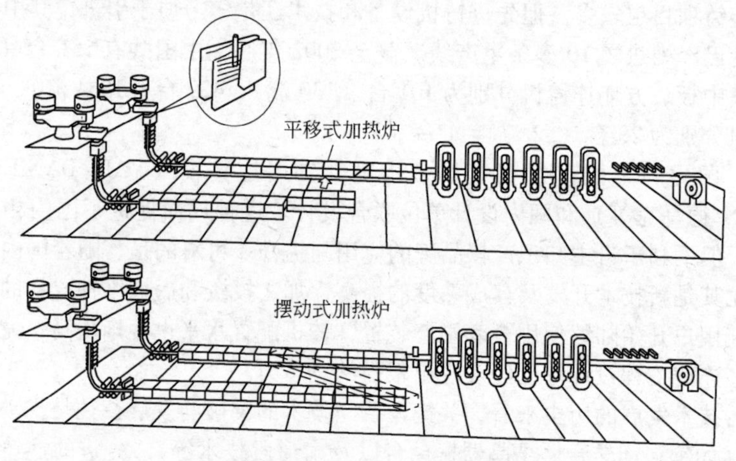

图2-3 CSP生产工艺流程

CSP工艺的设计思想贯彻了连续生产的三大原则：

(1) 以最少的工序数，达到经济上高效益。从钢水到带卷仅用5个不可缺少的工序：用 CSP 薄板坯连铸机浇出铸坯；在辊底式均热炉中使铸坯均热至轧制温度；用六机架 4 辊连轧机轧至成品厚度；在输出辊道上根据材料性能要求进行冷却；最后用卷取机卷取。

（2）最少的能源消耗。铸坯在均热炉内不需要重新加热。

（3）使薄板坯维持绝对恒定温度。经均热后，板坯温度均匀，以后的轧制和冷却工序可以恒速进行。最终成品显微组织和尺寸精度很容易达到理想状态。

CSP 工艺的核心是 SMS 公司开发的漏斗形结晶器。该结晶器属专利产品，结晶器上端宽大，可容纳大直径浸入式水口，下端逐渐变窄，最终过渡到矩形。结晶器用铜银合金制成，使用寿命可超过 10 万吨。CSP 是首先达到工业化生产、最成熟的薄板坯连铸工艺，其技术可靠、适应性强，推广速度极快。目前全世界 CSP 机型共有 30 多条，生产能力 4000 万吨/年，占全球热轧带钢产量的 12%。

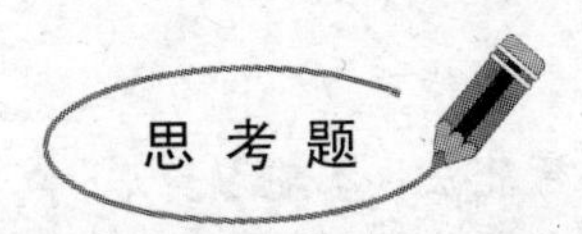

思考题

1. 钢坯生产的方法有哪些？
2. 什么叫连续铸钢？简述其工艺流程。
3. 连铸生产工艺参数的制定包括哪些内容？
4. 简述连铸坯的组织结构特征。
5. 连铸技术的发展表现出哪些特征？
6. CSP 工艺的设计思想是什么？

3 型钢生产

【本章概要】

本章首先介绍了型钢产品种类、型钢的生产方式、型钢轧机的布置及生产特点；然后分别对普通型钢生产、大中型型钢生产、小型型钢生产、钢轨生产、棒线材生产、H 型钢生产进行了阐述；最后阐述了型钢生产的发展及新技术。

【关 键 词】

经济断面型材，高精度型材，普通轧法，多辊轧法，热弯轧法，不均匀变形，大型轧机，横列式轧机，连续式轧机，小型轧机，万能孔型轧制法，矫直，棒材，线材，控制轧制，钢筋，Y 型轧机，H 型钢，热处理

【章节重点】

本章应重点掌握型钢的品种及生产方式；熟悉钢轨生产的工艺流程、线材生产的特点；了解高速无扭线材轧制、棒线材控制轧制及控制冷却的基本原理、H 型钢的生产方式、型钢生产的新技术。

国民经济的发展需要更多数量、更多品种、更高质量的型钢。型钢轧机逐渐向专业化、长件化、多品种以及半连续和连续化方向发展。

3.1 型钢生产概述

型钢品种繁多，并且同一断面的型钢，往往又有很多不同规格型号，可广泛用于国防、机械制造、修建铁路、桥梁、矿山、工厂及船舶制造、建筑、农业及民用等各个领域。

世界各国型钢生产占钢材比重各自不同，工业发达国家型钢生产所占钢材的比重越来越小，发展中国家型钢生产所占比重较大。型钢生产的总趋势是比重越来越小，但其产量和品种则逐年增加。

3.1.1 型钢产品种类

型钢的种类繁多，不同型钢最明显的区别在于它们的断面形状。型钢按断面形状分为简单断面和复杂断面。简单断面包括：方、圆、扁、六角、角钢等，如图 3－1 所示。

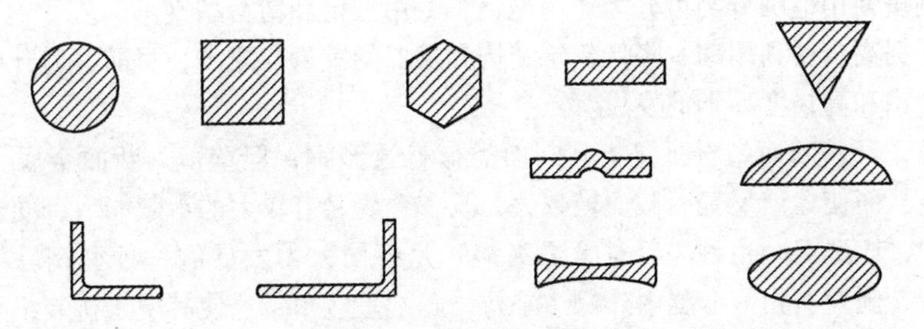

图3－1 简单断面型钢

复杂断面型钢又分为异型断面型钢和周期断面型钢。异型断面型钢包括：工字钢、槽钢、H型钢、钢轨、丁字钢、窗框钢和鱼尾板等，如图3－2所示。周期断面型钢有螺纹钢筋、竹节钢筋、犁铧钢、肋骨钢、横轧变断面轴、斜轧轴套、斜轧肋形管等。

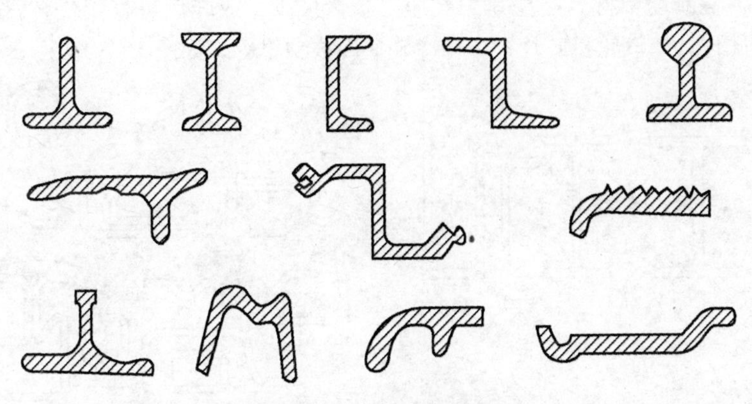

图3－2 复杂断面型钢

型钢按生产方式可分为热轧型钢、冷弯型钢、焊接型钢和用特殊轧法生产的型钢。热轧按轧制方式又可分为：纵轧、斜轧、横旋轧或楔横轧等特殊加工。用特殊加工生产的各种周期断面或特殊断面钢材，又可分为螺纹钢、竹节钢、犁铧钢、车轴、变断面轴、钢球、齿轮、丝杠、车轮与轮箍等。

型钢按使用部门可分为铁路用型钢（钢轨、鱼尾板、道岔用轨、车轮、轮箍）、汽车用型钢（轮辋、轮胎挡圈和锁圈）、造船用型钢（L型钢、球扁钢、Z型钢、船用窗框钢）、结构和建筑用型钢（H型钢、工字钢、槽钢、角钢、吊车用钢、窗框和门框用钢、钢板桩等）、矿山用钢（U型钢、槽帮钢、矿用工具钢、刮板钢等）、机械制造用异型钢等。

型钢按断面尺寸大小可分为大型、中型和小型型钢，其划分常以它们分别适合在大型、中型和小型轧机上的轧制来分类。大型、中型和小型的区分实际上并不严格。另外还有用单重（kg/m）来区分的方法。一般认为，单重在5kg/m以下的是小型钢，单重在5～20kg/m之间的是中型钢，单重超过20kg/m的是大型钢。

型钢按使用范围分类可分为通用型钢、专用型钢和精密型钢。

为了提高金属利用率、降低建筑结构和机器的重量与成本，目前普遍开始重视经济断面型钢和高精度型钢的发展。

所谓“经济断面型材”是指其断面类似普通型钢，但壁薄，断面金属分配得更加合理，从而使之重量轻而截面模数大，既省金属又有较大的承载能力，便于拼装组合。其中，H 型钢（也称平行宽缘工字钢）是各国大力发展的一种型钢。其特点是 H/B 较小，腿宽而腰薄。腿内外侧边平行，腿端呈直角，这使其便于拼装组合成各种构件，从而节约焊接、铆接工作量25%左右。另外，H 型钢的断面模数、惯性矩均较大，故强度和刚度较高，常用于要求承载能力大，截面稳定性好的大型桥梁、高层建筑、重型设备、高速公路等。因此，H 型钢近年来发展很快，几个主要产钢国家的 H 型钢占大型材产量的30% ~45%。H 型钢可分为宽、中、窄幅 H 型钢，其腰高与腿宽之比分别为1:1、3:2、2:1。

所谓“高精度型材”是指其二次加工余量极少，或轧后可直接代替机械加工零件使用的轧件，如汽轮机叶片、各种冷轧、冷拔型材等，如图 3－3 所示。

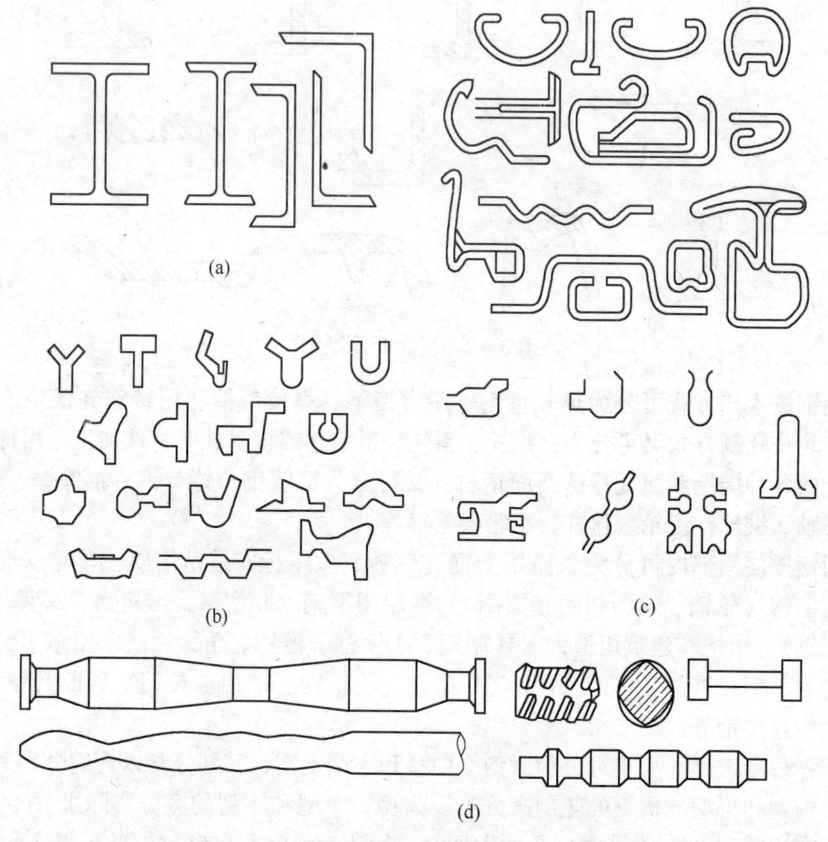

图 3－3　经济断面型钢

（a）通用经济断面型材；（b）精密异型经济断面型材；（c）弯曲型钢；（d）周期断面型钢

3.1.2 型钢生产方式

热轧型钢具有生产规模大、效率高、能量消耗少和成本低等优点，故为型钢生产的主要方式。型钢的轧制方法有以下几种：

（1）普通轧法。普通轧法即是在一般二辊或三辊轧机上进行的普通轧制方法。孔型由两个轧辊的轧槽所组成，可生产一般简单、异型和纵轧周期断面型钢。当轧制异型断面的产品时，不可避免地要用闭口槽，此时轧槽各部分存在明显的辊径差（图3-4），因此无法轧制凸缘内外侧平行的经济断面型钢；而且轧辊直径还限制着所轧型钢的凸缘高度，辊身限制着可轧的轧件宽度。因此，轧制60号以上的工字钢和大型钢桩等较困难。辊径差及不均匀变形的存在会引起孔型内各部金属的相对附加流动，从而使轧制能耗增加、孔型磨损加速，成品内部产生较大的残余应力，影响轧件质量。但这种轧法设备比较简单，故目前大多数型钢轧机仍采用之。

（2）多辊轧法。多辊轧法的特点是：孔型由三个以上轧辊轧槽所组成，从而减少了闭口槽的不利影响，辊径差也减小，可轧出凸缘内外侧平行的经济断面型钢，轧件凸缘高度可以增加，还能生产一般轧法不能生产的异型断面产品。轧制精度高，轧辊磨损、能量消耗、轧件残余应力均减少。图3-5为采用多辊轧法轧制角、槽、T字钢的示意图。

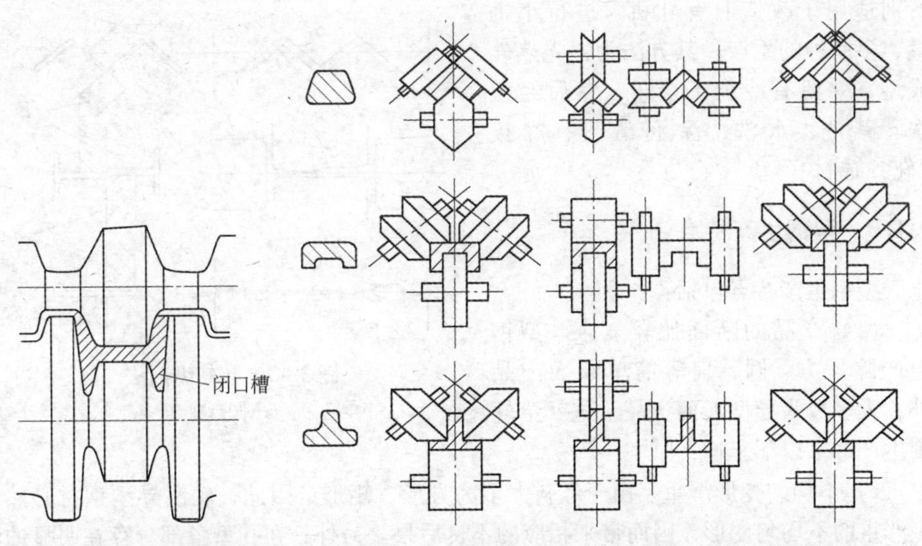

图3-4 闭口槽和辊径差　　图3-5 多辊轧法轧制角、槽、T字钢的示意图

（3）热弯轧法。它的前半部是将坯料轧成扁带或接近成品断面的形状，然后在后继孔型中趁热弯曲成型（图3-6）。热弯轧法可在一般轧机或顺列水平立式轧机上生产，并可轧制一般方法得不到的弯折断面型钢。

（4）热轧-纵剖轧法。将较难轧制的非对称断面产品先设计成对称断面，或将小断面产品设计成并联形式的大断面产品，以提高轧机生产能力，然后在轧机上冷却后用圆盘剪进行纵剖（图3-7）。当改变图中3、5、8的剖切位置时，可得到两个不同尺寸的型材。

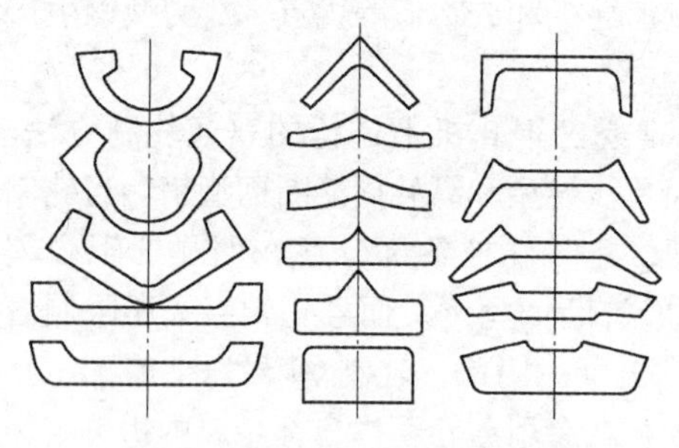

图3-6 热弯型钢成型过程

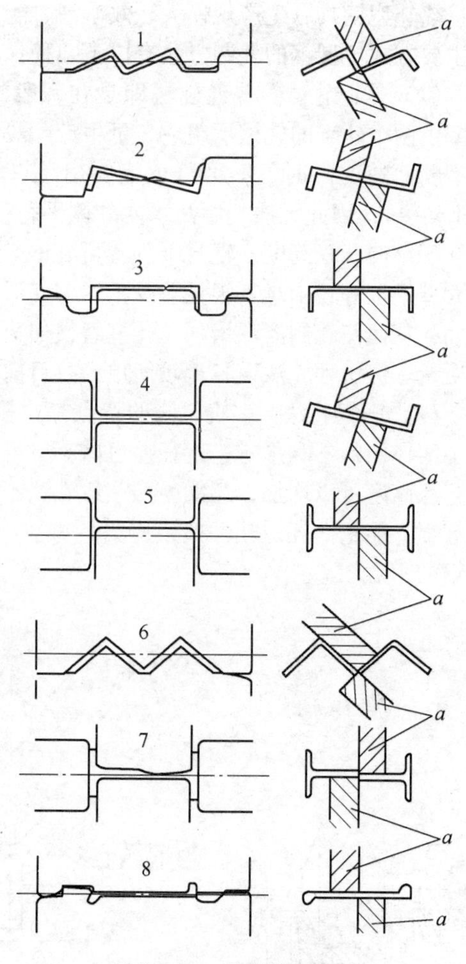

图3-7 热轧纵剖法

a—圆盘剪

（5）热轧-冷拔（轧）法。这种方法可生产高精度型材，其产品力学性能和表面质量均高于一般热轧型钢，精度可达3~4级，表面粗糙度可达*Ra*1.6~*Ra*6.3（μm），可直接用于各种机械零件。此法可提高工效，减少金属消耗，特别适用于改造旧有轧机、进行小批量、多品种的生产。其方法为：先热轧成型，并留有冷加工余量，然后经酸洗、碱洗、水洗、涂润滑剂、冷拔（轧）成材。

3.1.3 型钢生产特点

型钢生产特点包括：

（1）产品的断面比较复杂。型钢生产除了方、圆、扁等简单断面产品外，大多数为异型断面产品，这就给轧制生产带来以下影响：

1）不均匀变形严重。由于坯料大多为方形、矩形，因此，轧制异型钢材必然产生严重的不均匀变形，因而带来相应的不良后果。另外，在孔型各部分存在明显的辊径差，使轧辊各点线速度与轧件速度不一致。断面各部分不是同一时间与轧辊接触变形，这使本来变形不均匀的现象更加严重，非对称断面在孔型内受力、变形更为不均。某些产品在轧制过程中还存在热弯变形等，使孔型内变形规律更加复杂。

2）轧件各部分温度、变形程度、轧辊直径的不同，使型钢生产中的前滑、力能参数计算要比钢板生产中的困难得多。

3）孔型限制宽展或强制宽展的作用，使本来就有困难的宽展值计算更加困难。

因此，目前有许多方面仍靠经验解决，其中有不少问题今后必须在理论上加以研究解决。

4）严重的不均匀变形，对轧制产品的质量、能耗、轧辊消耗、导卫设计与安装、孔型的调整、轧机的产量等都有不利影响。

5）由于轧件断面复杂，各部分轧制条件不同，所以轧件轧后各部分温度不同，且冷却条件也不同，因此轧件各部分冷缩不一致，造成轧件内部存在较大的残余应力和成品尺寸的变形。如何防止异型断面轧后冷却不均造成弯曲扭转，也是一个必须进一步解决的问题。

6）型钢生产中如何防止异型断面剪切过程中轧件端部走形，控制矫直质量，特别是矫直侧向弯曲问题，如何实现成品机械化包装等问题，都是需要解决的难题。

7）组织连轧生产较困难。由于断面复杂，连轧中堆拉关系的控制难度较大，断面形状尺寸很难保证。断面各部分尺寸不同，使连续测量和连续探伤较为困难，因而导致异形型钢连轧发展缓慢，近年来才有少数国家实现复杂断面的连轧生产。

（2）产品品种多。除少量专业化型钢轧机外，大多数型钢轧机生产的品种规格繁杂而多样，因而造成坯料的品种规格多、轧辊储备量大、导卫装置数量多，使生产管理工作难度增大。此外，换辊次数频繁对轧机安装调整技术要求较高，从而大大影响轧机有效生产时间。因此，对于多品种型钢车间来说，如何加强孔型和备件的共用性；如何加强管理；如何调配生产计划；如何实现快速换辊；如何使精整工艺流程合理；如何使各品种精整流线互不干扰，实现机械化代替繁重的体力劳动，这些问题都是型钢生产需要不断完善的。

（3）产品种类多。型钢品种、规格很多，切尺寸相差很大，加上各自生产要求的不同，使得型钢轧机类型很多，包括各种轧机类型和布置形式。

轧机按结构形式可分为二辊式轧机、三辊式轧机、四辊万能孔型轧机、多辊孔型轧机、Y型轧机、45°轧机和悬臂式轧机等。轧机按布置形式可分为横列式轧机、顺列式轧机、棋盘式轧机、半连续式轧机和全连续式轧机等。

采用何种轧机和布置形式，需视生产品种、规格及产品技术条件而定。一般将轧机分为大批量、专业化轧机和小批量、多品种轧机两类，以便发挥各类轧机之所长。专业化轧机包括：H型钢轧机、重轨轧机、钢筋轧机和线材轧机以及特殊型钢轧机等。这几种轧机产品专业化强、批量大，并有配套的专用设备。其优点是：轧机作业率与设备利用率高、技术容易熟练、易于实现机械化和自动化，对提高产品质量、产量、劳动生产率，降低成本均有好处。专业化轧机一般采用连续式或半连续式轧机。多品种轧机可采用联合型钢轧机，以适应多品种生产，满足国民经济各部门的需要。

3.2 普通型钢生产

3.2.1 大中型型钢生产

3.2.1.1 工艺过程概述

大型轧机的轧辊名义直径在 ϕ650mm 以上，中型轧机的轧辊名义直径在 ϕ350 ~

650mm之间。然而大中型型钢轧机及所轧制的钢材品种和规格，很难截然分开，而且在其间经常有交叉和重复。因此，各类型钢轧机（特别是大、中型）之间，许多产品的生产工艺是很相近的，这里将其归纳如图3－8所示。

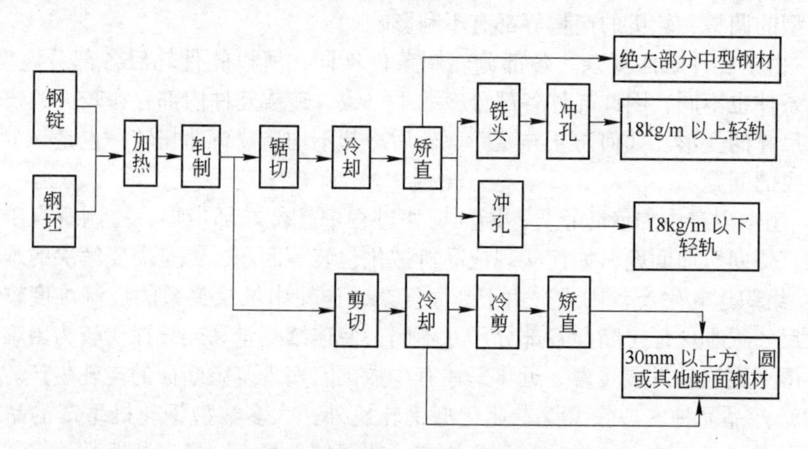

图3－8 大中型钢材的生产工艺流程图

3.2.1.2 轧制布置形式

作为大型或中型轧机，主要布置方式有：横列式、纵列式、棋盘式、半连续及全连续式。

（1）横列式轧机。对于大型或中型轧机来说，横列式还是比较多见的，我国目前大型或中型轧机，基本上属于这一类型，与轨梁轧机相似，它主要有一列式和二列式两种基本类型。

横列式轧机的优点是：投资少、调整方便、喂钢顺利。缺点是：用于轧件横移的间隙时间长、轧制速度慢、温降大。

（2）纵列式轧机。图3－9为500（精轧机尺寸）纵列式大型轧机，常用的道次为7或9道，轧制7道时可不经过5、6两架轧机。

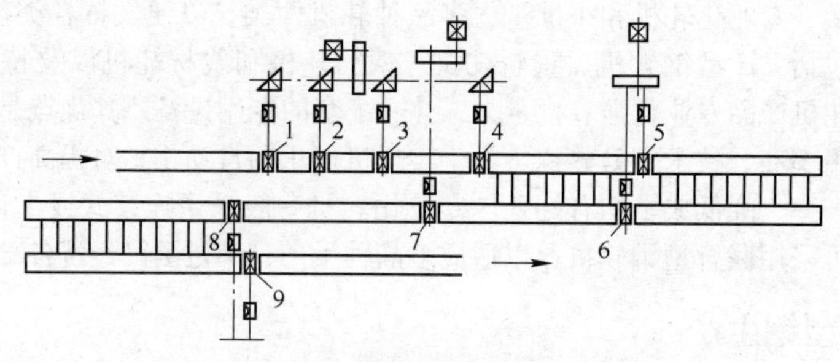

图3－9 500纵列式大型轧机
1～4—600轧机；5～9—500轧机

（3）棋盘式轧机。图3－10为350棋盘式轧机，前四架轧机中每两架组成一组连轧（在第3与第4架间进行翻钢），专用于减少钢坯断面，第6架轧制后将轧件拖送至第7架，第8~11架轧机成棋盘式布置，每道轧制后用斜辊道将轧件移送至下一轧机。

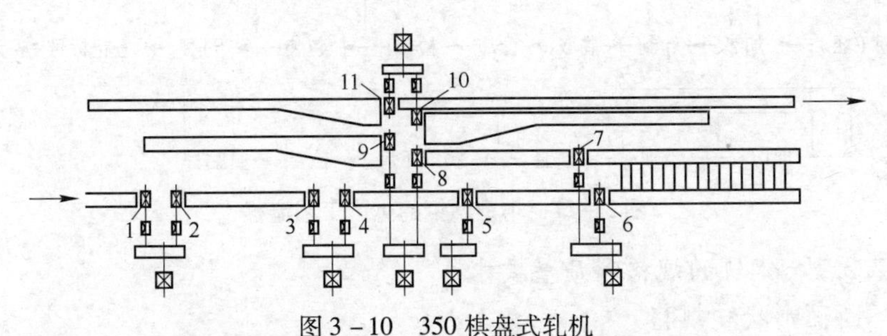

图3-10 350棋盘式轧机

1~4—450轧机；5~7—400轧机；8~11—350轧机

（4）连续式轧机。长期以来，用连续式轧机生产型钢发展较为缓慢，特别是大、中型以上的轧机。20世纪60年代以后，国外开始出现半连续式和连续式大、中型轧机，连续式轧机多采用水平辊和立辊交替排列的复合机组；另外也出现了万能式连轧机组。

3.2.2 小型型钢生产

3.2.2.1 小型生产产品范围及生产概况

轧辊名义直径在250~300mm之间的轧机（精轧机），统称为小型轧机，它可轧制各种简单断面与复杂断面型钢。小型型钢产品范围不大，以圆钢为例，通常产品直径为9~38mm；按用户要求，成品可切成条或成盘供应。小型轧机又可分为专业化和综合性轧机。专业化轧机有以下特点：（1）产品种类少，有利于提高生产技术水平和发挥专业特长；（2）闲置设备少，设备利用率高，投资少；（3）产量高，适于大规模集中生产；（4）生产成本低。

3.2.2.2 小型型钢生产特点

小型型钢断面小，长度大，因此轧制时散热快，温降严重，轧件头尾温差很大，这不仅使能耗增大，轧辊孔型磨损加快，而且头尾尺寸波动较大。所以，小型型钢生产（包括线材生产）的关键是如何解决轧件温降快、头尾温差大的问题。

3.2.2.3 轧机布置形式

在小型型钢生产中，轧机布置形式主要有三种：横列式、半连续式和连续式。目前，横列式轧机（一列、二列或三列布置）仍是我国小型钢材生产的主要方式。

3.2.2.4 生产工艺流程

小型型钢生产的一般生产工艺流程，如图3-11所示。

3.2.3 钢轨生产

钢轨作为铁路运输轨道的重要组成部分，与铁路具有同样悠久的历史。钢轨的生产始于1840年。

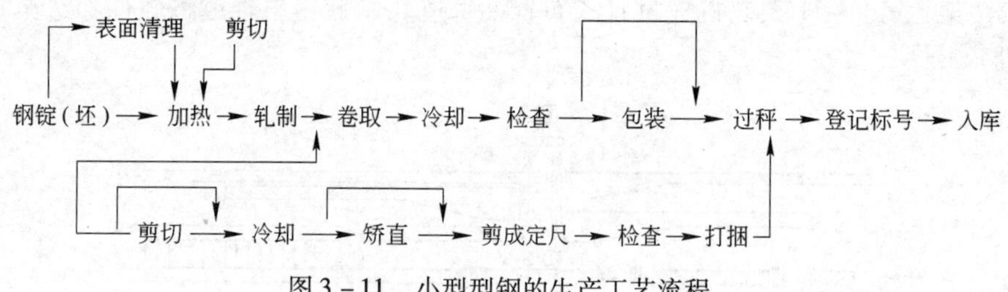

图 3-11 小型型钢的生产工艺流程

3.2.3.1 钢轨的规格和质量要求

A 断面形状和规格

钢轨是仅 Y 轴对称的异型断面钢材。其横截面可分为轨头、轨腰和轨底三部分。轨头是与车轮相接触的部分；轨底是接触轨枕的部分，如图 3-12 所示。世界各国对钢轨的技术条件有不同的要求，但钢轨的横截面的形状都是一致的。

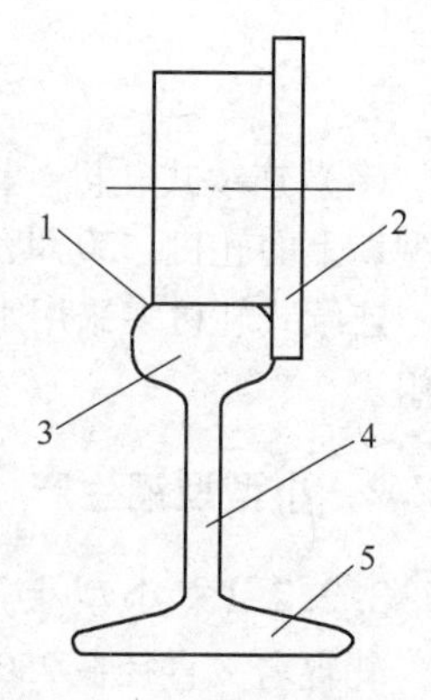

图 3-12 钢轧受偏心载荷
1—踏面；2—车轮；3—轧头；4—轧腰；5—轧底

钢轨的规格以每米长的重量来表示。普通钢轨的重量范围为 5~78kg/m，起重机轨重可达 120kg/m。常用的规格有 9kg/m、12kg/m、15kg/m、22kg/m、24kg/m、30kg/m、38kg/m、43kg/m、50kg/m、60kg/m、75kg/m。通常将 30kg/m 以下的钢轨称为轻轨，在此规格以上的钢轨称为重轨。轻轨主要用于森林、矿山、盐场等工矿内部的短途、轻载、低速专线铁路。重轨主要用于长途、运载、高速的干线铁路，也有部分钢轨用于工业结构件。

B 工作特点和技术要求

钢轨的受力条件较为复杂，在使用过程中，轨端部分承受周期性冲击载荷。在火车轮作用下，钢轨踏面需承受接触应力、机车运行中的滚动摩擦以及刹车时的滑动摩擦力，轨腰则承受偏心载荷的弯曲应力，轨底处于拉应力状态，如图 3-12 所示。此外，钢轨还要受到恶劣的工作条件（风吹、日晒、雨淋以及气候的变化）的影响。

钢轨的损坏形式主要有断裂、踏面磨损、踏面剥离、压溃等。

目前，为适应铁路运输高速、重载的需要，除要求提高钢轨的强韧性和耐磨性外，还必须保证钢轨有较大的纵向抗弯截面模数，不断提高轨底宽度和轨腰高度，因而使钢轨的单重达到 70kg/m 以上，以重型钢轨代替较轻型钢轨已成为世界各国干线铁路发展的共同趋势。

高速铁路是铁路运输发展的趋势：1964 年，日本建成第一条高速铁路。从 20 世纪 80 年代起，法国 TGV、德国 ICE 高速列车相继建成，推动了全欧主要干线的高速化。从此，以高速为目标的铁路建设高潮逐渐兴起。高速铁路也是我国铁路运输发展的目标。广深 160km/h 准高速铁路建成通车，1997 年铁路大提速成功，时速200km/h

以上的京沪高速铁路等，标志着我国已进入高速铁路的大建设时代。

为保证列车高速运行时的平稳性、舒适性、安全性以及高的运营效率，高速铁路钢轨应满足以下要求：

（1）应具有高耐磨性、高强度。

（2）应具有良好的抗疲劳性能，特别是良好的抗接触疲劳性能，即除要求具有高强度外，还要求钢轨具有高清洁度。其指标包括：钢轨内部的有害气体、非金属夹杂、硫磷含量以及成分和组织的均匀性等。

（3）应具有良好的焊接性能，以适应无缝线路的要求。

（4）应具有良好的抗断裂性能，以保证铁路系统运行的安全可靠性。

（5）具有高的平直度和尺寸精度。

高纯净、高断面尺寸精度、高平直度是高速铁路钢轨的基本特征。

3.2.3.2 钢轨的生产工艺流程

由于钢轨需要强度、韧性和良好的焊接性能的配合，采用单一的强化方法已很难达到要求。为此，必须采用准确控制化学成分、钢质净化和钢轨中夹杂物变形处理、热处理、添加合金元素、控轧控冷等手段来改善钢轨的综合力学性能；并采用方坯连铸、万能轧制、复合矫直、超声波+涡流探伤、激光测尺寸和平直度等技术，才能生产出性能优良、尺寸精度高的高速铁路钢轨。

对于使用性能的要求，重轨生产工艺比一般的型钢更复杂，要求进行轧后冷却、矫直、轨端加工、热处理和探伤等工序。图3-13为钢轨生产的工艺流程。

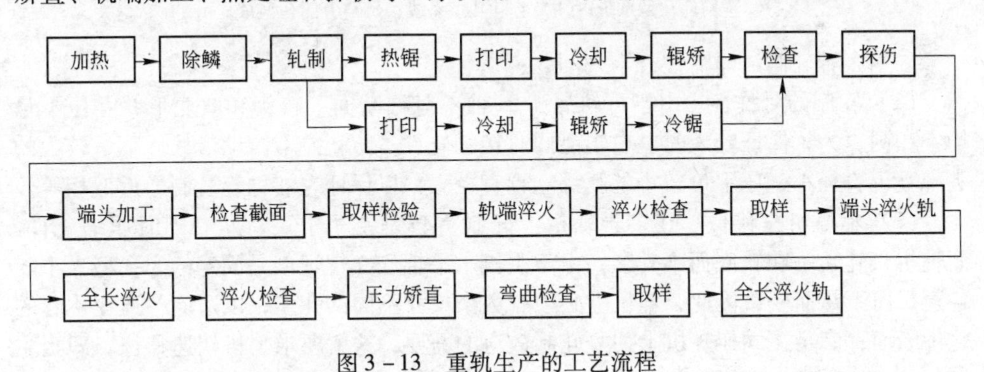

图3-13 重轨生产的工艺流程

3.2.3.3 钢轨的轧制

钢轨的轧制方法分为两辊孔型轧制法和万能孔型轧制法。

两辊孔型轧制法又分为直轧法和斜轧法两种。一般在二辊或三辊轧机上采用箱形-帽形-轨形孔型系统进行轧制。轧机形式和孔型系统如图3-14所示。

万能孔型轧制法是利用万能轧机轧制重轨。万能轧机由主辅机架组成，主机由一对平辊和一对立辊组成，其轧辊轴线在同一垂直平面上，实现上下、左右同时压缩轧件。在四辊组成的主机前或后紧跟一架二辊水平轧机，作为辅助成形机架，称为辅机。辅机只轧轨头和轨底而不轧腰。主辅机架均为可逆式，在轧制中形成连轧关系。

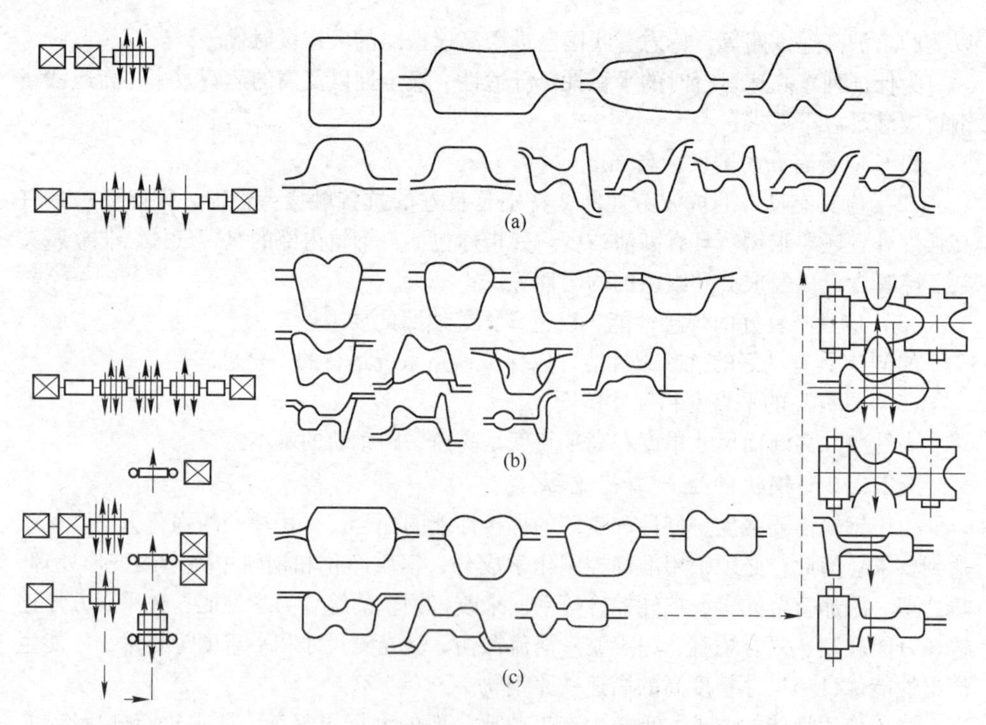

图3－14 轧制钢轨的孔型系统
（a）斜轧孔型系统；（b）直轧孔型系统；（c）万能孔型系统

采用多辊轧制法时需注意下列问题：

（1）轧制的对称性。由于重轨属于Y轴不对称断面，轨头和轨底形状、压下量均不相同。为了保证咬入时左右辊能同时接触轧件，防止左右窜动。故压下量较大的头部立辊直径小，压下量较小的腿部立辊直径大，以保证左右立辊轧制力近似相等。

（2）辅机快速移位。在多辊轧机上轧制重轨是主机上下、左右同时压缩轧件，而辅机只轧轨头和轨底而不轧腰，由于主机水平辊和立辊辊型是固定的，孔型大小随各道次压下量而变，因此，辅机上必须有数个尺寸不同的孔型，以适应各道变化着的轧件断面，满足在同架轧机上往复轧制数道的需要，这就要求辅机快速移位。即当主机每轧完一道后，辅机马上横移一个位置，使新孔型对准轧制线，以便进行下一道轧制。

（3）防止轨腰水平轴线偏移问题。由于在重轨轧制过程中，主机四个轧辊同时对轧件进行加工，因而要求重轨水平轴线位置固定，进行上下对称轧制。为此，必须保证上下轧辊移动距离一致，同时在轧机上设有自动导引装置、依靠可调整的入口上下导卫板，使每道轧件水平轴线与水平轧制线对中。

图3－14（c）为万能轧制法轧制重轨的轧机形式和孔型图示。由于万能轧制法闭口轧槽很少，且为上下对称轧制。故产品尺寸精确，轧件内部残余应力小，轨底加工质量好，并且轧辊磨损、电能消耗均减少，调整也比较灵活。轧制高速铁路用重轨

的效果优于两辊孔型轧制法。所以，在工业先进国家，主要的大、中型型材轧机都是万能轧机，故重轨也是以万能孔型轧制为主。在我国，几大主要干线重轨生产厂，如攀钢、包钢、武钢和鞍钢都已完成了由传统轧制到万能轧制重轨的技术改造。

3.2.3.4 重轨的冷却和热处理

A 冷却

重轨的轧后冷却分为自然空冷和缓冷两种方式。当炼钢厂采用无氢冶炼方法时，重轨轧后直接在冷床上冷却；而在其他情况下，为去除钢轨中的氢，防止冷却过程氢析出而造成的白点缺陷，需将重轨放在缓冷坑中进行冷却，或在保温炉中进行保温，以使氢从重轨中缓慢析出。

采用自然空冷时，为使轧件冷却均匀，防止由于重轨头、底温度不均产生收缩弯曲，影响矫直质量，重轨在上冷床时要求侧卧，使相邻重轨头、底相接，冷却至200℃以下时，方可吊下冷床进行矫直。矫直温度要求低于100℃。

采用缓冷工艺时，重轨在冷床上冷却至磁性转变点温度以下，便由侧卧翻正，用磁力吊车成排吊往冷坑。重轨入坑温度一般为550~600℃，每排重轨间用隔铁隔开，以保证缓冷均匀。有的车间在缓冷坑内还设置辅助煤气烧嘴，以补充热量，维持应保持的温度。重轨装满缓冷坑后立即加盖盖好，缓冷时间一般为5~6h，待坑温降至300℃左右揭盖，然后在坑内仍停留1.5h，以减少可能产生的温度应力，重轨出坑后在100℃温度以下进行矫直。

由于铁道运输繁忙，所以钢轨踏面磨损很大。为了保证钢轨轨头具有理想的耐磨性能，轨头踏面必须是细珠光体组织。珠光体片层间距越小，硬度越高，耐磨性能越好。为了得到细小的片层间距，珠光体必须在低温条件下转变。而相变前的冷却速度越快，珠光体转变速度越低，但是，又不能生成贝氏体或马氏体组织。

以前因为两根重轨连接处于火车车轮碾压下会产生的较大的振动和冲击，要求轨端有足够的强度和耐磨性，避免轨端过早报废而影响整根重轨的寿命，因此采用了轨端淬火工艺。但由于只对重轨端局部淬火，因此钢轨还难以满足弯道、隧道等地段的特殊性能要求，加上干线铁路上的钢轨已由短轨焊接为长轨，故轨端淬火已逐渐被钢轨全长淬火所替代。

B 钢轨全长淬火工艺

钢轨全长淬火的目的在于提高整根重轨头部的强度、韧性和耐磨性，以适应高速重载列车运行线路和弯道、隧道等特殊地段的要求。经过钢轨全长淬火的重轨，其使用寿命比未经处理的重轨提高2倍以上。

钢轨全长淬火按淬火工艺不同，可分为轧后余热淬火和重新加热淬火两类。轧后余热淬火的设备置于轧制线上，并利用终轧后的温度对重轨进行淬火，所以也称为轨头在线热处理。钢轨在线余热热处理、离线热处理具有以下特点：与轧制节奏相匹配、生产效率高、不用再加热、节省能源、简化工艺、成本低且占地面积小。由于轨头硬化层深和对轨腰、轨底适当的冷却而强化，并且使钢轨收缩、膨胀及相变应力在淬火过程中得到均衡，因而经过在线热处理的钢轨中残余应力较小。重新加热淬火在单独的淬火生产线上进行、生产组织比较灵活，但需要有中间仓库。此工艺由于重轨需要重新加热，因而能耗较高，占地面积和投资均较大。

钢轨全长淬火中采用的冷却工艺有两种：

（1）用强冷却介质（水）冷却时采用间断冷却方式。喷水冷却时轨头表面温度迅速下降，随后空冷时轨头内部热量传到表面，使表面温度回升，从而降低了轨头表面冷却速度，使其不产生贝氏体转变，同时心部也较快冷却。这种周期性的间断冷却一直进行到珠光体转变开始时才停止，不再快冷，使珠光体在近似等温条件下完成转变，获得细珠光体组织，然后继续冷却到室温。

（2）用软介质（压缩空气、水雾、油、热水成添加缓冷剂的水）冷却时则采用连续冷却方式以获得细珠光体组织。在采用软介质连续冷却钢轨时，由于冷却速度不够，轨头硬度达不到要求，故在标准碳素钢中适当提高 Mn、Si 含量，并加入少量 Cr、V、Nb 等元素，以推迟珠光体转变，从而在较低冷却速度下（约 240℃/min）冷却，可获得要求的轨头硬度。

3.2.3.5 钢轨矫直

钢轨的断面特点是各部温降不同而造成冷缩的差异，另外冷却时由奥氏体变为珠光体时钢轨体积增大，以致造成重轨在冷却时多次的反复弯曲。而高速铁路钢轨对弯曲度要求很严，为达到其平直度要求，矫直是采用先进的变辊距辊式矫直机及复合矫直，可矫直钢轨的立弯和旁弯，矫直温度应低于 50℃。为防止轨内产生较大残余应力，只允许矫直一次。而钢轨的局部弯曲和轨端弯曲采用双向液压压力矫进行补充矫直。

3.3 棒、线材生产

3.3.1 棒、线材生产概述

3.3.1.1 棒、线材的品种和用途

棒材是一种简单的断面型材，一般以直条状交货。棒材按断面形状可分为圆形、方形和六角形以及建筑用螺纹钢筋等几种。后者是周期断面型材，有时被称为带肋钢筋。线材是热轧产品断面面积最小、长度最长而且呈卷状交货的产品。不同品种的线材，其断面形状为圆形、方形、六角形和异形。棒、线材的断面形状最主要的还是圆形。

国外通常认为，棒材的断面直径为 9～300mm，线材的断面直径为 5～40mm，呈盘卷状交货的产品最大断面直径为 40mm。随着大功率吐丝机能力的提高，盘状交货产品的最大断面直径已达到 52mm。国内约定俗成地认为：棒材车间的产品断面直径为 10～50mm，线材车间的产品断面直径为 5～10mm。而随着棒、线材生产设备水平的提高，其棒、线材的产品断面直径范围会有所变化。棒、线材的分类及用途见表3－1。

表3-1 棒、线材的产品分类及用途

钢种	用途
一般结构用钢材	一般机械零件、标准间
建筑用螺纹钢筋	钢筋混凝土建筑
优质碳素结构钢	汽车零件、机械零件、标准件
合金结构钢	重要的汽车零件、机械零件、标准件
弹簧钢	汽车、机械用弹簧
易切削钢	机械零件、标准件
工具钢	切削刀具、钻头、模具、手工工具
轴承钢	轴承
不锈钢	各种不锈钢制品
冷拔用软线材	冷拔各种丝材、钉子、金属网丝
冷拔轮胎用线材	汽车轮胎用帘线
焊条钢	焊条

棒、线材不仅用途很广而且用量也很大，它在国民经济各部门中占有重要地位。棒、线材的用途概括起来可分为两大类：一类是产品可被直接使用，主要用于钢筋混凝土的配筋和焊接结构件；另一类是将棒、线材作为原料、经再加工后使用，主要是通过拉拔成为各种钢丝。在后续的深加工中，钢丝再经过捻制成为钢丝绳、或再经编制成钢丝网、经过热锻或冷锻成铆钉、经过冷锻及滚压成螺栓以及经过各种切削加工及热处理制成机器零件或工具、经过缠绕成形及热处理制成弹簧等等。

3.3.1.2 棒线材产品的质量要求

A 性能要求

由于棒、线材的用途广泛，因此市场对它们的质量要求也是多种多样的，根据不同的用途，对力学强度、热加工性能、冷加工性能、易切削性能和耐磨性能等也各有所偏重。总的要求是：提高内部质量，根据深加工的种类，材料本身应具有合适的性能以减少深加工工序，提高最终产品的使用性能。

用作建筑材料的螺纹钢筋和线材，需要保证化学成分并具有良好的焊接性能，要求物理性能均匀、稳定，以利于冷弯，并有一定的耐腐性。

作为拔丝原料的线材，为减少拉拔道次，要求直径较小，并保证化学成分和物理性能均匀、稳定、金相组织尽可能索氏体化，尺寸精确，表面光洁，对脱碳层深度、氧化铁皮等均有一定要求。脱碳不仅使线材的表面硬度下降，而且使其疲劳强度也降低。减少热轧线材表面氧化不但可提高金属收得率，而且还可以减少二次加工前的酸洗时间和酸洗量。近年来，随着线材轧后冷却普通采用了控制冷却法，氧化铁皮厚度大人减少，降低了金属消耗，从而提高了成材率。

B 尺寸精度要求

一般建筑用的棒、线材由于使用的特点对其断面尺寸精度的要求并不高。而对于其后续需进行深加工的棒、线材产品，由于其断面尺寸精度对其后续加工的影响较大，故用户对尺寸精度要求越来越高，特别是合金棒材和硬线产品。随着棒、线材工艺技术和装备水平的提高，高速线材产品断面尺寸精度能达到 ±0.1mm（对 5.5 ~ 8.0mm 的产品而言）及 ±0.2mm（对 9.0 ~ 16.0mm 产品及盘条而言），断面不圆度不大于断面尺寸总偏差的 80%。近年来又出现了圆整的规则设备，能把断面尺寸偏差控制到 ±0.05mm，棒材产品断面尺寸精度控制在 ±(0.1 ~ 0.3) mm。

3.3.2 棒、线材生产的工艺过程及特点

棒、线材的断面形状简单，用量巨大，适于进行大规模的专业化生产，其中线材的断面尺寸是热材中最小的，所使用的轧机也应该是最小型的。从钢坯到成品，轧件的总延伸非常大，需要的轧制道次很多。线材的特点是断面小、长度大、要求尺寸精度和表面质量高，但增大盘重、减小线径、提高尺寸精度之间是矛盾的。因为盘重增加和线径减小，会导致轧件增加，轧制时间延长，从而轧件终轧温度降低，头尾温差加大，结果造成轧件头、尾尺寸差不一致，并且性能不均。正是由于上述矛盾，推动了线材技术的发展，而其生产技术发展的标志就是高速轧制及控轧和控冷技术。

3.3.2.1 坯料

棒、线材的坯料现在各国都以连铸坯为主，对于某些特殊钢种有使用初轧坯的情况。目前，生产棒、线材的坯料断面形状一般为方形。连铸时希望坯料断面大，而轧制工序为了适应小线径、大盘重，保证终轧温度，则希望坯料断面尽可能小，兼顾两者的情况，目前棒、线材坏料的断面一般为边长 120 ~ 150mm 的方坯。坯长较长，一般在 10m 以上，最长达 22m。

当采用常规冷装炉加热轧制工艺时，为了保证坯料全长的质量，对一般钢材可采用目测检查、手工清理的方法。对质量要求严格的钢材，则采用超声波探伤、磁粉或磁力线探伤等进行检查和清理，必要时进行全面的表面修磨。棒材产品轧后还可以探伤和检查，表面缺陷还可以清理。但线材产品以盘卷交货，轧后难以探伤、检查和清理，因此对线材坯料的要求应严于棒材。

采用连铸坯热装炉或直接轧制工艺时，必须保证无缺陷高温铸坯的生产。对于有缺陷的铸坯，可进行在线检测和热清理，或通过检测将其剔除，形成落地冷坯，进行人工清理后，再进入常规工艺轧制生产。

3.3.2.2 加热和轧制

（1）加热。在现代化的轧制生产中，棒、线材的轧制速度很高，轧制中的温降较小甚至还出现升温，故一般棒、线轧制的加热温度较低。加热要严防过热和过烧，要尽量减少氧化铁皮。对易脱碳的钢种，要严格控制高温段的停留时间，采取低温、快热、快烧等措施。对于现代化的棒、线材生产，一般使用步进式加热炉加热。由于坯料较长，炉子较宽，为保证尾部温度，采用侧进侧出的方式。为适应热装热送和连铸直接轧制，有的生产厂采用电感应加热、电阻加热以及无氧化加热等。

（2）轧制。为提高生产效率和经济效益，适合棒、线材的轧制方式是连轧，尤

其在采用 CC – DHCR 或 CC – DR 工艺时，就更是如此。连轧时一根坯料同时在多机架中轧制，在孔型设计和轧制规程设定时要遵守各机架间金属秒流量相等的原则。轧辊轴线全平布置的连轧机在轧制中将会出现前后机架间轧件扭转的问题，扭转将带来轧件表面易被划伤、轧制不稳定等问题。为避免轧件在前后机架间的扭转，较先进的棒、线轧机，其轧辊轴线是平、立交替布置的，这种轧机由于需要上传动或者是下传动，故投资明显大于全平布置的轧机。生产轧制道次多，而且连轧，一架轧机只轧制一个道次，故棒、线材车间的轧机机架数多。现代化的棒材车间机架数一般多于 18 架。线材车间的机架数为 21 ~ 28 架。

(3) 线材的盘重加大、线材直径加大。线材的一个重要用途是为深加工提供原料，为提高二次加工时材料的收得率和减少头、尾数量，生产要求线材的盘重越大越好，目前 1 ~ 2t 的盘重都已经算是较小的了，很多轧机生产的线材盘重达到了 3 ~ 4t。由于这一原因，线材的直径也越来越粗，2000 年时，国外就已经出现了直径为 60mm 的盘卷线材，我国现在已有几家大盘卷生产线。

(4) 控制轧制。为了细化晶粒，减少深加工时的退火和调质等工序，提高产品的力学性能，采用了控制轧制和低温精轧等措施，有时还会在精轧机组前设置水冷设备。

3.3.2.3 棒、线材的冷却和精整

棒材一般的冷却和精整工艺流程如下：

精轧→飞剪→控制冷却→冷床→定尺切断→检查→包装

由于棒材轧制时轧件出精轧机的温度较高，对于优质钢材，为保证产品的质量，要进行控制冷却，冷却介质有风、水雾等等。即使是一般建筑用钢材，冷床也需要较大的冷却能力。

有一些棒材轧机在轧件进入冷床前对建筑用钢筋进行余热淬火。余热淬火轧件的外表面具有很高的强度，内部具有很好的塑形和韧性，建筑钢筋的平均屈服强度可提高约 1/3。

线材一般的冷却和精整工艺流程如下：

精轧→吐丝机→散卷控制冷却→集卷→检查→包装

线材精轧后的温度很高，为保证产品质量要进行散卷控制冷却，根据产品的用途分为珠光体型控制冷却和马氏体型控制冷却。

3.3.3 棒、线材生产设备及平面布置

为了获得最好的投资回报率和投入产出率。面对当今剧烈的市场竞争，当前钢铁生产最重要的目标是：高产量、高效率、低成本、高质量、高的灵活性。为了实现上述目标，全连续小型连轧机近年来的发展趋势是建造单一品种的轧机，采用更专业化的生产工艺，当今流行的普碳钢型、棒材连轧机的类别主要有三种：第一种是通用的高速轧制的钢筋轧机；第二种是四切分的高产量的钢筋轧机；第三种是生产从小型到中型型钢、扁钢、工字钢和棒材的多品种棒材轧机。

3.3.3.1 高速轧制的圆钢和钢筋轧机

这种类型的轧机是当今生产圆钢和带肋钢筋的专业化轧机典型形式，它以150mm×150mm×(10000~12000) mm的连铸坯生产ϕ12~40mm圆钢、ϕ12~52mm带肋钢筋，设计年产量为40万~60万吨，钢种为市场大量需要的低中高碳钢、低合金钢，一般最高轧制速度为18m/s。近年来，随着倍尺飞剪控制系统和高速上冷床系统的开发完成，克服了以往飞剪和制动上冷床对精轧速度的限制（使其只能在15~18m/s范围内），从而使其精轧速度可以高达40m/s。而且在轧制小规模带肋钢筋时还可以采用切分轧制工艺，从而使其机组的年产量可以达到100万吨的规模，充分体现了专业化、规模化生产的特点。图3-15为高速轧制的圆钢和钢筋车间平面布置简图。

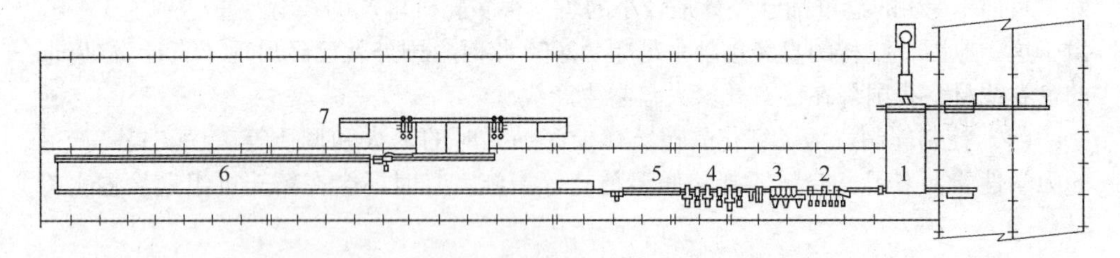

图3-15 高速轧制的圆钢和钢筋车间平面布置简图

1—步进式加热炉；2—粗轧机组；3—中轧机组；4—精轧机组；5—水冷装置；6—步进式冷床；7—精整设备（冷定尺剪、自动计数装置、打捆机）

机组工艺和主设备组成：

一座步进梁式加热炉和18架轧机组成轧制线，为保证产品的表面质量，在加热炉和粗轧机之间设有高压水除鳞装置，以20MPa高压水去除坯料表面的铁皮。18架轧机中有粗轧机组6架，平/立布置；中轧机组6架，平/立布置；精轧机组6架，平/立布置（其中，14、16、18机架为平/立可转换机架），全线实现无扭转轧制，中轧和精轧机为高刚度短应力轧机。在6架、12架、18架后设有飞剪，前两个飞剪用于切头切尾和事故碎断，后一个为倍尺剪切。轧线设有7个活套，精密的高刚度轧机和微张力、无张力控制系统，保证轧件尺寸的精度。在线钢筋淬火-回火装置可以低成本生产高强度钢筋。冷床高速上料系统，保证了精轧机的高速轧制最高可达40m/s。带高速下料的齿条式冷床、棒材的最佳剪切和短尺收集系统、冷剪设备、棒材计数装置和棒材自动打捆机等精整设备保证了整条生产线的高速、连续化生产。

3.3.3.2 高产量钢筋轧机

这种类型的轧机以切分轧制工艺为特点，尤其是4切分技术的应用，是获得高产量钢筋的主要轧制工艺。

用切分轧制工艺可以获得钢筋生产的高效化，这使得目前2切分和3切分已成为生产带肋钢筋的标准工艺。近年来，国外更为现代化的轧机，在生产小规格的钢筋时采用4切分轧制工艺，已成为在低的轧制速度下非常经济地解决高生产率问题的有效工艺手段。

图3-16为高产量的带肋钢筋轧机的布置简图。这种类型的轧机以120mm×120mm×1000mm连铸坯生产建筑用钢筋。其中，ϕ10~14mm带肋钢筋用4切分工艺生产，4切分时轧制速度为15m/s。生产ϕ16~19mm的钢筋用传统的2切分，轧制速度为18m/s。高产量钢筋轧机机组以生产小规格产品为主，其年产量仍可达70万吨。

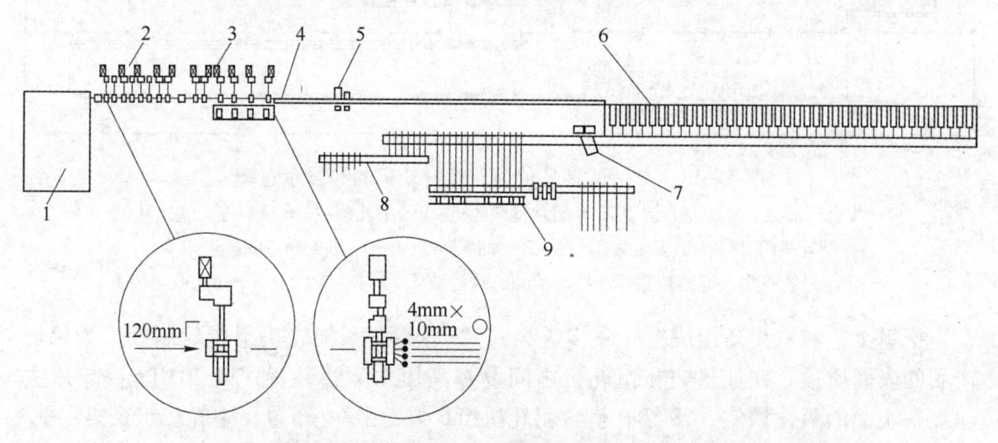

图3-16　高产量的带肋钢筋轧机的布置简图

1—加热炉；2—紧凑式粗轧机；3—水平精轧机；4—热芯回火装置；5—倍尺飞剪；6—高产量冷床；7—5000kN冷剪；8—短尺收集系统；9—打捆和收集区

机组工艺和主设备组成：一座步进梁式加热炉，全线总共仅需14架轧机，其中6架轧机为紧凑式粗轧机，平/立布置，机架配置单孔型的可互换的辊环，设计紧凑，机架刚度高。8架精轧机是水平式有牌坊轧机，这类轧机在各种类型的轧钢车间中已使用了多年。

在精轧机和分段飞剪之间装有淬火-热芯回火装置，对钢筋进行在线热处理，以提高其冶金和力学性能。之后配置了一台102m的齿条步进式高产量的冷床，冷床带有强制通风设备，可以对轧件进行快速均匀的冷却。冷剪前有一个分层导板，用于冷剪的多条剪切操作，并装备有一个制动滑板作轧件的制动。在冷床的尾部，棒材直接计数并收集成捆。另外，该轧机还设有一套巧妙的断尺分离和收集系统，它的特点和作用是：预先在轧机轧制过程中测量轧件的长度，并计算出最佳的剪切长度；处理长度小于3m的短尺，使之不进入精整线以避免在精整流程中出现事故。

3.3.3.3　灵活的多品种型、棒材轧机

这种轧机适于生产小型或中型断面型钢（等边、不等边角钢、槽钢、扁钢、工字钢）和圆钢以及带肋钢筋，可有不同的组合形式（平/立交替，万能、可倾翻机架），以求最佳地利用所有的18个道次，体现多品种灵活性的生产特点。

图3-17为这种灵活的多品种型、棒材轧机的布置示意图。这套轧机以150mm×150mm×10000mm的连铸坯为原料，生产ϕ18~80mm的圆钢、ϕ16（2切分）~59mm的螺纹钢、（36mm×36mm）~（100mm×100mm）的等边钢、50~100mm的槽钢、

(50mm × 6mm) ~ (150mm × 10mm) 的扁钢，钢种有：低中高碳钢、低合金钢和弹簧钢，设计年产量为60万吨，最高轧制速度为15m/s。

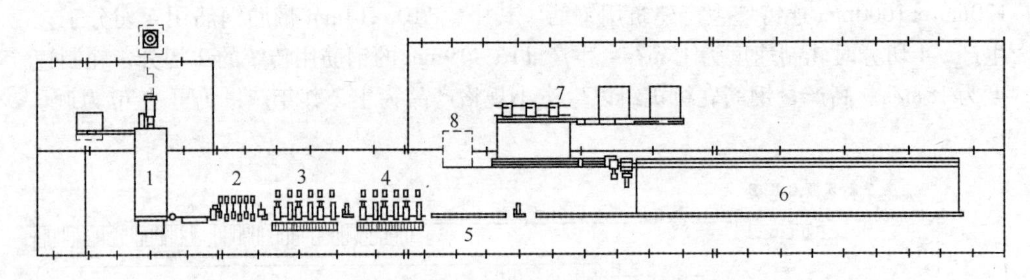

图3-17 灵活的多品种型、棒材轧机的布置示意图

1—步进式加热炉；2—粗轧机组、6架悬臂式轧机；3—中轧机组、6架短应力线式轧机；4—精轧机组、6架短应力线式轧机；5—水冷装置；6—120m × 14.7m 步进式冷床；7—精整系统：多条连续矫直、连续冷剪切、自动堆垛、打捆和收集；8—短尺收集装置

机组工艺和主设备组成：一座步进梁式加热炉和18架轧机组成轧制线，为保证产品的表面质量，在加热炉和粗轧机之间设有高压水除鳞装置，以20MPa高压水去除坯料表面的氧化铁皮，18架轧机含粗轧机组6架，平/立布置；中轧机组6架，平/立布置；精轧机组6架，平/立布置。其中3架为平/立可转换机架或配置万能机架，可在水平或垂直状态使用或实现万能轧制，这样可在轧制圆钢、T字钢、扁钢、角钢和槽钢时，实现平辊和立辊轧机的不同组合，以充分利用18个机架，满足不同产品轧制变形的需要。

在6架、12架、18架后设有飞剪，前两个飞剪用于切头切尾和事故碎断，后一个为倍尺剪切。在中轧和精轧机架间共设有11个活套，以实现无张力轧制，保证轧件的尺寸精度。中轧和精轧机组设有快速换辊装置，在轧辊间装配和调整好轧辊孔型和导卫，整机架替换需要更换的机架，以提高轧机的作业率。

为适应多种断面和品种的产品对冷却的要求不同，配置一种工作方式称作“双装模式”的齿条式冷床。冷却大断面轧件时，每个齿中冷却一根轧件；冷却小断面轧件时，在每个齿条中冷却两根轧件。对于异形型材，按随后矫直工序的需要，齿条式冷床要提供大面积的冷却区，以保证轧件的出口温度达到约100℃。在精整区设置多条在线矫直及自动堆垛机，以满足各种型材的精整要求。

3.3.4 高速无扭线材轧制

线材生产向优质、高生产率、低消耗方向发展。在质量方面是生产多种规格、精密公差、光洁表面、大单重、细晶粒、少氧化铁皮、高拉拔性能的盘条，在工艺布置方面是实现全连续和高速比。与其相适的是高精度的无扭线材精轧机组的出现。为保证高速无扭线材的轧制，必须解决影响高速轧制的因素。

例如，轧机及传动系统的振动，如果零件加工和安装精度不高，高速运转时会产生很大波动，从而造成传动部件损坏。

轧辊轴承发热及密封漏油、轧辊及导卫装置的磨损、电机的动态速降等这些因素都影响了高速轧制。

高速无扭线材精轧机大都采用单线轧制和轧后控冷，并在加热、轧制、精整方面都有新的技术应用。其高速无扭精轧机有：框架式45°无扭转精轧机、45°悬臂式高速无扭精轧机（摩根式精轧机）。Y型轧机示意图如图3－18所示。

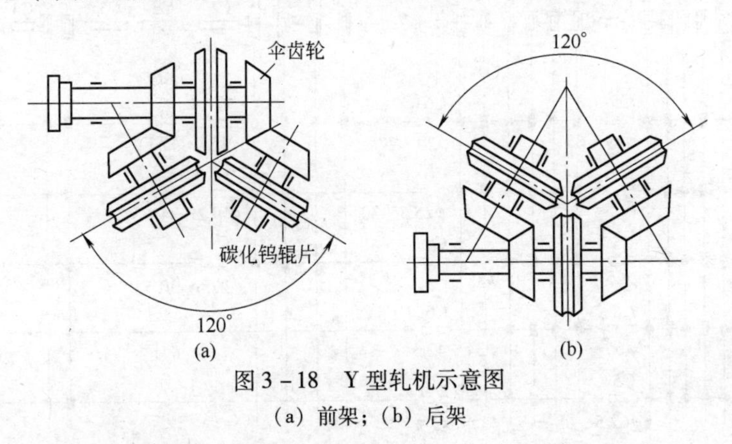

图3－18　Y型轧机示意图

（a）前架；（b）后架

3.3.5　棒、线材轧制的控制冷却和性能控制

由于连续式小型型钢轧机是通过各架孔型来实现轧制变形，其轧制过程中难以调整其轧制工艺参数，即孔型设计确定了，要想通过改变各道次变形来适应控制轧制变形量要求是极其困难的，甚至是不可能的。因此，在连续小型型钢轧机中只能采取控制各轧机上的轧制温度来进行控制轧制，即控温轧制。通过控制轧制温度，使变形条件在一定程度上满足控制轧制的要求，这也是连续小型型钢轧机上控制轧制的特点，连续式小型型钢轧机上的控制轧制有以下两种类型：

（1）奥氏体再结晶型和未再结晶型两阶段的控轧工艺。这种工艺的特点是：选择低的加热温度以避免原始奥氏体晶粒过分长大，但使粗轧机组上的开轧温度仍在再结晶温度范围内。利用变形奥氏体再结晶细化奥氏体晶粒；使中轧机组的轧制温度在950℃以下，即奥氏体未再结晶区，并使总变形率在60%～70%，在接近奥氏体向铁素体转变温度（A_{r3}）终轧。

（2）奥氏体再结晶型、未再结晶和奥氏体与铁素体两相区轧制的三阶段的控轧工艺。这种工艺的特点是：粗轧在奥氏体再结晶区反复轧制细化奥氏体晶粒，中轧在950℃以下的未再结晶区轧制并给予60%～70%的总变形率，然后在铁素体及奥氏体两相区轧制并终轧。这种方法特别适用于结构钢的生产。

当然，还可采用不同的组合排列，如采用两阶段轧制工艺，可在粗、中轧阶段采用再结晶型轧制、控制精轧机入口温度使精轧在未再结晶区轧制。这样粗、中轧采用常规轧制设计，可节约资金。

根据各厂控制轧制的经验，对于高碳钢或低合金钢和低碳钢，粗轧开轧温度分别为900℃和850℃，精轧机入口轧件温度分别为925℃和870℃，轧件出口温度分别为900℃和850℃。

因为连续小型型钢轧机控轧的特点是控温，所以为实现控温，必须在轧制线上某些位置设置冷却装置，图3－19为连续小型棒材控制轧制表和冷却段布置图。

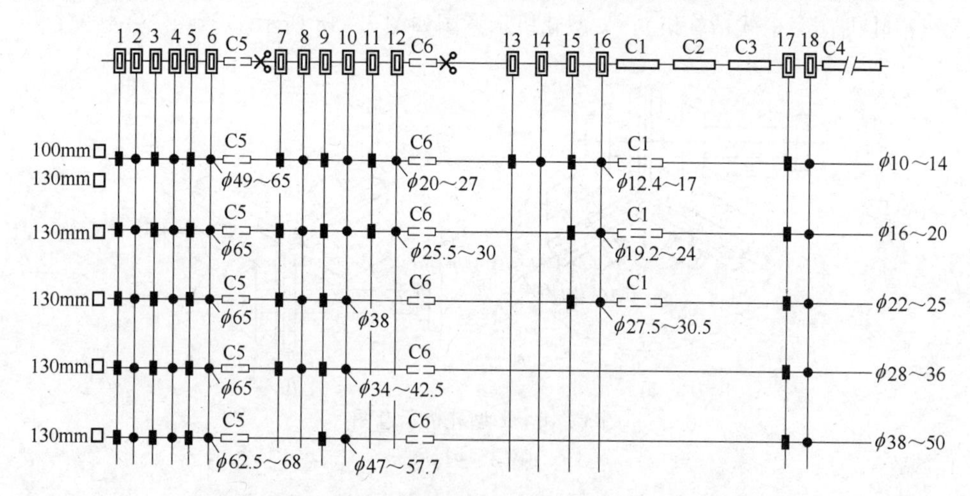

图3－19　连续小型棒材控制轧制表和冷却段布置图

控制轧制除了能生产具有细晶组织、强韧性组合好的钢材外，还可以简化或取消热处理工序。例如非调质钢，利用控制轧制配合控制冷却，可以生产冷镦用高强度标准件原料，使用这种原料，原标准件生产中冷镦工序后的调质工序可以取消；对于某些轧后要求球化退火的钢材可节约时间。控制轧制还可以开发新的品种，如双相钢等。

综上所述，连续式小型型钢轧机上采用控制轧制工艺的功能如图3－20所示。

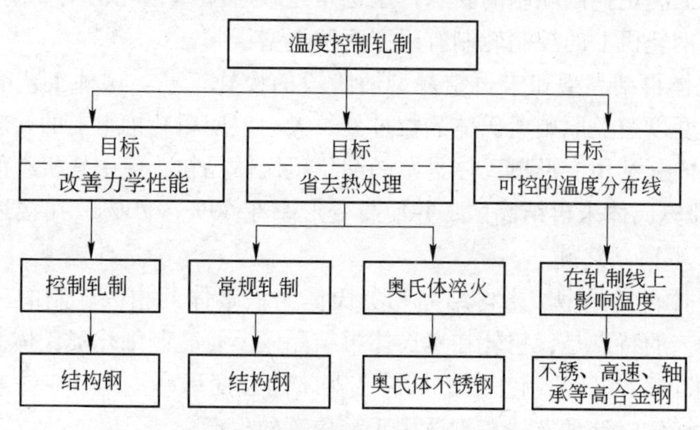

图3－20　控制轧制工艺的功能

控制冷却工艺是利用控制轧件轧后的冷却速度来控制钢材的组织和性能。通过轧后控制冷却能够在不降低轧件韧性的前提下进一步提高钢材的强度，并且缩短热轧钢材的冷却时间，提高生产效率。

随着钢种的不同，控制冷却的强韧性取决于轧制条件和冷却条件。控制冷却实施之前钢的组织形态决定于控制轧制工艺参数。控制冷却条件对热变形后奥氏体状态、相变前预组织有影响，对相变机制、析出行为、相变产物组织形貌更有直接影响。控制冷却可以单独使用，但将控制轧制和控制冷却工艺有机地结合使用，可以取得控制冷却的最佳效果。

在线热处理主要指利用轧材的轧后余热进行直接淬火形成马氏体并进行回火工艺。采用此工艺处理的钢筋，其屈服强度可提高150～230MPa。采用此工艺还具有很大的灵活性，即用同一成分的钢，通过改变冷却强度，可获得不同级别的钢筋（3～4级），并且淬火温度与屈服强度有关。因此，控制淬火时间及水流量，可达到所要求的屈服强度，并可用于各种直径的钢筋生产。由于可采用碳当量低的钢而保持了高的屈服强度，所以此种钢筋同时具有良好的焊接性能、延伸性能、弯曲性能及耐热性能。其他的轧后处理如固溶处理等，往往还可以利用轧后快冷工艺得到某种预组织，以取消热处理工序或缩短热处理工序时间，奥氏体不锈钢余热淬火便是这种工艺。此工艺的目的是利用轧制余热进行固溶处理，以抑制不符合需要的铬碳化物析出，从而就不需要在轧后进行热处理。实现此工艺所需要的参数是：精轧温度大于1050℃，这时保证轧材处于奥氏体状态而晶粒无碳化物析出；淬火温度低于400℃，这时碳化物已全部固溶在奥氏体中，不会再析出。在连轧轴承钢或高碳工具钢棒材时，可利用控温轧制及轧后快冷，获得理想的快速球化所要求的预组织。在终轧机架前设置水冷装置，使轧制温度降至880℃进行终轧，使先析出的碳化物加工后分散分布不至于形成网状。这种变态的珠光体在球化退火时，可以加快球化过程，缩短退火时间。或者，在较高温度下终轧而采用轧后快冷，避免网状碳化物析出及降低珠光体转变温度，细化珠光体片层，缩短球化退火时间。总之，在连续式小型型钢轧机上根据不同的钢种特性，采用控制轧制、控制冷却及在线热处理工艺，使钢的强韧性得到进一步提高，而且节省了一次加热或简化轧后的热处理工艺，节约了能源。

目前，连续小型轧机上应用较为广泛的控制冷却技术就是螺纹钢筋及棒材的轧后余热淬火。

棒材轧后余热淬火（棒材轧后热芯回火工艺），是比利时（国立冶金研究中心）发明的一项连续式小型生产新技术，称为Thermex冷却工艺。该技术在国外已广泛应用于钢筋生产，我国也已有多家全连续棒材生产线采用了此项技术。

3.4 H型钢生产

3.4.1 H型钢的用途及发展

H型钢具有截面模数大、重量轻、节省金属等优点，不但可使建筑结构重量减轻30%～40%，而且因其腿内外侧平行，腿端呈直角，便于拼装组合各种构件，从而节约焊接、铆接工作量25%左右。它常用于要求承载能力大、截面稳定性好的大型桥梁、高层建筑、重型设备、高速公路等。因此，H型钢近来发展很快。据不完全统计，目前国外已有53套以上的H型钢轧机。近年来，几个主要产钢国家的H型钢腰高达1200mm、腿宽达530mm，并出现了H型钢连轧机。当然，世界各国也很重视将现有轨梁轧机改造为可生产H型钢的轧机。

随着带钢连轧生产的发展，20世纪60年代中期，国外出现了一种连续高频电阻焊接宽边工字钢生产线，可生产腿高为50mm×150mm、腿宽达406mm的H型钢，焊接速度为9~16m/min，每机组年产量约为6万吨。最近安装的这类机组所生产H型钢腿宽可达1680mm。

3.4.2 H型钢的生产方式及特点

H型钢的特点是其H/B较普通工字钢和轻工字钢要大得多；这类型钢中的柱型钢，其$H/B=1$或$H/B>1$；边部内侧壁几乎无斜度，边部厚度t大于腰部厚度d。其断面尺寸$B=80\sim1000$mm，$H=46\sim420$mm，$d=3.8\sim20$mm，$t=4.9\sim32$mm。H型钢与普通工字钢的比较见表3-2。

表3-2 H型钢与普通工字钢的比较

项目 \ 名称	普通工字钢	轻型工字钢	H型钢		
			梁材	轻型	重型
d/h	$\frac{1}{22}\sim\frac{1}{45}$	$\frac{1}{35}\sim\frac{1}{57}$	$\frac{1}{40}\sim\frac{1}{45}$	$\frac{1}{45}\sim\frac{1}{51}$	$\frac{1}{33}$
b/h	$\frac{1}{2}\sim\frac{1}{3}$	$\frac{1}{1.7}\sim\frac{1}{2.5}$	$\frac{1}{1.6}\sim\frac{1}{2.5}$	$\frac{1}{1.25}\sim\frac{1}{1.7}$	$\frac{1}{1.02}\sim\frac{1}{1.3}$
t/d	1.58~1.62	1.58~1.96	1.9~2.3	1.5~2.0	1.5~1.8
$x/\%$	16	10	0	0	0
使用金属	100%	80%~85%	60%~73%	60%~73%	60%~73%

项目 \ 名称	24号普通工字钢	30号H型钢	60号普通工字钢	60号H型钢
单重/kg·m^{-1}	41.2	38.7	137.0	128.4
J_x/cm^4	4800	7880	41060	103800
W_x/cm^3	400	530	3040	3440
J_y/cm^4	297	815	1840	6640
W_y/cm^4	50	97	206	476

图3-21中常规法轧制钢梁（包括H型钢）分为直轧法及斜轧法，此法都在二辊或三辊轧机上进行轧制。目前，型钢轧制方法向着多辊轧法发展，因此对钢材表面精度、尺寸公差及内部组织提高大有好处。多辊轧机轧制法又称为万能轧机轧制法。型钢的连轧也是发展的方向，它与多辊轧法相配合可提高产量及质量。

图3-22为万能式钢梁（包括H型钢）轧机的轧制过程示意图。万能式H型钢轧机由一对水平轧辊和一对立辊组成主机架，对轧件进行四面加工，并由二辊水平轧

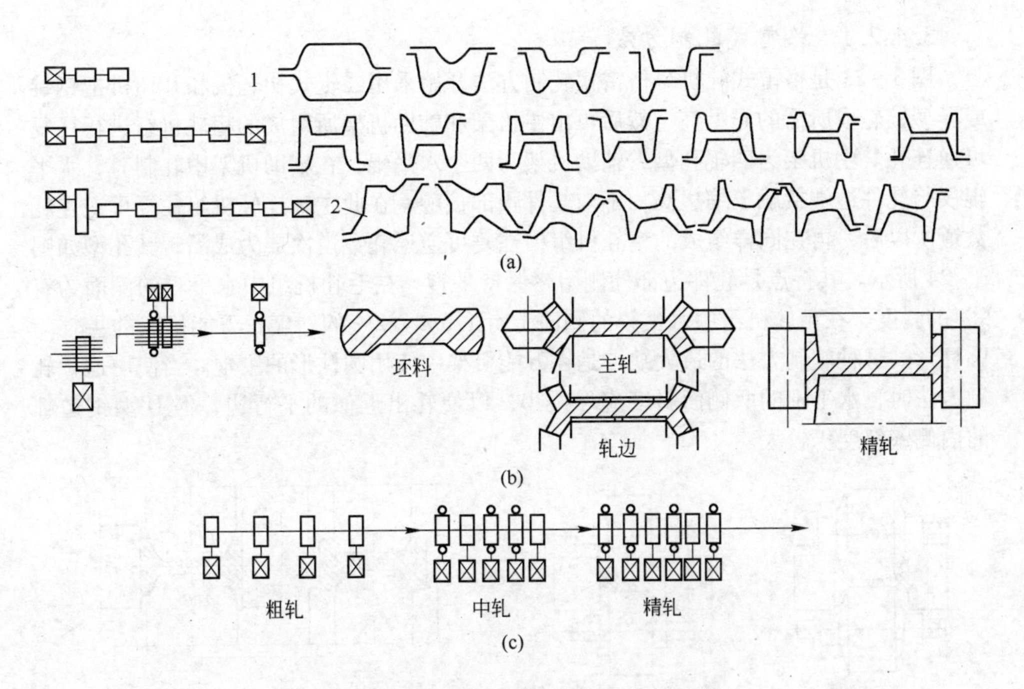

图3-21 钢梁（包括H型钢）的轧制方式
（a）常规轧法；（b）多辊轧法；（c）连轧法
1—直轧法；2—斜轧法

机作辅助机架，专门轧H型钢的腿端以控制腿宽，而轧件腰部不与轧辊接触。其轧制方法又可分为格雷式（Grey）和普泼式（Puppe）、卡氏（Carnegie）、组合式、连轧等。

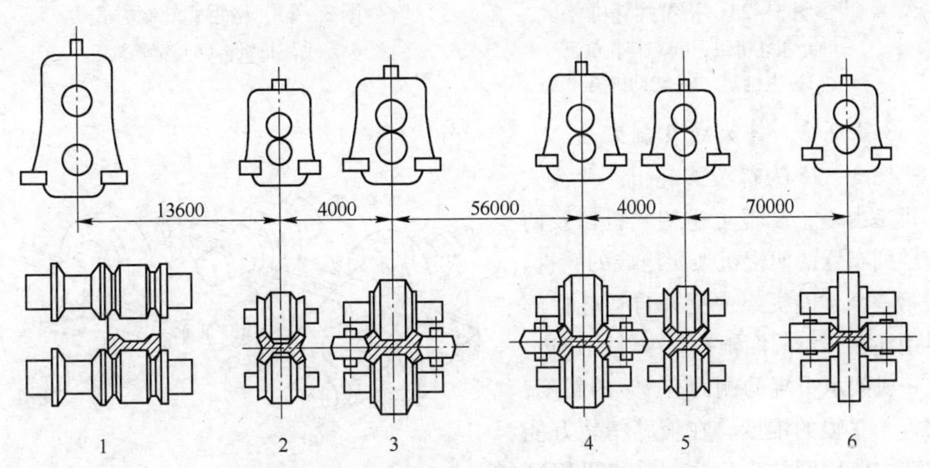

图3-22 万能式钢梁轧机的轧制过程示意图
1—二辊可逆轧机；2，3—粗轧机组（2为辅助机座，3为万能轧机）；
4，5—中轧机组（4为万能轧机，5为辅助机座）；6—万能精轧机

3.4.2.1 格雷式轧制方法

图3-23是格雷式轧机。格雷式轧制方法开始采用二辊式初轧机和开坯机把钢锭或异型锭轧成所需的异型坯，然后再由主机架和辅助机架所组成的粗轧机组进行往复可逆连轧。主机架为四辊孔型，辅助机架为两个水平辊，在辅助机架中轧制时，水平辊仅与轧件边端接触压缩边高，不与轧件腰部接触；在此主辅连轧机组往复可逆连轧数道次以后，再在同样组成的精轧机组中往复可逆连轧数道次成为成品，其孔型如图3-24所示。其特点是轧件边部外侧始终保持平直。在毛轧机组中水平辊的侧面约有9%的斜度，在精轧机组中水平辊的侧面上有1.5%~2%的斜度，万能机架的主辊为圆柱形。这种轧制方法的最大缺点是在万能机架中使用圆柱形的主辊。当使用这种轧制方法时，水平辊的两侧面斜度应尽量小，以便轧出近似的平行边，但H型钢边部的内侧壁斜度仍较大。

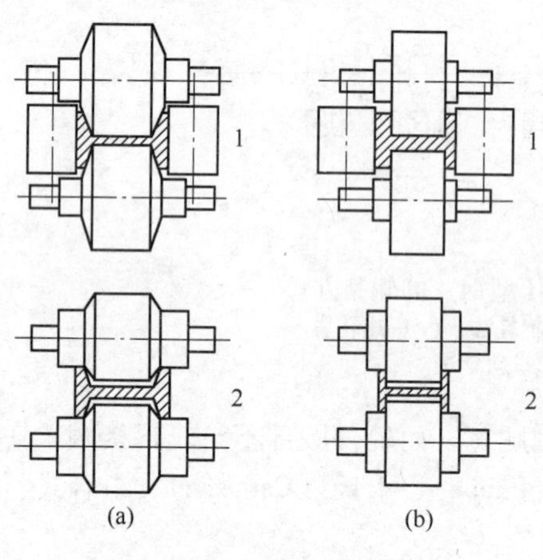

图3-23 格雷式轧机
(a) 粗轧机组；(b) 精轧机组
1—主机架；2—辅助机架

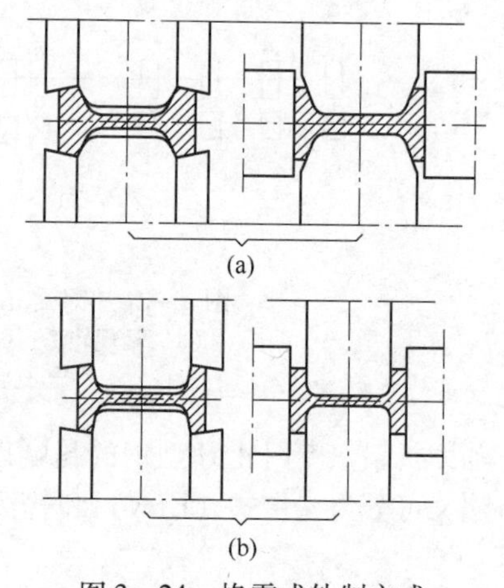

图3-24 格雷式轧制方式
(a) 毛坯机组；(b) 精轧机组

3.4.2.2 普泼式轧制方法

图3-25为普泼式轧机。普泼式轧机是由一个二辊可逆初轧机以及两个顺列布置的四辊机架所组成的轧机。在第一个万能机架中把来自初轧机的异型坯在开口的四辊孔型中轧成凹边，这一机架水平辊的侧面有7%的斜度，它等于立辊的锥度。在辅助精轧万能机架中使用圆柱形立辊，其水平辊侧面斜度随所轧H钢的形式的不同而不同，一般为1.5%~9%。轧制方法：

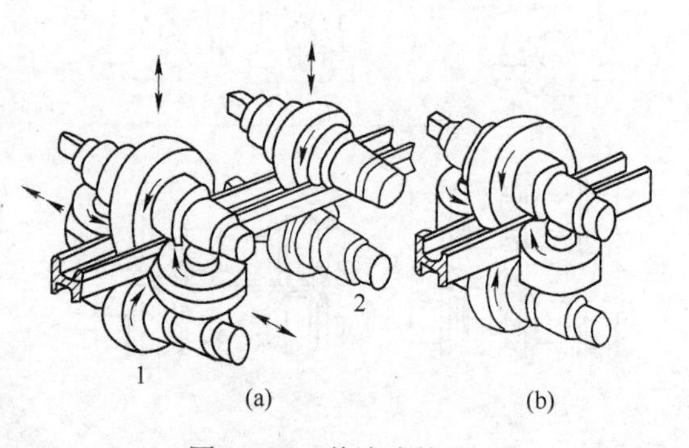

图3-25 普泼式轧机
(a) 粗轧机组；(b) 精轧机组
1—主机架；2—辅助机架

在通过辅助机架的第一道次中，用圆柱形立辊把H型钢的边部轧平直，然后在返回道次中立辊分开，这时用水平辊的辊环压下边端，如图3-26所示。或者，在辅助机架中压下边端可以不预先把边部压直，特别是在前几道次中边部的纵向稳定性较大，这时在单数道次中辅助机架的立辊和水平辊都分开，在返回道次中用水平辊压下边端，如图3-26（c）、（d）所示。或者，在单数道次中用辅助机架的立辊把边部压直，这时水平辊不与轧件接触，在返回道次中用水平辊压下边端，如图3-26（e）、（f）所示。在最后一道次用水平辊和立辊对轧件采用较小的压下，如图3-26（g）所示。

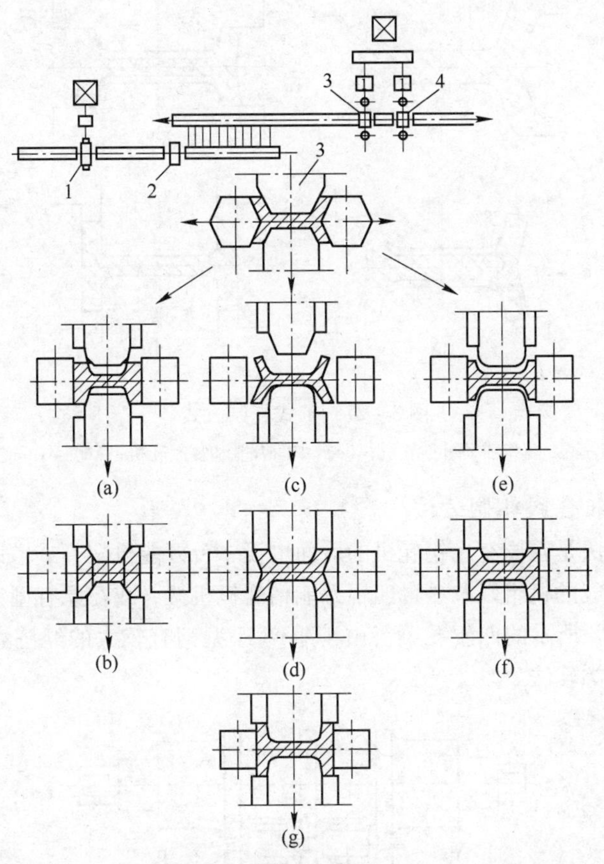

图3-26 普洨式轧制方式

1—初轧机；2—大剪；3—毛轧万能机架；4—辅助精轧万能机架

3.4.2.3 卡式轧制方法

卡式轧机是在普洨式的基础上发展而来的。它是用一台开坯机或大直径初轧机供给异型坯，其后跟两组可逆轧机的H型钢轧机（机组为四辊万能机架和二辊轧边机架所组成的可逆连轧），最后一架为多辊轧机，而无辅助轧机。在粗轧机组和中间机组的四辊万能机架及其辅助二辊机架中，其水平辊侧面皆有斜度，在粗轧机组水平辊侧面斜度为8%，中间机组水平辊侧面斜度为4%；在精轧万能轧机架中将轧件边部弯直轧平，成品H型钢边部内侧斜度为1.5%～8.8%，其孔型图如图3－27所示。

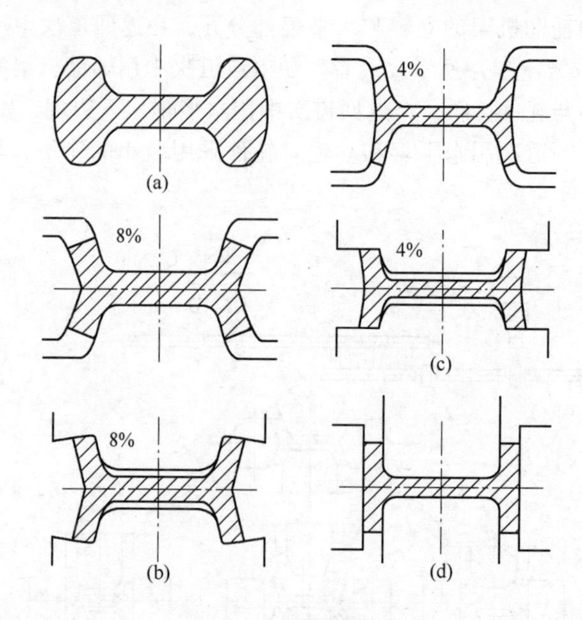

图3－27 卡式轧制方式

（a）坯料；（b）毛坯万能和辅助可逆轧机；（c）中间万能和复制轧机；（d）不可逆式精轧万能机架

3.4.2.4 组合式轧制方法

这种轧制方法是在原有型钢轧机的后面增设一台万能机架，或增设由四辊万能和二辊辅助机架组成的机组以及一台四辊万能精轧机机架，或在原有型钢轧机的后一机架采用如图3－28所示的四辊孔型。由于生产H型钢有较大的经济意义，因此有许多旧厂仍采用这类轧法。

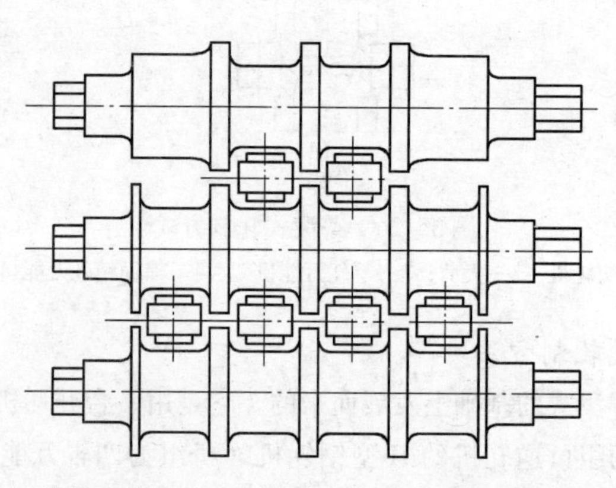

图3－28 在三辊式轧机上轧平行边工字钢

3.4.2.5 连轧

其轧机由毛轧机组、中间机组和精轧机组所组成。毛轧机组由四个二辊式机架组成，中间机组由万能—辅助—万能—万能—辅助机架组成，精轧机组由万能—万能—辅助—万能—辅助—万能机架组成。

3.4.3 H型钢的生产工艺过程

图3-29所示为H型钢的生产工艺流程。

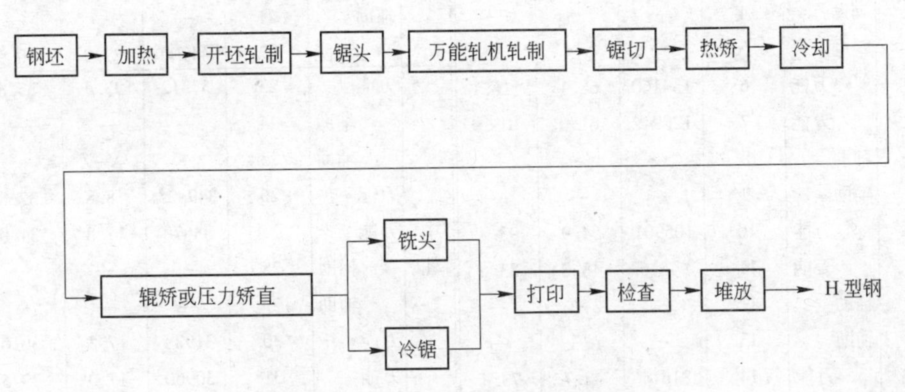

图3-29 H型钢的生产工艺流程

方坯或异型坯均需经过开坯机轧制，经开坯机所轧制出的中间异型坯其腿部和腰部的厚度，应与成品断面的这一比值相近，以保证在万能式轧机上轧制时的变形均匀，通常还要求进入万能轧机之前，坯料与成品的腰厚比需保持在7~12之间。在开坯机上除配有异型孔型之外，还配有1~2个箱形孔型，如图3-30所示，它除了减少轧件断面尺寸外，还可以起到立轧的作用，以控制异型坯的宽度并消除在中间开口异形孔型中轧制时所生成的耳子。

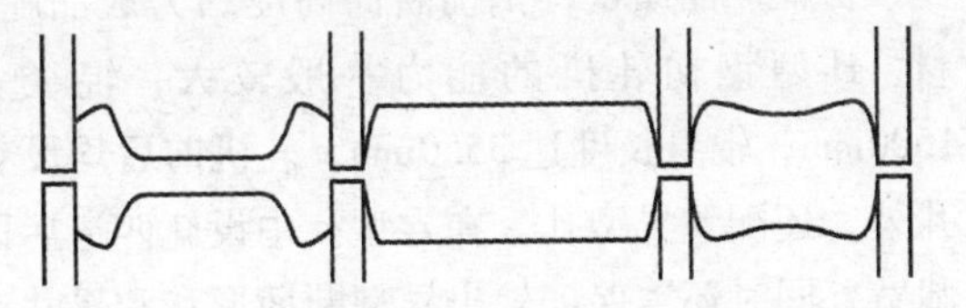

图3-30 万能式钢梁轧机的可逆开坯机孔型

经开坯机轧制后的异型坯腰端头部有舌状突出部分，在送入万能式机组轧制之前，应以热锯切除。

358mm×576.7mm H型钢的变形过程如图3-31所示，各道数据见表3-3。

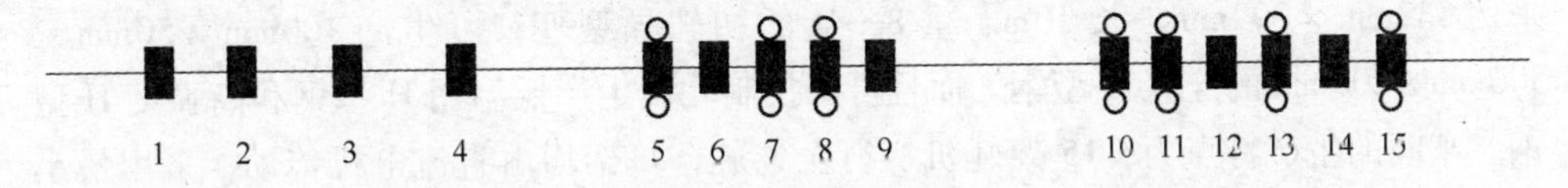

图3-31 连续式H型钢机组

1—开坯机；2~4—粗轧机组；5~9—中轧机组；10~15—精轧机组

表 3－3　358mm×576.7mm H 型钢轧制数据

轧机		道次	截面积 /mm²	腰厚 /mm	腿厚 /mm
机组	机座				
粗轧		0	185514	88.9	155.9
	辅助	1	—	—	—
	万能	2	156806	84.3	145.0
	万能	3	150608	76.2	103.3
	辅助	4	—	—	—
	辅助	5	—	—	—
	万能	6	134160	68.1	116.1
	万能	7	120942	61.0	103.9
	辅助	8	—	—	—
	辅助	9	—	—	—
	万能	10	105901	54.9	93.7
	万能	11	94816	48.8	83.6
	辅助	12	—	—	—
	辅助	13	—	—	—
	万能	14	81614	42.7	73.4
	万能	15	69662	36.6	63.2
	辅助	16	—	—	—
粗轧	辅助	17	—	—	—
	万能	18	59986	31.5	54.6
	万能	19	51924	26.9	47.0
	辅助	20	—	—	—
	辅助	21	—	—	—
	万能	22	44900	27.0	40.9
中轧	万能	23	37312	23.4	35.8
	辅助	24	—	—	—
	辅助	25	—	—	—
	万能	26	349.25	18.8	32.8
	万能	27	33670	17.8	31.0
	辅助	28	—	—	—
	辅助	29	—	—	—
	万能	30	31928	17.3	30.0
	万能	31	30960	17.0	29.5
	辅助	32	—	—	—
精轧	万能	33	30345	16.66	28.83

现代化的大型 H 型钢初轧机，常用 6～23t 钢锭为原料。当 H 型钢腰高小于 600mm 时用矩形锭，大于 600mm 时用异型钢锭。为使 H 型钢的腿部受到足够的压缩比、保证产品质量，钢锭断面高度约为成品腿宽的一倍或一倍以上。为便于一次成材，H 型钢初轧机的能力一般较大，辊径多为 1300～1500mm，上辊升高量达 1500mm，辊身长度达 3550mm，轧机前后均设有推床和翻钢机，辊身上除了配有箱型孔外，还配置异型孔。在异型孔中设轧四道后即进平轧机立轧两道以防止耳子和增加腿宽，同时还需保证轧出异型断面形状和尺寸对称。目前，轧制的最大异型断面尺寸可达 1340mm×520mm。初轧异型坯经大剪剪切后可直接送往 H 型钢粗轧机组轧制。较小断面的异型坯则装入步进式加热炉内再进行升温，以保证成品终轧温度。为防止剪切使坯料端部走形，剪刃需做成异型的。

图 3－32 为连轧 H 型钢车间。某连轧 H 型钢车间的主要设备性能见表 3－4。它采用 532mm×399mm、长 10m、重 8.34t 的初轧异型坯，可生产 100mm×50mm～500mm×200mm 的连轧 H 型钢，而且可用控制轧制生产低温用 H 型钢和高强度 H 型钢。车间的生产特点为：15 架轧机实行全连轧，每架均由直流电机传动，采用最小张力控制。轧制速度可达 10m/s，成品轧件长 120m，取消了热锯，代之以长尺冷却、长尺矫直、冷锯锯切，使后部工序全部实现了连续化；矫直速度 450m/min，锯切速

度350mm/s；该车间还采用尺寸为176×134.5×26m³的自动化立体仓库，使每捆产品卸货速度达8s/捆，为了缩短换辊时间，采用快速换辊机构，15架轧机换辊仅用50min，由于采用全部计算机控制，轧机作业率达95%以上，年产量140万～150万吨。

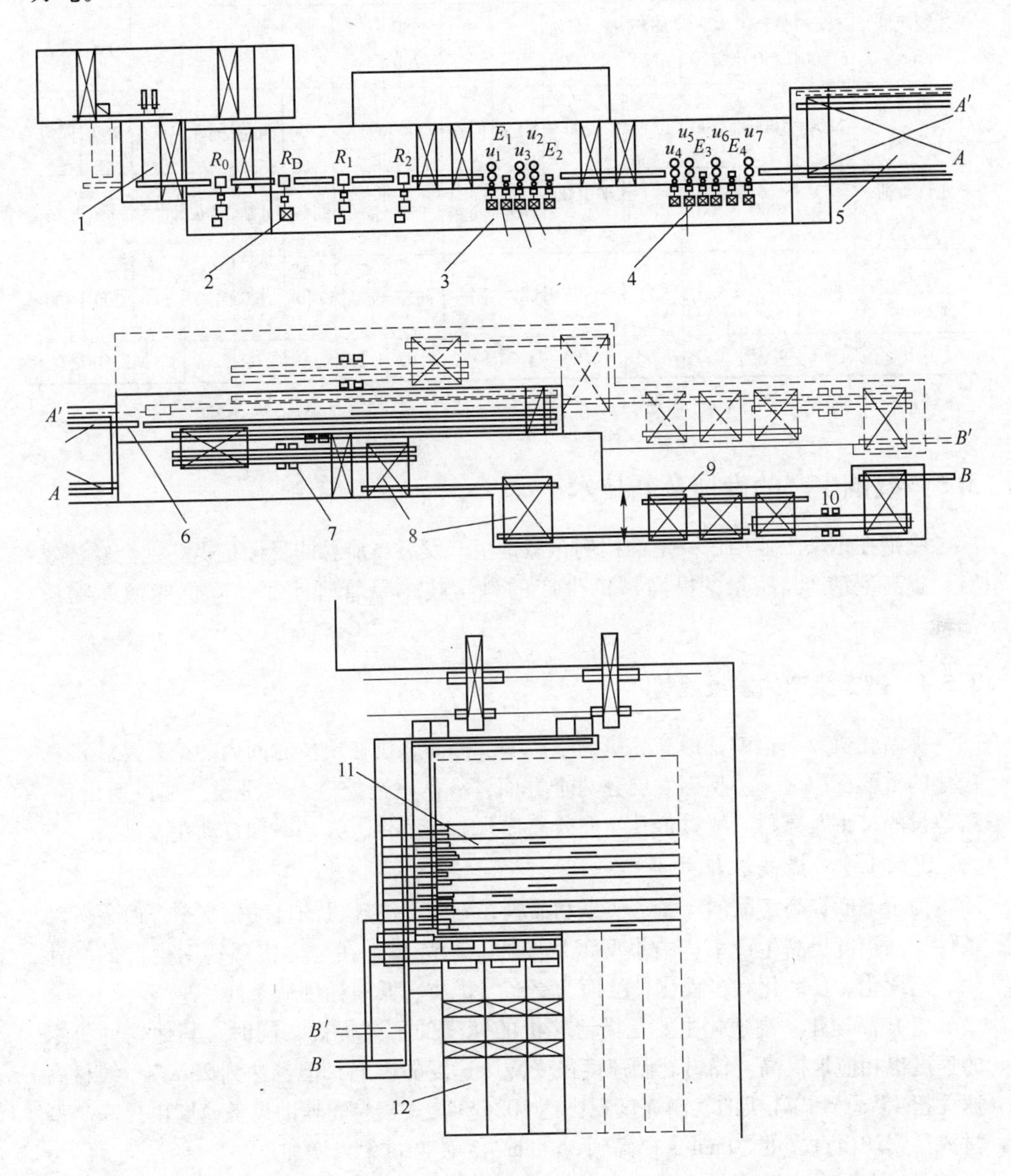

图3-32 连轧H型钢车间

1—步进式加热炉；2—粗轧机组；3—中轧机组；4—精轧机组；5—长尺冷床；6—辊式矫直机；7—冷锯；8—检查台；9—分类台；10—打捆机；11—自动立体仓库；12—普通仓库

表3-4 连轧H型钢车间主要设备性能表

数据\机组 参数	粗轧机组				中间机组					精轧机组					
	R_0	R_D	R_1	R_2	u_1	u_2	u_3	E_1	E_2	u_4	u_5	u_6	u_7	E_3	E_4
轧辊尺寸/mm	ϕ850 L1200	ϕ1150 L2500	ϕ850 L120	ϕ850 L120	平 ϕ1200 立 ϕ900	同左	同左	ϕ750 L700	同左	同 u_1	同 u_1	同 u_1	同 u_1	同 E_1	同 E_1
电机容量/kW	1500	1000	2300	1750	1500	同左	同左	500	同左	2500	同左	同左	1500	900	同左
允许负荷/t	700	1000	700	700	平1000 立400	同左	同左	150	同左	同 u_1	同 u_1	同 u_1	同 u_1	同 E_1	同 E_1
转速/$r \cdot min^{-1}$	500	0~40~100	500	500	200~500	同左	同左	同左	同左	140	165	420	495	200	300
速比	19.1	直流	12.7	9.55	16.04	11.21	8.32	8.02	4.253	4.49	3.69	3.03	3.19	2.613	2.028

注：R—二辊；R_0—可逆；u—四辊轧机；E—辅机。

3.5 型钢生产的发展及新技术

型钢在钢铁工业中占一定的比例，型钢生产发展当前总的目标是提高社会经济效益，提高型钢产品质量，提高型钢生产的科学技术及管理水平，降低能源及物质消耗。

3.5.1 型钢生产的发展趋势

提高轧机效率也就是提高轧机的生产率。提高轧机在单位时间内的产量是轧机现代化的重要标志之一。型钢发展分两个方面，一是改造挖潜，二是投产建设新设备。新建设的型钢及棒材、线材近几年向着高速化、连续化、大功率和自动化发展。

3.5.1.1 提高轧机效率

为了不断提高产品的产量、质量和品种，不断提高轧机的自动化水平。改善劳动条件，大幅度提高生产率；中小型钢发展的总趋势都是在努力实现轧钢生产的高速化、连续化、自动化和多程化，从而为高产、优质、低消耗创造条件。

(1) 高速化。高速化主要是指精轧机的速度的不断提高，同时，其他辅助机组的速度也相应地提高。棒材轧制速度虽受冷床速度的影响，但也达到23m/s。线材高速无扭45°悬臂式轧机的轧制速度现已达102m/s，其相应的辅助设备速度也提高。型材成品锯切由过去的20mm/s提高到350mm/s，使产量大大增加。

(2) 长件化。为了提高收得率和增加产量，无论是用户还是生产单位，都希望型钢（尤其线材）越长越好。但对棒材而言，长件化可提高产量（节约轧制的间隙时间、减少每根钢的节奏时间）。

(3) 连续化。轧制已普遍实现半连续化和连续化，彻底摆脱了横列式轧机坯料轻、成品单重小、轧制速度低、劳动强度大、机械化自动化困难的缺点，使轧机生产率有了一个很大的飞跃。

(4) 自动化。随着连续化的发展，轧件在各机架之间实行了自动进钢，简化了工序与辅机设备，生产流程稳定，有利于产量的提高。

以上四个方面是属于型钢发展的共性，下面四个方面为型钢发展的个性。

(1) 多线化——线材轧机。提高同喂条数可以成倍地增加产量。线材轧机增产措施之一就是实行“多线化”。目前，从各国线材轧机来看：最少是实行双线轨制，大多数是四线轧制。

(2) 多程化——棒材轧机。由于棒材车间产品品种较多，换辊频繁，为了在多品种车间提高作业率和设备的使用效率，采用多路轧制是较好的办法。

(3) 万能化——型钢轧机。为了扩大产品品种，尤其是异型断面的型钢（如 H 型钢、T 字钢、轻型薄壁钢梁及高精度的钢轨及腿部与腰部相互垂直无内斜的窗框钢等）的生产，由于在水平式轧机上很难完成，需将水平式轧机改造成为万能式轧机进行生产。如国内有 2 台 ϕ400/300 型钢轧机，为了扩大周期断面钢材品种的生产，在成品前孔采用万能轧机。如在 π 型钢轧制过程中，利用万能轧机在成品前孔对腰部进行周期压下的同时，可对腰厚进行均匀的压下，从而保证了成品外形的准确性，满足了轧制周期 π 型钢的变形要求。

随着结构和建筑工程的大型化、高层化和大跨距以及铁路运输的高速化，要求大量提供大型宽腿工字钢（即 H 型钢）。它也不外乎由一对水平辊和一对立辊组成主机架，对轧件进行四面加工，并由二辊水平轧机作辅助机架，专门轧 H 型钢的腿端以控制腿宽，而轧件腰部不与轧辊接触。

平－立轧机广泛采用滚动轴承和预应力机架及短应力线机架以提高产品精度，为缩短轧制周期、节约能源而在短应力线机架基础上采用紧凑式轧机。一套紧凑式轧机将 4 ~ 6 架短应力线轧机按平－立－平－立的方式交替装置在一列 C 形结构的机架中，组成无扭转轧机。所组成的连轧机其主电机可为全直流调速或交流差动调速，还有交流叠加调速等方法。交流差动调速在我国已有成功的经验，这对中小型轧机改造很有利。当然，全连轧的主电机全直流调速在国内也已投产，既节省了开支，又为提高生产率及产品精度提供了有利的条件。这也为我国中小型及线材轧机改造指出了方向。

(4) 钢坯大压下。随着钢锭单重的放大、钢坯轧机的“长件化”，钢锭到坯的总压缩比向着“大压化”方向发展。

3.5.1.2 扩大品种、提高质量

为了满足轻量化、高性能的使用要求，各种异型断面、周期断面、工字钢和槽钢的断面不断向薄壁发展，如已出现的 H 型钢、高承载能力的钢板桩、冷弯及热弯型钢等。

线材、棒材两种产品的界限已不明显。国外的线材已发展到 ϕ5 ~ 38mm。为保证线材及棒材质量，在轧制前设有高压水除鳞，并用步进式加热炉及连续式加热进行钢

坯加热；在自控方面也设有测力传感器或电流比较法，它可直接地或间接地测定连轧机张力；在轧制后采用快速换辊和更换导卫等措施。

在改造旧型钢轧机中不断完善孔型设计。目前实际生产中，开发和推广轧辊孔型自动化设计和轧制工艺参数的计算是型钢生产中的主要方法。利用计算机编制型材断面的孔型设计，设计人员可评价其计算结果，必要时可对原始信息提出修正，还可根据自己的知识、实践经验和直觉来控制计算过程，这对解决复杂几何形状的型材断面孔型设计是非常重要的。

除上述措施外，还有其他方面，如轧机机架精度和刚性的提高。在高速无扭线材轧机有Y型轧机、45°悬臂式轧机、平/立交替连轧机、还有无牌坊机架即应力线最短的机架，轴承力由半机架承受的紧凑式轧机，采用闭式整体机架及预应力机架。此外，万能轧机应用也较广泛。

为保证轧件的尺寸精度，轧机广泛采用滚珠轴承和预应力机架，以提高轧件的精度。为保证产品表面尺寸精度，在自动控制方面，用测力传感器或电流比较法直接、间接测定连轧机的张力，并用无张力自动控制装置（SNTC）或最小张力控制装置（AMTC）实现无张力轧制或最小张力轧制，从而提高了轧件的精度。有的成品机架后还装备了红外线测径装置，测量圆钢在各个方向上的直径并能反馈到控制系统，以便迅速调整压下，保证成品的精确。

公差要精密化。普遍采用负公差轧制，可节省工时及节约金属，尤其对圆钢要求要小。尺寸精度允许偏差 ±0.10mm，椭圆度 0.10mm，弯曲允许 1mm/m 以下。

表面无疵化。型钢产品质量的普通问题是尺寸精度与缺陷。缺陷可分为表面缺陷与内部缺陷，对轧制而言主要是表面缺陷。为了减少型材表面缺陷，首先对钢坯的质量要求严格，检查要有手段，一是除掉钢坯表面缺陷，二是在型钢生产过程中要从加热、轧制、检测、精整和包装各工序中采取必要的技术措施及检测手段。

3.5.1.3 性能高级化

除了公差及表面两项要求外，提高钢材使用价值的重要因素还在于各项性能，而影响性能的因素在于钢的实质与钢材的组织。提高型材的性能方面可归纳为“四高一少”。高的力学性能以满足建筑构件高强度，节约金属的需要；高的拉拔性能以适应细规格钢丝生产的需要；高的顶锻性能以满足紧固件结构钢冷镦机高生产率的冷加工生产要求；高的切削性能以适应高速切削与改善机件表面光洁度的需要。少的氧化铁皮，为使用单位节约金属消耗与酸的消耗。除在冶炼上不断采取措施，提高钢质量外，还要对轧钢工艺进行不断地改革。如，现采用的控轧、控制冷却等新工艺。所谓控轧即把钢加热到比传统的热轧温度低一些的奥氏体化温度（950～1100℃）左右保温一定时间，然后把开轧温度、变形温度、变形速度、终轧温度、冷却程序控制在一定范围内的轧制方法，来大大提高钢的综合力学性能。控冷技术主要有两个目的：一是减少氧化铁皮生成，二是提高钢的综合力学性能。控轧与控冷可以联合使用，即钢材热轧在低温下强制轧制而后冷却，可提高钢的屈服强度和保持足够的韧性，冲击性能也可得到提高。

如在线材生产过程中经常采用的控冷方法有：斯太尔摩法、施罗曼法、沸水冷却法（又称ED法）、塔式冷却法（又称DE法）、流态层冷却法等（水冷+散卷风冷法）。采取不同控制冷却手段目的使组织为索氏体、细晶粒化、表面氧化铁皮减少。这些控冷方法的共同点为：第一阶段是穿水冷却，线材急剧地冷却到750～800℃；第二阶段是线材的散卷在空气、水和其他介质中进行冷却和运输。通过控冷使钢材表面生成极易清除的薄层氧化铁皮，而且其相变接近于等温转变，使奥氏体全部转变成细小的珠光体－索氏体组织，大大提高了冷拔工艺性能。以上5种轧后控冷都不外乎穿水急冷后散卷风冷、热水冷、流态层冷却法，大都用于高速线材轧制线上。

除热轧后直接冷却方法之外，还有形变热处理（控制轧制新工艺）。热轧结构钢钢材有三种供应状态，这就是热轧状态、热处理状态与控制轧制状态，三者的力学性能相差很大，见表3－5。

表3－5 几种结构钢力学性能

钢　号	供应状态	σ_b/N·mm^{-2}	σ_s/N·mm^{-2}
2号钢	热　轧	333	216
3号钢	热　轧	373	235
25SiMn	热　轧	588	235
$40Si_2V$	热　轧	883	588
$44Mn_2Si$	热处理	1569	1422
45MnSiV	热处理	1569	1422

对于大规格棒材，由于终轧温度较高，冷却较慢，钢材的通条力学性能往往达不到标准要求。目前已采用控轧－控冷技术生产出无需再进行热处理的低合金钢材，其强度比热轧状态又有显著提高，满足了重要用途的建设需要。

形变热处理有高温形变热处理与低温形变热处理两种，高温形变热处理是把奥氏体冷却到再结晶温度以下进行形变，而低温形变热处理是在再结晶温度以下进行的。目前，正在发展和推广的形变热处理方法是：把钢材加热到850℃形成奥氏体之后在这个温度到730℃之间进行轧制加工（变形量30%），之后快速冷却淬火，再在350～400℃之间进行回火，由于经过这样处理硬度与抗张强度都在提高，用这样的钢材制成的汽车扁弹簧与以前所用的相比重量轻26%，片数少40%，寿命延长60%。目前，国外在800℃左右温度下进行低温轧制，面积压缩率达到40%～60%，分几个轧制道次完成。随着低温压缩程度的增加，冲击性能还可提高，影响此过程的重要工艺参数有：变形量，变形温度，变形钢再结晶和晶粒长大的速度及完成此过程所需的时间，钢中的微合金元素（铌、钒、铝或钛）含量，轧制后相变区的冷却速度等。

为了满足高性能的使用需求，钢轨经常采用合金强化及热处理的方法以达到产品的技术要求。近年来，由于运输强度不断提高，钢轨不断向着重型化（大多数60kg/m以上，最重80kg/m），合金化、热处理强化及生产工艺现代化方向发展。

3.5.2 型钢生产发展的新技术

世界钢铁工业普遍实现连续、高速、自动化发展的今天，型钢的新技术也不断涌现。

连铸-连轧是发展的方向。尤其是近几十年来，高速无扭线材轧机的发展更为迅速。型钢的品种不断增多、质量不断提高，需要相应的新技术作保证。目前应用的新技术如下：

(1) 为提高型钢生产率，保证质量和品种，不断提高自动化水平实现型钢生产的高速化、连续化、自动化和多程化，从而为高产、优质、低消耗创造了条件。

(2) 采用平-立和万能轧机机架生产经济断面钢材（如H型钢），扩大品种，避免轧件因扭转而产生表面缺陷；在上述轧机中，广泛采用滚珠轴承和预应力机架及短应力线机架，以保证轧件精度。

(3) 在坯料检验上普遍采用磁力探伤法和涡流探伤法。其为连铸-连轧及无头轧制提供了有利条件。检验出的缺陷必须经过铲除、砂轮修磨或火焰清理等之后再进行轧制；如有不可清理的缺陷应报废。

(4) 在加热炉方面的新技术，广泛采用步进式加热炉及连续式加热炉。以保证钢坯四面均匀加热，无划痕、少脱碳、产量高、燃料消耗低，能适应多钢种，操作方便。在控制方面，已利用电视及计算机来监视炉内情况，可自动调节炉温压，使加热质量不断提高。

(5) 轧件的检测。随着轧制速度的提高，对轧件检测与控制的要求也更加严格。而现代化高速线材轧机中轧件通过两架轧机之间的时间仅为几分之一秒，在这样短的时间内要完成多种检测与控制，显然只有提高自动化水平才有可能。

(6) 为了节省换辊时间，采取各种快速换辊和更换导卫措施，有利于多品种生产。例如，在粗轧和中间轧机机组上采用换辊小车或回转台等方式快速换辊，成品机组则采用整体机架更换方式来更换轧辊和导卫（如在小型、线材成品机架用短应力线轧机整体更换）。在各机组上还配备有油、冷却水、电、高压水等管线快速接脱的自动连接器，并设置轴承清洗和轧辊装配间对轧辊和导卫进行预装，大大节约换辊时间。

(7) 轧制线上普遍装有高压水除鳞设备，压力在9.8~19.6MPa左右，保证成品表面质量。

在多线轧制的线材生产线上，中轧与精轧机架之间设有立活套或侧活套，用形成活套办法来补偿延伸之差。由于高速线材的轧制速度高，所以活套挑的电气-机械装置必须反应灵活，动作迅速，以便在极短的时间内形成正确的活套量。活套检测控制也采用光电扫描方法，即当轧件遮住扫描光电管时会发出与活套量有关的电信号，再通过电控信号使活套臂上、下或左右摆动，臂端的自由辊便可轻轻地顶起运动中的轧件而形成活套，然后根据臂动偏转角，通过转换系统与调节装置作用到精轧机组的控制系统，改变轧机速度以保持前后轧机“同步”，并将活套控制在一定范围内，例如

±0.5m 内。

(8) 在线精整方面。为解决锯断及矫直能力不足，采用长尺冷却－长倍尺矫直技术，这样，减少矫直机咬入次数，矫直速度可提高到8m/s。考虑短尺及其余轧件长度的切断作为补充，还有设置冷锯机的倾向，冷床则趋于步进式或链条运输式。此外，还采用悬臂式可变节距的辊式矫直机、自动打印机、自动堆垛装置及打捆机等。

(9) 大量采用计算机，对整个生产过程实现自动控制。如对加热炉从坯料装入到推出的空位控制；对加热炉燃烧控制及各种监视系统；对轧制自动程序控制(APC)；对轧机及其前后辊道正反运转和速度控制；对连轧机的张力自动控制(AMTC)；对测速装置，活套检测器、测压元件等自动检测各轧制参数直接用计算机控制；对剪切、冷却和精整等各个环节实行最佳控制和综合管理。

(10) 普遍采用控制轧制和控制冷却新技术，大大提高钢材的综合力学性能和表面质量。

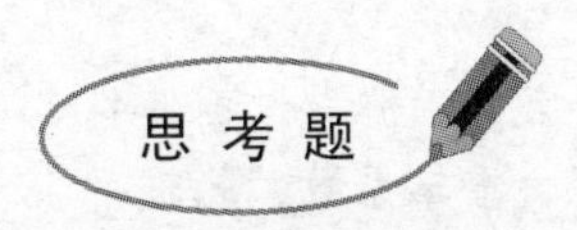

1. 型钢的品种是如何划分的？
2. 型钢的生产方式有哪些？
3. 型钢轧机的布置方式有哪些？
4. 简述钢轨生产的工艺流程。
5. 线材生产的特点有哪些？
6. 何谓高速无扭线材轧制？
7. 棒、线材控制轧制及控制冷却的基本原理是什么？
8. H 型钢的生产方式有哪些？
9. 型钢生产的新技术有哪些？

4 型钢孔型设计

【本章概要】

本章介绍了孔型设计的基本知识，包括孔型设计的内容与要求、孔型设计的基本原则及程序、孔型的组成及各部分的作用、孔型在轧辊上的配置；分别阐述了延伸孔型设计、简单断面钢材孔型设计、复杂断面型钢孔型设计的方法和原则。

【关 键 词】

孔型设计，轧制道次，压下量，延伸系数，咬入条件，辊缝，弹跳，侧壁斜度，圆角，锁口，槽底凸度，轧机名义直径，轧辊原始直径，重车系数，轧辊平均工作直径，压力，轧辊中线，孔型中性线，延伸孔型，宽展系数

【章节重点】

本章应重点掌握孔型设计的内容与要求、孔型设计的基本原则及程序、孔型的组成及各部分的作用；熟悉延伸孔型的种类及设计方法；了解复杂断面型材轧制时的变形特点。

4.1 孔型设计的基本知识

4.1.1 孔型设计的内容与要求

将钢锭或钢坯在两个或两个以上带槽轧辊间经过若干道次的轧制变形，以获得所需要的断面形状、尺寸和性能的产品，为此而进行的设计和计算工作称之为孔型设计。

4.1.1.1 孔型设计的内容

孔型设计是型钢生产的工具设计，完整的孔型设计包括三方面：

（1）断面孔型设计。根据原料和成品的断面形状、尺寸和产品的性能要求，选择孔型系统，确定轧制道次和各道次的变形量以及各道次的孔型形状和尺寸。

（2）轧辊孔型设计。根据断面孔型设计确定孔型在每个机架上的分配及其在轧辊上的配置，要求轧件能正常轧制且操作方便，并且其轧制节奏时间短，轧机的生产能力高，成品的质量好。

(3) 导卫装置及辅助工具设计。导卫装置及辅助工具设计是指根据轧机特性和产品断面形状特点设计出相应的导卫装置，以保证轧件能按照要求顺利地进出孔型，或使轧件进孔型前或出孔型后发生一定的变形，或对轧件起矫正或翻转作用等。而其他辅助工具则包括检查样板等。

4.1.1.2 孔型设计的要求

孔型设计合理与否直接影响到产品的质量、轧机的生产能力、产品的成本、劳动条件和劳动强度等。因此，合理的孔型设计应满足以下几点要求：

(1) 获得优质的产品。即保证成品的断面几何形状正确，断面尺寸在所要求的精度范围内，表面光洁，无耳子、折叠、裂纹、麻点和擦伤等表面缺陷，金属内部的残余应力小，金相组织及力学性能达到标准要求。

(2) 轧机生产率高。孔型设计是通过轧制节奏时间和轧机作业率影响着轧机生产能力。

影响轧制节奏时间的主要因素是轧制道次，一般说来，轧制道次越少越好。但在交叉过钢轧制条件下往往不但不减少道次数，反而适当增加道次对提高轧机能力有利。

影响作业率的主要因素是孔型系统、负荷分配、孔型和导卫装置的共用性等。孔型系统选择不当，会增加操作的困难，造成轧制时间的损失；若孔型的负荷分配不合理，则会影响各轧机能力的发挥或因个别道次轧制困难而影响轧机的生产能力，或因个别孔型磨损过快迫使换槽或换辊的次数增加；当备用孔型及其数目确定不当，或孔型的共用性差时，也会迫使换辊次数增加。这些都会影响轧机作业率的提高。

(3) 产品成本低。为达到降低成本的目的，必须降低金属、轧辊及其他的各种消耗。由于成本的80%以上取决于金属消耗，因此降低金属消耗是降低产品成本的主要途径之一。

节约金属消耗的基本措施是按负偏差轧制、减少切损和降低废品率。按负偏差轧制是使成品尺寸控制在允许的负偏差范围内，这样可节约大量金属。但根据用户要求或后部工序的需要，有时也采用正偏差轧制。废品率的高低与孔型设计的关系很大，若孔型设计不当，就会造成孔型充满不良，成品断面形状不正、尺寸不合格或出耳子、折叠等缺陷，也会引起操作困难而使中途轧废增加，严重的甚至轧不出合格的成品，使轧辊和导卫装置等报废。

轧辊消耗与孔型设计有着密切的关系，孔型设计不佳，造成孔型的局部磨损严重或个别孔型磨损严重，轧辊重车时车削量就大、轧辊寿命降低、轧辊消耗增加。

轧制电能消耗与孔型设计也有着密切关系，若孔型设计时使变形均匀或处理不均匀变形得当，变形量分配合理，孔型配置正确，以及孔型形状和系统选择合理等，电能消耗就会减小。

(4) 劳动条件好、降低劳动强度。孔型设计应保证生产安全，改善劳动条件，减轻笨重的体力劳动。孔型设计时，应考虑轧制过程易于实现机械化和自动化，轧制稳定，调整方便，轧辊导卫装置坚固耐用，装卸容易。

(5) 适应车间的设备条件。孔型设计时必须考虑车间各主、辅设备的性能及其布置。

应该指出，由于孔型设计目前还处于经验设计阶段，孔型设计的合理与否主要取决于孔型设计工作者的经验和水平。因此，为了正确解决上述要求，孔型设计工作者必须深入车间生产实际，与工人相结合，不断总结提高。

4.1.2 孔型设计的基本原则及程序

4.1.2.1 孔型设计的基本原则

(1) 选择合理的孔型系统。选择孔型系统是孔型设计的重要环节，孔型系统选择得合理与否直接对轧机的生产率、产品质量、各项消耗指标以及生产操作等有决定性的影响。在设计新产品的孔型时，应根据形状变化规律，拟定出各种可能使用的孔型系统，经过充分地分析对比，然后从中选择合理的孔型系统。

(2) 充分利用钢的高温塑性，把变形量和不均匀变形集中在前几道次，然后顺轧制程序逐道次减小变形量。

(3) 尽可能采用形状简单的孔型，专用孔型的数量要适当。

(4) 轧制道次数、翻钢程序和次数要合理。

(5) 轧件在孔型中的状态应力求稳定。

(6) 在生产品种多的型钢轧机上，多选用共用性好的孔型。

(7) 要便于轧机调整并考虑到工人的操作习惯。

4.1.2.2 孔型设计的程序

(1) 查标准，了解产品的技术要求。其中包括产品的断面形状、尺寸及其允许偏差；产品表面质量、金相组织和性能要求。对于某些产品还应了解用户的使用情况及其特殊要求。

(2) 了解供料条件。掌握已有的钢锭或钢坯的断面形状和尺寸，或者按产品要求重新选定坯料尺寸供料的可能性。

(3) 了解轧机性能及其他设备条件，包括轧机的布置、机架数目、轧辊直径与辊身长度、轧制速度、电机能力以及加热炉、移钢机和翻钢设备、工作辊道与延伸辊道、剪切机或锯机的性能等。

(4) 选择孔型系统。对于新产品应了解类似产品的轧制情况及其存在问题，作为新产品孔型设计的依据之一，对于老产品应了解该产品在其他轧机上轧制情况及其存在问题。同时还应考虑与其他产品共用孔型的可能性，拟定出可能采用的孔型系统，进行分析对比确定出较为合理的孔型系统方案。

(5) 坯料尺寸选择。坯料尺寸对轧机生产率、产品质量以及生产工艺与操作均有很大影响。因此，选择坯料尺寸必须综合考虑各种因素来确定：

1) 从坯料到成品应具有一定的压缩比，并能使终轧温度控制在工艺规程要求的范围内，以保证成品的组织和性能要求。这对于用钢锭直接轧制成材、小型轧机或合金钢轧制尤为重要。

2）必须考虑轧机形式与能力，一般对于一定的轧机来讲，应确定该轧机能力的合理的道次 n 和平均延伸系数 $\bar{\mu}$ 以及坯料的尺寸范围。对于普通三辊式或二辊式型钢车间粗轧机或开坯机，若坯料断面尺寸选用过大，将因轧辊的切槽深度太深而影响到轧辊强度和咬入能力，引起轧制道次增加。因此，坯料断面的高度 H_0 与粗轧机轧辊名义直径 D_0 必须保持一定的比值 $K = H_0/D_0$。根据实际生产的轧机统计，各类轧机使用的 K 值范围见表 4－1。

表 4－1 各类轧机使用的 K 值范围

轧机名称	K	备注
三辊开坯机	0.3～0.5	生产大断面钢坯时用大值
大型轧机	0.25～0.48	兼作生产钢坯用的取大值
中型轧机	0.15～0.27	生产大断面产品时用大值
小型轧机	0.1～0.3	生产大断面产品时用大值
线材轧机	0.17～0.2	
初轧机	0.64～0.8	因初轧机轧辊切槽深度浅，故 K 值大

3）应考虑金属成型的需要，例如，轧制工、槽钢时，进入第一个变形孔（切入孔）的钢坯高度应等于成品腿高的 1.8～2.5 倍，以保证工、槽钢腿部受到良好的加工和腿长；其宽度应等于成品的宽度减去各孔的宽展量，但各孔宽展不宜取的过大，以免将腿拉短。又例如，轧制角钢的钢坯轮廓尺寸应能将角钢断面包容进去（图 4－1）；轧制重轨时，最好采用高而扁的钢坯，使轨底部分在各帽形孔内得到良好的加工，这样有利于改善轨底的质量；轧制扁钢时，钢坯的边长与扁钢的宽度应保持一定的比例。

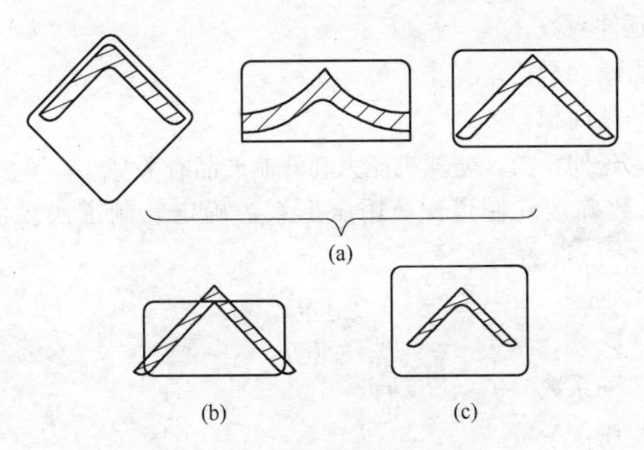

图 4－1 角钢钢坯尺寸的确定
（a）合适的钢坯；（b）钢坯尺寸太小；（c）钢坯尺寸太大

4）选用坯料断面尺寸和长度应考虑加热炉、冷床等辅助设备允许长度（坯料或成品）以及各设备之间的距离，以免生产时相互干扰。对于线材轧机为了增大盘重，应在允许的范围内尽量增大坯料重量。

5）对于多品种型钢车间，要考虑尽量减少钢坯的规格，以减轻开坯车间的工作，简化开坯轧机的孔型及操作。

（6）轧制道次的确定。在孔型设计中表示变形量的方法有绝对压下量、延伸系数和压下系数三种，可用于不同的轧制产品。因此，确定轧制道次的方法有以下三种：

1）用绝对压下量确定轧制道次。用绝对压下量确定轧制道次主要用于初轧机与开坯机，即：

$$n = \frac{\sum \Delta h}{\Delta h} \tag{4-1}$$

式中 $\sum \Delta h$——总压下量，mm，根据图4－2可得：

$$\sum \Delta h = (1.15 \sim 1.20)[(H_0 - h) + (B_0 - b)] \tag{4-2}$$

B_0——坯料的宽度，mm；

H_0——坯料的高度，mm；

b——成品的宽度，mm；

h——成品的高度，mm；

Δh——平均压下量，mm，由轧机能力所决定，可参照各类轧机上的经验数值选取。

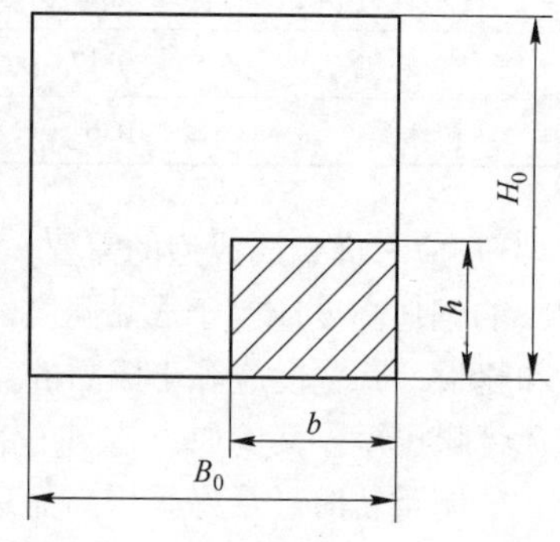

图4－2 按压下量确定轧制道次

2）用延伸系数确定轧制道次。大部分型钢轧机设计中采用延伸系数确定轧制道次，即：

$$n = \frac{\lg \mu_{\Sigma}}{\lg \overline{\mu}} = \frac{\lg F_0 - \lg F_n}{\lg \overline{\mu}} \tag{4-3}$$

式中 μ_{Σ}——总延伸系数，$\mu_{\Sigma} = F_0/F_n$；

F_0——坯料断面积；

F_n——成品断面积；

$\overline{\mu}$——平均延伸系数，与轧机能力和轧制产品有关。

3）用压下系数确定轧制道次。用压下系数确定轧制道次多用于扁钢孔型设计，即：

$$n = \frac{\lg \eta_{\Sigma}}{\lg \overline{\eta}} \tag{4-4}$$

式中 η_{Σ}——总压下系数，$\eta_{\Sigma} = H_0/h$；

$\overline{\eta}$——平均压下系数。

（7）分配各道次变形量。道次变形量分配在以上确定的平均变形量基础上进行，但合理分配道次变形量应注意以下问题：

1）咬入条件。一般情况下，咬入条件是限制道次变形量的主要因素，尤其是前几道次。因为此时轧件断面大、温度高、轧件表面常附着氧化铁皮等，故轧辊切槽较深，摩擦系数较小。前几道次的变形量常受咬入条件的限制。

2）电机能力与轧辊强度在某些情况下也是限制道次变形量的因素。例如，当轧槽深时，需考虑轧辊强度；前几道次坯料断面积较大，虽然延伸系数不大，但轧件断面减缩率 ΔF 较大，轧制负荷较大，故需考虑到电机能力，尤其在横列式轧机上同时过钢根数受限制时，要使各道次的负荷均匀。另外，要考虑到轧制过程中轧制条件（如温度、张力、速度等）的变化引起轧件塑性的变化，影响到轧机的负荷，所以应在准确估计轧制条件变化的基础上，留有余地地分配道次变形量。

3）孔型的磨损将影响到轧件的表面质量和换辊次数以及前后孔型的衔接。因此，为了保证成品表面质量，一般成品孔型和成品前孔型的变形量要小些，以减小孔型的磨损程度和磨损速度。在多列机架横列式型钢轧机上，由于各机架的换辊周期不一样，有时前面1～2架的第一孔型和最后一个孔型的延伸系数应取的略小些，以使换辊后轧制情况正常。

4）金属的塑性。经研究表明，金属的塑性一般不成为限制道次变形量的因素。但对于某些合金钢锭，在未加工前其塑性较差，因此要求前几道次的变形量要小些。

5）应根据成型要求、轧件的宽度和孔型的形式与作用，合理分配各道次的变形量。

上述各种因素对变形量分配的影响很复杂，目前很难用严格的数学方法来解决。在大多数情况下，按经验曲线（图4－3）来分配。在横列式型钢轧机上按图4－3（a）曲线分配变形系数，轧制开始道次考虑到轧件断面大和咬入条件等限制因素，取相对较小的变形系数；随着表面氧化铁皮的脱落和咬入条件的改善，而轧件温度较高，故变形系数逐渐增加到最大值；此后，轧件断面减小、温度降低、变形抗力增加，轧辊强度和电机能力成为限制变形量的主要因素，因此变形系数降低；在最后几道次中，为了减小孔型磨损，保证成品尺寸精度和表面质量，故采用较小的变形量。在连轧机上，由于轧制速度较快，轧件温度变化较小，所以各道次的变形系数可以取的相等或相近，如图4－3（b）所示。

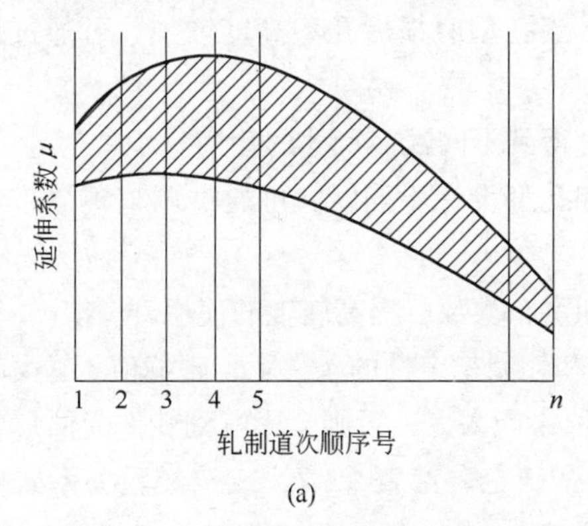

(a)

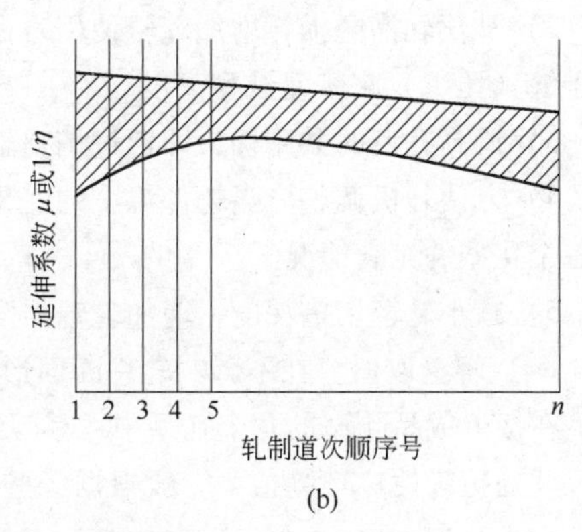

(b)

图4－3　变形系数按道次分配的典型曲线

（a）在横列式轧机上；（b）在连轧机上

（8）根据各道次的延伸系数确定各道次轧件的断面积，然后根据轧件的断面积和变形关系确定轧件断面积形状和尺寸，并构成孔型，绘制出孔型图。

（9）将设计出的孔型按一定的规定配置在轧辊上，并绘制出配置图。

（10）进行必要的校核，校核内容包括咬入条件、电机能力、轧辊强度、孔型充满程度以及轧件在孔型中位置的稳定性等。

（11）根据孔型图和配辊图设计导卫、轧辊车削和检验样板等辅件。

4.1.3 孔型的组成及各部分的作用

实际生产中，虽然使用的孔型形状多种多样，但任何一种孔型其构成均可归纳为一些共同的组成部分，例如，辊缝、侧壁斜度和圆角等（图4-4）。下面对各组成部分的功用和确定原则进行分述。

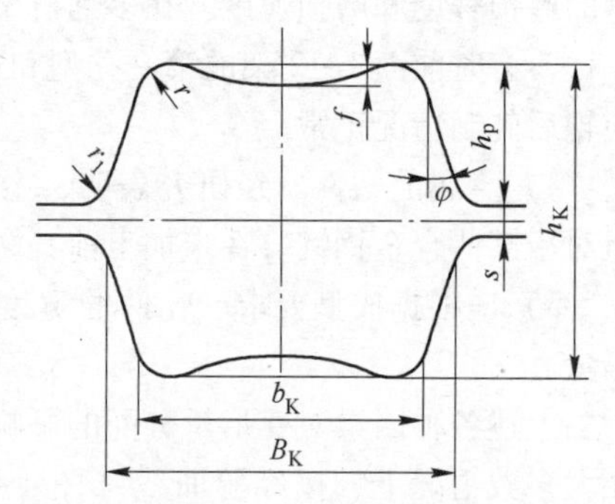

图4-4 孔型的构成

B_K—槽口宽度；b_K—槽底宽度；φ—侧壁角；s—辊缝；f—槽底凸度；r—槽底圆角；r_1—槽口圆角；h_p—轧槽深度

4.1.3.1 辊缝 s

（1）辊缝 s。轧制时两个辊缝的辊环间的间距称为孔型的辊缝。

（2）弹跳。在轧制过程中，工作机座里的轧辊、机架、轴承、压下螺丝与螺母等受力零件，在轧制力的作用下均会产生弹性变形，而使实际（有载）辊缝增加，通常把这些受力零件的弹性变形总和称之为轧辊的弹跳，简称辊跳。

（3）辊缝的作用：

1）补偿轧辊的弹跳值，以保证轧后轧件高度。因此，辊缝值 s 应大于轧辊的弹跳值。

2）补偿轧槽磨损，增加轧辊使用寿命。当孔型磨损后孔型高度增加，可通过调整辊缝（压下）来恢复孔型高度。

3）调高孔型的共用性，即通过调整辊缝得到不同断面尺寸的孔型。

4）方便轧机调整。当轧件温度的变化和孔型设计不当时，可通过调整辊缝来调节各个孔型的充满情况。

5）减小轧辊切槽深度，增加轧辊强度和重车次数，提高轧辊的使用寿命。

（4）辊缝取值。在不影响轧件断面形状和轧制稳定性的条件下，辊缝值 s 越大越好。在接近成品孔型的几个孔型中，其辊缝值不能太大，否则会影响到轧件断面形状和尺寸的正确性。辊缝值 s 一般根据经验数据确定，见表4-2，或按经验关系式确定：成品孔型 $s=(0.05\sim0.01)D_0$；毛轧孔型 $s=0.02D_0$；开坯孔型 $s=0.03D_0$，其中，D_0 表示轧机的名义直径（mm）。

表4-2 各种型钢轧机的辊缝值 s

轧机名称	初轧机 二辊开坯机	500~650 开坯机	轧梁、大型和中型轧机			小型轧机		
			开坯	毛轧	精轧	开坯	毛轧	精轧
辊缝值 s/mm	6~20	6~15	8~15	6~10	4~6	6~10	3~5	1~3

4.1.3.2 侧壁斜度（$\tan\varphi$ 或 y）

（1）孔型侧壁斜度表示方法。孔型的侧壁几乎在任何情况下都不垂直于轧辊轴线，而与轧辊轴线的垂直线成 φ 角（成为侧壁角）。通常将侧壁相对轧辊轴线的垂直线的倾斜度称为孔型侧壁斜度（图4-4），其值用下式表示：

$$\tan\varphi = \frac{B_K - b_K}{2h} \tag{4-5}$$

或

$$y = \frac{B_K - b_K}{2h_p} \times 100\% \tag{4-6}$$

式中，符号意义如图4-4所示。

（2）侧壁斜度的作用：

1）侧壁斜度能使孔型的入、出口部分形成喇叭口，轧件进入孔型时能自动对中，方便操作；轧件出孔型时脱槽方便，防止产生缠辊事故。

2）改善咬入条件。这是因为孔型侧壁对轧件具有夹持作用，使咬入条件变为：

$$\tan\alpha \leqslant f\sin\varphi \tag{4-7}$$

3）减少轧辊的重车量，提高轧辊的使用寿命。在轧制过程中，孔型不断磨损，其形状、尺寸发生变化，工作表面呈现凹凸不平的磨痕等缺陷，继续使用将影响产品的质量。此时需要重车以恢复孔型原来的形状和尺寸。当无侧壁斜度时（图4-5(a)），需要将原来孔型全部车去才能恢复轧槽原有宽度；而有侧壁斜度时，设轧槽的磨损量为 a，则一次重车轧辊的直径减小（即重车量）为

$$D - D' = \frac{2a}{\sin\varphi} \tag{4-8}$$

由式（4-8）可见，侧壁斜度越大，重车量越小，如图4-5（b）所示，由新辊至旧辊的重车次数也越多，轧辊的使用寿命增大，消耗下降。

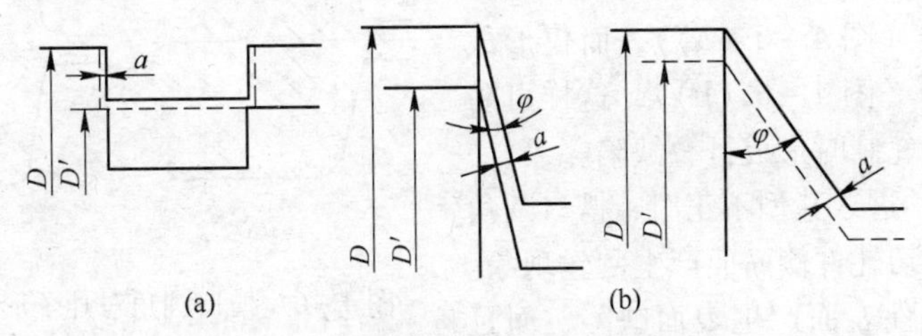

图4-5 侧壁斜度与轧辊重车量的关系
（a）无侧壁斜度时；（b）有侧壁斜度时

4）孔型侧壁斜度能增加孔型内的宽展余地。这意味着孔型允许轧制变形量有较

大的变化范围，而出耳子的危险性减小。因此，可通过控制轧件在孔型中的充满程度来得到不同尺寸的轧件，提高孔型的共用性。这一点对于初轧机的开坯机以及型钢轧机的粗轧孔型很重要。

5）对于轧制复杂断面型钢，侧壁斜度大小往往与允许变形量（侧压量）有关，侧壁斜度越大，允许变形量越大。采用大侧壁斜度有时可以减少轧制道次，并有利于轧机的调整，这对节约轧辊、减少电能消耗也有利。

孔型的侧壁斜度虽然有上述重要的作用，但侧壁斜度过大将影响孔型中轧出轧件形状的正确性，也会导致孔型对轧件夹持作用的减小，影响轧件在孔型中的稳定性。因此，侧壁斜度应根据孔型在整个成型过程中的作用以及产品的尺寸公差范围等相关因素确定。一般取：

延伸用箱形孔	$\varphi = 10\% \sim 20\%$
闭口扁钢毛轧孔	$\varphi = 5\% \sim 17\%$
钢轨、工字钢、槽钢毛轧孔	$\varphi = 5\% \sim 10\%$
异形钢成品孔	$\varphi = 1\% \sim 1.5\%$

4.1.3.3 圆角

孔型的角部一般都设计成带圆弧形的圆角，如图 4-4 所示。根据圆角在孔型上的位置可分为槽底圆角 r（内圆角）和槽口圆角 r_1（外圆角）两种。其作用分别如下：

（1）槽底圆角的作用。

1）防止轧件角部急剧地冷却，而引起轧件角部开裂和孔型的急剧磨损。

2）改善轧辊强度，防止因尖角部分的应力集中而削弱轧辊强度。

3）通过改变槽底圆角半径 r，可以改变孔型的实际面积，从而改变轧件在孔型中的变形量，以及轧件在下孔型中的宽展余地、调整孔型的充满程度。有时还对轧件的局部起到一定的加工作用。

在初设计孔型时，一般槽底圆角半径应取大一些，因为大半径在加工中可以改小，而由小改大则很困难。成品孔型的槽底圆角半径取决于成品断面的标准要求。

（2）槽口圆角的作用。

1）当轧件在孔型中略有过充满（即出耳子）时，槽口圆角可避免在耳子处形成尖锐的折线（图 4-6（a）），而仅形成纯而厚的耳子（图 4-6（b）），这样可防止轧件在继续轧制时形成折叠缺陷。

2）当轧件进入孔型不正时，槽口圆角能防止辊环刮切轧件侧面而产生刮丝现象。这不仅会使轧件表面产生表面缺陷，而且还将损伤导卫装置造成事故。

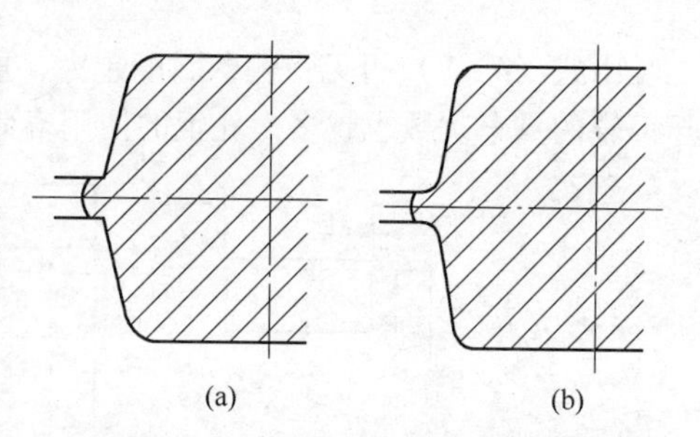

图 4-6 槽口圆角对耳子形状的影响
（a）无外圆角；（b）有外圆角

3）对于复杂断面孔型，增大槽口圆角半径能提高辊环强度，防止产生辊环爆裂。

在轧制某些简单断面型钢时，其成品孔型的槽口圆角半径作用已失去意义，故半径可取小，甚至为零，以保证成品断面达到标准要求。

4.1.3.4　锁口

在闭口孔型中用来隔开孔型与辊缝的两轧辊的辊隙 t，如图 4-7 所示，称为孔型的锁口。其作用是控制轧件断面的形状，便于闭口孔型的调整。此外，用锁口的孔型需要注意，为了保证轧件形状正确，要求相邻孔型的锁口位置应上下交替设置。

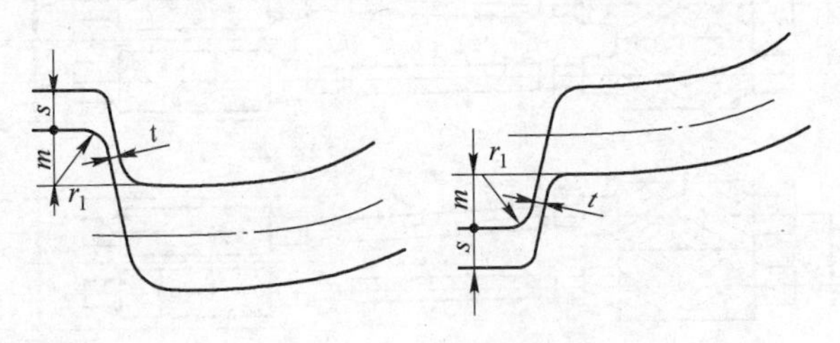

图 4-7　孔型的锁口

当轧制几种厚度或高度轧件共用同一孔型时，为防止轧制厚或高的轧件时，孔型直接与辊缝相接，锁口高度 m(mm) 的设计应满足以下关系：

$$m = r_1 + (2 \sim 8) \tag{4-9}$$

式中　r_1——辊环之圆角半径，mm；

2~8——锁口直线段高度，其中包括轧制厚度或高规格时的调整量，mm。

4.1.3.5　槽底凸度 f

某些孔型如图 4-4 所示的箱形孔型，将槽底做成具有一定高度、形状的凸起，这称之为槽底凸度，其作用是：

(1) 使轧件断面边稍凹，在辊道上运行比较稳定，进入下一道孔型时咬入条件也较好；另外可提高轧槽的使用寿命。

(2) 给翻钢后的孔型增加宽展余地，减小出耳子的危险性。

(3) 保证轧件侧面平直。

4.1.4　孔型在轧辊上的配置

4.1.4.1　轧机尺寸与轧辊直径

孔型在轧制面垂直方向上的配置涉及许多与此有关的概念，而这些基本概念正是配辊的基础。下面对这些基本概念做简要叙述。

(1) 轧机名义直径。型钢轧机往往需要几个机架，而且有时各机架排成几列，各机架中所用的轧辊直径又各不相同。在使用过程中，即使是在同一架上的轧辊也因重车而每次使用的轧辊直径也各不相同。因此，型钢轧机的大小，不能按实际使用的轧辊直径来表示，而采用传动轧辊的齿轮座内齿轮的中心距或节圆的直径 D_0 来表示型钢轧机规格的大小，如图 4-8 所示。通常把 D_0 称为轧机名义直径。

(2) 轧辊原始直径。为了提高轧辊的使用寿命，常使新辊直径 D_{max} 大于 D_0，而最终使用报废前的轧辊直径 D_{min} 小于 D_0。因孔型配置到轧辊上的需要，假想把辊缝值也包括在轧辊直径内，这时的轧辊直径 D 称为轧辊原始直径。轧辊使用时，对应于轧辊的 D_{max} 和 D_{min}，原始直径也有最大值 D 和最小值 D'，如图 4－8 所示。原始直径与轧辊直径间的关系为 $D=D_{max}+s$；$D'=D_{min}+s$。孔型配置时是以新轧辊直径 D_{max} 对应的轧辊原始直径 D 为基准直径的。

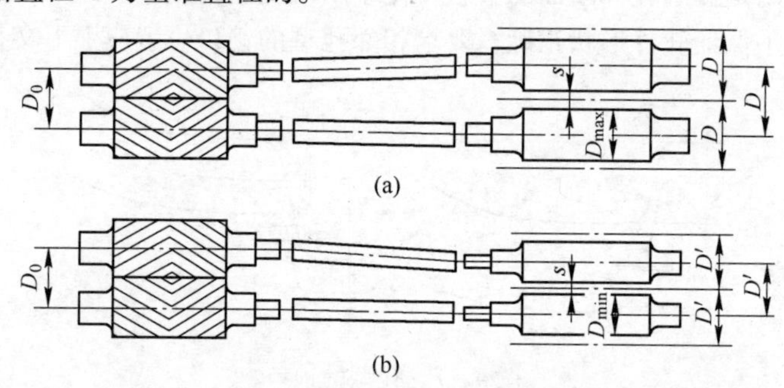

图 4－8 轧机名义直径与轧辊尺寸

(a) 新辊时；(b) 旧辊时

(3) 轧辊重车系数（或重车率）是指轧辊总的重车量与轧机名义直径 D_0 之比，以 K 表示：

$$K=(D_{max}-D_{min})/D_0=(D-D')/D_0 \tag{4-10}$$

式中，D 和 D' 的大小一般受连接轴允许倾角的限制。当用万向或万能联轴节时，其倾角可达 10°；用梅花联轴节时，其倾角不得超过 4.5°，一般不大于 2°。因此，对应于用万向联轴节或万能联轴节时，重车系数 $K=0.18\sim0.2$；用梅花联轴节时，$K=0.14\sim0.16$。最理想的是新、旧辊式接轴向上、向下倾角相等，即 $(D+D')/2=D$。此时新旧轧辊直径可按式（4－11）确定：

$$\begin{cases} D_{max}=(1+K/2)D_0-s \\ D_{min}=(1-K/2)D_0-s \end{cases} \tag{4-11}$$

(4) 轧辊平均工作直径。轧辊与轧件接触处的轧辊直径称为轧辊工作直径。在孔型轧制时，由于孔型的形状各式各样，轧件与孔型接触的工作直径是变化的，如图 4－9 所示，所以孔型各点的圆周速度也不相同，而轧件只能以其中某一速度从孔型中轧出，通常把轧件出口速度相应的轧辊直径（不考虑前滑）成为轧辊平均工作直径 D_K。对于平辊及箱形孔型轧辊的工作直径，如图 4－10 所示，有：

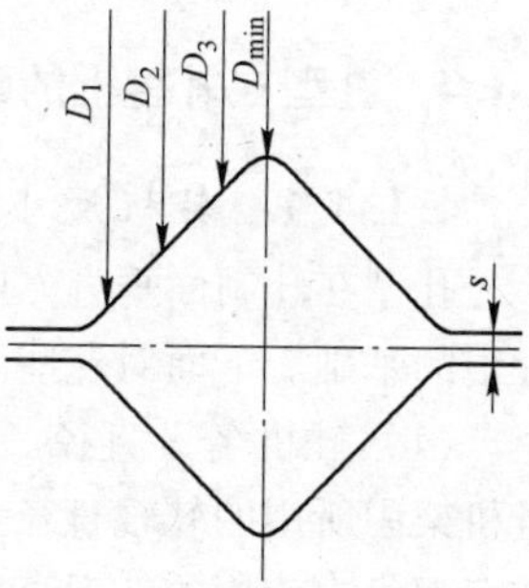

$$D_K=D-h \tag{4-12}$$

式中 D——轧辊原始直径，mm；

h——孔型高度，mm。

图 4－9 对角方孔型中轧辊工作直径的变化

对于其他形状孔型的平均工作辊径可用以下方法确定：

1) 平均高度法。用轧辊的平均直径 $\overline{D}$ 近似表示轧辊平均工作直径，即

$$D_K = \overline{D} = D - \overline{h} \tag{4-13}$$

式中 D——轧辊原始直径，mm；

$\overline{h}$——孔型或轧件断面的平均高度，mm，其值为：

$$\overline{h} = \frac{F_K}{B_K} \quad 或 \quad \overline{h} = \frac{F}{b} \tag{4-14}$$

F_K——孔型断面积，mm^2；

F——轧后轧件断面积，mm^2；

B_K——孔型槽口宽度，mm；

b——轧后轧件宽度，mm。

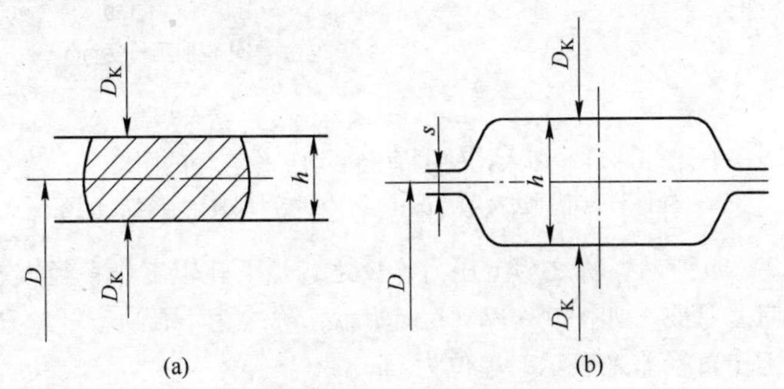

图 4-10 轧辊工作直径

(a) 平辊；(b) 箱形孔型轧辊

2）孔型周边法。在复杂形状的孔型中轧制时，可按图 4-11 所示的方法来确定轧辊的平均工作直径。图 4-11（a）所示为轧件在孔型中的实际接触情况，轧件与孔型周边接触的线段有$\overline{AB}$、$\overline{CD}$、$\overline{DK}$、$\overline{KL}$、$\overline{MN}$和$\overline{C'D'}$、$\overline{D'K'}$、$\overline{K'L'}$。图 4-11（b）表示沿接触线段的轧辊直径展开图，其纵坐标为轧辊辊径，横坐标为接触线段展开长度，则平均工作辊径 D_K 按下式确定：

$$D_K = \frac{F_1 + F_2 + F_3 + F_4 + F_5 + F_6 + F_7 + F_8}{\overline{AB} + \overline{CD} + \overline{DK} + \overline{KL} + \overline{MN} + \overline{C'D'} + \overline{D'K'} + \overline{K'L'}} \tag{4-15}$$

或
$$D_K = \frac{\sum F_i}{\sum l_i} \tag{4-16}$$

式中 $\sum F_i$——沿接触线轧辊直径展开图下所围的总面积，mm^2；

$\sum l_i$——轧件与孔型周边接触长度综合，mm。

4.1.4.2 上压力与下压力

A 上下压力的定义

当一对轧辊的转速相同而其中一个轧辊的工作直径大于另一个轧辊的工作直径时，轧制时因大直径轧辊圆周线速度大于小直径轧辊，使轧件出轧辊时向小直径轧辊方向弯曲，如图 4-12 所示。当上轧辊工作直径大于下轧辊工作直径时，轧件向下弯

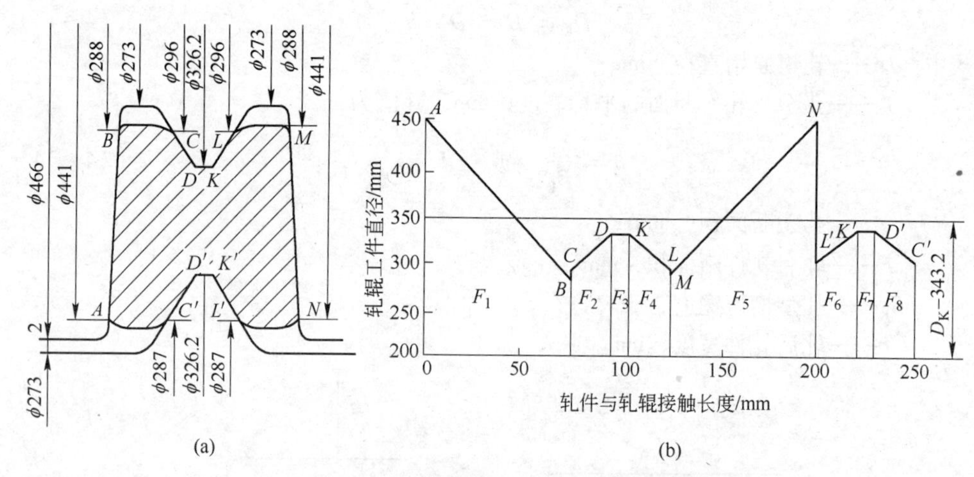

图4－11 切入孔型中确定平均工作直径的图解

（a）轧件与孔型周边接触情况；（b）沿接触线轧辊直径展开图

曲，如图4－12（a)所示，称之为上压力；反之，当下轧辊工作直径大于上轧辊工作直径时，轧件向上弯曲，如图4－12（b）所示，称之为下压力。上、下压力的大小用一对轧辊的工作直径差来表示，单位为mm。

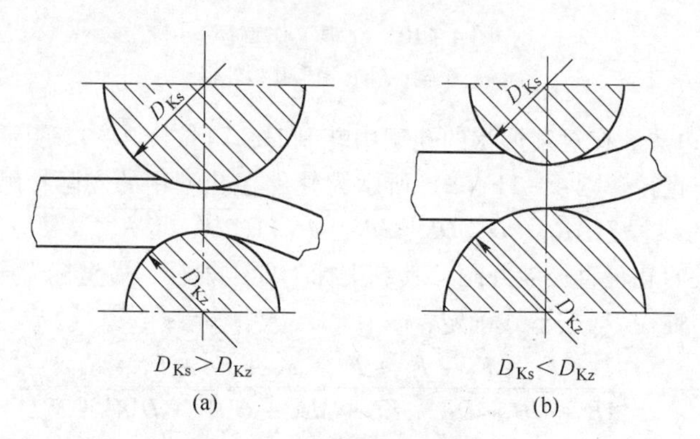

图4－12 轧制时轧辊的压力

（a）上压力；（b）下压力

B 上、下压力的作用

孔型设计把孔型配置到轧辊上时，总是希望轧件能够平直地从孔型中出来，不希望产生弯曲，以免造成缠辊、冲击导卫等事故。然而，常常由于以下的原因造成轧件弯曲：

（1）轧件断面温度不均匀，如加热过程中产生阴阳面，使轧件出槽时向温度低的一侧弯曲；

（2）孔型上、下轧槽磨损不均匀，造成了上、下辊径差；

（3）轧辊及导卫装置安装位置不正确，如轧辊轴线不在同一垂直平面上、导卫板装得偏高或偏低等；

(4) 孔型的侧壁斜度不够，或孔型侧壁破落以及孔型表面有凹坑等。

由以上因素造成的轧件弯曲带有随机性，轧件可以向上弯曲或向下弯曲，事先难以预料。为了解决这个问题，在配辊时人为地配以上压或下压，然后在轧件弯曲方向上采取有力的措施，将轧件矫直，使轧件平直地轧出。例如，型钢轧机上常配置适当的上压力，在轧机的出口侧装设牢固的下卫板，使出口轧件紧贴在下卫板平稳地轧出，从而可省掉安装不方便的上卫板；在初轧机则多采用下压力配置，以减轻轧件前端对出口机架辊的冲击。再因初轧断面较大，不会因为不太大的下压力而产生明显弯曲和缠辊现象；轧制复杂断面型钢时（如工字钢、槽钢等），应根据孔型的开口（锁口）位置来选定配置上压力或下压力，开口位置向下者配以上压力，如图4－13（a）所示，开口位置向上都配以下压力，如图4－13（b）所示，以保证轧件顺利脱槽。

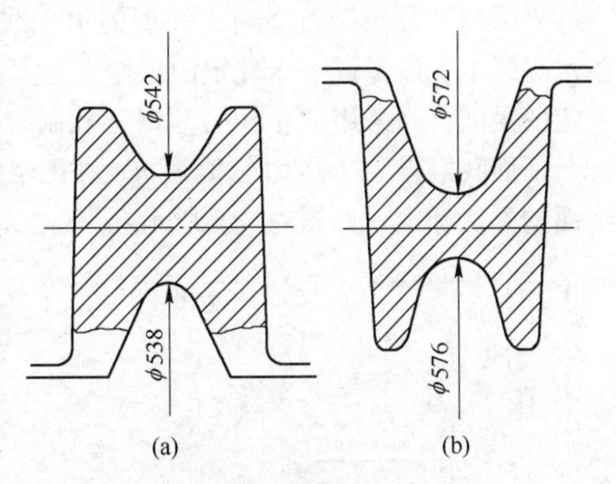

图4－13 复杂断面孔型配置的上、下压力
（a）下开口孔型；（b）上开口孔型

C 确定配置压力值

配辊时采用一定的压力对控制轧件是有利的，但压力值配置过大会使辊径差过大以及上、下辊压下量分配不均匀，造成上、下辊磨损不均。辊径差造成了轧辊圆周线速度不等，结果使轧辊与金属间的滑动增加；辊径差使轧制时产生冲击负荷，容易损坏设备。所以应考虑孔型的用途确定上、下压力值的取值：

(1) 初轧机上取10～15mm的下压力；

(2) 对开坯轧机上的箱形孔配置的压力值不大于（2%～3%）D_0；

(3) 对其他延伸孔型配置压力值不大于1%D_0；

(4) 闭口孔型配置压力取2～6mm；

(5) 成品孔型力求不配置压力值。

需要指出的是，在相同的条件下，轧制速度较高的轧机上所配置的压力值应略小些。

4.1.4.3 孔型中线和轧制线

为了正确地配置轧辊，特别是将孔型以一定“压力”值配置在轧辊上时，需要明确两个概念：

(1) 轧辊中线。通常把分上、下轧辊轴线之间距离 D 的等分线称为轧辊中线，如图4－14所示。

(2) 轧制线。轧制线时配置孔型的基准线。配辊时孔型中性线和轧制线重合。

A 轧辊中线和轧制线的关系

如果不采用“压力”，配辊时应将孔型中性线（对于箱形孔、方形孔、菱形孔、椭圆孔等简单对称孔型，孔型中性线就是孔型水平对称轴线）与轧辊中线重合，这也是此时的轧制线，也即不配“压力”时，孔型中性线、轧辊中线和轧制线三线重合，如图4－14所示。

当采用“压力”配置时，孔型的中性线必须配置在离轧辊中线一定距离的另一条水平线上，以保证一个轧辊的工作直径大于另一个轧辊，即轧制线将偏离轧辊中线一定的距离。当采用“上压力”时，轧制线应在轧辊中线之下，反之则相反。

下面我们设“上压力”值为 m，在配辊时，轧制线与轧辊中线之间的距离 x 可按下面的方法确定，如图4－15所示。

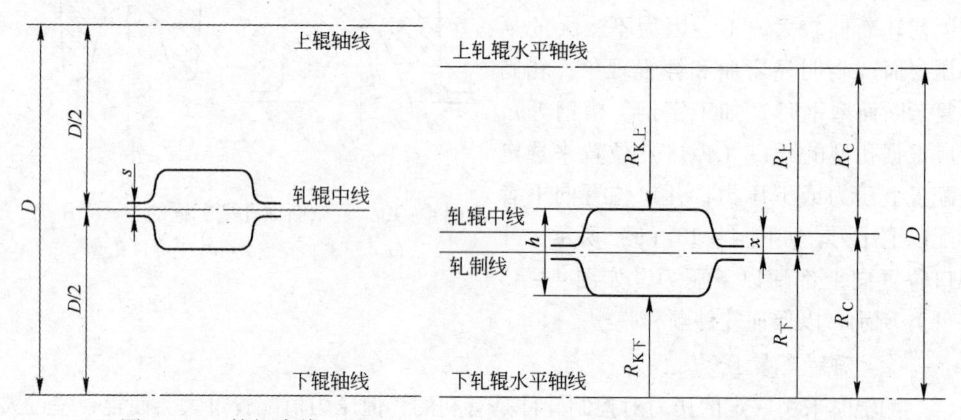

图4－14 轧辊中线　　图4－15 采用上压力时轧辊的配置情况

由“压力”值 $m = D_{K上} - D_{K下} = \Delta D_K$ 得：

$$R_{K上} - R_{K下} = \frac{m}{2} \tag{4-17}$$

由图4－15可知：

$$R_上 = R_C + x;\ R_{K上} = R_上 - h/2 \tag{4-18}$$

$$R_下 = R_C - x;\ R_{K下} = R_下 - h/2 \tag{4-19}$$

由上述关系得：

$$R_{K上} - R_{K下} = 2x \tag{4-20}$$

所以

$$x = \frac{m}{4} \tag{4-21}$$

B 确定孔型中性线的方法

对于具有水平对称轴线的孔型，其水平对称轴线便是该孔型的孔型中性线，如箱形、圆形、椭圆形、菱形、工字形等孔型；而对于复杂断面孔型，应根据上、下轧辊对其作用的力矩相等并使轧件平直出孔的原则来确定孔型中性线。由于影响上、下轧辊作用于轧件使之力矩相等的因素较多，因而这类孔型中性线的确定比较复杂。通常采用的方法有以下几种：

（1）面积平分法。孔型中性线为孔型上下面积的水平等分线，故此方法用CAD

绘图的相关命令求解起来非常方便。其方法如图4－16所示。在孔型上任意位置画两条水平线AA、BB，用CAD绘图的面积（area）命令可以求出AA、BB与孔型上、下轮廓及孔型宽度所包围的面积F_1、F_2（图中阴影部分）。设$F_1 < F_2$，则面积差$\Delta F = F_2 - F_1$，求得$h = \Delta F/b$值（b为孔型宽度），将h加在小面积一方面出CC水平线，在BB与CC线之间作出距离平分线OO，此即为孔型中性线。

（2）重心法。孔型中性线通过孔型平面图形的重心。求平面图形重心的方法有以下两种：

1）静面矩法。先将孔型图分割成若干块简单几何形状图形（图4－17），而简单几何图形的重心可以从教学手册查得。任取一基准线$x-x$作为计算的基准（断面重心与基准线位置无关），则孔型重心到基准线的距离按式（4－22）计算：

$$y_c = \frac{F_1 y_{c1} + F_2 y_{c2} - F_3 y_{c3}}{F_1 + F_2 - F_3} = \frac{\sum F_i y_{ci}}{F} \tag{4-22}$$

式中 F_1，F_2，F_3，F——孔型图划分出各简单断面的面积和孔型总面积，其中F_3为多划入的面积，mm^2；

y_{c1}，y_{c2}，y_{c3}——划分出各简单断面的重心到基准线的距离，mm。

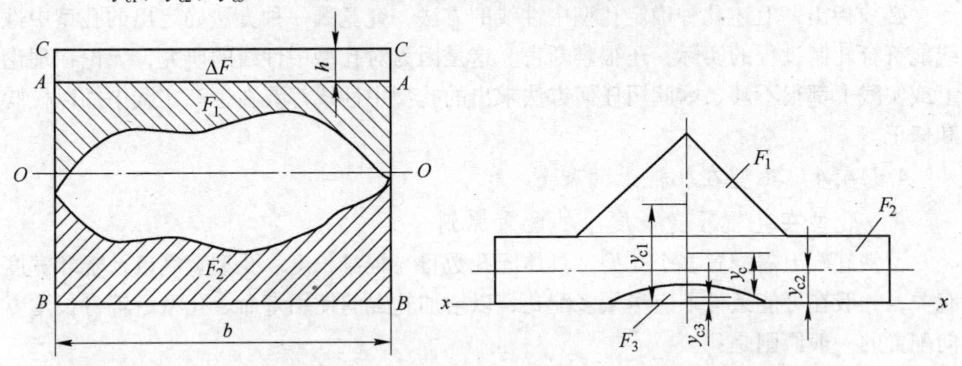

图4－16 面积平分法求孔型中性线　　图4－17 静面矩法求孔型中性线

2）孔型轮廓线重心法。此法认为孔型中性线是通过孔型轮廓线的重心。确定孔型轮廓线重心的方法是：先取一条基准线，然后用式（4－23）分别求出上、下轧槽轮廓线的重心位置，而上、下轧槽轮廓线重心位置的平均值即为整个孔型轮廓线的重心。

$$y_c = \frac{l_1 c_1 + l_2 c_2 + l_3 c_3 + \cdots + l_i c_i}{l_1 + l_2 + l_3 + \cdots + l_i} \tag{4-23}$$

式中 l_1，l_2，l_3，…，l_i——构成轧槽轮廓线的每段长度，mm；

c_1，c_2，c_3，…，c_i——l_1，l_2，l_3，…，l_i线段的中点至基准线的距离，mm。

下面以图4－18所示的槽形孔型为例说明确定孔型重心的孔型轮廓线重心法。

上轧槽轮廓线的重心位置为：

$$y_{c1} = \frac{(2\times40)\times20 + 85\times0}{2\times40 + 85} = 0.97\text{mm}$$

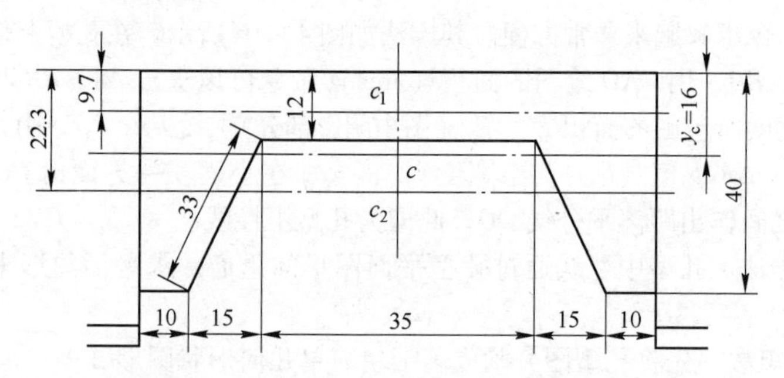

图 4-18 用孔型轮廓线重心法求孔型重心

下轧槽轮廓线的重心位置为：

$$y_{c2} = \frac{(2\times10)\times40+(2\times33)\times26+35\times12}{(2\times10)+(2\times33)+35} = 22.3\text{mm}$$

则孔型重心位置为：

$$y_c = \frac{1}{2}(y_{c1}+y_{c2}) = \frac{1}{2}\times(9.7+22.3) = 16\text{mm}$$

必须指出，上述几种确定孔型中性线的方法，究竟哪一种方法确定出的孔型中性线能符合轧制过程的实际，还很难断言。这是因为对孔型中性线的研究，无论在理论上或实践上都很不够，因此用任何方法求出的孔型中性线都要在生产实践中加以校验和修正。

4.1.4.4 孔型在轧辊上的配置

A 孔型在轧辊辊身长度上的配置原则

型钢轧辊上需配置多个孔型，具体配孔数目与辊身长度、孔型宽度以及辊环宽度有关，一般在可能条件下应尽量多配孔，以增加轧辊的使用寿命。孔型沿辊身长度方向配置的一般原则是：

(1) 分配各机架的道次时，应尽量使各架的轧制时间均衡。例如，在横列式轧机上，开始道次轧件短、轧制时间短；随着轧制的进行，轧件逐渐增长，轧制时间也逐渐增长。从均衡出发，第一机架上应多配置一些孔型，在后面机架上配置的孔型数应递减。

(2) 成品孔和成品前孔型一定要单独配置在一条轧制线上，最好单独配置在一架机架上，以保证成品尺寸精度、调整方便，使之不受其他孔型轧制的干扰。

(3) 立轧孔（包括控制孔）不要与其前后孔型配置在同一台轧机的同一条轧制线上，以保证立轧孔调整的灵活性。

(4) 在一套孔型中，轧制负荷较重、磨损较快、对成品质量影响大的孔型应配置一定数量的备用孔型，均衡换辊时间，减少备用辊的数量。例如，成品孔的备用孔要多配些，这样当一个孔型磨损以后，可以只换槽而不必换辊就可继续轧制。

(5) 对于左右不对称的孔型，为了减少轧制时的轴向力，防止轧辊轴向窜动造成厚度不均，在配辊时应使孔型在纵轴线上的投影相等。图 4-19 (a) 所示的配置

方法从理论上讲，轧辊不受轴向力；而图4－19（b）所示的配置方法将会产生较大的轴向窜动；某些复杂断面孔型因设计的需要不可避免地会产生轴向力，如图4－19（c）所示的斜配孔，这时应采用加止推辊环的方法来解决轴向窜动的问题。

（6）配置孔型时要与轧机前后的操作设备相适应，减少辅助操作时间和手工操作，充分利用原来的操作设备，以便实现机械化。

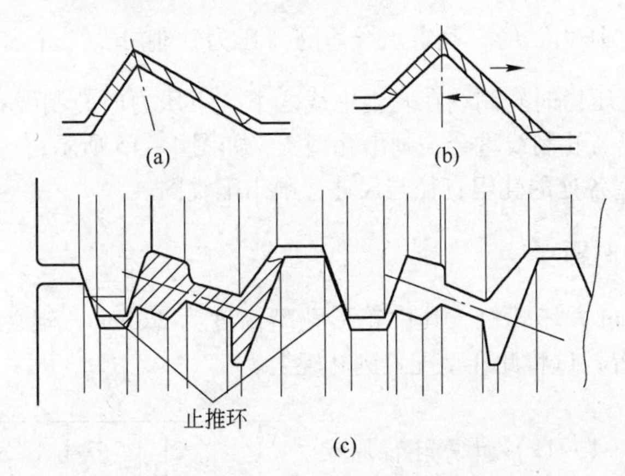

图4－19 左右不对称孔型在轧辊上的配置

（a）无轴向力配置；（b）有轴向力配置；（c）斜配孔加止推环配置

B 确定孔型的间距即辊环宽度

用来隔开相邻两个孔型的轧辊凸缘成为辊环，如图4－20所示。辊环有边辊环（辊身两侧的辊环）和中间辊环之分。为了充分利用辊身长度、多配孔型，辊环宽度不宜过大，但辊环宽度过小容易折断，同时应考虑到安装和调整辊环导卫装置的操作条件。中间辊环强度主要决定于轧辊的材质和轧槽深度 h_p。对钢轧辊的中间辊环宽度 $b_z \geqslant 0.5h_p$；对铸铁轧辊中间辊环宽度 $b_z \geqslant h_p$。当孔型侧壁斜度较大、槽底圆角半径较大时，孔型 b_z 可取小些。

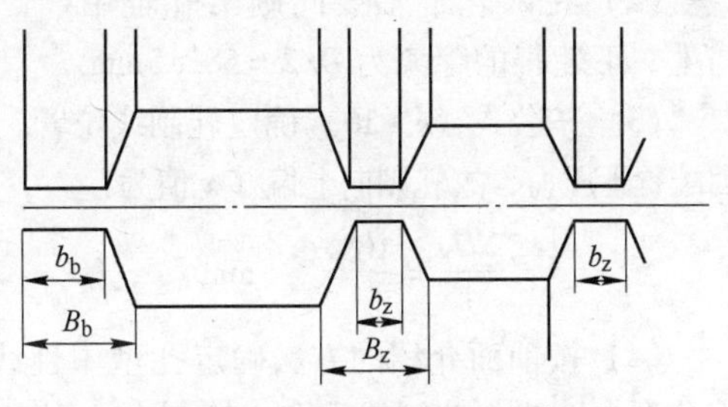

图4－20 辊环的宽度确定

轧辊边辊环宽度 B_b 在初轧机上要考虑推床的最大开口宽度和夹板的厚度，在型钢轧机上要为导卫装置留出足够的位置。大中型轧机一般取 $B_b = 100 \sim 150$mm，小型轧机 B_b 一般不小于40mm。

4.1.5 孔型在轧辊上的配置步骤

根据上述分析，孔型在轧制面上配置的步骤为（参考图4－14）：

（1）按轧辊原始直径 D 画出上、下轧辊轴线；

（2）在两个轴线间作一条等分线，即为轧辊中线；

（3）按照上述方法确定各孔型的中性线；

（4）按轧辊辊身长度、工艺要求的该机架的轧制道次、各孔型宽度以及孔型在辊身方向上的配置原则确定出所配孔型在辊身上横向的位置；

（5）当不配置“压力”时，即让孔型中性线与轧辊中线重合作为轧制线，画出孔型图，如图 4－14 所示；

（6）当配置“压力”时，确定出合适的“压力”值 m 后，在距轧辊中线 $x=\frac{m}{4}$ 处画出轧制线；上压力时轧制线在轧辊中线之下，下压力时轧制线在轧辊中线之上；然后使孔型中性线与轧制线重合，画出孔型图，如图 4－15 所示；

（7）确定孔型各处的轧辊直径与尺寸，画出配辊图。

4.1.6 孔型配置例题

已知某 1100mm 方坯轧机，其中箱形孔型高度为 220mm，辊缝 $s=15$mm，采用 $m=10$mm 下压配置，试将此孔型配置到轧辊上。

解答如下：

（1）按公式（4－11）计算轧辊原始直径，并绘制出上、下轧辊轴线（图 4－21），取重车系数 $K=0.12$，则：

$$D=(1+K/2)D_0$$
$$=(1+0.12/2)\times 1100=1165\text{mm}$$

（2）在两轧辊轴线间画出轧辊中线，与上、下轧辊的距离为 $D/2=582.5$mm。

（3）按公式（4－16）确定轧制线位置。因配置下压力，故轧制向上偏移 x 值为：

$$x=\frac{\Delta D_K}{4}=\frac{10}{4}=2.5\text{mm}$$

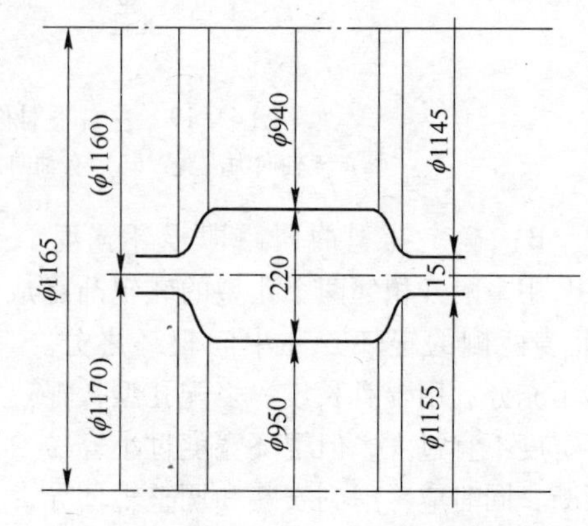

图 4－21 1100mm 初轧机配辊图例

（4）按前面介绍的方法确定孔型中性线。简单对称断面孔型的水平对称轴线即为孔型中性线与轧制线重合，绘制出孔型图。

（5）计算有关尺寸，绘制出轧辊配辊图（图 4－21）：

上辊辊环直径 $D_{hs}=D-2x-s=1165-2\times 2.5-15=1145\text{mm}$

下辊辊环直径 $D_{hx}=D+2x-s=1165+2\times 2.5-15=1155\text{mm}$

上辊槽底轧辊直径 $D_{Ks}=D_{hs}+s-h=1145+15-220=940\text{mm}$

下辊槽底轧辊直径 $D_{Kx}=D_{bx}+s-h=1155+15-220=950\text{mm}$

4.2 延伸孔型设计

4.2.1 延伸孔型的概念及种类

为了获得某种型钢，通常在成品孔和预轧孔之前有一定数量的延伸孔型或开坯孔型。延伸孔型系统就是这些延伸孔型的组合。常见的延伸孔型系统有：箱形孔型系统、菱－方孔型系统、菱－菱孔型系统、椭圆－方孔型系统、六角－方孔型系统、椭圆－圆孔型系统和椭圆－椭圆孔型系统等。

孔型设计时究竟采用哪种孔型系统，这要根据具体的轧制条件－轧机型式、轧辊直径、轧制速度、电机能力、轧机前后的辅助设备、原料尺寸、钢种、生产技术水平及操作习惯来确定。由于各种轧机的轧制条件不同，所以选用的孔型系统也不完全相同。为了便于孔型设计时合理地选择孔型系统，下面分别介绍各种孔型系统的优缺点和使用范围。

4.2.2 箱形孔型系统

4.2.2.1 箱形孔型系统优缺点

箱形孔型系统如图4－22所示。

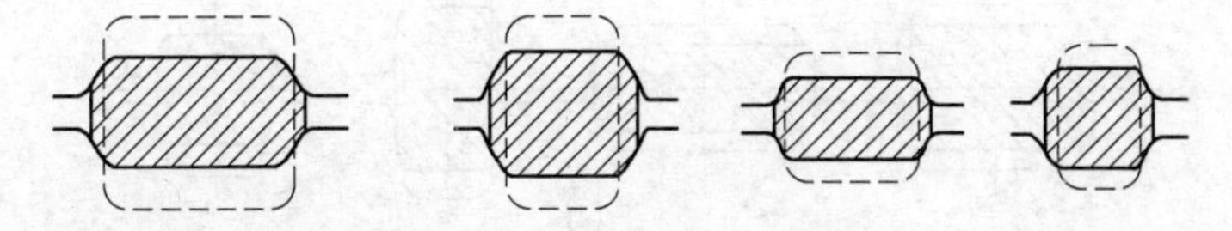

图4－22 箱形孔型系统

（1）箱形孔型系统的优点如下：

1）用改变辊缝的方法可以轧制多种尺寸不同的轧件，共用性好。这样可以减少孔型数量，减少换孔或换辊次数，提高轧机的作业率。

2）在轧件整个宽度上变形均匀，因此孔型磨损均匀，且变形能耗少。

3）轧件侧表面的氧化铁皮易于脱落，这对改善轧件表面质量是有益的。

4）与相等断面面积的其他孔型相比，箱形孔型在轧辊的切槽浅，轧辊强度较高，故允许采用较大的道次变形量。

5）轧件断面温度降低较为均匀。

（2）箱形孔型系统的缺点如下：

1）由于箱形孔型的结构特点，难以从箱形孔型轧出几何形状精确的轧件。

2）轧件在孔型中只能受两个方向的压缩，故轧件侧表面不易平直，甚至出现皱纹。

4.2.2.2 箱形孔型系统的使用范围

由箱形孔型系统的优缺点可知，它适用于初轧机、大中型轧机的开坯机及小型或线材轧机的粗轧机架。

采用箱形孔型轧制大型和中型断面时轧制稳定，轧制小型断面时稳定性较差。箱形孔型轧制断面的大小取决于轧机的大小。轧辊直径越小，所能轧的断面规格越小。例如，在850mm的轧辊上用箱形孔型轧制方断面的尺寸不应小于90mm，在辊径为650mm的轧辊上不应小于60mm，在辊径为400mm和300mm的轧辊上不应小于56mm

和45mm。

4.2.2.3 箱形孔型系统的组成

箱形孔型系统常有如图4－23所示的几种组成方式。

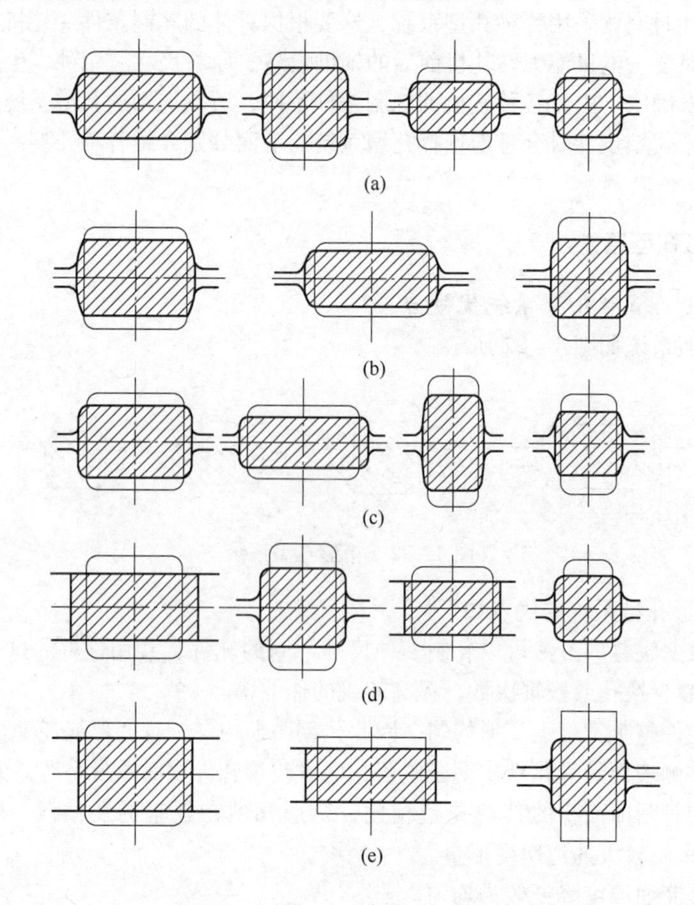

图4－23 箱形孔型系统的组成方式

（a）矩形箱－方箱－矩形箱－方箱孔型系统；（b）矩形箱－矩形箱－方箱孔型系统；
（c）矩形箱－矩形箱－立箱－方箱孔型系统；（d）平轧－方箱－矩形箱－平轧－方箱孔型系统；
（e）平轧－平轧－方箱孔型系统

具体选用何种轧制方式，应根据设备条件和对产品的质量要求而定。

4.2.2.4 轧件在箱形孔型系统中的变形系数

（1）延伸系数。轧件在箱形孔型中的延伸系数一般取1.15～1.6，其平均延伸系数可取1.15～1.4。

（2）宽展系数。

轧件在箱形孔型中的宽展系数$\beta = 0 \sim 0.45$。在不同情况下β的取值范围见表4－3。

表 4-3 轧件在箱形孔型系统中的宽展系数

轧制条件	中、小型开坯机轧制钢锭或钢坯			型钢轧机轧制钢坯	
	前 1~4 道轧锭	扁箱形孔型	方箱形孔型	扁箱形孔型	方箱形孔型
宽展系数 $\beta=\frac{\Delta b}{\Delta h}$	0~0.1	0.15~0.30	0.15~0.25	0.25~0.45	0.2~0.3

4.2.2.5 箱形孔型系统的构成

箱形孔型系统按孔型的高宽比分为立箱形孔型（$h/B_K \geqslant 1$）、平箱形孔型两种，其构成原则相同。箱形孔型的构成如图 4-24 所示。

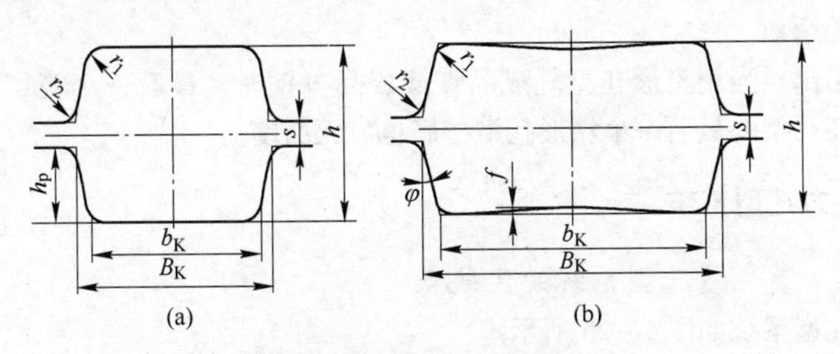

图 4-24 箱形孔型的构成

（a）立箱形孔型；（b）平箱形孔型

箱形孔型的尺寸有：

（1）孔型高度 h，它等于轧后轧件的高度。

（2）凸度 f，采用凸度的目的是为了使轧件在辊道上行进时稳定，也是为了使轧件进入下一个孔型时状态稳定，避免轧件左右倾倒，同时也给轧件在下一个孔型中轧制时多留一些宽展的余量以防止轧件出“耳子”。

凸度 f 的大小应视轧机及其轧制条件而定，如在初轧机上 f 值可取 5~10mm；在三辊开坯机上 f 值可用 2~6mm；一般在轧制顺序前面孔型中的 f 值取大些，在后面孔型中 $f=0$，这是为了避免因在轧件表面上出现皱纹而引起的成品表面质量不合格。

凸度的构成有三种形式，即折线形、弧线形和直线形，后者的平直段 b_t 根据孔型宽度 B_K 的大小，可取 30~80mm，在开坯机上的前几个孔型中可用有平直段的凸度，它对于防止产生“耳子”比弧线形为好，在后几个孔型中可采用弧线形或折线形的凸度，或从前到后都用后两者。

（3）孔型槽底宽度 b_K(mm)。

$$b_K = B-(0\sim6)$$

式中 B——来料的宽度。

有的厂采用 $b_K=(1.01\sim1.06)B$，即来料宽度小于槽底宽，轧件在这种孔型中容易产生倾斜和扭转；但当轧件断面较大，并为减少孔型的磨损时也可采用之。在确定 b_K 值时，最好使来料恰好与孔型槽底和两侧壁同时接触，或与接近孔型槽底的两侧壁先接触，以保证轧件在孔型中轧制稳定。

(4) 孔型槽口宽度 B_K(mm)。

$$B_K = b + \Delta$$

式中 b——出孔型的轧件宽度;

Δ——宽展余量，随轧件尺寸的大小可取 5 ~ 12mm 或更大些。

(5) 孔型的侧壁斜度 $\tan\varphi$，一般采用 10% ~25%，在个别情况中可取 30% 或更大些。

(6) 内外圆角半径 R 和 r，通常取 $R = (0.1 \sim 0.2)h$, $r = (0.05 \sim 0.15)h$。

在初轧机和开坯轧机上有时采用双斜度箱形孔型。此孔型槽底处的侧壁斜度小于槽口处。这种孔型的优点是改善咬入条件，使轧件进入孔型时稳定，并且给轧件的宽展留有较大的余地。

最后应指出，当用箱形孔型轧成品坯或成品方钢时，最后一个箱形孔型应无凸度；作为开坯孔型的最后一个箱形孔型槽底也应无凸度。

4.2.3 菱－方孔型系统

4.2.3.1 菱－方孔型系统的优缺点

菱－方孔型系统如图 4－25 所示。

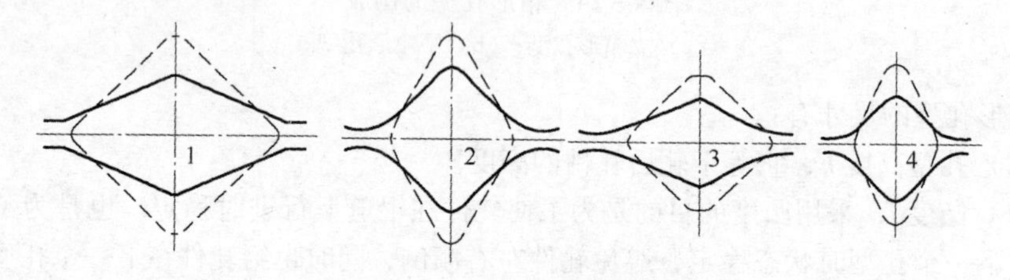

图 4－25 菱－方孔型系统

(1) 菱－方孔型系统的优点如下:

1) 能轧出几何形状精确的方形断面轧件;

2) 由于有中间方孔型，所以能从一套孔型中轧出不同规格的方形断面轧件;

3) 用调整辊缝的方法，可以从同一个孔型中轧出几种相邻尺寸的方形断面轧件;

4) 孔型形状使轧件各面都受到良好的加工，变形基本均匀;

5) 轧件在孔型中轧制稳定，所以对导板要求不严，有时可以完全不用导板。

(2) 箱形孔型系统的缺点如下:

1) 与同等断面尺寸的箱形孔型相比，轧槽切入轧辊较深，影响轧辊强度;

2) 在轧制过程中，角部金属冷却快，因此在轧制某些合金钢时易在轧件角部出现裂纹;

3) 由于轧件的侧面紧贴在孔型侧壁上，所以当轧件表面有氧化铁皮时，将被轧入轧件表面，影响轧件表面质量;

4）同一轧槽内的辊径差大，附加摩擦大，轧槽磨损不均匀。

4.2.3.2 菱－方孔型系统的使用范围

根据菱－方孔型系统的优缺点，它可以作为延伸孔型，也可以用来轧制60mm×60mm～80mm×80mm以下的方坯和方钢。它当作延伸孔型使用时最好接在箱形孔型之后。菱－方孔型系统被广泛应用于钢坯连轧机、三辊开坯机、型钢轧机的粗轧和精轧道次。

4.2.3.3 轧件在菱－方孔型系统中的变形系数

A 宽展系数β

利用经验计算方法计算菱形和方形轧件的尺寸时，宽展系数的选取范围如下：

方断面轧件在菱形孔型中的宽展系数：

$$\beta_1 = 0.3 \sim 0.5$$

菱形断面轧件在方孔型中的宽展系数：

$$\beta_f = 0.2 \sim 0.4$$

B 延伸系数μ

a 方轧件在菱形孔型中的延伸系数μ_1

方轧件在菱形孔型中轧制时，方形和菱形轧件的尺寸，如图4－26所示。

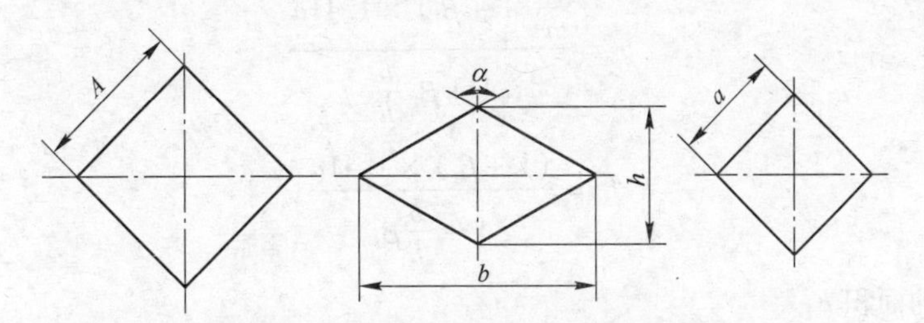

图4－26 菱－方轧件尺寸的确定

即
$$b = 1.41A + \beta_1(1.41A - h) = (1 + \beta_1)1.41A - \beta_1 h \tag{4-24}$$

因而

$$\frac{b}{h} = \frac{(1 + \beta_1) \times 1.41A - \beta_1 h}{h} \tag{4-25}$$

$$h\frac{b}{h} = (1 + \beta_1) \times 1.41A - \beta_1 \tag{4-26}$$

$$h = \frac{(l + \beta_1) \times 1.41A}{\frac{b}{h} + \beta_1} \tag{4-27}$$

$$b = \frac{\frac{b}{h}(1 + \beta_1) \times 1.41A}{\frac{b}{h} + \beta_1} \tag{4-28}$$

菱形的面积 F_1 为：

$$F_1 = \frac{hb}{2} = \frac{\frac{b}{h}(1+\beta_1)^2 A^2}{\left(\frac{b}{h}+B_1\right)^2} \tag{4-29}$$

方轧件在菱形孔型中的延伸系数 μ_1 为：

$$\mu_1 = \frac{A^2}{F_1} = \frac{\left(\frac{b}{h}+\beta_1\right)^2}{\frac{b}{h}(1+\beta_1)^2} \tag{4-30}$$

由式（4-30）可知，方形断面轧件在菱形孔型中的延伸系数 μ_1 取决于菱形孔型的轴比 $\frac{b}{h}$ 和宽展系数 β_1。

b 方轧件在菱形孔型中的延伸系数 μ_1

$$h = 1.41a - \beta_f(b-1.41a) = 1.41a(1+\beta_f) - \beta_f b \tag{4-31}$$

$$\frac{b}{h} = \frac{b}{1.41a(1+\beta_1) - \beta_1 b} \tag{4-32}$$

$$b = \frac{\frac{b}{h}(1+\beta_1)\times 1.41a}{1+\beta_f\frac{b}{h}} \tag{4-33}$$

$$h = \frac{(1+\beta_f)\times 1.41a}{1+\frac{b}{h}\beta_f} \tag{4-34}$$

菱形的面积 F_1

$$F_1 = \frac{\frac{b}{h}(1+\beta_f)^2 a^2}{\left(1+\frac{b}{h}\beta_f\right)^2} \tag{4-35}$$

轧件在方孔型中的延伸系数 μ_f 为：

$$\mu_f = \frac{F_1}{a^2} = \frac{\frac{b}{h}(1+\beta_f)}{\left(1+\frac{b}{h}\beta_f\right)^2} \tag{4-36}$$

由式（4-36）可知，菱形在方孔型中的延伸系数 μ_f 取决于菱形件的宽高比 $\frac{b}{h}$ 和在方孔型中的宽展系数 β_f。

当宽展系数为某一数值时，菱形孔和方孔的延伸系数只与菱形孔的轴比 $\frac{b}{h}$，即顶角 α 有关。

设 $\beta_1=0.4$ 和 $\beta_f=0.3$，则对应于 α 的 μ_1，μ_f 为：

$\alpha=110°$　$\mu_1=1.194$　$\mu_f=1.183$

$\alpha=120°$　$\mu_1=1.339$　$\mu_f=1.268$

$\alpha=130°$　$\mu_1=1.540$　$\mu_f=1.342$

顶角 α 越大，则菱形孔和方形孔的延伸系数越大。当顶角 α 大于 120°时，为了防止轧制不稳定，对导卫装置要求较严。所以，采用菱－方孔型系统轧制时，一般顶角 α 不大于 120°。

4.2.3.4 孔型的构成

A 菱形孔型的构成

菱形孔型的构成如图 4－27 所示。菱形孔型的主要构成尺寸 h 和 b 确定之后，其他尺寸按下式计算：

$$B_K = b\left(1-\frac{s}{h}\right) \tag{4-37}$$

$$h_K = h - 2R\left(\sqrt{1+\left(\frac{h}{b}\right)^2}-1\right) \tag{4-38}$$

$$R=(0.1\sim0.2)h;\qquad r=(0.1\sim0.35)h$$

$$s\approx0.1h;\qquad F_1\approx\frac{1}{2}bh$$

B 方形孔型的构成

方形孔型的构成如图 4－28 所示。方轧件的边长 a 确定之后，其他尺寸按下式确定：

$$h=(1.4\sim1.41)a;\qquad b=(1.41\sim1.42)a$$

$$h_K=h-0.828R;\qquad b_K=b-s$$

$$R=(0.1\sim0.2)h;\qquad r=(0.1\sim0.35)h$$

$$s=0.1a;\qquad F_f=\frac{1}{2}bh=a^2$$

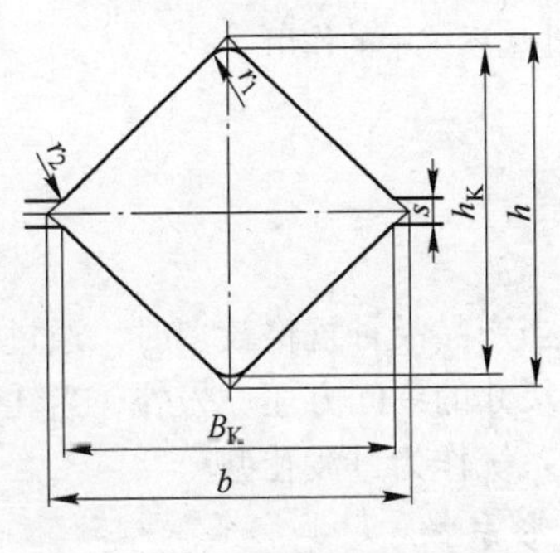

图 4－27　菱形孔型的构成

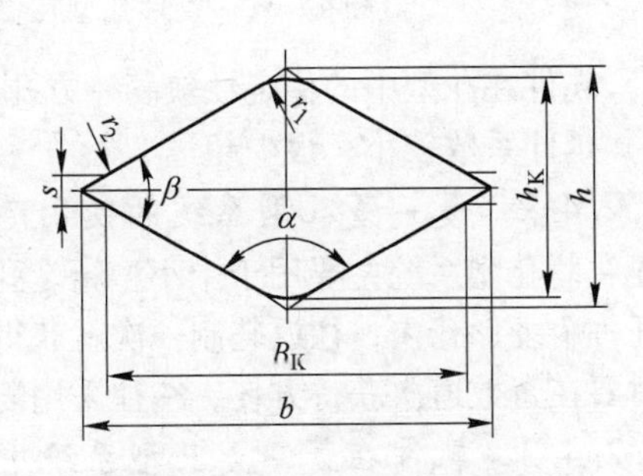

图 4－28　方形孔型的构成

4.2.4 菱－菱孔型系统

4.2.4.1 菱－菱孔型系统的优缺点

菱－菱孔型系统如图4－29所示。

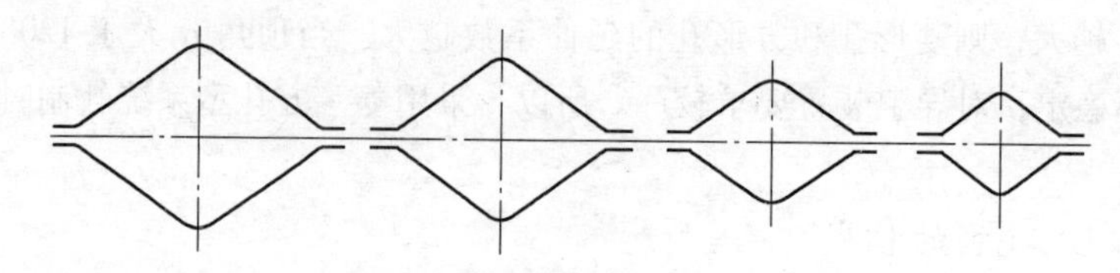

图4－29 菱－菱孔型系统

（1）菱－菱孔型系统的优点如下：

1）在一套菱－菱孔型系统中，用翻90°的方法能轧出多种不同断面尺寸的轧件，在任意一对孔型中皆能轧出方坯，如图4－30所示。这对于轧制多品种的旧式轧机是有利的。

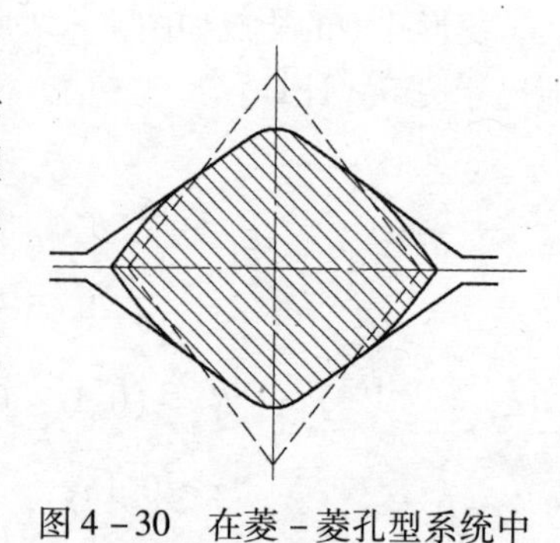

图4－30 在菱－菱孔型系统中轧出的相似方形轧件

2）利用菱－菱孔型系统可将方形断面有偶数道次过渡到奇数道次，如图4－31所示。

3）易于喂钢和咬入，故对导卫板要求不严。

（2）菱－菱孔型系统的缺点如下：

1）菱－菱孔型系统除具有菱－方孔型系统的缺点外，还有在菱形孔型中轧出的方坯具有明显的八边形（图4－30），这对连续式加热炉的操作不利，钢坯在炉中运行时易产生翻炉事故。

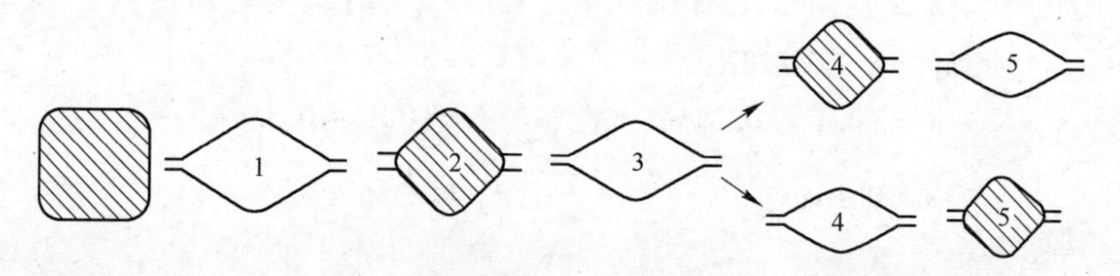

图4－31 菱形孔型在菱－方孔型系统中的作用

2）轧件在孔型中的稳定性较菱－方孔型差。

3）延伸系数较小，很少超过1.3。

4.2.4.2 菱－菱孔型系统的使用范围

菱－菱孔型系统主要用于中小型粗轧孔型。当产品品种规格较多时，通过调整可以在任一个菱形孔内，往返轧制一次就获得各种尺寸的中间方坯。另外，当轧制系统中有时要在奇数道次获得方坯，往往采用菱－菱系统作为过渡孔型。

4.2.4.3 轧件在菱－菱孔型系统中的变形系数

菱－菱孔型系统的宽展系数：$\beta_1=0.2\sim0.35$。

菱－菱孔型系统中的延伸系数μ_1主要决定于菱形孔型的顶角α，为了轧件在孔型中的轧制稳定，其顶角不宜超过120°，在生产实践中一般采用$\alpha = 97° \sim 110°$。延伸系数$\mu_1 = 1.35 \sim 1.45$，一般常用$\mu_1 = 1.2 \sim 1.38$。

4.2.4.4 菱－菱孔型系统中的设计方法

菱－菱孔型系统是根据菱形的内接圆直径或其边长的关系进行设计的。

A 按内接圆直径设计

此方法是以菱形内接圆直径作为设计的依据。相邻两个菱形的内接圆直径的关系，如表4－4和图4－32所示。

表4－4 相邻两个菱形内接圆直径的关系

直径关系	开坯机	型钢轧机的开坯孔型	精轧机
相邻菱形的内接圆直径之$\frac{D}{d}$	1.08～1.2	1.08～1.14	1.05～1.14
相邻菱形的内接圆直径之差$(D-d)$/mm	8～15	6～12	4～8

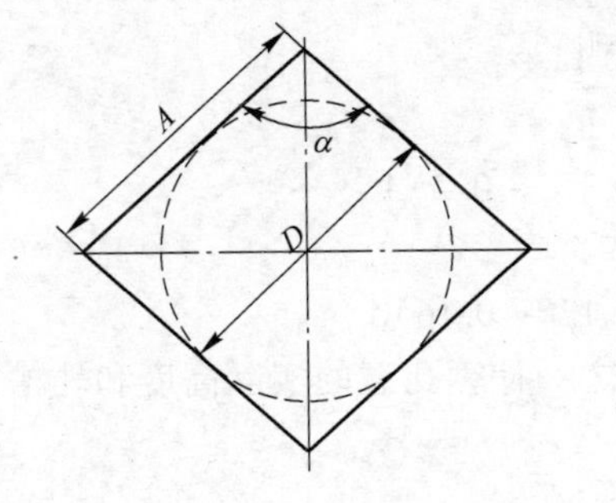

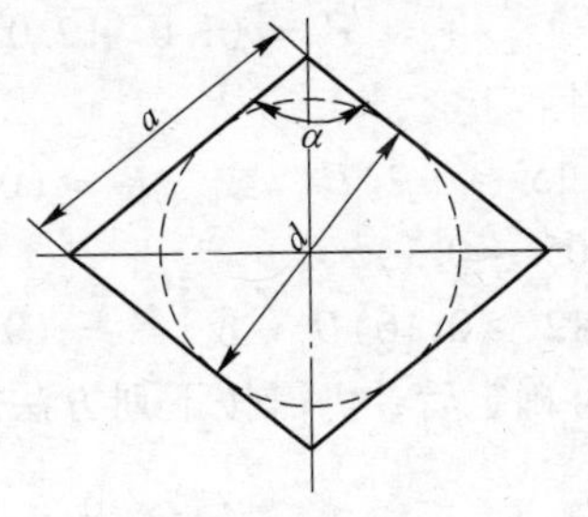

图4－32 菱形的内接圆直径和边长

B 按菱形边长设计

前后菱形边长之间的关系，如表4－5和图4－32所示。

表4－5 相邻两个菱形内接圆直径的关系

边长关系	开坯机	型钢轧机的开坯孔型	精轧机
相邻菱形的边长比$\frac{A}{a}$	1.08～1.2	1.08～1.17	1.05～1.17
相邻菱形的边长差$(A-a)$/mm	8～15	6～12	6～8

不论哪一种设计方法，其菱形的顶角均与$\frac{D}{d}$或$\frac{A}{a}$成正比。菱形的顶角α与轧件断面大小的关系，见表4－6。菱形孔型的顶角α虽然最大可达120°，但在大多数的生产实践中很少超过115°。

表4-6 菱形顶角与轧件断面大小的关系

轧件断面的边长或内接圆直径 A 或 D/mm	>50	30~50	10~30
菱形顶角 α/(°)	93~98	95~100	100~105

4.2.4.5 菱形孔型的构成

菱形孔型的构成可按菱-方孔型系统中菱形孔型的构成方法，也可按万能菱形孔型的构成方法，如图4-33所示，各孔型的内接圆直径或边长以及顶角按上述数据确定之后，则可按如下数据确定孔型的其他尺寸。

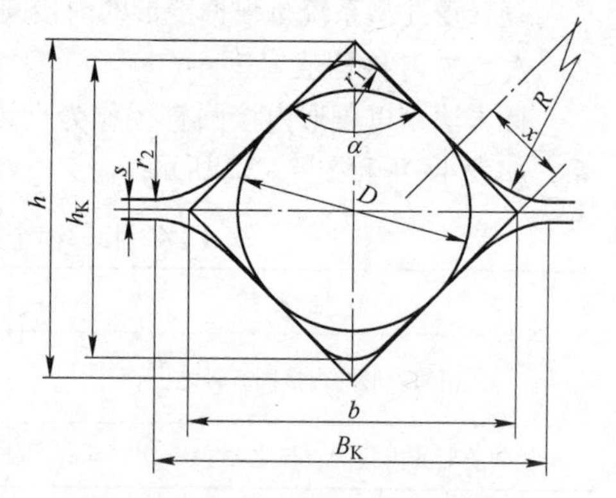

图4-33 菱或万能菱形孔型的构成

扩张段长度 M $M=(0.3\sim0.4)D$

$M=(0.3\sim0.4)A$

扩张角 θ $\theta=30°\sim40°$

通常 $\theta=30°$

侧壁圆弧半径 r' $r'=(1.0\sim2.0)D$

$r'=(1.0\sim2.0)A$

其他尺寸：

$R=(0.15\sim0.2)D$ 或 $R=(0.15\sim0.2)A$

$r=(0.05\sim0.1)h$

$s=(0.12\sim0.16)D$ 或 $s=(0.12\sim0.16)A$

上述尺寸确定后，仍需按下列方法之一计算孔型的实际高度和轧槽宽度 B_K 等尺寸。

（1）按菱形内接圆直径设计。

$$b=\frac{D}{\sin\frac{\gamma}{2}};\ h=\frac{D}{\sin\frac{\alpha}{2}};\ b_K=b-\frac{s}{\sin\frac{\gamma}{2}} \tag{4-39}$$

$$h_K=h-2R\left(\sqrt{1+\left(\frac{h}{b}\right)^2}-1\right) \tag{4-40}$$

$$b'=b+2\left(\frac{\sin\frac{\gamma}{2}}{\tan\theta}-\cos\frac{\gamma}{2}\right)M \tag{4-41}$$

$$B_K=b+2\left[\left(\frac{\sin\frac{\gamma}{2}}{\tan\theta}-\cos\frac{\gamma}{2}\right)M-\frac{0.5s}{\tan\theta}\right] \tag{4-42}$$

（2）按菱形边长设计。

$$b=2A\sin\frac{\alpha}{2}=h\tan\frac{\alpha}{2} \tag{4-43}$$

$$h=2A\cos\frac{\alpha}{2}=b\cot\frac{\alpha}{2} \tag{4-44}$$

其他尺寸的计算方法与按菱形内接圆设计时的计算方法相同。

菱形孔型各部分的尺寸确定之后，应校核轧件在孔型中的宽展量和轧后的轧件宽度，并需满足轧制顺序前一孔型高度小于后一孔型轧槽宽度 B_K，即：

$$h_K = B_K - (0.2 \sim 0.4)\Delta h$$

式中 h_K——前一孔型的实际高度；

B_K——后一孔型的槽口宽度；

Δh——轧件在后一孔型中的压下量。

若未能满足这一条件，则应增大前一孔型顶角的内圆角半径，或修改顶角的角度 α，或修改菱形的内接圆直径 D 与 d、或边长 A 与 a。

4.2.5 椭圆 – 方孔型系统

4.2.5.1 椭圆 – 方孔型系统的优缺点

椭圆 – 方孔型系统如图 4 – 34 所示。

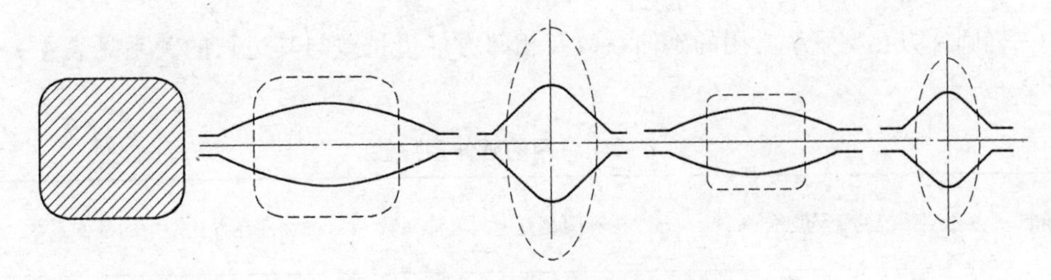

图 4 – 34 椭圆 – 方孔型系统

(1) 椭圆 – 方孔型系统的优点如下：

1) 延伸系数大。方轧件在椭圆孔型中的最大延伸系数可达 2.4，椭圆件在方孔型中的延伸系数可达 1.8。因此，采用这种孔型系统可以减少轧制道次、提高轧制温度、减少能耗和轧辊消耗。

2) 没有固定不变的棱角，如图 4 – 35 所示，在轧制过程中棱边和侧边部位相互转换，因此，轧件表面温度比较均匀。

3) 轧件能在多方向上受到压缩（图 4 – 35），这对提高金属质量是有利的。

4) 轧件在孔型中的稳定性较好。

(2) 椭圆 – 方孔型系统的缺点如下：

1) 不均匀的变形严重，特别是方轧件在椭圆孔型中轧制时更甚，结果使孔型磨损加快且不均匀。

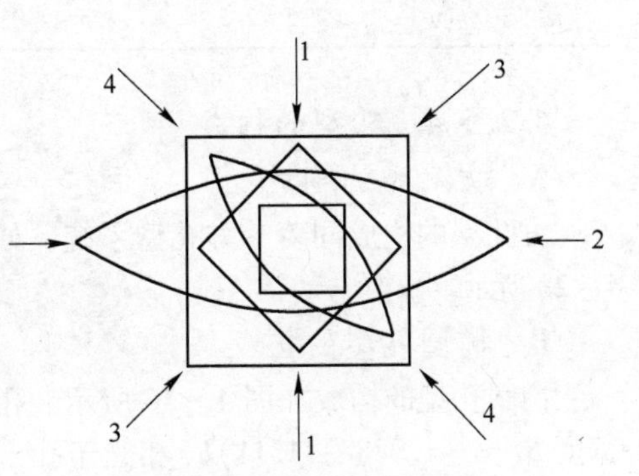

图 4 – 35 棱角的消失与再生

2) 由于在椭圆孔型中的延伸系数比方孔大，故椭圆孔型比方孔磨损快。若用于连轧机，易破坏既定的连轧常数，从而使轧机调整困难。

4.2.5.2 椭圆－方孔型系统的使用范围

由于椭圆－方孔型系统延伸系数大，所以它被广泛用于小型和线材轧机上作为延伸孔型轧制 40mm×40mm～75mm×75mm 以下的轧件。

4.2.5.3 椭圆－方孔型的变形系数

A 椭圆－方孔型系统的宽展系数

椭圆件在方孔型中的宽展系数 $\beta_f=0.3\sim0.6$，常采用 $\beta_f=0.3\sim0.5$。

方件在椭圆孔型系统中的宽展系数与其边长之间的关系，见表 4－7。

表 4－7 方件在椭圆孔型系统中的宽展系数与其边长的关系

方件的边长/mm	6～9	9～14	14～20	20～30	30～40
β_f	1.4～2.2	1.2～1.6	0.9～1.4	0.7～1.1	0.55～0.9

B 椭圆－方孔型系统的延伸系数

椭圆－方孔型系统常用的延伸系数及相邻方件边长差与其边长的关系见表 4－8 和表 4－9。

表 4－8 常用的延伸系数值

椭圆－方孔型系统的平均延伸系数		方件在椭圆孔型中的延伸系数		椭圆件在方孔型中的延伸系数	
μ_c	μ_{cmax}	μ_t	μ_{tmax}	μ_f	μ_{fmax}
1.25～1.6	1.7～2.2	1.25～1.8	2.424	1.2～1.6	1.89

表 4－9 相邻方件边长差与其边长的关系

方件边长/mm	6～9	9～14	14～20	20～30	30～40
边长差/mm	1.5～2.5	2.5～4.0	2.5～6	5～10	6～12

4.2.5.4 孔型的构成

A 方孔型的构成

方孔型的构成同菱－方孔型系统，如图 4－28 所示。

B 椭圆孔型的构成

椭圆孔型的构成如图 4－36 所示。孔型宽度 $B_K=(1.088\sim1.11)b$，相当于孔型的充满程度 $\delta=\dfrac{b}{B_K}=0.9\sim0.92$，即希望在椭圆孔型中给轧件留一些宽展余量，一般以 $\delta=0.8\sim0.9$ 为好。

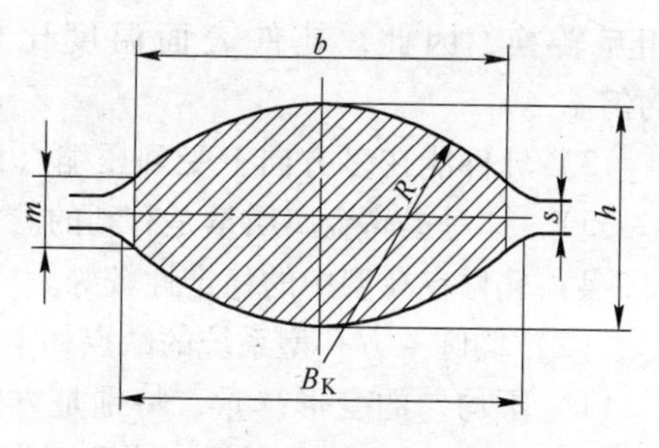

图 4－36 椭圆孔型的构成

辊缝 $s = (0.2 \sim 0.3)h$

椭圆孔型的圆弧半径 $$R = \frac{(h-s)^2 + B_K^2}{4(h-s)} \quad (4-45)$$

椭圆轧件的断面面积近似为 $$F = \frac{2}{3}(h-s)b + sb \quad (4-46)$$

外圆角半径 $r = (0.08 \sim 0.12)B_K$

4.2.6 六角－方孔型系统

4.2.6.1 六角－方孔型系统的优缺点

六角－方孔型系统（图4－37）与椭圆－方孔型系统很相似，可以把六角孔型看成是变态的椭圆孔型。所以，六角－方孔型系统除具有椭圆－方孔型系统的优点外，还有以下特点：

（1）变形比较均匀；

（2）单位压力小（能耗小、轧辊磨损小）；

（3）轧件在孔型中稳定性好。但六角孔型充满不良时，则易失去稳定性。

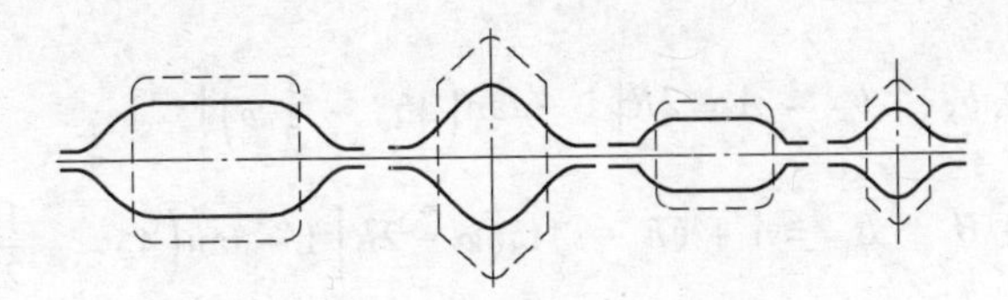

图4－37 六角－方孔型系统

4.2.6.2 六角－方孔型系统的使用范围

六角－方孔型系统被广泛应用于粗轧和毛轧机上，它所轧制的方件边长在17mm×17mm～60mm×60mm之间。它常用在箱形孔型系统之后和椭圆－方孔型系统之前，组成混合孔型系统，这样就克服了小断面轧件在箱形孔型中轧制不稳定和大断面轧件在椭圆孔型中轧制有严重不均匀变形的特点。

4.2.6.3 六角－方孔型系统的变形系数

A 宽展系数

轧件在六角－方孔型系统中的宽展系数见表4－10。

表4－10 轧件在六角－方孔型系统中的宽展系数

方件在六角孔型中的宽展系数 β_t		六角形轧件在方孔型中的宽展系数 β_f	
$A>40$mm 0.5～0.7	$A<40$mm 0.65～1	0.25～0.7	常用0.4～0.7

B 延伸系数

设计六角－方孔型系统时，应特别注意方件在六角孔型中的延伸系数 μ_1 不得小于1.4，若 $\mu_1<1.4$，则六角孔型将充不满，从而造成轧制不稳定。轧件在六角－方

孔型系统中的延伸系数见表4－11。

表4－11 轧件在六角－方孔型系统中的延伸系数

平均延伸系数μ_c		方件在六角孔型中的延伸系数μ_t	六角型轧件在方孔中的延伸系数μ_f
范围1.35～1.8	常用1.4～1.6	1.4～1.8	1.4～1.6

4.2.6.4 孔型的构成

六角孔型的构成应保证轧件在孔型中稳定，为此，进入六角孔型的轧件最好同时接触孔型的槽底和两个侧壁，而且上下轧槽侧壁之间的夹角不得过大，以保证六角形轧件在方孔型中轧制稳定。六角孔型的构成如图4－38所示，A为来料边长，h和b为轧件轧后的高度和宽度。根据上述尺寸确定六角孔型的尺寸如下：

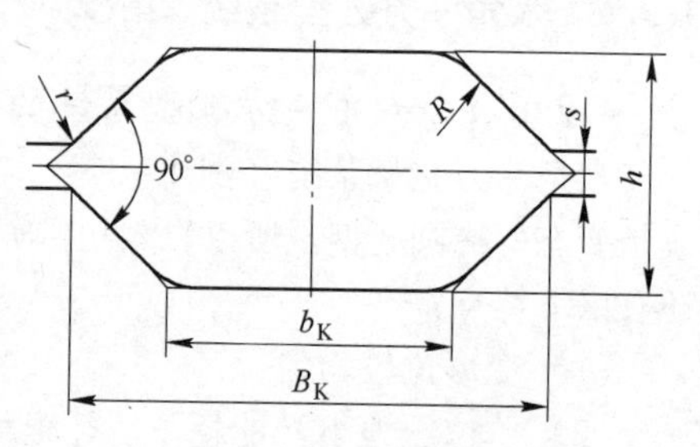

图4－38 六角孔型的构成

孔型槽底宽度b_K $$b_K = A - 2R\left[1 - \tan\left(45° - \frac{1}{2}\varphi\right)\right] \tag{4-47}$$

孔型槽口宽度B_K $$B_K = A + (h - s)\tan\varphi - 2R\left[1 - \tan\left(45° - \frac{1}{2}\varphi\right)\right] \tag{4-48}$$

由上式得出B_K应大于b，否则应加大B_K，使$B_K = (1.05 \sim 1.18)b$，相当于孔型的充满度$\frac{b}{B_K} = 0.95 \sim 0.85$。

$$\alpha \leqslant 90°$$

$$R = (0.3 \sim 0.6)h$$

R的确定原则是使孔型槽底的两侧圆弧和槽底同时与来料接触。

方孔型的构成与椭圆－方孔型系统相同。

4.2.7 椭圆－立椭圆孔型系统

4.2.7.1 椭圆－立椭圆孔型系统的优缺点

椭圆－立椭圆孔型系统如图4－39所示。

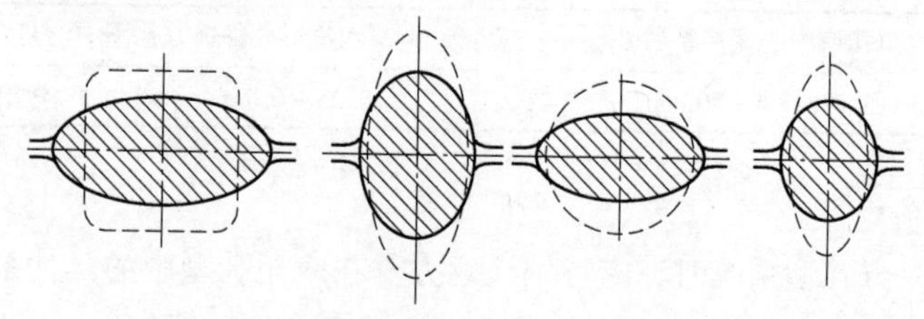
图4－39 椭圆－立椭圆孔型系统

（1）椭圆－立椭圆孔型系统的优点如下：

1）轧件变形和冷却较均匀；

2）轧件与孔型的接触线长，因而轧件宽展较小；

3）轧件的表面缺陷如裂纹、折叠等较少。

（2）椭圆－立椭圆孔型系统的缺点如下：

1）轧槽切入轧辊较深；

2）孔型各处速度差较大，孔型磨损较快，电能消耗也因此增加。

4.2.7.2 椭圆－立椭圆孔型系统的应用范围

椭圆－立椭圆孔型系统主要用于轧制塑性极低的钢材。近年来，由于连轧机的广泛使用，特别是在水平辊机架与立辊机架交替布置的连轧机和45°轧机上，为了使轧件在机架间不进行翻钢，以保证轧制过程的稳定和消除卡钢事故，因而椭圆－立椭圆孔型系统代替了椭圆－方孔型系统被广泛地用于小型和线材连轧机上。

4.2.7.3 变形系数

A 宽展系数

轧件在立椭圆孔型中的宽展系数

$$\beta_l = 0.3 \sim 0.4$$

轧件在平椭圆孔型中的宽展系数

$$\beta_t = 0.5 \sim 0.6$$

B 延伸系数

椭圆－立椭圆孔型系统的延伸系数主要取决于平椭圆孔型的宽高比，其比值为1.8～3.5，平均延伸系数为1.15～1.34。轧件在平椭圆孔型中的延伸系数$\mu_t = 1.15 \sim 1.55$，一般用$\mu_t = 1.17 \sim 1.34$。轧件在立椭圆孔型中的延伸系数为$\mu_l = 1.16 \sim 1.45$，一般用$\mu_l = 1.16 \sim 1.27$。

4.2.7.4 椭圆－立椭圆孔型系统的孔型尺寸及其构成

平椭圆孔型尺寸及其构成与椭圆－圆孔型系统中的椭圆相同。立椭圆孔型的高宽比为1.04～1.35，一般为1.2。

立椭圆孔型的构成方法有两种，如图4－40（a）和（b）所示。

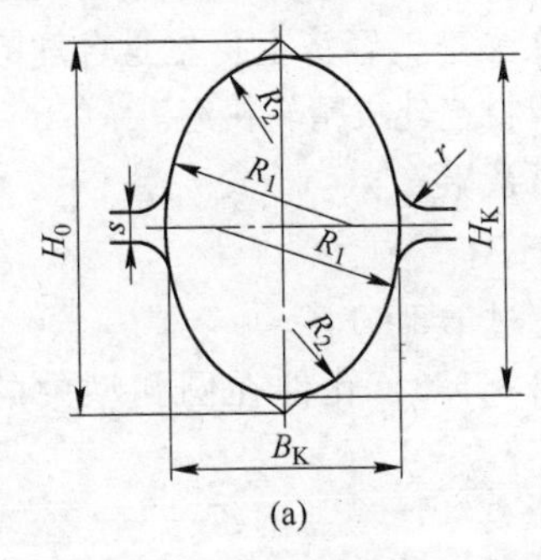

(a)

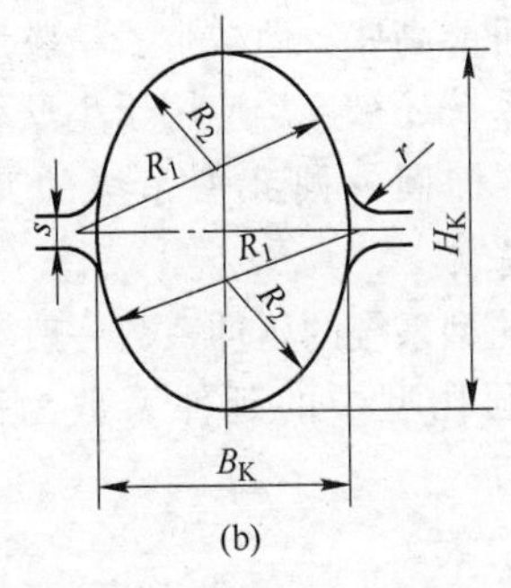

(b)

图4－40 立椭圆孔型的构成

立椭圆孔型的高度 H_K 与轧出轧件的高度 H 相等，其宽度 $B_K=(1.055\sim1.1)B$，其中 B 为轧出轧件的宽度。立椭圆孔型的弧形侧壁半径可取为 $R_1=(0.7\sim1.0)B_K$ 和 $R_2=(0.2\sim0.25)R_1$；外圆角半径 $r=(0.5\sim0.75)R_2$；辊缝 $s=(0.1\sim0.25)H_K$。

4.2.8 椭圆－圆孔型系统

4.2.8.1 椭圆－圆孔型系统的优缺点

椭圆－圆孔型系统如图4－41所示。

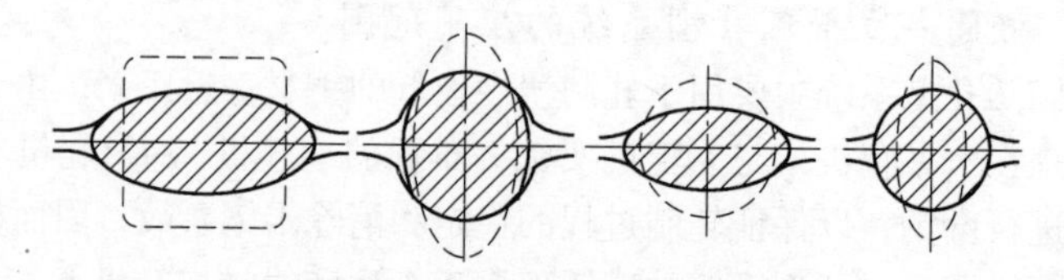

图4－41 椭圆－圆孔型系统

（1）椭圆－圆孔型系统的优点如下：

1）变形较均匀，轧制前后轧件的断面形状能平滑地过渡，可防止产生局部应力。

2）由于轧件没有明显的棱角，冷却比较均匀。轧制中有利于去除轧件表面的氧化铁皮。

3）在某些情况下，可由延伸孔型轧出成品圆钢，因而可减少轧辊的数量和换辊次数。

（2）椭圆－圆孔型系统的缺点如下：

1）延伸系数较小，一般不超过1.3～1.4。由于延伸系数较小，有时会造成轧制道次增加。

2）椭圆件在圆孔型中轧制不稳定。

3）轧件在圆孔型中易出耳子。

4.2.8.2 椭圆－圆孔型系统的使用范围

椭圆－圆孔型系统的延伸系数小，这限制了它的应用范围。在某种情况下，如轧制优质钢或高合金钢时，要获得质量好的产品是主要的，采用椭圆－圆孔型系统尽管产量低，成本可能高些，但减少了精整和次品率，经济上仍然是合理的。除此之外，椭圆－圆孔型系统还被广泛应用于小型和线材连轧机精轧机组。

4.2.8.3 椭圆－圆孔型系统的变形系数

A 延伸系数

椭圆－圆孔型系统的延伸系数一般不超过1.3～1.4。

轧件在椭圆孔型中的延伸系数为1.2～1.6，轧件在圆孔型中的延伸系数为1.2～1.4。

B 宽展系数

轧件在椭圆孔型中的宽展系数为0.5～0.95，轧件在圆孔型中的宽展系数为

0.3～0.4。

4.2.8.4 椭圆－圆孔型系统的构成

椭圆－圆孔型系统中椭圆孔型的构成同前所述。圆孔型的构成如图4－42（a）所示。

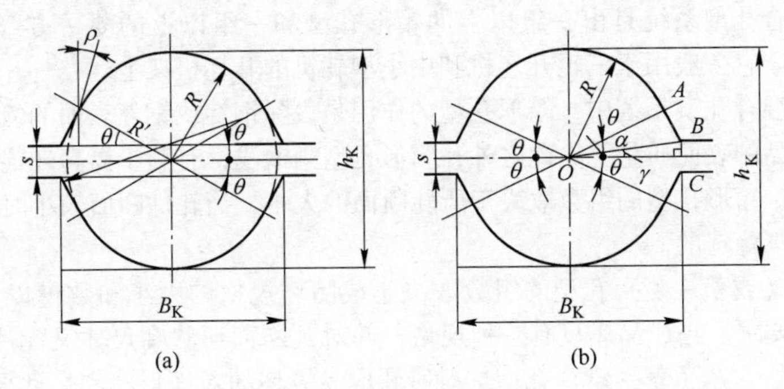

图4－42 圆孔型的构成

孔型高度 h_K

$$h_K = 2\sqrt{\frac{F_y}{\pi}} = 2R \tag{4-49}$$

式中 F_y——圆断面轧件的断面面积。

孔型宽度 B_K

$$B_K = 2R + \Delta$$

式中 Δ——宽展留的余量，可取为 $\Delta = 1 \sim 4$mm。

圆孔型的扩张半径 R'

$$R' = \frac{B_K^2 + s^2 + 4R^2 - 4R(s\sin\theta + B_K\cos\theta)}{8R - 4R(\sin\theta + B_K\cos\theta)} \tag{4-50}$$

其他尺寸，孔型的扩张角 $\theta = 15° \sim 30°$，通常取 $\theta = 30°$；外圆角半径 $r = 2 \sim 5$mm；辊缝 $s = 2 \sim 5$mm。

圆孔型的另一种构成方法如图4－42（b）所示。

$\theta = 20° \sim 30°$，常用 $\theta = 30°$。

这种构成方法与前一种的区别在于用切线代替 R' 的圆弧连接。切点对应的扩张角为：

$$\theta = \alpha + \gamma = \cos^{-1}\left(\frac{2R}{\sqrt{B_K^2 + s^2}}\right) + \tan^{-1}\left(\frac{s}{B_K}\right) \tag{4-51}$$

这种圆孔型的构成方法多用于高速线材轧机的圆孔型设计，也可以用于其他轧机的圆孔型设计。

4.2.9 混合孔型系统

为了提高轧机的产量和成品质量，在生产条件允许的范围内一般是尽量采用较大断面的原料。因此，从原料轧成成品往往需要较多的轧制道次。由于轧机类型、坯料尺寸和成品规格不同，在型钢轧机上很少采用单一的延伸孔型系统，而是采用集中延伸孔型系统组成混合孔型系统。下面介绍几种常见的混合孔型系统。

4.2.9.1 箱形－菱－方或箱形－菱－菱孔型系统

这种混合孔型系统是由一组以上的箱形孔型和一组以上的菱－方（或菱－菱）孔型所组成。它一般用于三辊开坯机和中小型轧机的开坯机架上。

在这种混合孔型系统中，箱形孔型的作用是去除钢锭或钢坯表面的氧化铁皮，有利于提高成品的表面质量。除此之外，箱形孔型刻槽浅，有利于提高轧辊强度和增大道次压下量。箱形孔型的组数取决于所轧断面的大小，当轧件断面较小时，在箱形孔型中轧制是不稳定的。

菱－方（或菱－菱）孔型的组数取决于成品坯规格的大小和数量以及对其断面形状精度的要求。当成品坯只有一种规格，并对其断面形状和尺寸又无严格要求时，可采用一组菱－方（菱－菱）孔型。对所轧成品方坯的断面形状和尺寸要求较严时，则采用两组菱－方孔型。当成品方坯的规格尺寸较多时，菱－方孔型的组数就由所需的规格数量决定。在合金钢厂轧制规格较多、批量又不大的合金钢时，往往采用菱－菱孔型系统。

4.2.9.2 箱形－六角－方混合孔型系统

这种孔型系统主要用于中小型轧机的开坯机架上。采用箱形的作用同上所述。当轧件在箱形孔型中，轧到一定断面尺寸之后，采用六角－方孔型系统轧制，它除了具有较好轧制稳定性外，还有较大的延伸能力，这对较少轧制道次有利。

4.2.9.3 箱形－六角－方－椭圆－方混合孔型系统

这种混合孔型系统主要用于小型和线材轧机上。采用箱形－六角－方孔型系统的目的同上。用六角－方孔型将轧件轧到一定断面尺寸之后，为了轧制稳定及用较少道次轧出成品，采用椭圆－方孔型系统是有利的。应当指出，由于椭圆－方孔型磨损的不均匀性，故这种混合孔型系统用于连轧机时，使轧机调整困难。

4.2.9.4 混合孔型系统

这种混合孔型系统采用椭圆－立椭圆或椭圆－圆孔型的目的是变形均匀，易于去除轧件表面上的氧化铁皮，提高轧件表面质量。所以这种混合孔型系统主要用于轧制塑性较低的合金钢。随着连轧机的广泛使用，这种混合孔型系统被广泛用于小型和线材的连轧机。

4.2.10 延伸孔型的设计方法

延伸孔型的主要任务是压缩轧件断面，在保证红坯质量的前提下，用较少的轧制道次、较快的变形速率为成品孔型系统提供符合要求的红坯。几乎每种产品的孔型系统的前面均设置一定数量的延伸孔型，大多数简单断面钢材，由于其成品孔型系统的数目较少（一般为2～4个孔型），故延伸孔型在整个孔型中占有很大的比例。因此，合理设计延伸孔型系统是一项十分重要的工作，延伸孔型设计的主要内容是孔型系统的选择和各轧制道次孔型尺寸的计算。

4.2.10.1 延伸孔型系统的选择

延伸孔型系统的选择将直接对轧机的生产率、产品质量、各种消耗指标以及生产操作产生决定性的影响，选择时必须参照具体的原料条件（坯料断面尺寸及其波动范围、内在质量、表面质量以及钢种等）、设备条件（轧机布置形式、轧机结构形式与数量、主电机功率以及辅助设备的配置等）、产品情况（产品种类、规格范围以及尺寸精度要求等）以及操作条件等选用合适的延伸孔型系统。

延伸孔型系统选择时需注意以下几点：

（1）根据设备能力选择延伸系数较大的延伸孔型系统，以便迅速地压缩轧件断面，减少轧制道次。

（2）能为成品孔型提供质量好的红坯。为了保证成品质量，要求延伸孔型具有充分去除氧化铁皮的能力（尤其是前几道孔型），能防止出耳子、折叠、裂纹以及轧件端部开裂等缺陷，力求轧件断面上温度均匀，形状过渡缓和。

（3）对于多品种车间，延伸孔型系统应具备良好的共用性，以减少换辊次数，提高作业率，并可减少轧辊和工具储备，简化备件管理。

（4）延伸孔型系统必须与轧机的性能、布置相适应，既能充分发挥设备能力，又能使各机组负荷均衡，特别是连轧机组，应力求在轧制过程中各孔型轧槽磨损相对均匀，保证连轧过程中金属秒流量达到较长时间的相对稳定。

（5）合理安排过渡孔型，因为常规延伸孔型系统一般在偶数道次出方或圆，当需要在奇数道次出时，就需要设一个过渡孔型来实现孔型系统间的衔接。常用的过渡孔型系统如图 4－43 所示。

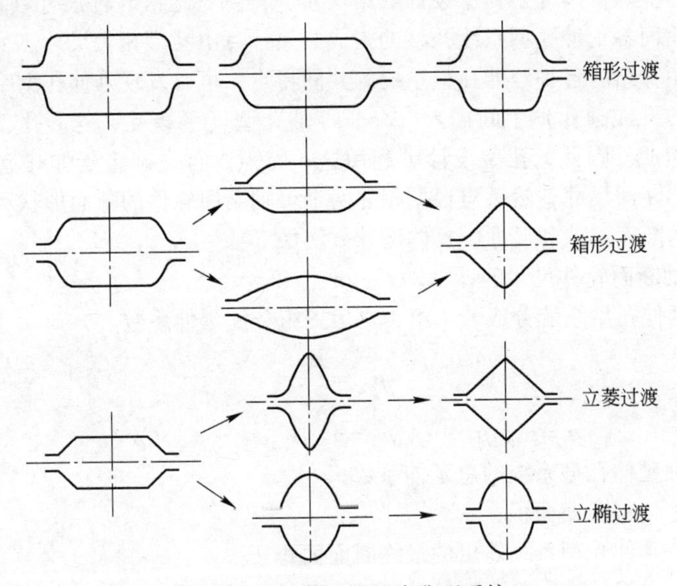

图 4－43 常见的过渡孔型系统

4.2.10.2 延伸孔型道次的确定

当孔型系统选定后，由于成品孔型系统根据不同产品有专门的设计方法，因此根据成品孔型系统专门设计方法确定进入成品孔型系统的红坯断面尺寸。已知红坯断面尺寸 F_n 和选用的坯料断面尺寸 F_0，求得延伸孔型系统总的延伸系数 μ'_Σ 为：

$$\mu'_\Sigma = \frac{F_0}{F_n} \tag{4-52}$$

再根据所选用的延伸孔型系统的延伸能力（表4－12）和车间轧机布置能力，确定出延伸孔型的轧制道次为：

$$n' = \frac{\lg\mu'_\Sigma}{\lg\overline{\mu'}} \tag{4-53}$$

式中 $\overline{\mu'}$——延伸孔型系统的平均延伸系数。

表4－12 各种延伸孔型系统的平均延伸系数 $\overline{\mu'}$ 的范围

孔型系统名称	$\overline{\mu'}$	说 明
箱 形	1.10～1.32	$a<50$mm 时可达1.6
菱－方	1.2～1.4	$a<75$mm 时取上限
椭－方	1.3～1.6	最大可达1.9
六角－方	1.4～1.65	最大可达1.8
椭圆－圆	≤1.3～1.4	
菱－菱	≤1.3	万能菱形孔1.25～1.4

4.2.10.3 延伸孔型尺寸的计算

计算各道次轧件尺寸是孔型设计的第一步，得到各道次轧件尺寸（高度、宽度）后就可以按前面各延伸孔型系统孔型的构成关系计算出孔型相关尺寸。

归纳前面介绍的各种延伸孔型系统的共同特点，可以发现延伸孔型系统大都是由等轴孔型（方孔或圆孔）中间插入一个非等轴孔型（平箱孔、菱形孔、椭圆孔、六角孔等）所组成。因此，孔型设计可利用这一特点，首先确定延伸孔型系统中各等轴孔型轧件的断面尺寸，然后再根据相邻两个等轴断面轧件的断面形状和尺寸来设计中间扁轧件的断面形状和尺寸。具体设计方法如下：

（1）等轴断面轧件尺寸的计算。

首先将延伸孔型系统分成若干组，之后按组分配延伸系数。

已知

$$\mu_\Sigma = \frac{F_0}{F_n} \tag{4-54}$$

则

$$\mu_\Sigma = \mu_1\mu_2\mu_3\cdots\mu_{n-1}\mu_n = \mu_{\Sigma2}\mu_{\Sigma4}\mu_{\Sigma6}\cdots\mu_{\Sigma i}\cdots\mu_{\Sigma n} \tag{4-55}$$

式中 μ_Σ——延伸孔型系统的总延伸系数；

F_0——坯料断面面积；

F_n——延伸孔型系统轧出的最终断面面积；

$\mu_{\Sigma i}$——一组从等轴断面到等轴断面孔型的总延伸系数，即

$$\mu_{\Sigma i}=\mu_{i-1}\mu_i \tag{4-56}$$

已知从等轴断面轧件到等轴断面轧件的总延伸系数$\mu_{\Sigma i}$后，按下列关系可以求出各中间等轴断面轧件的面积和尺寸。

$$\begin{aligned}
\mu_{\Sigma 2}&=\frac{F_0}{F_2} & F_2&=\frac{F_0}{\mu_{\Sigma 2}}\\
\mu_{\Sigma 4}&=\frac{F_2}{F_4} & F_4&=\frac{F_2}{\mu_{\Sigma 4}}\\
&\vdots & &\vdots\\
\mu_{\Sigma n}&=\frac{F_{n-2}}{F_n} & F_n&=\frac{F_{n-2}}{\mu_{\Sigma n}}
\end{aligned} \tag{4-57}$$

如果等轴断面轧件为方形或圆形时，在已知其面积的情况下是不难求出其边长或直径的。

（2）中间扁断面轧件尺寸的计算。

两个等轴断面轧件之间的中间轧件可能是矩形、菱形、椭圆形或六角形等。中间轧件断面尺寸的设计应根据轧件在孔型中的充满条件进行。下面以箱形孔型系统（图4-44）进行说明。

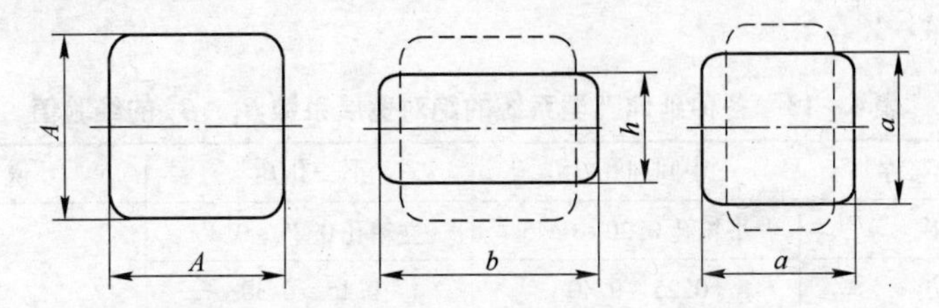

图4-44 中间孔型内轧件断面尺寸的确定

中间矩形轧件的尺寸应同时保证在本孔和下一孔型中正确充满，即：

$$b = A + \Delta b_z \tag{4-58}$$

$$h = a - \Delta b_n \tag{4-59}$$

式中 Δb_z——轧件在中间矩形孔型中的宽展量；

Δb_n——轧件在小箱方形孔型中的宽展量。

由此不难看出，确定中间轧件的尺寸时需要首先计算孔型中的宽展量，而计算宽展量又需要先设定中间轧件的某一尺寸。所以，确定中间轧件尺寸的过程是一个迭代过程，一直计算到满足一定精度要求为止。也可以解上述联立方程求出b，h。

在计算宽展量时要用到宽展公式。孔型设计时由于采用不同的宽展公式就形成了不同的孔型设计方法。到目前为止，延伸孔型的设计方法很多，下面介绍一种延伸孔型的设计方法，即绝对宽展系数法。这种方法是利用人们根据经验选择宽展系数的方法进行设计的。

由绝对宽展定义：

$$\beta=\frac{\Delta b}{\Delta h} \tag{4-60}$$

得

$$\beta_2 = \frac{b_2 - B}{H - h_2} \tag{4-61}$$

$$\beta_1 = \frac{b_1 - h_2}{b_2 - h_1} \tag{4-62}$$

解式（4－61）和式（4－62）得出中间扁孔中轧件的尺寸为：

$$\begin{cases} b_2 = \dfrac{B + H\beta_2 - b_1\beta_2 - h_1\beta_1\beta_2}{1 - \beta_1\beta_2} \\ h_2 = \dfrac{b_1 + h_1\beta_1 - B\beta_1 - H\beta_1\beta_2}{1 - \beta_1\beta_2} \end{cases} \tag{4-63}$$

式中 B——进入中间孔的轧件宽度，mm；

H——进入中间孔的轧件高度，mm；

b_1——中间孔下一孔轧出的轧件宽度，mm；

h_1——中间孔下一孔轧出的轧件高度，mm；

β_1，β_2——中间孔型和下一孔型内的绝对宽展系数（表4－13），也可查前几节相关延伸孔型系统变形特点中的宽展系数。

根据大量生产实测资料统计结果，轧制普碳钢时各种延伸孔型系统的绝对宽展系数范围见表4－13。

表4－13 各种延伸孔型系统的绝对宽展系数 β_1，β_2 的经验值

孔型系统名称		中间扁孔 β_2	下一孔 β_1	说明
箱形		平箱孔 0.20～0.45	立箱孔 0.25～0.35	a 为方孔边长；β_1 为立椭孔内宽展系数
菱－方		0.25～0.40	0.15～0.30	
椭－方		0.6～1.6	0.45～0.55	
椭－圆		0.35～0.55	0.25～0.35	
六角－方	$a>40$mm	0.5～0.7	0.45～0.65	
	$a<40$mm	0.65～1	0.45～0.65	
椭圆－立圆		0.5～0.6	0.3～0.4	

通过式（4－63）计算得到的是中间扁孔轧后的轧件的尺寸。构成孔型时，h_2 为孔型的实际高度（即扣除顶部圆角的影响），槽口宽度 B_K 应略大于 b_2，以防止产生过充满，椭圆孔和菱形孔更应注意。

从以上介绍可以看出，采用宽展系数方法设计孔型是很简单的。使用这种设计方法的关键是正确选择宽展系数，这对没有经验的孔型设计人员是很困难的。为了使没有经验的孔型设计人员能比较正确地选择宽展系数的数值，可参考如下原则：

（1）在其他条件相同的情况下，轧件温度越高，宽展系数越小。在一般情况下，在轧制过程中轧件温度是逐渐降低的，这样对同类孔型系统宽展系数应取越来越大的数值。

(2) 轧辊材质的影响。使用钢轧辊时应取较大的宽展系数。

(3) 轧件断面大小的影响。轧件断面越大，宽展系数越小。在轧制过程中，轧制断面积减少的速度大于轧辊直径变化的速度。所以，宽展系数应沿轧制道次逐渐增加。

(4) 轧制速度的影响。在其他条件相同时，轧制速度越高，宽展系数越小。

(5) 轧制钢种的影响。在其他条件相同时，普碳钢的宽展系数小，合金钢的宽展系数大。

(6) 另外，还有其他因素影响宽展系数的取值范围。凡是有利于宽展的因素，宽展系数应取较大值，反之则相反。在轧制过程中往往是多种因素同时起作用的，所以选取宽展系数时应考虑各个因素的综合影响，当然要分清主要影响因素和次要影响因素。

4.2.11 延伸孔型设计例题

【例1】 以59mm×59mm方坯在ϕ300mm横列式轧机上，经两箱形孔轧成46mm×46mm方坯，设计此两个箱形孔型。孔型系统与计算符号如图4－45所示。

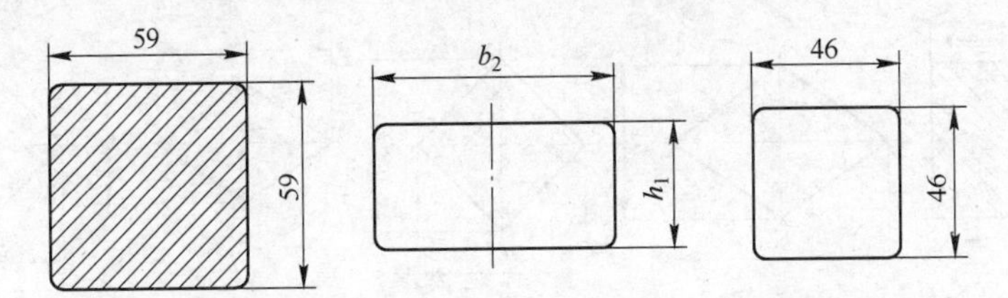

图4－45 59mm×59mm→46mm×46mm箱形孔型示意图

首先选定方坯在平箱形孔中的宽展系数β_2和平箱孔轧出轧件进入立箱孔的宽展系数β_1。由表4－13中箱形孔宽展系数，平箱形孔型的宽展系数$\beta=0.20\sim0.45$，立箱形孔型的宽展系数$\beta=0.25\sim0.35$，结合轧制条件取$\beta_1=0.25$，$\beta_2=0.2$，按公式(4－63)得中间矩形孔轧件尺寸为：

$$\begin{cases} h_2=\dfrac{46+46\times0.25-59\times0.25-59\times0.2\times0.25}{1-0.2\times0.25}=42\text{mm} \\ b_2=\dfrac{59+59\times0.2-46\times0.2-46\times0.2\times0.25}{1-0.2\times0.25}=62.4\text{mm} \end{cases}$$

在已知h_2和b_2后，按前面所讲的平箱和立箱形孔型的构成参数机壳即可设计出具体的孔型尺寸，如图4－46所示。

【例2】 在ϕ450mm轧机上将89mm×89mm方坯用菱－方孔型系统轧成54mm×54mm方坯，设计此孔型系统。

不考虑圆角，坯料断面积F_0和成品断面积F_1为：

$$F_0=89\times89=7921\text{mm}^2$$

$$F_1=54\times54=2916\text{mm}^2$$

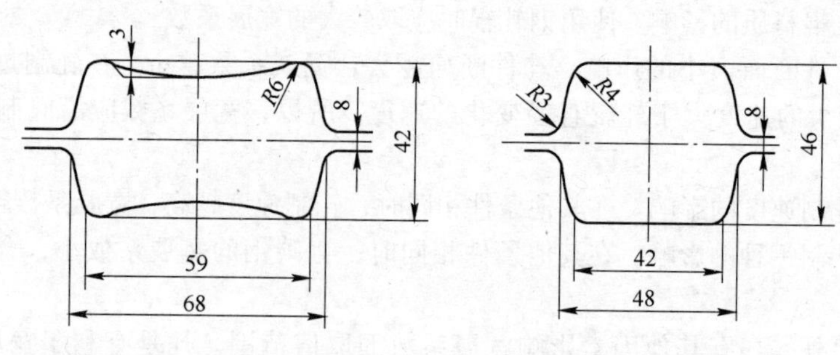

图 4-46　59mm×59mm→46mm×46mm 箱形孔型结构尺寸图

菱-方孔型系统平均延伸系数 $\bar{\mu}=1.2\sim1.4$，取 $\bar{\mu}=1.3$，则轧制道次为：

$$n'=\frac{\lg7921-\lg2916}{\lg1.3}=3.8$$ 取 4 道

其孔型系统与计算符号如图 4-47 所示。取 K_1 和 K_3 一对方孔的平均延伸系数 $\bar{\mu}_1=1.23$，则

$$a_3=\bar{\mu}_1 a_1=1.23\times54=68\text{mm}$$

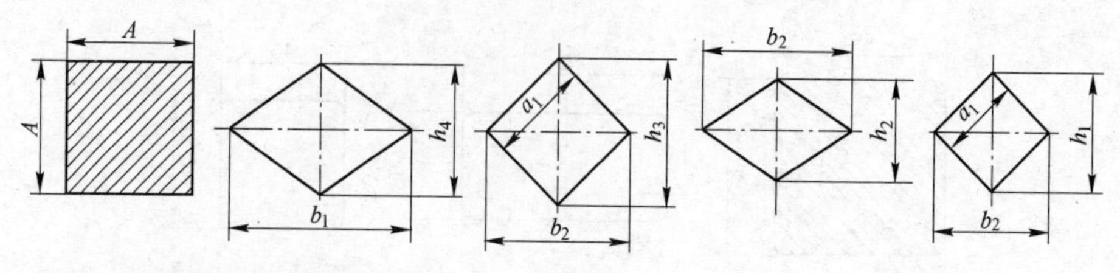

图 4-47　89mm×89mm→54mm×54mm 菱-方孔型系统计算符号

取 $\beta_1=0.25$，$\beta_2=0.3$，$\beta_3=0.2$，$\beta_4=0.25$，按公式（4-63）计算各中间扁孔（菱形孔）轧件尺寸为

$$\begin{cases}h_2=\dfrac{1.41\times54+1.41\times54\times0.25-1.41\times68\times0.25-1.41\times68\times0.3\times0.25}{1-0.25\times0.3}=69\text{mm}\\[2ex] h_4=\dfrac{1.41\times68+1.41\times68\times0.2-1.41\times89\times0.2-1.41\times89\times0.2\times0.25}{1-0.2\times0.25}=88\text{mm}\end{cases}$$

$$\begin{cases}b_2=\dfrac{1.41\times68+1.41\times68\times0.3-1.41\times54\times0.3-1.41\times54\times0.3\times0.25}{1-0.25\times0.3}=103.6\text{mm}\\[2ex] b_4=\dfrac{1.41\times89+1.41\times89\times0.25-1.41\times68\times0.25-1.41\times68\times0.2\times0.25}{1-0.2\times0.25}=143\text{mm}\end{cases}$$

按菱形孔型其他构成尺寸的计算公式计算确定尺寸。K_1 方孔尺寸为：

$$b_1=h_1=1.41\times54=76.1\text{mm}$$

$$r_1=0.15\times54=8\text{mm}\qquad r_2=0.12\times54=6\text{mm}$$

$$s=(0.01\sim0.02)\times450=8\text{mm}$$

$$B_{K1}=b_1-s=76.1-8=68.1\text{mm}$$

$$h_{K1}=h_1-0.83r_1=76.1-0.83\times8=69.5\text{mm}$$

K_3 方孔同样方法计算，其尺寸如图 4－48 所示。

K_2 菱形孔也按其他构成尺寸的计算公式计算确定。

$$\beta = 2\arctan\frac{69}{103.6} = 67°14'$$

$$\alpha = 180° - 67°14' = 112°46' < 120°$$

因此轧制稳定。

取 $s = 8\text{mm}$，$r_1 = 8\text{mm}$，$r_2 = 6\text{mm}$。

$$B_{K2} = 103.6 \times \left(1 - \frac{8}{69}\right) = 91.5\text{mm}$$

$$h_{K2} = 69 - 2 \times 8\left[\sqrt{1 + \left(\frac{69}{103.6}\right)^2} - 1\right] = 66.3\text{mm}$$

菱形孔边长 C_2 为：

$$C_2 = \frac{1}{2}\sqrt{b_2^2 + h_2^2} = \frac{1}{2}\sqrt{103.6^2 + 69^2} = 62.2\text{mm}$$

K_4 菱形孔构成方法与此相同，其尺寸如图 4－48 所示。

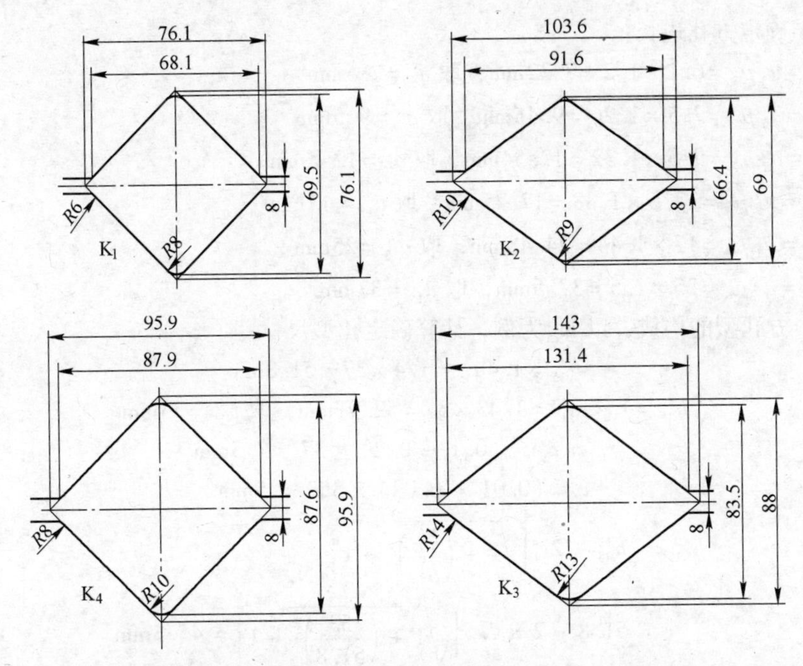

图 4－48 89mm×89mm→54mm×54mm 菱－方孔型图

【例 3】在某 $\phi350/\phi250$ 半连续式线材轧机上，以 60mm×60mm 方坯（普碳钢），经 17 道次轧成 $\phi6\text{mm}$ 线材，设计此产品的延伸孔型系统。

（1）按成品孔型设计方法得 K_3（成品前孔）方孔边长为 $a_3 = 6.1\text{mm}$。

（2）孔型系统选择如图 4－49 所示。由于奇数道次要求出方，故 K_{17} 采用箱形过渡孔型。考虑到线材轧制的特点，选用大延伸的延伸孔型系统。K_{14}、K_{16}采用六角－方孔型，其余均采用椭圆－方孔型系统。

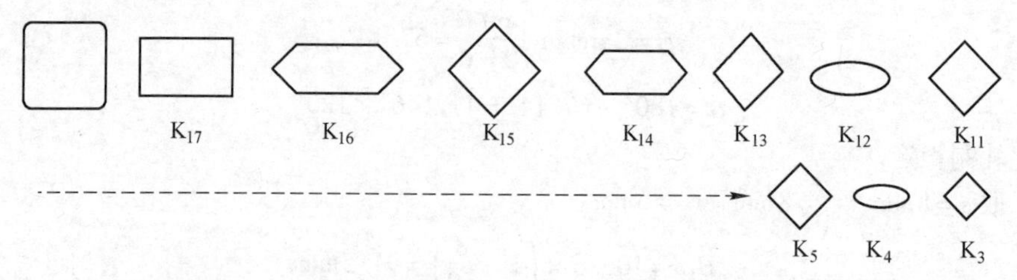

图4－49 60mm×60mm→6.1mm×6.1mm 延伸孔型系统图

（3）方孔设计。

1）取各对方孔间的平均延伸系数：

$$\frac{A_0}{a_3}=\frac{60}{6.1}=9.84$$

$$\frac{A_0}{a_3}=\overline{\mu_1}\,\overline{\mu_2}\,\overline{\mu_3}\,\overline{\mu_4}\,\overline{\mu_5}\,\overline{\mu_6}\,\overline{\mu_7}=1.2\times1.26\times1.32\times1.38\times1.44\times1.5\times1.64=9.84$$

2）确定方孔边长：

$a_5=a_3\overline{\mu_1}=6.1\times1.2=7.32\text{mm}$，取 $a_5=7.5\text{mm}$

$a_7=a_5\overline{\mu_2}=7.5\times1.26=9.45\text{mm}$，取 $a_7=9.5\text{mm}$

$a_9=a_7\overline{\mu_3}=9.5\times1.32=12.54\text{mm}$，取 $a_9=12.5\text{mm}$

$a_{11}=a_9\overline{\mu_4}=12.5\times1.38=17.25\text{mm}$，取 $a_{11}=17\text{mm}$

$a_{13}=a_{11}\overline{\mu_5}=17\times1.44=24.48\text{mm}$，取 $a_{13}=25\text{mm}$

$a_{15}=a_{13}\overline{\mu_6}=25\times1.5=37.5\text{mm}$，取 $a_{15}=37\text{mm}$

3）方孔型的构成，以K_{15}为例，计算确定孔型尺寸：

$$h'_{15}=1.4a_{15}=1.4\times37=51.8\text{mm}$$

$$b'_{15}=1.43a_{15}=1.43\times37=52.91\text{mm}，取\ b'_{15}=53\text{mm}$$

$$r_1=r_2=(0.1\sim0.2)\times37=7.5\text{mm}$$

$$s=(0.01\sim0.02)\times350=5\text{mm}$$

$$h_{K15}=h'_{15}-2r_1\left[\sqrt{1+\left(\frac{b'_{15}}{h'_{15}}\right)^2}-1\right]$$

$$=51.8-2\times7.5\left[\sqrt{1+\left(\frac{53}{51.8}\right)^2}-1\right]=45.3\text{mm}$$

$$b_{K15}=b'_{15}-\left(1-\frac{s}{h'_{15}}\right)=53-\left(1-\frac{5}{51.8}\right)=47.9\text{mm}$$

其他各方孔孔型尺寸如图4－50所示。

$$B_{K1}=b_1-s=76.1-8=68.1\text{mm}$$

$$h_{K1}=h_1-0.83r_1=76.1-0.83\times8=69.5\text{mm}$$

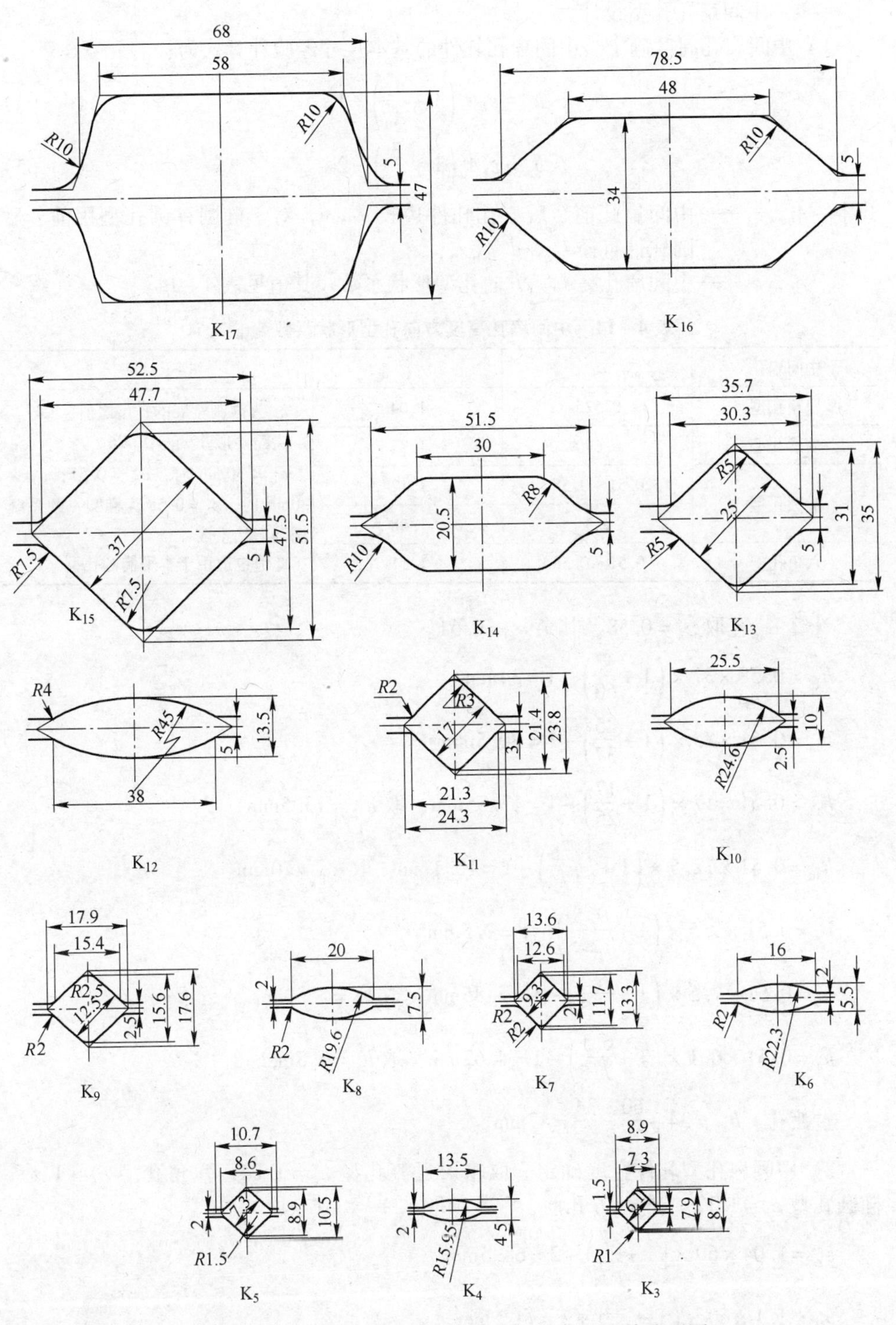

图 4－50 60mm×60mm→6.1mm×6.1mm 延伸孔型图

（4）中间扁孔孔型设计。

1）中间扁孔高度确定。中间扁孔轧件的基本尺寸经验计算式为：

$$h_2 = \varepsilon_h a_1 \left(1 + \frac{a_1}{A_0}\right) - 1 \tag{4-64}$$

$$b_2 = \varepsilon_b A_0 \left(1 + \frac{3}{h_2}\right) \pm 2 \tag{4-65}$$

式中 A_0，a_1——中间扁孔前、后方孔轧件边长，mm，对于椭圆－圆孔型用前、后圆轧件直径 D_0，d_1 代入；

ε_h，ε_b——中间扁孔高、宽方向孔型形状系数，其值见表 4－14。

表 4－14 中间扁孔高度方向孔型形状系数 ε_h，ε_b

中间扁孔	ε_h	ε_b	说 明
扁箱孔型	0.525	1.04	ε_h 为限制宽展的孔型之值
菱形孔型	0.690	1.38	尖角菱形孔 ε_h = 0.725
椭圆孔型	0.51 ~ 0.58	1.12	a_1 < 30mm 时，ε_h = 0.51；a_1 > 30mm 时，ε_h = 0.58 为椭圆－圆系统椭圆形状系数
	0.5	1.08	
六角孔型	0.51 ~ 0.58	1.11	此值也适用于本平椭圆孔型

计算 K_{16} 孔取 $\varepsilon_h = 0.58$，其余 $\varepsilon_h = 0.51$。

$h_{16} = 0.58 \times 37 \times \left(1 + \frac{37}{60}\right) - 1 = 34\text{mm}$

$h_{14} = 0.51 \times 25 \times \left(1 + \frac{25}{37}\right) - 1 = 20.5\text{mm}$

$h_{12} = 0.51 \times 17 \times \left(1 + \frac{17}{25}\right) - 1 = 13.55\text{mm}$，取 $h_{12} = 13.5\text{mm}$

$h_{10} = 0.51 \times 12.5 \times \left(1 + \frac{12.5}{17}\right) - 1 = 10.1\text{mm}$，取 $h_{10} = 10\text{mm}$

$h_8 = 0.51 \times 9.5 \times \left(1 + \frac{9.5}{12.5}\right) - 1 = 7.5\text{mm}$

$h_6 = 0.51 \times 7.5 \times \left(1 + \frac{7.5}{9.5}\right) - 1 = 5.85\text{mm}$，取 $h_6 = 5.5\text{mm}$

$h_4 = 0.51 \times 6.1 \times \left(1 + \frac{6.1}{7.5}\right) - 1 = 4.62\text{mm}$，取 $h_4 = 4.5\text{mm}$

过渡孔 $h_{17} = 34 + \frac{60 - 34}{2} = 47\text{mm}$

2）中间扁孔型轧件宽度确定。取箱形过渡孔型 $\varepsilon_b = 1.04$，六角孔型 $\varepsilon_b = 1.11$，椭圆孔型 $\varepsilon_b = 1.12$。在 a_{11} 方孔前，常数项取"＋"，其余取"－"。

$b_{17} = 1.04 \times 60 \times \left(1 + \frac{3}{47}\right) + 2 = 68.5\text{mm}$

$b_{16} = 1.1 \times 60 \times \left(1 + \frac{3}{34}\right) + 2 = 74.5\text{mm}$

$$b_{14}=1.11\times37\times\left(1+\frac{3}{20.5}\right)+2=49\text{mm}$$

$$b_{12}=1.12\times25\times\left(1+\frac{3}{13.5}\right)+2=36.2\text{mm}，取 b_{12}=36\text{mm}$$

$$b_{10}=1.12\times17\times\left(1+\frac{3}{10}\right)-2=22.7\text{mm}，取 b_{10}=23\text{mm}$$

$$b_{8}=1.12\times12.5\times\left(1+\frac{3}{7.5}\right)-2=17.45\text{mm}，取 b_{8}=17.5\text{mm}$$

$$b_{6}=1.12\times9.5\times\left(1+\frac{3}{5.5}\right)-2=14.4\text{mm}，取 b_{6}=14.5\text{mm}$$

$$b_{4}=1.12\times7.5\times\left(1+\frac{3}{4.5}\right)-2=12\text{mm}$$

3）六角孔型构成尺寸的确定。以 K_{16} 为例：

$$h_{16}=34\text{mm}\qquad B_{K16}=b_{15}+(2\sim4)=78.5\text{mm}$$

$$s=5\text{mm}\qquad r=10\text{mm}$$

$$b_{K16}=30\text{mm}（用作图法得到）\qquad R=10\text{mm}$$

4）椭圆孔型构成尺寸的确定。以 K_{12} 为例：

$$s=5\text{mm}\qquad m=s+1=6\text{mm}$$

$$R=\frac{36^2+(13.5-6)^2}{4\times(13.5-6)}=45\text{mm}$$

$$B_{K12}=2\sqrt{(13.5-5)\times45-\left(\frac{13.5-5}{2}\right)^2}=38.2\text{mm}$$

$$r=(0.08\sim0.12)\times38.2=4\text{mm}$$

其他孔型构成与上相同，如图 4－50 所示。

4.2.12 无孔型轧制法

如前所述，简单断面轧件的一般轧制方法是在孔型中轧制，根据轧制阶段不同，设计有初轧开坯孔型、延伸孔型和精轧孔型。但是，在 20 世纪 60 年代初期，首先在瑞典铜棒轧制中的开坯和延伸道次中，采用不刻轧槽的平辊轧制获得成功，并提高了产量、改善了质量、降低了成本，显示了很多优越性。到 60 年代后期，其逐渐在工业发达的美、苏、日、法等国的钢铁工业中采用并推广。近年来，我国某些轧钢厂已开始在粗轧道次采用平辊轧制，收到良好效果。

无孔型轧制即在不刻轧槽的平辊中，通过方－矩形变形过程，完成延伸孔型轧制的任务；减小断面到一定程度，再通过数量较少的精轧孔型，最终轧制成方、圆、扁等简单断面轧件。

无孔型轧制法是轧件在上、下两个平辊辊缝间轧制，辊缝高度即为轧件高度，轧件宽度即为自由宽展后的轧件宽度，无孔型侧壁的作用。因此，无孔型轧制法有别于孔型轧制法，归纳起来有以下特点。

（1）无孔型轧制法具有如下优点：

1）由于轧辊无孔型，改轧产品时，可通过调节辊缝改变压下规程。因此，换辊、换孔型的次数减少了，提高了轧机作业率。日本水岛厂钢坯车间采用无孔型轧制法，作业率提高了5%。

2）由于轧辊不刻轧槽，轧辊辊身能充分利用；由于轧件变形均匀，轧辊磨损量小且均匀，轧辊使用寿命提高了2~4倍。

3）轧辊车削量小且车削简单，节省了车削工时，可减少轧辊加工车床。

4）由于轧件是在平辊上轧制，所以不会出现耳子、充不满、孔型错位等孔型轧制中的缺陷（图4-51）。其中，（a）图为无孔型轧制情况；（b），（c），（d）图为孔型中轧制情况。

5）轧件沿宽度方向压下均匀，故使轧件两端的舌头、鱼尾区域短，切头、切尾小，成材率高。日本水岛厂钢坯车间采用此法提高成材率0.4%。

6）由于减小了孔型侧壁的限制作用，沿宽度方向变形均匀，因此降低了变形抗力，故可节约电耗7%（水岛厂）。

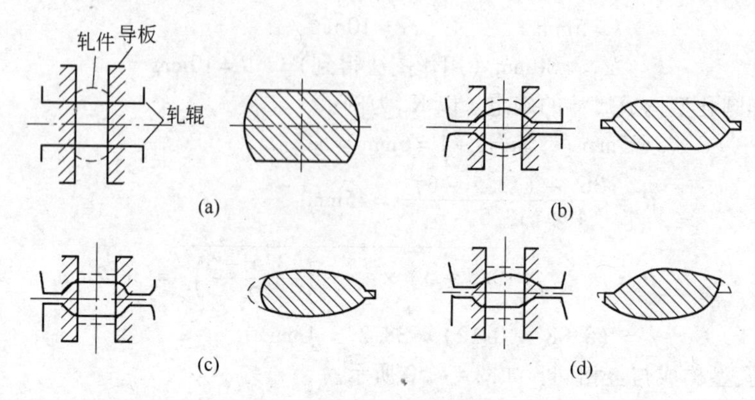

图4-51 孔型轧制的缺陷

无孔型轧制法存在很多难得的优点，有推广价值，但也存在一些不可忽视的缺点，在采用此法时必须给予足够的重视。

（2）无孔型轧制法具有如下缺点：

1）由于轧件是在平辊间轧制，失去了孔型侧壁的夹持作用，容易出现歪扭脱方现象，如图4-52（a）所示，如果脱方严重，将影响轧制的正常进行。

2）经多道次平辊轧制后，轧件角部易出现尖角，此轧件进入精轧孔型容易形成折叠，如图4-52（b）和图4-53所示。

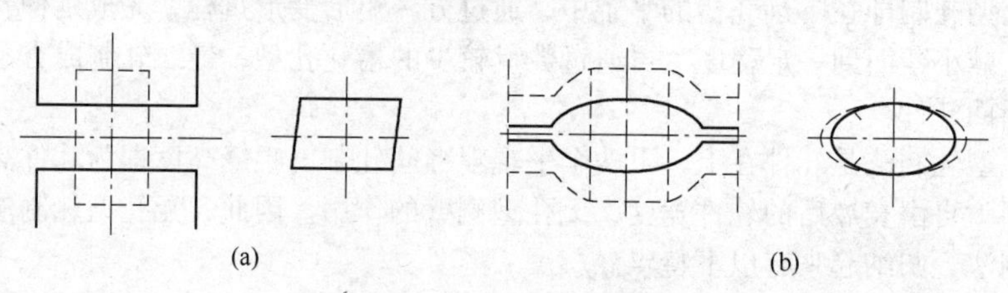

图4-52 歪扭脱方及折叠

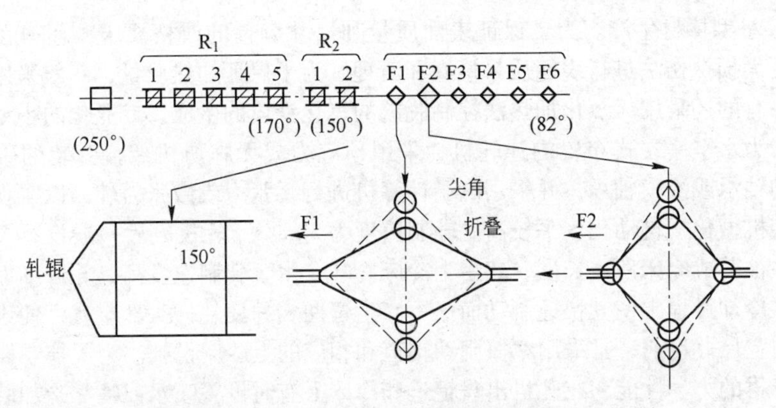

图4-53 在 R_1，R_2 轧机上无孔型轧制的主要问题

3）如果无孔型轧制是在水平连轧机上进行，则轧件在机架间要扭转90°，此时，由于轧件在导卫板接触而容易产生刮伤，且加剧了脱方和尖角等缺陷。

必须克服上述缺点，才能使无孔型轧制顺利进行。

无孔型轧制法的作用在于减小断面尺寸，因此主要用于开坯及延伸孔型系统中。

例如，澳大利亚的布罗肯西尔公司在 ϕ300mm 小型轧机上用无孔型轧制法轧制圆钢和螺纹钢。在日本川崎制铁公司水岛厂钢坯车间，用250mm 方坯，采用无孔型轧制法轧制82mm 方钢，ϕ90 ~ 110mm 圆钢。我国某厂在 ϕ300mm 连续式轧机上轧制 ϕ10 ~ 12mm 螺纹钢获得成功。

无孔型轧制可用于中小型二辊可逆轧机及连轧机的粗轧、中轧机组。

4.3 简单断面钢材孔型设计

4.3.1 简单断面型材的生产

简单断面型钢一般成根供应，又称棒材。近年来，随着生产金属技术的发展，小型棒材也可成卷供应。随着控制轧制和控制冷却技术的发展，棒材的综合力学性能和使用寿命大为提高。随着自动检测和连续无损探伤的应用，棒材的尺寸精度和表面质量均有很大提高，目前，ϕ32mm 以下棒材的尺寸公差和椭圆度最小可达 ±0.1mm，表面缺陷深度可控制在0.1 ~ 0.4mm 以下。

（1）无缝管坯的生产。它是圆钢生产中质量要求较高的一类，可在各种布置形式的轧机上生产。由于其材质多为优质碳素钢、合金钢，对其加热、冷却制度有严格的要求，有的还要求热处理。无缝管坯除对内部质量和力学性能有严格要求外，对尺寸公差和表面质量要求也较高。因此，坯料的选择应保证为有足够的压缩比，轧后应严格检查其内部和表面质量，进行无损探伤和清理。为便于发现其表面缺陷，某些钢种轧后进行酸洗和喷丸处理，甚至用机床剥皮。

目前，管坯生产工艺过程为：主要用初轧机开坯，经钢坯连轧机或各种类型的型钢轧机轧制成圆管坯，再经热锯切定尺，然后冷却、矫直、清理、出厂。

（2）小型棒材生产。为了保证表面质量和尺寸公差的严格要求，坯料在入炉前一般采用无损探伤法进行表面质量检查和清理。为了保证加热质量，一般采用步进式加热炉，有的还采用无氧化加热法控制脱碳的氧化铁皮的生成。专业化的小型棒材轧机，一般为水平－立式布置的连轧机，采用预应力或无牌坊机架，套装的碳化钨轧辊，滚动轴承或液膜轴承，并采用电子计算机进行无张力或微张力轧制以实现高精度轧制。其机械化、自动化水平较高。轧制速度为20m/s，轧机之后一般设有飞剪，轧件行进中被剪成冷床所需长度，然后上冷床冷却。由于轧制速度高，轧件细而长，因此要求在冷却过程中使其快速制动而又不产生弯曲，并使轧件头部整齐，便于冷却后集中剪切定尺。目前，常采用摩擦制动辊道和相应的上冷床设施。为了控制棒材冷却速度和棒材的力学性能，在轧机出口辊道和冷床上有时设置喷水或喷雾冷却装置。下冷床处有的还设分料和自动记录装置。为加强成品管理，设计有不同形式的自动打包机，以便减轻体力劳动。

4.3.2 方钢孔型设计

轧制方钢时，其孔型系统大都与圆钢共用，轧制方钢最好采用菱－方孔型系统，一般有两个方三个菱就可以轧制尖角方钢了。方钢成品孔的顶角度数一般在90°～90°30′，成品的边长就可以作为孔型的边长。在设计方钢成品孔的辊缝时一定要按照轧辊的跳动量来决定，越小越好，因为角可以轧得尖一些。方钢成品孔如图4－54所示。

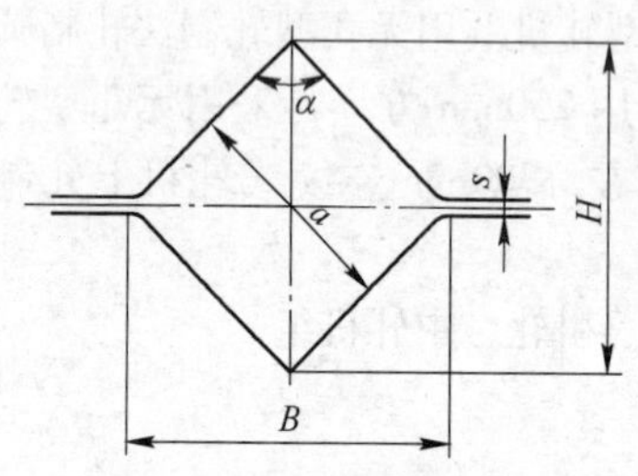

图4－54 方钢成品孔

方钢成品前孔的顶角应在93°～95°之间，但有时也可达到97°，以保证方钢的角都尖锐。另一个方法是菱形孔的顶角加假帽子1～3mm，以保证角的尖锐。菱形孔应采用较小的辊缝，以保证进成品孔时垂直对顶角的充满。

方钢成品前孔可以与圆钢孔型共用。在共用中，成品前孔的设计应考虑方钢的角部尖锐充满。如果菱形－成品前孔充满程度不良，将无法得到断面形状规整的方钢产品。

4.3.3 圆钢孔型设计

在此所说的圆钢孔型系统主要是指轧制圆钢的最后3～5个孔型即精轧孔型系统。常见的圆钢孔型系统有四种：方－椭圆－圆、圆－椭圆－圆、椭圆－立椭圆－椭圆－圆孔型和万能孔型系统。

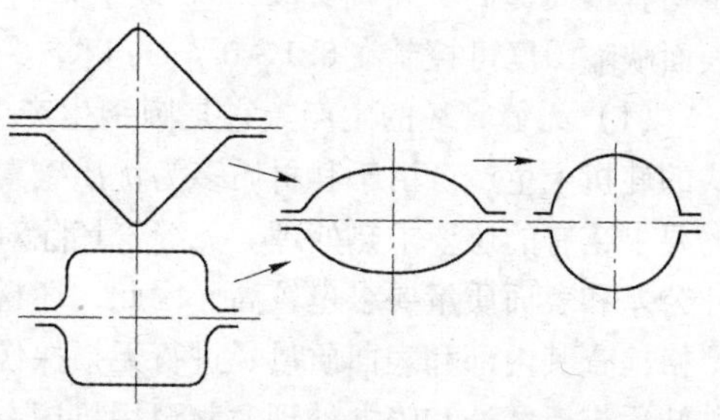
图4－55 方－椭圆－圆孔型系统

（1）方－椭圆－圆孔型系统。方－椭圆－圆孔型系统（图4－55）的特点是：延伸系数较大；方轧件在椭圆孔型中可以自动找正，轧制稳定；能与其他延伸孔型系统很好衔接。其缺点是：方轧件在椭圆孔型中变形不均匀；方孔型切槽深；孔型的共用性差。由于这种孔型系统的延伸系数大，所以被广泛应用于小型和线材轧机轧制 ϕ32mm 以下的圆钢。

（2）圆－椭圆－圆孔型系统。与方－椭圆－圆孔型系统相比，圆－椭圆－圆孔型系统（图4－56）的优点是：轧件变形和冷却均匀；易于去除轧件表面的氧化铁皮，成品表面质量好；便于使用围盘；成品尺寸比较精确；可以从中间圆孔型轧出多种规格的圆钢，故共用性较大。其缺点是：延伸系数较小；椭圆件在圆孔中轧制不稳定，需要使用经过精确调整的夹板夹持，否则在圆孔型中容易出现“耳子”。这种孔型系统被广泛应用于小型和线材轧机轧制 ϕ40mm 以下的圆钢。在高速线材轧机的精轧机组，采用这种孔型系统可以生产多种规格的线材。

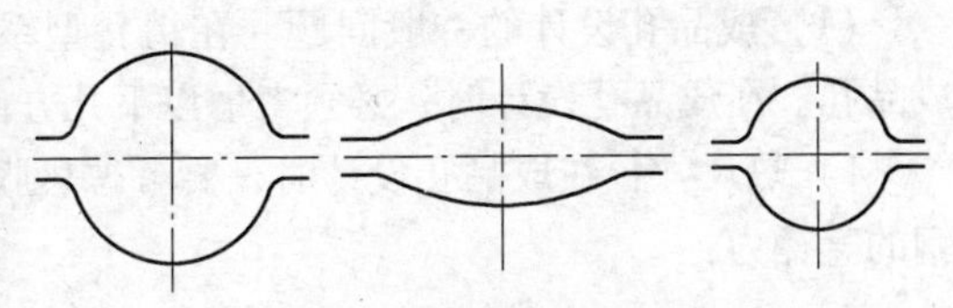

图4－56　圆－椭圆－圆孔型系统

（3）椭圆－立椭圆－椭圆－圆孔型系统。椭圆－立椭圆－椭圆－圆孔型系统（图4－57）的优点是：轧件变形均匀；易于去除轧件表面氧化铁皮，成品表面质量好；椭圆件在立椭圆孔型中能自动找正，轧制稳定。其缺点是：延伸系数较小；由于轧件产生反复应力，容易出现中心部分疏松，当钢质不良时甚至会出现轴心裂纹。这种孔型系统一般用于轧制塑性较低的合金钢或小型和线材连轧机上。

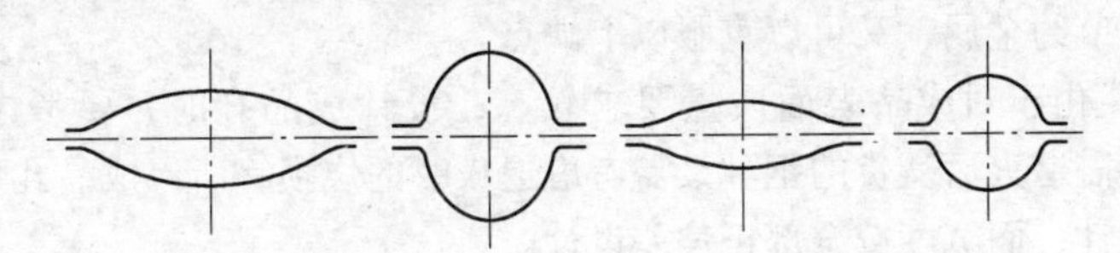

图4－57　椭圆－立椭圆－椭圆－圆孔型系统

（4）万能孔型系统。万能孔型系统是“方孔－扁孔－立压孔－椭孔－圆孔”的孔型系统，如图4－58所示。所谓“万能”是指用一套孔型系统，通过调控轧辊，可轧出多种规格的圆钢。在万能孔型系统中，进入平孔的是方轧件，因此倒数第5个孔是一个方孔（箱方或对角方）。

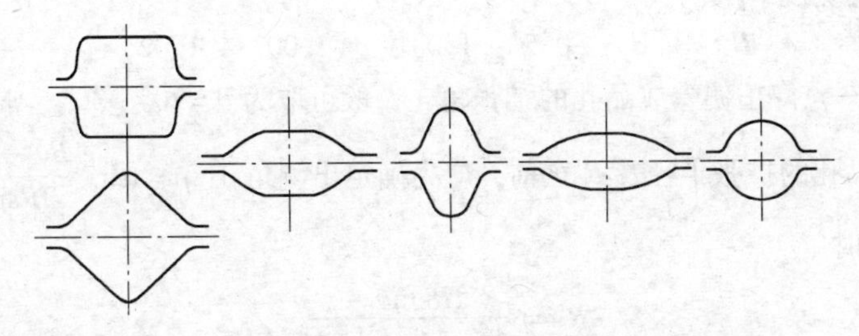

图4－58　万能孔型系统

万能孔型系统的优点是：共用性强，可以用一套孔型通过调整轧辊的方法，轧出几种相邻规格的圆钢；轧件变形均匀；易于去除轧件表面的氧化铁皮，成品表面质量好。其缺点是：延伸系数较小；不易于使用围盘；立压孔设计不当时，轧件容易扭转。这种孔型系统适用于轧制 $\phi18 \sim 200$mm 的圆钢。

（1）成品孔设计的一般问题。在精孔型系统设计中，先按具体的技术标准设计成品孔。在成品孔设计时，必须考虑以下几方面的问题：

1）热尺寸：在成品孔设计时，要考虑热胀冷缩对成品尺寸的影响，终轧温度圆钢的直径为：

$$d_{热} = d_{冷}(1 + at)$$

式中 $d_{冷}$——冷状态成品的名义直径；

a——钢的线膨胀系数；

t——终轧温度。

2）允许的尺寸偏差：设计时考虑标准所规定的正负公差和椭圆度。

3）操作调整水平：在设计时应考虑操作，调整水平的高低。

（2）设计方法。在考虑了上述几个因素后一般有以下几种设计方法：

1）高精度轧制：孔型高度按全部负偏差设计，宽度按部分负偏差设计，这样可以节约大量的金属，但是要求有较高的调整技术。因为在高度上可通过调整辊缝达到要求的尺寸，但宽度上尺寸不好拿捏，稍一疏忽便会超出公差范围，造成废品。

2）一般方法：孔型高度按部分或全部负偏差设计，宽度按部分或全部正偏差设计，这样既可节约金属，又可以克服以上缺点。

3）优质钢由于对成品表面质量要求较高，设计成品孔时，要考虑成品修磨余量。对于某些需退火后交货的钢种又需考虑退火时的烧损，所以成品孔型高度按公差范围的中限设计，而宽度按全部正偏差设计。

（3）圆钢成品孔型设计。成品孔型的基圆半径为：

$$R = 0.5[d - (0 \sim 1.0)\Delta_{-}](1.007 \sim 1.02)$$

式中 d——圆钢的公称直径；

Δ_{-}——允许负偏差，1.007 ~ 1.02 为热膨胀系数，其具体数值根据终轧温度和钢种来确定。

成品孔的宽度 B_K 为：

$$B_K = [d + (0.5 \sim 1.0)\Delta_{+}](1.007 \sim 1.02)$$

式中 Δ_{+}——允许正偏差成品孔的扩张角，一般可取为 $\theta = 20° \sim 30°$，常用 $\theta = 30°$。

确定成品孔的扩张半径及 R' 之前，应先确定出侧角 ρ：$\rho = \tan^{-1}\dfrac{B_K - 2R\cos\theta}{2R\sin\theta - s}$。

当 $\rho < \theta$ 时

$$R' = \frac{2R\sin\theta - s}{4\cos\rho\sin(\theta - \rho)} \tag{4-66}$$

若 $\rho = \theta$ 时，则只能在孔型的两侧用切线扩张；若 $\rho > \theta$ 时，需调整 B_K、R 和 s 值，使 $\rho \leqslant \theta$，辊缝 s 可根据圆钢直径 d 按表 4-15 选取；外圆角半径 $r = 0.5 \sim 1$mm。

表 4-15 圆钢成品孔辊缝 s 与直径 d 的关系

d/mm	6~9	10~19	20~28	30~70	70~200
s/mm	1~1.5	1.5~2	2~3	3~4	4~8

上述尺寸的确定方法适用于一般圆钢的成品孔，对某些特殊钢，可以根据具体的生产工艺和要求来选用设计标准。

（4）成品前的精轧孔型设计。精轧孔型都是根据经验数据确定的，此时确定的是孔型尺寸，而不是轧件尺寸，这与延伸孔型设计是不同的。为可靠起见，在确定了各精轧孔型尺寸后，可以利用延伸孔型设计时的方法，来验算轧件在孔型中的充满度，当充满度不合适时，修改孔型的尺寸。

4.3.4 扁钢孔型设计

扁钢是型钢生产中最简单的品种之一。它是一个稍带钝边的矩形断面，它的断面尺寸表示方法为：厚×宽（$h \times b$）。其品种规格很多，根据 GB 704—1988 规定，扁钢的尺寸范围是：$h = 3 \sim 60$mm，$b = 10 \sim 200$mm。

扁钢的孔型系统有四种：闭口孔型系统、对角线轧制的孔型系统、带凹边方形孔型系统、平－立孔型系统。现就以上四种孔型系统的选择依据、优缺点等分述如下：

（1）闭口孔型系统。闭口孔型系统（图 4－59）带有限制宽展作用，并对轧件侧边进行较好的加工。用调整辊缝的方法可以获得不同厚度的成品，但它只能利用成品允许偏差范围内对宽展量的变化部分，因而其范围是很小的。

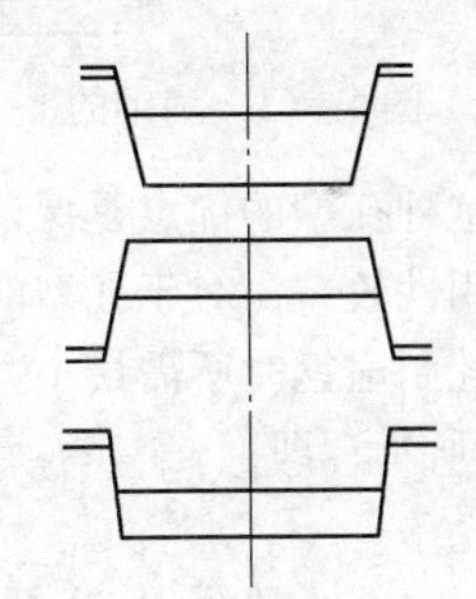

图 4－59 扁钢的闭口孔型系统

其主要缺点是共用性差，在更换品种（指不同宽度）时必须换辊，因而当扁钢品种规格很多时，要求轧辊储备量大大增加。同时，由于孔型应起限制宽展的作用，其侧壁斜度很小，引起轧槽侧壁磨损快，轧辊重车量大，轧辊消耗量大。所以，这种孔型系统由于生产上的局限和经济上、管理上的不合理，目前已不再采用。

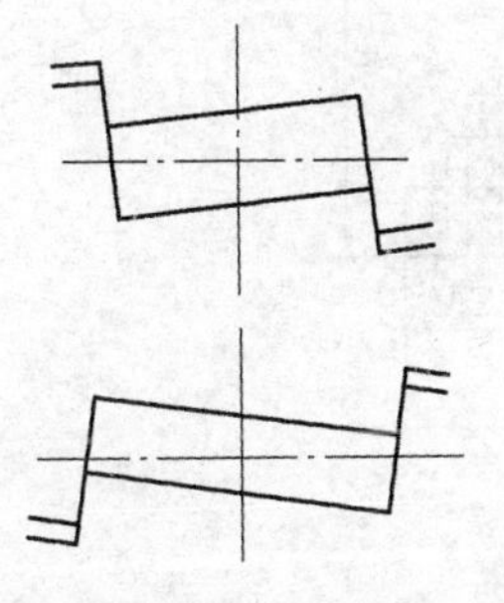

图 4－60 扁钢的对角线轧制孔型系统

（2）对角线轧制的孔型系统。对角线轧制的孔型系统（图 4－60）能在扁钢的四个方向同时进行压缩加工，从而保证了产品表面质量的良好。但是，在轧制时轧辊上产生了轴向力，造成轧辊轴向窜动，要求有较好的支撑机构。另外，轧件由轧辊中出来时，产生扭转，使导卫装置复杂化。同时还有与闭口孔型相同的缺点，故也很少采用。

（3）平－立孔型系统。平－立孔型系统（图

4－61）目前被广泛采用，它与以上前两种孔型系统相比，具有以下优点：孔型形状简单，对孔型尺寸的设计要求不高；孔型共用性大，轧辊储备量少，一套轧辊能轧制多种规格产品；调整方便，尺寸容易控制；轧辊重车量少，降低成本；导卫装置简单；利用立轧孔，在具有足够的压下量及立孔的合理位置的条件下，可去除氧化铁皮。

（4）带凹边方形孔型系统。带凹边方形孔型系统（图4－62）是从平－立孔型系统演变而来的一种较特殊的系统。该系统适宜生产宽度与高度之比 $h/b \leqslant 2.5$ 及宽度 $b \leqslant 30\text{mm}$ 的小规格扁钢。

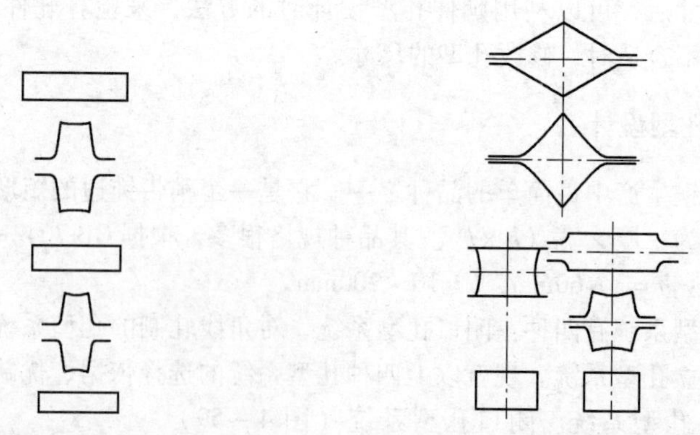

图4－61 扁钢的平－立孔型系统　　图4－62 扁钢的带凹边方形孔型系统

这种孔型的优点是保证产品断面形状正常，四角尖锐且不易脱方。缺点是方孔型的共用性较差，对于孔型的调整要求较高。

轧制扁钢时所需最小方形断面坯料（即不经立轧时）与成品宽度间的关系如图4－63所示，即：

$$b = a + \sum \Delta b = a + \frac{\sum \Delta b}{\sum \Delta h} - \sum \Delta h = a + \beta_c (a - h) \tag{4-67}$$

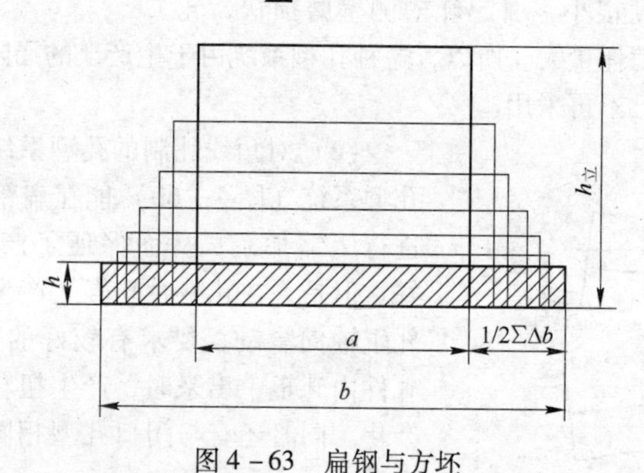

图4－63 扁钢与方坯

式（4－67）经整理后，得出计算最小方断面坯料的近似公式为：

$$a=\frac{b+\beta_c h}{1+\beta_c} \tag{4-68}$$

显然，有立轧孔型时，所需矩形坯料断面尺寸为：

$$b\times h=(a+\sum\Delta h_{立})\times a \tag{4-69}$$

方坯边长

$$A\approx a+\sum\Delta h_{立} \tag{4-70}$$

式中 β_c——平均宽展系数，$\beta_c=\dfrac{\sum\Delta b}{\sum\Delta h}$，可查表4－16中经验数选取；

$\sum\Delta h_{立}$——立轧孔型中的总压下量。

表4－16 扁钢的平均宽展系数 β_c

扁钢规格	β_c	
	闭口孔型	开口孔型
薄而窄的扁钢	0.28～0.35	0.60～0.75
厚而宽的扁钢	0.15～0.20	0.30～0.45
中等厚度与宽度的扁钢	0.20～0.25	0.45～0.60

对于扁钢来说，轧件沿宽度方向上的厚度是相同的，因此在扁钢的设计中，常用压下系数 η 来进行变形量的计算。

总压下系数 η_0 为各平轧孔型的压下系数 η 的乘积。即

$$\eta_0=\eta_1\times\eta_2\times\eta_3\times\cdots\times\eta_n$$

$$\eta_0=\frac{H}{h}=\frac{h_0}{h_1}\times\frac{h_1}{h_2}\times\cdots\times\frac{h_{n-1}}{h_n} \tag{4-71}$$

$$\eta_0=\eta_c^n \qquad 轧制道次\ n=\frac{\lg\eta_0}{\lg\eta_c}$$

式中 H——原料厚度；

h——扁钢成品厚度；

η_c——平均压下系数。

平均压下系数 η_c 范围为 $\eta_c=1.15\sim1.8$。压下系数分配，一般顺轧制顺序逐渐减少。这是因为在轧制过程中轧制温度逐渐降低，变形抗力逐渐增大，同时，轧件宽度也逐渐增加，故越靠近成品孔，压下系数越小。成品孔压下量 Δh 通常取 $\Delta h=1\sim2$mm。在一般情况下，精轧道次 $\eta=1.15\sim1.25$。中间道次可取 $\eta=1.25\sim1.35$，粗轧道次可取 $\eta=1.4\sim1.45$ 或更大些。

立轧孔作用：处于成品前孔的位置上，正确控制成品宽度；保证四角形状正确；改善由于压缩不均匀而造成的侧边表面缺陷以及消除平轧自由宽展变形时的不良内应力；在粗轧中，将起到使轧件延伸的作用；能消除轧件表面上的氧化铁皮。

立轧孔的构成：立轧孔型的形状直接影响成品侧边的外形，如图4－64所示。

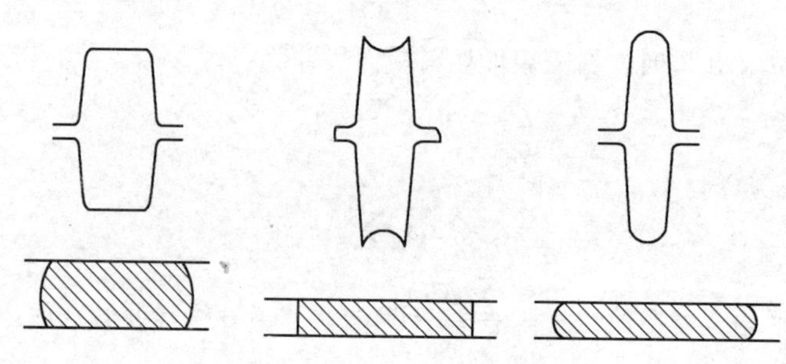

图4－64　立轧孔型槽底形状

轧件在立轧孔中的变形系数，通常$\eta = 1.05 \sim 1.20$。其上限用于一般立轧孔型，下限用于精轧前孔型。中间道次增设立轧孔型，有助于提高轧件侧边质量。当轧件较薄或较高时，高度变形系数过大，可能会使轧件产生畸形，如图4－65所示。

立轧孔型结构，如图4－66所示，有关尺寸如下：

$$b_K = (0.98 \sim 1.05)B \qquad h_K = h_{min} \tag{4-72}$$

$$\tan\varphi = 5\% \sim 25\% \quad s = 0.015D \quad \delta = 0.5 \sim 1\text{mm}$$

$$r' = 5 \sim 15\text{mm}（轧件大，r'取最大值）$$

式中　B——进立轧孔型之轧件厚度；

D——轧辊直径；

δ——槽底凸度；

h_{min}——该孔中所能轧出之最小高度。

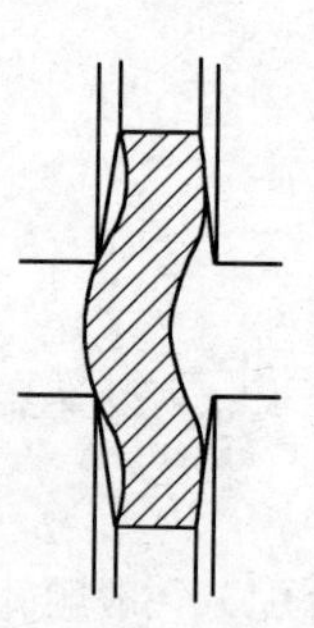

图4－65　轧件立轧时的歪扭

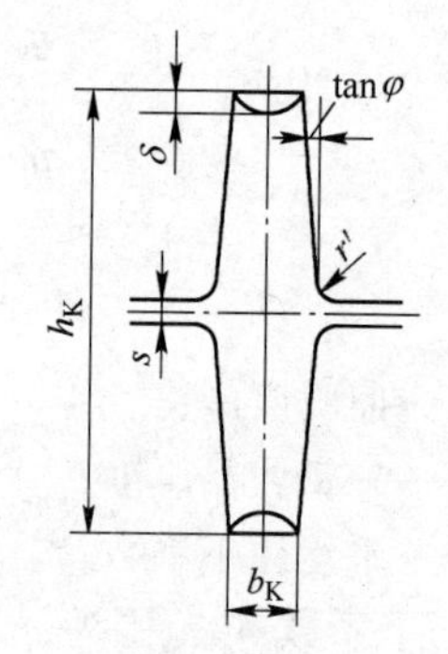

图4－66　立轧孔型结构

4.3.5　角钢孔型设计

角钢品种规格常见的有等边角钢20mm×20mm×(3～4) mm到250mm×250mm×(16～30) mm；不等边角钢25mm×16mm×3mm到250mm×160mm×(12～30) mm；边部局部加厚的等边和不等边角钢以及异型角钢等。

轧制角钢主要是采用所谓的“蝶式”孔型系统，此外根据具体轧制条件的不同，也可以使用其他孔型系统。

蝶式孔型系统中有用立压孔型和无立压孔型的蝶式孔型系统之分。

（1）用立压孔型的蝶式孔型系统。这一系统如图4-67所示。立压孔型可位于靠近成品孔型，如有些连轧机带有立辊机架，成品前孔常为立压孔；一般在三辊式轧机上把它放在下轧制线上，因而处于成品前孔。立压孔型数可用1或2个；在有平立辊交替布置的连轧机上，根据需要，有时甚至采用3个立压孔型；若在角钢孔型之前接以延伸孔型系统，则靠近成品孔处用一个立压孔型即可。使用立压孔型的目的是加工角钢边端和控制角钢边部长度，有时是为了增加延伸孔型的共用性，如用一套延伸孔型可轧边长差较大的几种规格的角钢。使用立压孔型的好处是：可以用自由展宽的孔型；一套轧辊能轧尺寸相邻的几种不同规格的角钢；角钢边端质量好；轧件表面上的铁皮易脱落，成品表面质量好；在立压孔型中可为轧件形成较尖锐的顶角创造有利条件，顶角易尖。使用立压孔型的缺点是：用一个立压孔型就要有两次翻钢，它有时使轧制的间隙时间增加，从而影响轧机的生产能力，同时使操作困难和劳动强度增加；轧槽较深，影响轧辊强度和轧辊的使用寿命；进立压孔型的轧件不能太薄，若轧件太薄，立压孔型就起不到控制边长和加工边端的作用，这是因为边部薄的轧件在立压孔型中将被压弯之故。这种孔型系统主要适用于有立辊机架的连轧机和用人工操作的小型轧机。

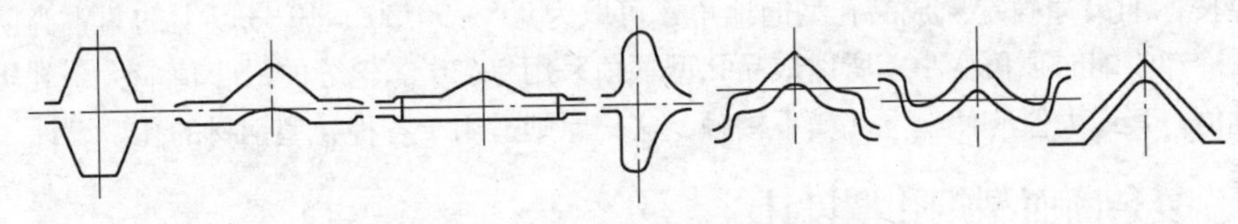

图4-67 用立压孔型的蝶式孔型系统

（2）无立压孔型的蝶式孔型系统。这种孔型系统如图4-68所示，它是较为常用的孔型系统，既可用于轧制大型和中型角钢，也可用于轧制小型角钢。它的特点是用闭口孔型使蝶形轧件的边端得到加工，同时控制其边长。由于无立压孔型，因此不要求翻钢，可使操作简便，劳动强度减轻，而且使轧机生产能力提高。

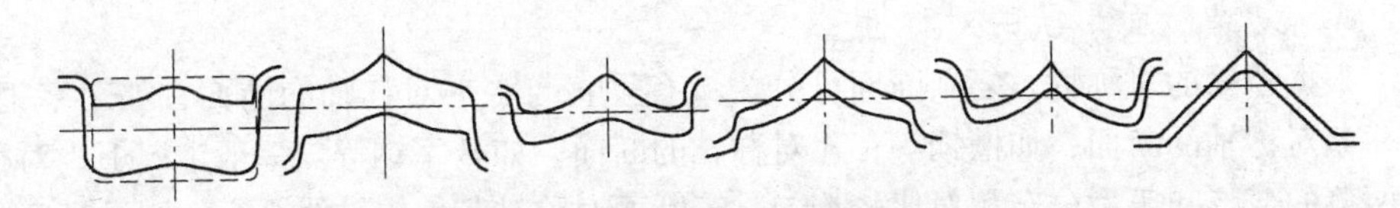

图4-68 无立压孔型的蝶式孔型系统

（3）“对角”轧制的蝶式孔型系统。在中小型轧机上，有时方坯尺寸较小又要求轧出较大号的角钢，用一般的轧法轧不出足够的边长；还有时为了延伸孔型尽量共用，用少量的轧辊进行多品种小批量生产，这时可用小断面方轧件经4道次轧出角钢，如用40mm×40mm的方断面坯料轧出40mm×40mm的等边角钢。

（4）“钟”形蝶式孔型系统。当钢坯质量不好和角钢边端加工不足时，轧出的角钢边端常有发纹，轧机又无翻钢设备，不能采用对角轧法，这时可采用“钟”形蝶式孔型系统。其特点是使钢锭或钢坯的角部处于成品角钢的边端部位，以便改善其边端质量。实践表明，使用这种孔型系统对于改善角钢边端质量是有效的。

（5）W型的蝶式孔型系统。采用这种孔型系统的目的是用较小的钢坯轧制较大规格的角钢，如用50mm×90mm的扁坯可轧出75mm×75mm的等边角钢，而且还可以保证角钢边端质量良好。

（6）折弯轧法。这种轧法的特点是先将钢坯轧成异型扁钢，再把异型扁钢边部轧薄，然后在轧薄边部的同时弯折边部；或在开口孔型中轧制与弯曲同时进行；或者热轧成满足成品角钢所需断面形状和尺寸的轧件，然后于800℃左右，在热弯成型机组上得出薄壁角钢，这种轧法主要用于生产薄壁角钢。

轧制角钢所用的异型孔数视具体轧制条件而异，其异型（蝶式）孔数可取4~6个，轧制小角钢最少可取用2个异型孔，轧制大角钢异型孔数可达7个，异型孔数太少，由于不均匀变形严重，对稳定轧制不利；而异型孔数太多，一方面使道次数增多，对轧机生产能力不利；另一方面也将使轧机的调整带来麻烦。

成品孔型的锁口长度l_{sn}可视在同一成品孔型所轧产品边厚差来确定，一般为4~15mm或更大些，通常希望使成品孔型的槽口宽度B_{K1}大于成品前孔的宽度B_{Kn-1}，这样就要求l_{sn}值大些；但l_{sn}值过大将使轧辊的最小直径变小，从而使轧辊强度下降。r_{bn}值按标准尺寸确定。成品孔型的顶角α可取为90°~90°30′，10号以上的角钢为防止轧后冷却收缩时顶角变小，所以成品孔型顶角采用90°30′。辊缝的最小值应大于轧辊的弹跳值；其最大值应使上下轧槽不接触，这一原则适用于各种异型钢材的孔型设计。

4.4 复杂断面型钢孔型设计

4.4.1 复杂断面型钢孔型设计基础

4.4.1.1 复杂断面型钢的断面特征

复杂断面型钢的断面形状复杂，品种规格繁多，在孔型设计中要注意分析其断面特征，以便采取适当措施。

A 复杂断面形状的对称性

根据断面的对称性，复杂断面可分为：有垂直与水平对称轴的断面，如工字钢；有一条对称轴的断面，如槽钢等；无对称轴的断面，如Z字钢等。一般情况下，对称轴两侧的变形和压力分布相对比较均匀。若断面对称轴与轧辊轴线平行，则沿高度方向上的变形是对称的，轧件与上、下辊接触面积相近，形状相同，一般不会在垂直面产生弯曲。

B 各部分断面积的比值

（1）复杂断面型钢断面划分。在进行复杂断面型材孔型设计时，为了合理分配变形量化设计计算和保证成型，一般将复杂断面划分成若干个简单断面组成，如图4-69所示。

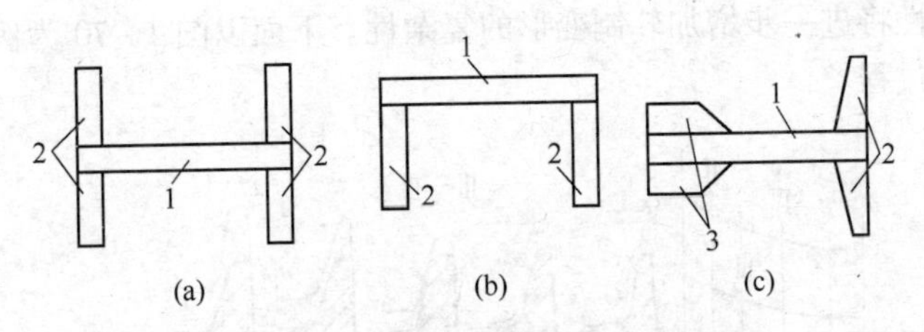

图 4-69 复杂断面型钢断面划分举例

(a) 工字钢；(b) 槽钢；(c) 钢轨

1—腰部；2—腿部；3—头部

(2) 断面各部分面积比值。按适当方法划分断面后，断面各组成部分的断面积的比值是复杂断面孔型设计应考虑的另一重要因素，如图 4-69 (a) 所示，工字钢腰部面积 F_y 与腿部面积 F_t 之比 $F_y/F_t = 0.46 \sim 1.46$；普通槽钢（图 4-69 (b)）的 $F_y/F_t = 0.485 \sim 1.75$。当这个比值太大时，腿部的成型就变得十分困难。在轧制过程中，因受腰部的强烈牵制，腿的高度容易波动或产生波浪形，腰部越宽，占有的面积比例越大，对腿部尺寸的影响也越大。

4.4.1.2 不均匀变形

对于不属于凸缘断面的复杂断面型钢，其断面特征是断面没有对称轴或沿宽度方向厚度分布极不均匀，如汽轮机叶片、球扁钢等，在孔型设计时，必须注意轧件在孔型中的稳定性并合理分配不均匀变形。复杂断面型材轧制时的变形特点与简单断面型材有所不同，如存在着较大的不均匀变形；在轧制变形过程中，断面上各组成部分受力条件不同、变形时间不同；断面各组成部分变形时相互牵制，金属相互转移；成型过程中孔型采用开、闭口腿造成变形的不对称性以及必须采用侧压来得到高而薄的腿部等。掌握复杂断面轧制时的变形规律，不仅利于正确设计孔型，而且对实际生产中的调整操作和缺陷分析也是有用的。

大多数复杂断面型材由方坯或矩形坯轧制而成，由于其断面特征，在孔型中不可避免地存在着较大的不均匀变形，即断面各组成部分的延伸或压下量不均，这将影响到金属在孔型中流动，引起断面各组成部分间的金属相互转移，影响金属成型，使轧辊磨损及能量消耗增加，在轧件内部产生附加应力，影响到产品的质量。

另外，轧制过程中轧件断面温度差、摩擦条件等因素将通过影响断面各部分金属的流动阻力而影响到金属在孔型中的流动。虽然不均匀变形给轧制过程带来不利影响，但在复杂断面孔型设计中常常利用不均匀变形的规律来促使金属成型。例如，利用不均匀变形产生强迫宽展把较小钢坯轧成较大的产品；加大断面某部分的变形系数，产生强迫宽展而得到宽的翼缘；利用不均匀变形来改善孔型的充满程度，并利用其来加强轧件某部分的变形量以改善该部分金属的质量。

4.4.1.3 变形的不同时性

复杂断面轧件由于其在孔型中沿宽展方向上存在不均匀变形。因此，进入轧制变形区后，断面各组成部分的变形不是同时开始的，这种现象称为变形的不同时性，由于变形不同时性将进一步增加轧制变形的复杂性。下面以图4－70为例说明工字钢孔型轧制的变形过程。

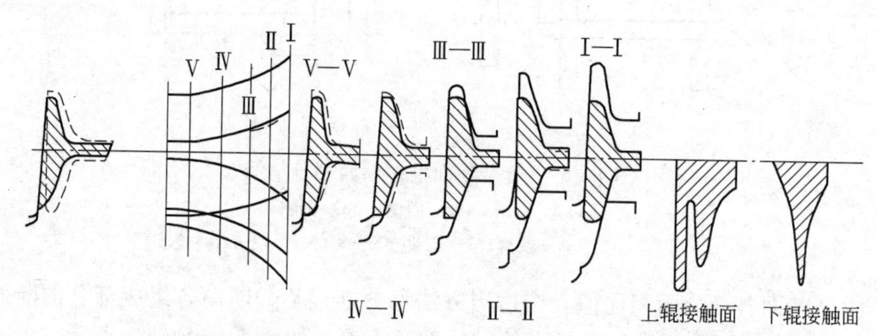

图4－70 轧件在工字钢孔型中沿变形区长度方向的变形过程

由图可见，轧件在变形区的整个变形过程大致可分为以下四个阶段：

第一阶段：轧件首先与孔型闭口腿外侧壁和开口腿内侧接触（图4－70Ⅰ截面），腿部在上下轧辊力偶作用下发生一定的弯曲变形（图4－70Ⅱ截面）。

第二阶段：随着腿部的弯曲，轧件插入孔型闭口腿，接触面积增加，插入阻力增加。开口腿部分首先受侧压开始变形，腰部与轧辊还未接触（图4－70Ⅲ截面）。

第三阶段：轧件全部插入孔型闭口腿，腿高方向上受到垂直压力，开口腿孔型对轧件产生较大的侧压变形，腰部变形仍未开始（图4－70Ⅳ截面）。

第四阶段：腰部开始进行压缩变形，开口腿、闭口腿变形较小（图4－70Ⅴ截面）。

由于上述断面各组成部分发生变形的顺序为开口腿、闭口腿、腰部，因而会造成轧件腰厚中心线上、下移动，同时增加了变形的不均匀程度和金属间的相互转移。

4.4.1.4 轧件在边部轧槽中的受力分析

仍以工字钢为例，设轧件腿部进入闭口和开口轧槽的阻力分别为 C_b、C_k，工字钢内侧壁倾角或楔倾角为 φ，摩擦系数为 f。研究表明，阻力比 C_b/C_k 与 f 和 $\varphi/2$ 有关。因为工字钢孔型的楔倾角是沿轧制方向逐渐减小的，同时当楔倾角减小时，摩擦系数也会增加。由图4－71可见，楔倾角 φ 减小、摩擦系数 f 增加，阻力比 C_b/C_k 显著增大。

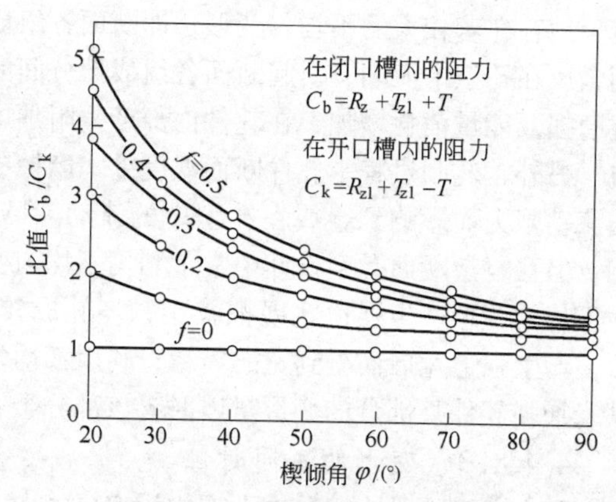

图4－71 在工字形孔型中闭口和开口槽内的阻力比

因此，若不设法减小 C_b/C_k 值，在垂直方向上将引起金属从闭口腿向开口腿轧槽转移，结果使轧件闭口腿高度减小，开口腿高度增高，金属从闭口腿轧槽向开口腿轧槽的转移现象与腰部的阻力有关，当腰部厚度越厚、限制宽展程度越大，则腰部阻力越大，金属转移越困难。例如，在毛轧孔型中，由于腰部厚度较厚，则不易发生这种金属转移现象。

为了降低能量消耗并减缓轧槽磨损，应该尽量设法减少或避免在孔型中出现闭口槽向开口槽转移现象。在实际设计中可以采取下列措施：

（1）使闭口腿部的侧压量小于开口腿的侧压量，一般除成品孔和成品前孔外，最好使轧件腿部能无阻碍地自由插入闭口轧槽深度的1/2～2/3；开口轧槽深度的1/3～1/2。这样，在闭口槽中的侧压比在开口轧槽的侧压要小，在成品孔和成品前孔中更应减小闭口槽中的侧压量。

（2）设法减小摩擦系数f，例如选用合适的轧辊材质、精车轧辊以及采用热轧工艺润滑等。

4.4.1.5 轧件在轧槽中的速度差

复杂断面孔型由其自身形状所定孔型中各部的速度不同，另外由于开、闭口腿的存在更进一步增大断面各部分间的速度差。而速度差的存在，又影响到轧制变形过程中断面各组成部分金属流动。

例如工字形孔型中各部分的轧辊直径与圆周速度不同，因此其腰部速度v_y和闭口腿的平均速度v_b以及开口腿平均速度v_k各不相同。分析表明，$v_k > v_y > v_b$，这种孔型各部分存在的速度差对于金属的变形有着重要影响，在孔型设计时必须考虑。这是因为，虽然孔型各部分速度不同，但轧件只能以某一平均速度轧出。若不考虑前滑，在腰部很宽的工字形孔型中，可以假设轧件出口速度是v_y。这样，在闭口腿槽中由于$v_b < v_y$，在腰部的影响下，金属的速度将比与其接触的槽壁要快，即相当于金属承受着具有某一相对速度的引拔作用。这一作用将导致闭口腿金属产生纵向拉应力，并拉缩腿高。闭口腿槽中的腿厚压缩量越大，则金属承受的引拔作用就越大，腿高拉缩也越大，因此，应减小闭口腿厚的压缩，在成品孔和成品前孔型中甚至不给予腿厚压缩。为了保证腿部有必要的延伸以及易于控制腿的高度，应给予闭口腿部以高度方向的压缩。

在开口腿轧槽中，由于轧件的出口速度v_y小于腿部金属速度v_k，则强迫金属流向腿高，使腿部高度增高并产生纵向附加压应力。另外，由于形成开口腿槽的上、下两个轧辊速度不同，使金属受到轧辊的搓压作用，更促使腿厚变薄、腿高增高。

4.4.1.6 侧压

轧制凸缘型钢时，腿部厚度方向的加工是通过侧压作用来实现。因此，通常将开口槽中腿厚的压下量称为侧压，它使腿厚减薄。在轧制过程中，腿部槽壁逐渐接近才能产生侧压。如图4－72所示，工字钢开口槽的侧压Δh_{ac}（$\overline{ab}$为垂直压下量，称直压量）。而孔型闭口槽

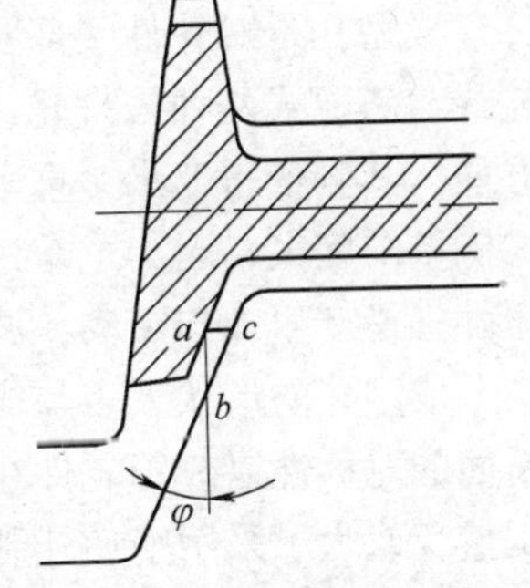

图4－72 孔型开口槽的侧压

部分在一个轧辊上，槽壁不能相互接近，故不能形成侧压，只能形成直压。

另外，开口轧槽两侧必须有斜度，并随着斜度的增加侧压增大。开口槽中的侧压使开口腿增高（宽展），这个值与摩擦系数和楔倾角有关，当摩擦和楔角增加时，宽展量减小。闭口槽的金属变形与开口腿不同，不允许采用太大侧压量，否则会产生楔卡现象并使闭口腿剧烈拉缩。因此，闭口槽中只给一定直压量，侧压量很小。

4.4.1.7 变形的不对称性

复杂断面变形的不对称性主要是指在一个工字形孔型中，因闭口槽和开口槽中的作用力条件不同，使轧件在工字形孔型中变形不对称，造成轧件开、闭口腿的腿高不等。当在切深孔中轧制矩形断面钢坯时，这种不对称性特别明显。例如，切深孔的开、闭口槽尺寸相同，矩形坯在此切深孔中轧后得到开口腿高是闭口腿高的1.5～2倍。同时，随着轧制条件的不同，轧件不对称程度也不同。轧件在孔型中限制宽展程度越大，则开、闭口腿不对称程度也越大。在无宽展的工字形孔型中轧制时，轧件腿高不对称程度最大。相反，当轧制比较窄的轧件时，轧件腿部不与外侧壁接触，则不发生不对称变形，开、闭口腿腿高相等。矩形坯高度也影响轧件在切深孔型中变形的不对称性。在其他条件相同时，矩形坯高度越高，不对称性也越严重。因此，在孔型设计时必须考虑这种变形不对称性对轧件尺寸的影响。

在复杂断面型材孔型设计时，由于其金属变形的特点，为了合理地控制金属的变形以获得符合要求的产品，应遵循如下原则：

(1) 合理选择孔型系统。大多数复杂断面型材由方或矩形坯经过一系列孔型（孔型系统）轧制而成，同一种断面可以采用多种孔型系统来轧制。孔型系统选择合理与否，对产品的精度、质量、操作调整、作业率以及能量与轧辊消耗等各项技术经济指标都有很大影响。因此，合理选择孔型系统是极为重要的环节。

复杂断面孔型系统按各孔型的变形特点，可分为切深孔、控制孔、成型孔、成品前孔和成品孔。成品前孔与成品孔的作用是提高轧件尺寸精度和表面光洁度，并最终轧成成品。切深孔的作用在于把轧件的腿和腰切分出来。切深孔的形式分为开口式与闭口式两种。闭口式轧制稳定，调整方便可靠，故应用比较广泛。

控制孔的作用是控制腿高或轧件的高度，其形式也有开口和闭口之分，其中开口式控制孔应用较为广泛。

成型孔是对轧件腰部及腿部进行精加工的孔型，对折缘型钢而言，成型孔型有直轧式与斜配式两种。直轧式轴向窜动小，腿厚比较均匀，每个孔只需一个辊环、调整方便，其侧壁斜度小，重车量大，且轧件脱槽不易，轧件腿和腿的中心不垂直；斜配式侧壁斜度大，因为重车量小，轧件易脱槽，轧槽浅，轧件腰与腿中心线相互垂直，但轧辊易产生轴向窜动，调整较困难，需设止退辊环，故辊身利用较差。

成型孔的形状大多与成品的断面形状相似，但有时为了减小切槽深度或为了提高断面的对称性以改善轧件在孔型内的稳定性，或为了改善角部的充满，或为了增大侧压量，或为了采用窄坯轧制宽轧件等而采用蝶式、大斜度、弯腰、波浪形及带假帽和假腿等形式的孔型。

选用一定数量的切深孔、控制孔、成型孔以及成品前孔和成品孔，确定其合理的形状、结构、开口位置，并按照变形特点顺序排列组成完整的孔型系统。孔型的数目决定于轧机形式、设备能力、坯料与成品尺寸等因素。孔型数目太多，使轧制道次增多，生产率下降，各项消耗指标上升，轧辊车削及导卫制作量大。但孔型数目太少时，轧件变形剧烈，孔型磨损快，轧制过程不稳定，产品尺寸与表面质量容易波动。因此，必须合理选择孔型系统。

(2) 合理划分断面。复杂断面型钢孔型设计时，一般按照变形条件的不同，将断面划分成几个简单断面，分别进行单独的设计和计算。这样，不仅简化了设计计算过程，而且有利于控制各组成部分的变形。

(3) 合理地分配不均匀变形量。在轧制复杂断面型钢过程中，不均匀变形是不可避免的。为得到形状正确、内应力不大的产品，并能降低能量消耗并减轻轧辊不均匀磨损，应当在前几个孔型中充分利用轧件温度高、塑性好及变形抗力低的有利条件并充分利用断面比值相对接近的条件，集中实现不均匀变形，获得需要的断面各部分厚度差，以便在以后的孔型中，可以实现接近均匀变形条件的轧制。

(4) 利用不均匀变形的规律，正确分配断面各组成部分的变形量。折缘型材孔型设计的基本任务是要保证获得高而薄的腿部。为此，应利用不均匀变形规律，合理地分配断面各部分的变形量，使之有利于增加腿高，减小拉缩。例如，可以根据断面组成部分的面积比值来分配各部分的延伸系数。对于工字钢精轧孔型，采用腰部延伸小于腿部延伸以促使开口腿增高、减小闭口腿拉缩；适当增加开口腿侧压，同时采用腿端侧压大于腿根侧压，以促使腿高增高；为减少闭口腿的侧压，防止产生楔卡现象，设计时可给予一定的直压量以控制腿高并对腿端进行加工等。

(5) 正确配置孔型。根据成品断面特点在轧辊上正确地配置孔型，对于水平轴线对称的凸缘型钢，如工字钢，应采用腿部开、闭口位置相邻道次交替配置，以保证腿高和对腿端进行加工。对于水平对称的品种，如槽钢，应在孔型系统中的适当位置，设置控制孔以控制腿高和方便调整。

4.4.2 工字钢的孔型设计

工字钢的规格是用其腹板的高度（腰宽）来表示的。工字钢的种类有普通工字钢，其腰宽为100~600mm，表示为10~60号，其边部内侧壁为1:6；轻型工字钢，18号以上者边高约增加12%，腰厚及边厚和边部内侧壁斜度均减小，采用轻型工字钢约可节约金属15%，它的规格为14~70号；宽平行边工字钢（宽缘工字钢或H型钢），其特点是边部内侧壁几乎无斜度，边部较宽，故称为宽平行边工字钢，其规格为20~100号。此外，还有柱形钢或称为H型钢柱（其特点是边宽与腰宽相等）以及其他尺寸不同的特殊用途的工字钢。

4.4.2.1 孔型系统

A 直轧孔型系统

直轧孔型系统如图4-73所示，孔型腿部开口位置在同一侧，相邻孔型则在另一侧。其优点是占用辊身长度小。其缺点是成品孔的边部与腰部不能成 90°（图 4－74）。

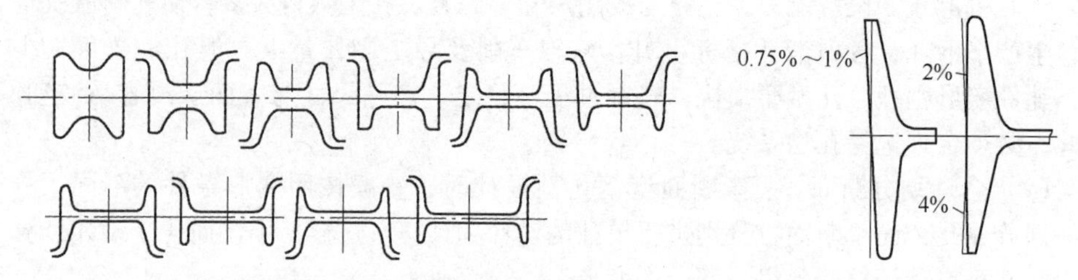

图 4－73 直轧孔型系统　　图 4－74 直轧法的孔型侧壁斜度

因此，成品断面不佳而形成边部上端外扩，下端内并；孔型的侧壁斜度小（如成品孔外侧壁斜度一般为 0.75%～1%，其他孔型闭口边的斜度为 2%～3%，开口边的斜度为 4%～10%），因而轧件不易脱槽；轧槽磨损后车修量大；需用较高的钢坯；轧制道次较多；轧辊直径较小，对轧辊强度与耐磨性能都不利。所以，该孔型系统已基本被淘汰。

为了增大孔型的侧壁斜度而采用弯腰轧法（图 4－75），其特点是除了成品孔和腰部较窄的切深孔型之外，其他各孔型皆用弯腰的孔型，这种孔型的外侧壁斜度可加大到 10%～47%，闭口边的斜度为 2%～23%。为了消除断面边部的内并外扩，在有的轧机上采用万能成品轧机，其孔型如图 4－76 所示。在这种孔型中轧制可使工字钢的腰部与边部互成 90°角。采用这种措施可使直轧孔型系统的缺点得到一定的改善。

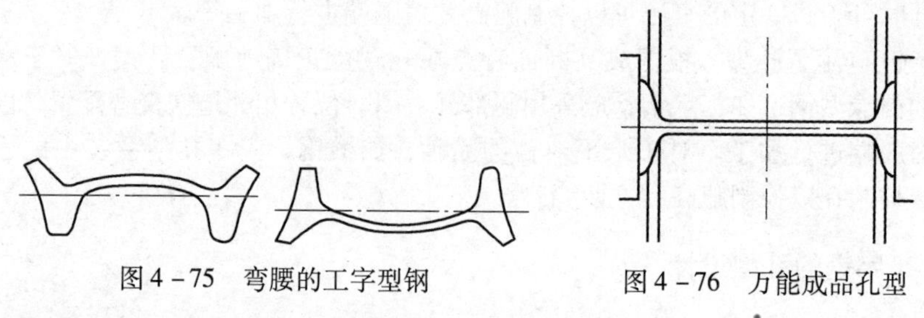

图 4－75 弯腰的工字型钢　　图 4－76 万能成品孔型

B 斜轧孔型系统

这种孔型系统是指同一孔型腿部的开口位置分别在上下两侧，即对角线的方向上，相邻孔型则在另一对角线上，如图 4－77 所示。它的优点是孔型侧壁斜度较大，其开口边斜度可达 10%～25%；开口槽允许的侧压量大；轧件边部的增长量大，可减少道次和选用高度较小的钢坯；能使边部与腰部互成 90°角，成品质量好；孔型宽度容易在车修时恢复，而且车修量少；产品尺寸稳定；减轻孔型磨损，轧辊使用寿命延长；轧制力小，能量消耗少。其缺点是腰部卫板不易安装；轧制时有轴向力，轧辊易产生轴向窜动，为控制轧辊的轴向窜动，要求在轧辊上有工作斜面，结果形成双辊环，因而占用辊身长度大。

此外，如钢坯窄但要求轧出腰部较宽的工字钢，这时可采用图 4－78 所示的波浪

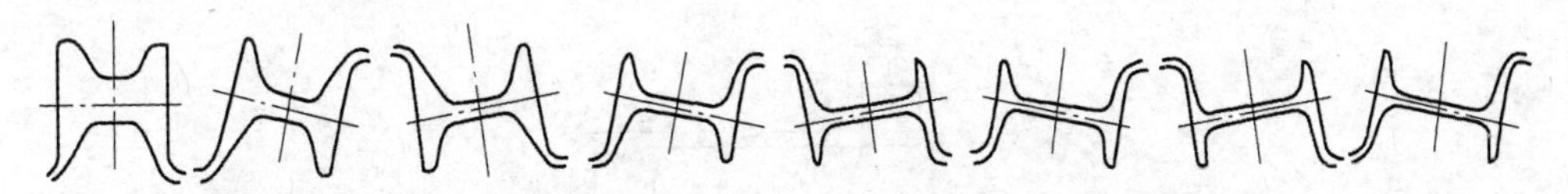

图 4－77 斜轧孔型系统

式轧法，还有使用万能式轧机轧制两腿内侧平行的宽腰工字钢的方法。

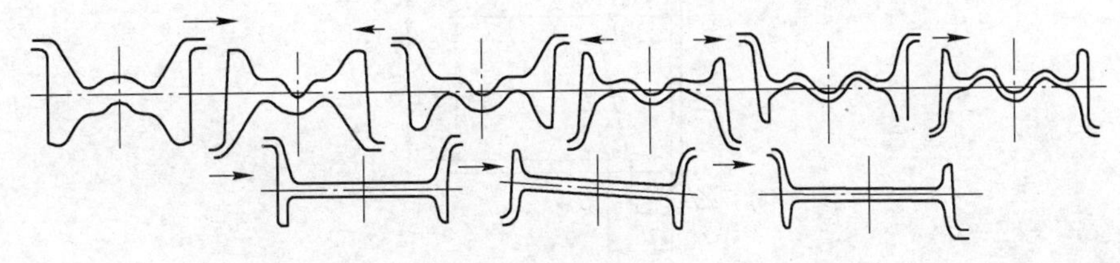

图 4－78 波浪式轧法

4.4.2.2 表示方法与变形系数的确定

A 断面区域的划分与尺寸的表示方法

如图 4－79 所示，工字钢的孔型设计通常是根据断面划分为五个简单的组成部分，实际上只对三个不同的变形区进行计算。图 4－79 为工字钢孔型断面尺寸的表示方法。

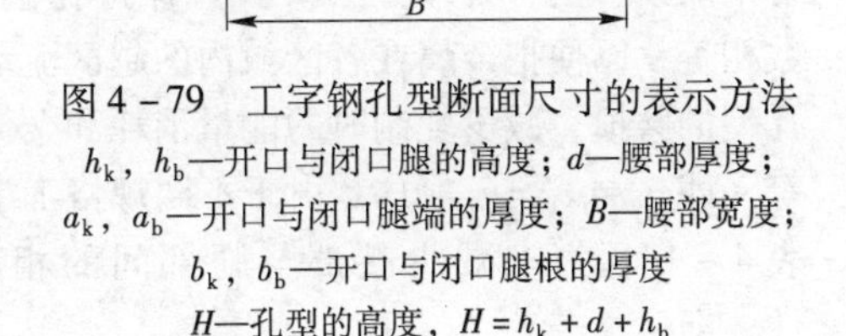

图 4－79 工字钢孔型断面尺寸的表示方法

h_k，h_b—开口与闭口腿的高度；d—腰部厚度；
a_k，a_b—开口与闭口腿端的厚度；B—腰部宽度；
b_k，b_b—开口与闭口腿根的厚度
H—孔型的高度，$H = h_k + d + h_b$

各组成部分的面积为：

开口腿面积 $F_b = \frac{1}{2}(a_k + b_k)h_k$

闭口腿面积 $F_b = \frac{1}{2}(a_b + b_b)h_b$

腰部面积 $F_v = d \times B$

孔型面积 $F = F_v + 2F_k + F_b$

B 绝对变形量

工字钢的孔型设计是按逆轧制顺序进行的，根据已知孔型的尺寸来确定未知孔型相应部位的尺寸（即进入已知孔型中轧件的尺寸）。未知孔型尺寸的表示方法与上述规定相同，只是在其右上角加“′”以示区别，如图 4－80 所示。

C 相对变形量

工字钢的孔型设计通常使用相对变形量，其表示方法如下。各区域的延伸系数为：

腰部
$$\mu_y = \frac{B'd'}{Bd} \approx \frac{d'}{d} \tag{4-73}$$

开口腿部
$$\mu_k = \frac{F'_b}{F_k} = \frac{(a'_b + b'_b)h'_b}{(a_k + b_k)h_k} \tag{4-74}$$

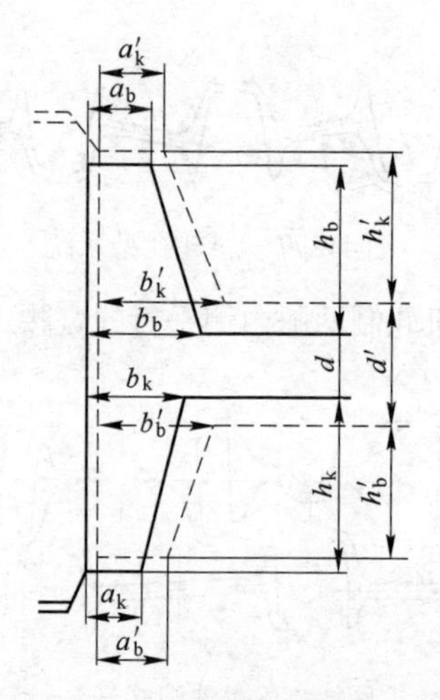

图 4-80 已知与未知断面的尺寸关系

Δh_k—轧件在开口腿中的伸长量，$\Delta h_k = h'_b - h_k$；Δh_b—轧件在闭口腿中的伸长量，$\Delta h_b = h'_k - h_b$；

Δa_k，Δb_k—轧件在开口腿端部与根部的厚度压缩量，$\Delta a_k = a'_b - a_k$，$\Delta b_k = b'_b - b_k$；

Δa_b，Δb_b—在闭口腿端部与根部的厚度压缩量，$\Delta a_b = a'_k - a_b$，$\Delta b_b = b'_k - b_b$；

Δd—腰部厚度的压缩量，$\Delta d = d' - d$

闭口腿部

$$\mu_k = \frac{F'_b}{F_k} = \frac{(a'_b + b'_b)h'_b}{(a_k + b_k)h_k} \tag{4-75}$$

设计工字钢孔型时，根据具体情况对上述三部分断面中的延伸系数间的相互关系可采取以下两种处理方法：(1) 保持孔型中的 $\mu_y = \mu_k = \mu_b$，力求整个断面的延伸系数相等，以便把金属在各区域内的越区流动现象控制在最小的限度内，这样可以减轻孔型的磨损，减少轧制时的能量消耗和金属的内应力；(2) 保持腿部的延伸系数相等，即 $\mu_y \neq \mu_k = \mu_b$。这是由于不同规格工字钢腰部面积在总面积中所占比值不同，见表 4-17，力求减少腰部与腿部间的相互影响，人为地造成一种不均匀延伸条件，即：

10 号、12 号等小规格工字钢 $\mu_y > \mu_k = \mu_b$

其他中等或较大规格工字钢 $\mu_y < \mu_k = \mu_b$

这样就可以避免小规格工字钢的腰部受拉，而大中规格工字钢又不致使腰部将腿部高度拉短，并且还会有利于轧件在开口腿中高度的增长。

表 4-17 各种工字钢断面面积与腰部面积

规 格	断面面积 F/mm²	腰部面积 F_y/mm²	(F_y/F) /%
10	14.3	4.5	31.5
12	17.3	6.0	33.7
14	21.5	7.7	35.8

续表4-17

规 格	断面面积 F/mm^2	腰部面积 F_y/mm^2	(F_y/F)/%
16	26.1	9.6	37.8
18	30.6	11.7	38.2
20	35.5	14.0	39.4
22	42.0	16.5	39.3
24	47.7	19.2	40.3
27	54.6	23.0	42.2
30	61.2	27.0	44.1
33	68.1	31.4	46.1
36	76.3	36.0	47.2
40	86.1	42.0	48.8
45	102.0	51.7	50.7
50	119.0	60.0	50.4
55	134.0	68.8	50.4
60	154.0	78.0	51.7

注：表中所列面积，均按甲类规格成品计算。

腿厚的压缩系数为

开口腿：　腿端部　$\eta_{ka}=\dfrac{a'_b}{a_k}$　　腿根部　$\eta_{kb}=\dfrac{b'_b}{b_k}$

闭口腿：　腿端部　$\eta_{ba}=\dfrac{a'_k}{a_b}$　　腿根部　$\eta_{bb}=\dfrac{b'_k}{b_b}$

无论在开口或闭口腿中轧制时，腿部厚度上的变形都不能予以均匀压缩，而必须保持：

开口腿中　　$\eta_{ka}>\eta_{kb}$

闭口腿中　　$\eta_{ba}>\eta_{bb}$（特别轧件较薄时，甚至使 $a'_k<a_b$）

采用这样的孔型压缩系数，目的是促使开口腿中轧件在高度上有较大的增长量，防止轧件腿端较厚而“塞卡”在闭口腿中，如图4-81所示，造成闭口腿高的过度拉缩。$a'_k<a_b$ 则有利于轧件顺利地插入槽底。

4.4.2.3 工字钢孔型设计的主要经验数据

工字钢轧制中的一些基本数据介绍如下，这些数据可供按经验方法进行工字钢孔型设计时参考，也可以作为对现有工字钢孔型设计进行分析的依据。

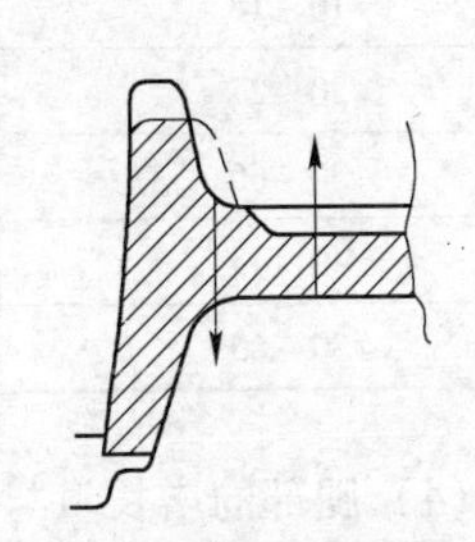

图4-81 闭口腿中的“塞卡”

(1) 变形系数。

延伸系数：总平均值 $\mu_c = 1.2 \sim 1.3$（一般在1.25）

成品孔型 $\mu_1 = 1.08 \sim 1.15$

成品前孔型 $\mu_2 = 1.15 \sim 1.25$

其他孔型 $\mu_i = 1.3 \sim 1.8$

腿厚的压缩系数见表4－18。

表4－18 工字钢腿厚压缩系数

变形部位	精轧孔型	其他孔型	
		经验数据	经验计算公式
$n_k = a'_b / a_k$	1.08～1.12	1.08～1.5	$n_{kn} = n_{k1} + k(n-1)$ $k = 0.05$
$n_b = a'_k / a_b$	0.85～1.0	0.85～1.18	$n_{bn} = n_{b1} + k(n-1)$ $k = 0.01 \sim 0.03$

注：n 为逆轧制道次。

(2) 轧制道次。轧制道次是指在异形孔型内的轧制道次（不包括切入孔型），可见表4－19。

表4－19 工字钢的轧制道次(n)

工字钢规格	轧制道次（n）	工字钢规格	轧制道次（n）
10～18	7～9	33～60	11～13
20～30	9～11		

(3) 宽展量。宽展量通常多根据经验公式进行计算，即：

$$\Delta b_n = 0.01B_1 + (n-1) \tag{4-76}$$

式中 B_1——成品宽度。

各种规格工字钢的宽展量见表4－20。

表4－20 工字钢的腰部宽展量

工字钢规格	精轧孔型/mm	其他孔型/mm
10～18	$\Delta b_1 = 1$	$\Delta b_n = 1 + (n-1)$
20～27	2	$\Delta b_n = 2 + (n-1)$
30～60	3	$\Delta b_n = 3 + (n-1)$
40～45	4	$\Delta b_n = 4 + (n-1)$
50～60	5	$\Delta b_n = 5 + (n-1)$

(4) 腿部的增长量与拉缩量。确定轧件在开门腿中高度的增长量与闭口腿中的拉缩量是工字钢孔型设计中一个很重要的问题。一段多采用经验数值，见表4－21。

表 4-21 工字钢腿高的增长量与拉缩量

工字钢规格	Δh_b/mm	Δh_k/mm	工字钢规格	Δh_b/mm	Δh_k/mm
10~18	5	0.5	33~60	7	1.5
20~30	6	1.0			

4.4.2.4 孔型尺寸确定方法

工字钢孔型设计的方法（经验的或“理论”的）很多，下面介绍一种常用的方法：

(1) 精轧孔型的尺寸。按标准规定，孔型的结构与表示方法如图 4-82 所示。

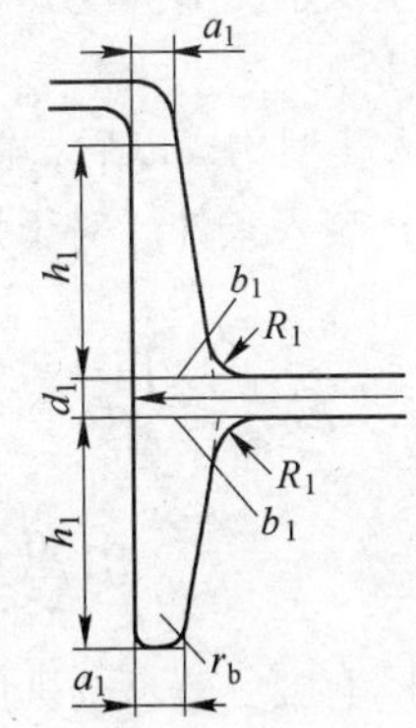

图 4-82 工字钢精轧孔型尺寸

工字钢精轧孔型的尺寸确定方法如下：

$$\begin{aligned}&\text{腰宽}\quad B_1 = (1.012 \sim 1.013)B - \Delta B\\&\text{腰厚}\quad d_k = d \quad \text{或} \quad d_1 = d - \Delta d\\&\text{腿高}\quad h_1 = h_k = h_b = \frac{H-d}{2}\end{aligned} \tag{4-77}$$

式中 ΔB——腰宽的负公差，直压式孔型可取其最大值，斜压式孔型则取其的 1/3 ~ 1/5；

Δd——腰厚的负公差。

确定此值时应注意，由于腰厚与腿高的公差不一致（$\Delta d \neq \Delta H$），当腰部调到最大正（或负）公差时，腿高 H 均不得超出其允许的正（或负）公差。

$$\text{腿端厚}\quad a_1 = a_k = a_b = t - \frac{h_1}{2y} \qquad \text{腿根厚}\quad b_1 = b_k = b_b = t + \frac{h_1}{2y} \tag{4-78}$$

为了节约金属和延长孔型寿命，可根据以上的计算值 a_1 与 b_1，酌情再减去 0.3 ~ 0.6mm。

各部圆角的尺寸，均可保持名义尺寸不变。

孔型斜度：直轧法，孔型侧壁斜度用 0.5% ~1.5%；斜轧法，孔型侧壁斜度用 5% ~10%，最大不超过 16%，以防止腿部发生内斜。

成品孔的配置方式：直轧式使成品孔的开口向上，其优点是下卫板容易安装并且稳定。有时，在三辊轧机上为了只用一个直径较大的轧辊，也可以配置成下开口。

(2) 未知孔型的尺寸。根据已知的精轧孔型尺寸和各种变形量，可以按逆轧制顺序逐个确定出未知孔型的尺寸。

4.4.2.5 切入孔型

按轧件程序的第一个异型孔型到开始应用均匀变形的孔型之间的各个孔型皆为切入孔型（或切深孔型）。

工字钢的切入孔型有两种基本形式，如图 4-83 所示。通常开口式切入孔型用于可逆式开坯轧机，专供型钢轧机轧制较大规格工字钢时所需异型坯，其特点是切入楔

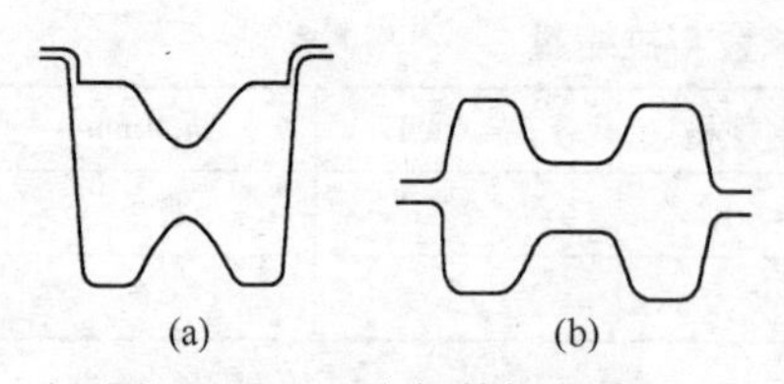

图 4-83 工字钢的切入孔型
(a) 闭口式；(b) 开口式

较钝，在同一孔型中往往需要进行反复数道轧制。闭口式切入孔型多用于以矩形坯直接轧制规格不大的工字钢。

成品的腿长能否合乎要求，关键在于其切入孔设计是否合理。切入孔设计时，应使腰部延伸大于腿部延伸。腰部延伸系数可达到 2 以上。切入孔型的工作好坏主要取决于切深楔的宽度、楔角及腿厚比值（闭口切入口：楔宽为 10~60mm，楔角为 45°~75°，腿厚比值为 0.4~0.45）。

切入孔型构成以后，需进行下列校核：

（1）咬入条件。对于钢轧辊按楔顶计算（即按开始接触点计算），咬入角不得超过 36°，即：

$$\Delta h_{max} \leqslant \frac{1}{5}D \text{（切入孔中最大压下量不超过轧辊工作直径的 1/5）}$$

相应
$$\alpha_{max} \approx \frac{180}{\pi}\sqrt{\frac{\Delta h_{max}}{R}} = \frac{180}{3.14}\sqrt{\frac{1/5D}{1/2D}} \approx 36°$$

（2）电机负荷。电机负荷与轧件在孔内的端面积减缩量 $\Delta F(\mathrm{mm}^2)$ 成正比关系，因此可按断面减缩率 ΔF 校验电负荷。例如，大型轧机轧件断面减缩量可为 $\Delta F = 10000\mathrm{mm}^2$，中型轧机 $\Delta F = 5000\mathrm{mm}^2$。

（3）孔型的楔子插入边高为 $x_k > \frac{1}{3}h_k$ 和 $x_b > \frac{1}{3}h_b$（图 4-84）。

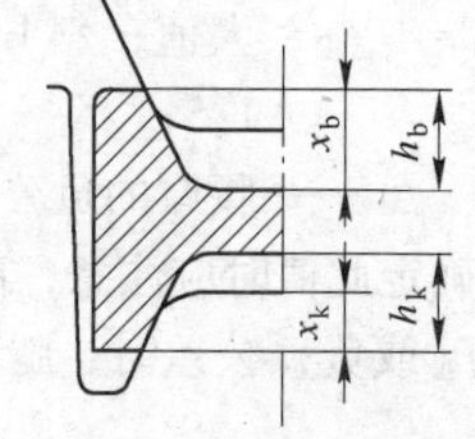

图 4-84 轧件切深孔型的状态

4.4.2.6 钢坯尺寸的确定

正确地决定进入切深孔型的钢坯高度是非常重要的。因为切深孔型的充满与否关系到后面孔型的充满程度。目前多按以下经验公式确定坯料（图 4-85）。

高度： $H_0 = (1.8 \sim 2.4)H_1$ 或 $H_0 = (1.1 \sim 1.2)H_1$

宽度： $B_0 = B_1 - (5 \sim 10)$ 或 $B_0 = B_1 - \sum \Delta b$ （4-79）

式中 H_1，B_1——分别为成品腿高及成品腰宽；

H_0，B_0——分别为切入孔型的高度及宽度；

$\sum \Delta b$ ——各孔型中宽展之总和。

4.4.3 H 型钢孔型设计

H 型钢即宽平行腿工字钢，其特点是两腿内侧无斜度，腿端平直，腿高和腰宽之比（H/B）为 0.3~1.0，范围较大，可根据不同用途选用不同的 H/B 值。其规格为 $H = 46 \sim 560\mathrm{mm}$，$B = 80 \sim 1200\mathrm{mm}$。由于 H 型钢的断面性能优于工字钢，因此，在工

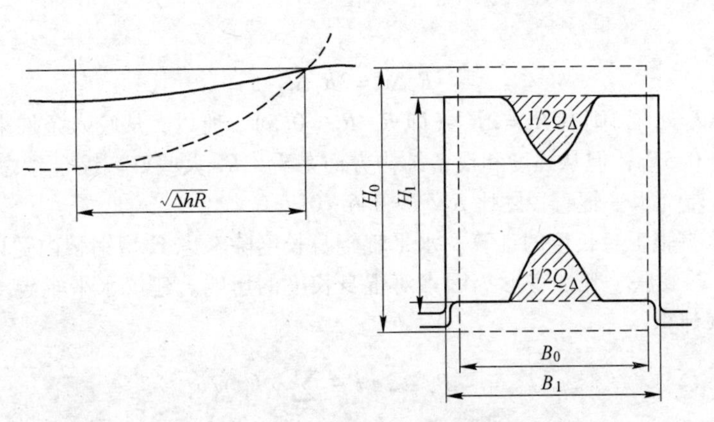

图 4-85 进入切入孔之坯料

业发达的国家有用 H 型钢取代工字钢的趋势。目前，我国也投产了多套 H 型钢轧机。

H 型钢生产方式如图 4-86 所示，首先在二辊切深孔型中轧制出工字形异型坯（图 4-86（a）），然后在万能机架和轧边机上进行多道次轧制，轧出“ ”形轧件（图 4-86（b）），最后在万能精轧机上轧出 H 型钢。从图 4-86 中可以看出，在轧制 H 型钢的过程中使用两类孔型，异型坯和轧边在二辊轧机上进行，其孔型属二辊孔型；而 H 型钢的主要变形在四辊万能轧机上进行，属四辊万能 H 型钢孔型。故 H 型钢的孔型设计分为二辊孔型设计和四辊 H 型钢孔型设计两部分。二辊孔型设计方法如前所述，本节主要讨论四辊 H 型钢孔型设计。

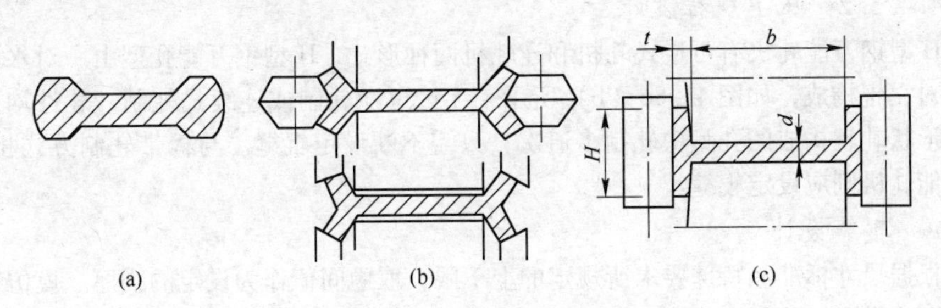

图 4-86 H 型钢生产方法

四辊 H 型钢轧机孔型设计包括两部分：辊型设计和压下规程设计。

4.4.3.1 辊型设计

辊型设计又包括水平辊直径和立辊直径的选择、水平辊辊身长度的计算、水平辊侧面和立辊锥度的确定。

（1）水平辊直径与立辊直径的选择。水平辊直径取决于所轧 H 型钢的腿高 H，H 值大，所需立辊辊身长，水平辊直径也大。

立辊直径的大小取决于轧辊速度，在强度允许的条件下，立辊直径小些好，因为立辊直径小有利于咬入。由于水平辊接触弧长 $l_{\mathrm{P}}=\sqrt{R_{\mathrm{P}}\Delta d}$，立轧接触边长 $l_{\mathrm{L}}=\sqrt{2R_{\mathrm{L}}\Delta t_2}$，$\Delta t_2$ 为立辊压下量，若轧件和水平辊与立辊同时接触，则应使 $l_{\mathrm{P}}=l_{\mathrm{L}}$，则有：

$$R_P \Delta d = 2R_L \Delta t_2 \tag{4-80}$$

如果 $\Delta d = \Delta t_2$，则有 $R_P = 2R_L$（即 $R_L/R_P = 0.5$）。所以，从咬入条件来讲，R_L 应等于或小于 $0.5R_P$；但从强度和设备结构方面来看，R_L 大些好。综合考虑各种因素，现有轧机立辊与水平辊直径之比 $R_L/R \approx 0.6 \sim 0.7$。

（2）水平辊辊身长度的计算。水平辊辊身长度除考虑 H 型钢腰内宽以外，还要考虑磨损、热膨胀、弹性变形等因素对辊身长度的影响。建议水平辊辊身长度用式（4-81）来计算：

$$L_{Pn} = (B_r - 2a_t t - \sum_{i=1}^{n} \gamma_i L_{Pi})/a_y$$

或

$$L_{Pn} = (a_y B - 2a_t t - \sum_{i=1}^{n} \gamma_i L_{Pi})/a_y \tag{4-81}$$

式中 L_{Pn}——第 n 架水平辊辊身长度；

B，B_r——冷、热状态下的 H 型钢腰外侧壁宽度；

a_t，a_y——腿、腰的热膨胀系数；

t——H 型钢腿厚；

γ_i——辊身长度影响系数。

（3）水平辊侧面和立辊锥度的确定。水平辊侧面斜度和立辊锥度是一致的，对成品机架取 $y = 0 \sim 1.5\%$，对成品前万能轧机取 $y = 4\% \sim 8\%$。

4.4.3.2 压下规程设计

H 型钢万能轧机有可逆式轧机和连轧机两种形式，H 型钢万能孔型由一对水平辊和一对立辊构成，如图 4-86（b）所示，无论可逆轧制或连续式轧制，轧件均可在同一形状轧辊构成的孔型中轧制多道次，只需不断设定辊缝。与板带轧制方式相似，对万能轧机则应设定辊缝。

A 辊缝设计

根据尺寸标准和特殊要求所规定的上下限，取中间值作为设定的腰厚。模仿板带轧制方法设定辊缝。

$$s_0 = d - \frac{P - P_0}{K} \tag{4-82}$$

式中 s_0——空载辊缝；

d——轧件腰厚设定值；

P_0，P——分别为调零位时和轧制时的压力；

K——轧机刚度。

腿厚设定方法与腰厚相同。

B 压下规程

在四辊万能轧机上轧制 H 型钢时，必须使腰与腿的变形是均匀变形或近似均匀变形，也就是使腰和腿的延伸相等或接近相等。违反这一原则就会引起重大的质量问题，严重时将破坏轧制的稳定进行。若腰部的延伸系数 μ_y 比腿部的延伸系数 μ_t 大得多，将出现腰部波浪；若 μ_t 真比 μ_y 大得多，则将引起腰部拉裂或腿部波浪。当 μ_t 与 μ_y 相差很大时，可能使腰腿分开，乃至完全不能轧制。为了保证 H 型钢轧制的正常进行，必须满足下列关系式：

$$F_{yi-1}/F_{yi} = F_{ti-1}/F_{ti} = \mu_i \tag{4-83}$$

式中　F_{yi-1}，F_{yi}——分别为轧制前、轧制后腰部面积；

F_{ti-1}，F_{ti}——分别为轧制前、轧制后腿部面积；

μ_i——该道次延伸系数。

腰部面积用腰厚 d 和腰内宽 b 表示，$F_y = db$；腿部面积用腿厚 t 和腿高 H 表示，$F_t = tH$（图 4-86）。则式（4-83）可写成：

$$\frac{d_{i-1}b_{i-1}}{d_i b_i} = \frac{t_{i-1}H_{i-1}}{t_i H_i} = \mu_i \tag{4-84}$$

由于在万能孔型中轧制 H 型钢时，轧件腰内宽 b 和腿高 H 变化很小，可以近似认为 $b_{i-1} \approx b_i$；$H_{i-1} \approx H_i$，则式（4-84）可写为：

$$\frac{d_{i-1}}{d_i} = \frac{t_{i-1}}{t_i} = \mu_i \tag{4-85}$$

也可写成
$$\frac{d_{i-1}}{t_{i-1}} = \frac{d_i}{t_i}$$

式（4-85）将轧制过程中腰部延伸系数等于腿部延伸系数的均匀变形条件转化为轧制前后腰厚与腿厚之比相等的关系，将式（4-85）推广即可写成：

$$\frac{d_0}{t_0} = \frac{d_1}{t_1} = \frac{d_2}{t_2} = \cdots = \frac{d_{n-1}}{t_{n-1}} = \frac{d_n}{t_n} = \text{常数} \tag{4-86}$$

式中　d_n，t_n——成品道次的腰厚和腿厚。

因为 $d_0 = d_1 + \Delta d$；$t_0 = t_1 + \Delta t$，代入式（4-86）可得：

$$\frac{d_1 + \Delta d}{t_1 + \Delta t} = \frac{d_0 - \Delta d}{t_0 - \Delta t} \tag{4-87}$$

式（4-87）经过一系列变换和整理之后可得：

$$\frac{\Delta d}{\Delta t} = \frac{d_n}{t_n} = \text{常数} \tag{4-88}$$

式（4-88）可作为在万能轧机上轧制 H 型钢时计算压下规程的基础。

按上述关系，当所轧 H 型钢规格已定时，坯料断面可按式（4-89）确定：

$$\frac{F_{y0}}{F_{t0}} = \frac{F_{yn}}{F_{tn}} \tag{4-89}$$

式中　F_{y0}，F_{yn}——分别为坯料、成品的腰部面积；

F_{t0}，F_{tn}——分别为坯料、成品的腿部面积。

但在实际生产中，为了克服由于速度差、立辊阻力等造成的腰部拉缩，在制定压下规程时，往往取腿部的压下系数略大于腰部压下系数，其比值为：

$$\frac{1}{\eta_t}\Big/\frac{1}{\eta_y}=1.002\sim1.028 \tag{4-90}$$

式中 $\frac{1}{\eta_t}$——H 型钢腿部压下系数，$\frac{1}{\eta_t}=\frac{t_{i-1}}{t_i}$；

$\frac{1}{\eta_y}$——H 型钢腰部压下系数，$\frac{1}{\eta_y}=\frac{d_{i-1}}{d_i}$。

C 轧制程序数学模型

为了保证 H 型钢的力学性能、尺寸精度、表面状态等产品指标，现代 H 型钢轧机均有计算机控制系统。为保证计算机有效地控制生产工艺过程，应向计算机输入各种轧制工艺数学模型。图 4-87 是 H 型钢轧制程序数学模型。下面分别叙述各种模型的作用、特点、表达式等。

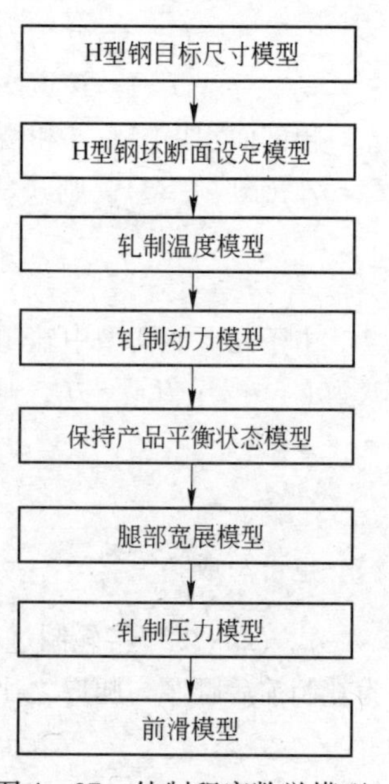

图 4-87 轧制程序数学模型

a H 型钢目标尺寸模型

本模型是在计算机上给出产品公称尺寸、允许偏差的基础上，加上用户提出的特殊要求以及轧制中的各种轧制条件以后，在决定实际应该轧制产品的目标尺寸时使用。相关参数按下述原则确定：

（1）根据标准及特殊要求所规定的上下限，取中间值作为设定的腰厚和腿的宽度。

（2）确定腿厚 t 及腰宽 B。

$$B=2a_t t+a_y L_n+\sum_{i=1}^{n}\gamma_i L_n \tag{4-91}$$

式中 a_t，a_y——分别为腿和腰部的热膨胀系数；

L_n——第 n 架水平辊辊身长度；

γ_i——各机架水平辊辊身长度影响系数；

t——腿厚。

b H 型钢坯断面设定模型

H 型钢坯断面尺寸应按逆轧制方向，由成品按轧制时腰、腿的压下平衡条件来确定。最理想的条件是腰的平均压下率等于腿的平均压下率，但在生产中这个条件是难以保证的。确定异型坯料的一个重要问题是如何正确选择腿和腰的压下系数的比值 a，对腿压下过大，则腿宽展过大。轧边时，腰和轧边机轧辊间的间隙过大，则上下腿尺寸不易相等。反之，对腰压下过大，腰起波浪，腿高被拉缩，不能保证良好的形状。

一般应根据压下平衡条件和轧机能力确定 H 型钢异型坯的尺寸：

$$\begin{aligned}t_0&=t/\eta_{tc}^n\\d_0&=d/\eta_{yc}^n\\t_0/d_0&=(t/d)a^n\\a&=\eta_{yc}/\eta_{tc}\end{aligned} \tag{4-92}$$

式中 t，t_0——分别为成品、坯料的腿厚；

d，d_0——分别为成品、坯料的腰厚；

$1/\eta_{tc}$，$1/\eta_{yc}$——分别为腿、腰平均压下系数；

a——腿、腰压下平衡系数；

n——轧制道次。

由于坯料系列不同，a 应取不同范围的数值：

对于窄系列 （H900×300）

$$a = 1.002 \sim 1.014$$

对于宽系列 （H400×400）

$$a = 1.002 \sim 1.028$$

c 轧制温度模型

H 型钢的温度分布为：腿中间最高，向腿的端部温度逐渐降低。腿内侧与外侧相比，内侧温度稍高。这是由于在腰和腿间有热交换，能互相保温的缘故。

在腰的根部，由于受腿的热传导影响，温度最高，越接近腰的中心温度越低；由于轧辊冷却水和对流损失的影响，腰的上表面比下表面的温度略低一些；在腿和腰的厚度方向，开始温差较大，随着轧制的进行，温差逐渐缩小。

轧制 H 型钢时，温度变化的原因主要有：辐射、对流、冷却水热损失、变形热及轧辊热传导等。实验和计算表明，冷却水热损失和轧辊热传导对轧件温度影响很小，可以忽略不计。故计算温度时主要考虑辐射、对流和变形热三项。用于实际的温降计算方法主要有以下三种：

（1）利用温度计实测轧件表面温度。

（2）做钢材热平衡计算，求出平均温度。

（3）解非稳定二次热流偏微分方程，求出钢材的温度分布。

以上三种方法各有利弊。方法（1）只知表面温度，不知实际温度，因此，不能用表面温度控制轧钢。方法（2）只知平均温度，不知表面温度，因此，不能用实测值检验计算的正确性。方法（3）避免了（1）和（2）的缺点，但计算时间长，不能用于在线控制。综上所述，又得出了一种新的计算方法，即由热平衡计算得到平均温度的计算式，再由简易差分方程式得出计算平均温度和表面温度差的方程式。由此二式计算出平均温度和表面温度。根据温度计的实测值对表面计算温度进行修正，再根据表面温度与平均温度的关系，对平均温度进行修正。

d 轧制动力模型

轧制动力模型的主要功能是根据电机最大许用力矩，决定腰部、腿部的总延伸。根据实测的变形功 W、轧件体积 V 和总延伸 μ 可求出实际变形抗力 K。

在编制轧制程序表时，要求实际轧制力矩小于轧辊轴上的最大许用力矩，而轧辊许用力矩可以通过电机许用力矩换算得到，轧制力矩的计算方法有：

（1）分别解析各轧制过程的变形机理，用测定的轧制压力直接计算对应的轧制力矩；

（2）作为一个宏观系统，针对复杂的轧制变形机理，将测定电机所消耗的动力，置换为变形的特性值，例如实测变形抗力等。以此特性值为依据，进行轧制力矩的计算。

e 保持产品平衡状态模型

在腰部，如果纵向压力超过腰部弯曲极限应力，腰部就会产生波浪。这种纵向压应力是由于压下不平衡条件和冷却时腰和腿的不均匀冷却造成的。

为保证压下平衡条件，在实际生产过程中，用下面的数学模型确定压下分配：

$$\left(\frac{\mu_i - 1}{\mu_n - 1}\right)^{\tau} = \frac{\mu_{yi} - 1}{\mu_{yn} - 1} \tag{4-93}$$

式中 μ_i，μ_n——整个断面第 i 道及最终道次的累积延伸系数；

μ_{yi}，μ_{yn}——腰部第 i 道及最终道次的累积延伸系数；

τ——压下平衡条件常数。

f 腿部宽展模型

建立腿部宽展模型是为了计算在各种情况下腿的宽度的变化。为计算腿的宽展，许多学者进行了大量的研究，并得到了不同的计算方程式。

(1) 日本学者土屋健治等给出了腿的自由宽展量 ΔH_t 的计算式：

$$\Delta H_t = C_1 \Delta t + \Delta d \tag{4-94}$$

式中 Δt——腿的厚度压下量；

Δd——腰厚压下量；

C_1——腿的宽展系数。

(2) 平泽猛志等提出计算腿的宽展率 β_t 的计算式：

$$\beta_t = \alpha(\varepsilon_t - \varepsilon_y) - \delta \tag{4-95}$$

式中 β_t——腿的宽展率，$\beta_t = (H_{t2} - H_{t1})/H_{t1}$；

α，δ——实验系数，在实验条件下

$$\alpha = 0.14b/H_{t1} - 0.0156 \qquad \delta = (0.018H_{t1} - 0.89) \times 10^{-3}$$

b——腰内宽；

ε_t，ε_y——分别为腿、腰的厚度压下率；

H_{t1}，H_{t2}——分别为轧前、轧后腿的高度。

(3) 腿部宽展的理论解析式。

根据体积不变条件可推导出腿的宽腿系数 β_t 的计算公式如下：

$$\beta_t = \frac{(1 + \lambda_1)^2}{1 + \lambda_1 \xi + (\xi - 1) d_1 / 2H_{t1}} - \frac{\lambda_1}{\xi_1} \tag{4-96}$$

式中 β_t——宽展系数，$\beta_t = H_{t2}/H_{t1}$；

λ_1——入口断面形状系数，$\lambda_1 = d_1 b_1 / 2t_1 H_{t1}$；

ξ——不均匀变形系数，$\xi = \eta_y / \eta_t$。

g 万能轧制时轧机压力模型

立辊轧制压力 P_L 和水平辊轧制压力 P_P，由于受到纵向拉压应力的影响，不能用板带轧制时的压力公式，考虑附加应力影响以后，立辊轧制压力用式 (4-97) 计算：

$$P_L = P_{L0} Q_L \tag{4-97}$$

水平辊轧制压力为：

$$P_P = P_{P0} Q_P + \psi P_L \tag{4-98}$$

式中 P_{L0}，P_{P0}——分别为相应条件下平板轧制时的轧制压力；

Q_L，Q_P——分别为H型钢特有的应力系数。

等式右侧的第二项表示辊侧面受立辊轧制压力影响而使水平辊压力升高的部分，也有用 $2P_L\sin\alpha$ 表示的。

Q_L，Q_P 值用式（4－99）计算：

$$\begin{cases} Q_L = (K_t + \sigma_t)/K_t \\ Q_P = (K_y - \sigma_y)/K_y \end{cases} \tag{4-99}$$

式中 K_t，K_y——分别为腿和腰的金属变形抗力：

σ_t，σ_y——分别为腿和腰相互作用的纵向附加应力。

$$\begin{cases} \sigma_t = \xi K_t \left(\dfrac{1}{\eta_t} - \dfrac{1}{\eta_y}\right) F_y / (2F_t + F_y) \\ \sigma_y = \xi K_y \left(\dfrac{1}{\eta_t} - \dfrac{1}{\eta_y}\right) 2F_t / (2F_t + F_y) \end{cases} \tag{4-100}$$

式中 ξ——系数；

$\dfrac{1}{\eta_t}$，$\dfrac{1}{\eta_y}$——分别为腿和腰的压下系数；

F_t，F_y——分别为腿和腰的横断面面积。

腿与轧辊的接触面积为：

$$\overline{S_t} = L_t H \text{（接触弧长×腿高）}$$

腰与轧辊的接触面积为：

$$\overline{S_y} = L_y b \text{（接触弧长×腰内宽）}$$

由图4－88腿部接触弧长 L_t 为：

$$L_t = [2(\Delta t_2)\overline{R_L}]^{\frac{1}{2}} \tag{4-101}$$

式中 $\overline{R_L}$——立辊当量半径。

当上辊锥度较小时，$\overline{R_L} = R_L$，$\Delta t_2 \approx \Delta t$，腿部接触弧长度用式（4－102）近似计算：

$$L_t = \sqrt{2R_L \Delta t} \tag{4-102}$$

式中 R_L——立辊平均半径；

Δt——腿的总压下量，$\Delta t = \Delta t_1 + \Delta t_2$；

Δt_1——水平辊侧面对腿的压下量；

Δt_2——立辊对腿的压下量。

腰的接触弧长度与板带轧制时相同，为：

$$L_y = \sqrt{R_P \Delta d} \tag{4-103}$$

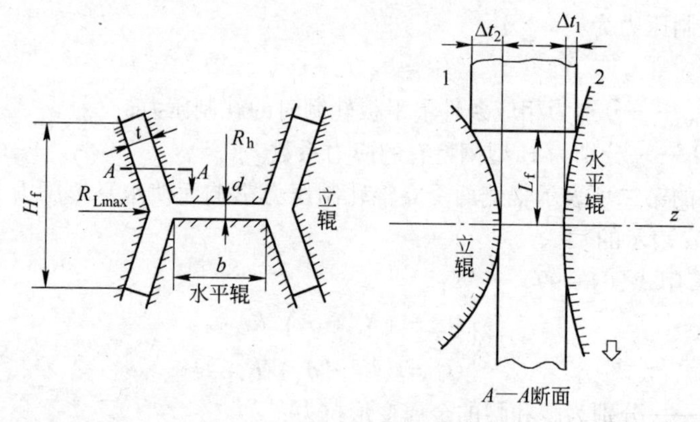

图 4-88 腿与轧辊接触情况

$$R_P = R_{Lmax} - \frac{H_L}{4}\tan\alpha \tag{4-104}$$

式中 R_P——水平辊半径；

Δd——腰的总压下量；

R_{Lmax}——立辊半径最大值；

H_L——立辊高度；

α——立辊锥角。

h 万能轧制时的前滑模型

和板带轧制不同，H 型钢轧制时轧件出口速度往往比轧辊的圆周速度低，是全后滑。轧件与轧辊的等速点不在辊面上，而在水平辊侧面的某一点上。产生这种现象的原因是：立辊是被动的。水平辊在压下腰部的同时，要通过腿和立辊间的摩擦力驱动立辊，使立辊转动，立辊对腿的阻力使整个 H 型钢的前进速度减慢。当立辊对腿的阻力足够大时，轧件出口速度就低于水平辊圆周速度，出现全后滑。但轧件出口速度总是大于立辊圆周速度，轧件对立辊是前滑。前滑系数 δ 的定义式为 $\delta = v/v_D$（v 为轧件出辊的平均速度；v_D 为轧辊圆周速度）。板带轧制时 $\delta > 1$；H 型钢轧制时水平辊前滑系数 δ_y 可能大于 1，可能等于 1，也可能小于 1，依具体条件而异；而立辊前滑系数始终大于 1（$\delta_t > 1$）。

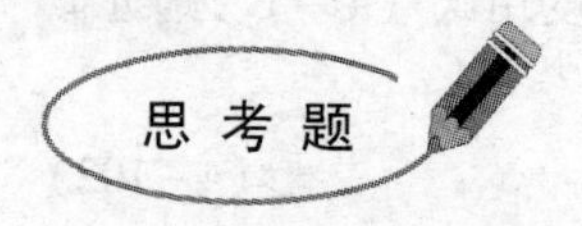

1. 孔型设计的内容与要求有哪些？
2. 简述孔型设计的基本原则及程序。
3. 简述孔型的组成及各部分的作用。
4. 何谓延伸孔型？其种类有哪些？
5. 延伸孔型的设计方法有哪些？
6. 复杂断面型材轧制时的变形特点有哪些？

5 板带钢生产

【本章概要】

本章介绍了中厚板轧机型式及布置、中厚板车间及生产工艺过程、轧机压下规程制定、辊型设计；带钢热连轧机型式及其特点、带钢热连轧车间及生产工艺过程、轧制规程的制定方法、热轧双相钢的轧制工艺设计及控制；冷轧带钢工艺特点、轧机型式、冷轧生产工艺过程、压下规程的制定、冷轧硅钢片生产工艺；板带钢厚度及辊型控制；板带钢生产新技术。

【关 键 词】

中厚板，横轧法，纵轧法，轧辊强度，板形，热轧带钢，全连续式轧机，半连续式轧机，能耗法，双相钢，卷取温度，再结晶，辊型，加工硬化，润滑，张力，酸洗，退火，平整，硅钢，厚度自动控制系统，液压弯辊，高性能板形控制轧机

【章节重点】

本章应重点掌握中厚板轧机型式及布置方式、带钢热连轧机型式及其特点、热轧板带钢生产工艺过程、热轧板带钢轧制规程的制定方法；熟悉冷轧带钢工艺特点、冷轧生产工艺过程；了解影响板带钢轧制厚度的主要因素、板带钢厚度控制的方式、板带钢轧制新工艺及新技术。

5.1 中厚板生产

近代由于船舶制造、桥梁建筑、石油化工等产业的迅速发展，以及钢板焊接构件、焊接钢管及型材的广泛应用，因此需要大量宽而长的优质厚板，使中厚板生产得到很大发展。中厚板生产日益趋向合金化和大型化，轧机也向着重型化、高速化和自动化的方向发展。

5.1.1 中厚板轧机型式及布置

中厚板轧机从机架结构来看有二辊可逆式、三辊劳特式、四辊可逆式、万能式和复合式等几种型式；从机架布置来看，有单机架、顺列或并列双机架及多机架连续式或半连续式轧机等几种布置方式。

5.1.1.1 中厚板轧机

A 二辊可逆式轧机

二辊可逆式轧机如图5-1（a）所示，轧辊直径一般为800~1300mm，辊身长度达3000~5500mm，这种轧机的主要优点是轧辊可以变速可逆运转，因此可采用低速咬入、高速轧制来增大压下量以提高产量，并可选择适当的轧制速度以充分发挥电机的潜力，并且由于它具有初轧机的功能，故对原料种类和尺寸的适应性较大；但这种轧机辊系的刚性较差，而且不便于通过换辊来补偿辊型的剧烈磨损，故轧制精度不高。一般用作粗轧机或开坯机。

B 三辊劳特式轧机

它是由二辊式轧机发展而来，一般上、下轧辊直径为800~850mm，中辊直径为500~550mm，辊身长度为1800~2300mm，传动功率为1500~3000kW。这种轧机的主要优点是：（1）采用交流感应电动机传动以实现往复轧制而无需大型直流电动机，并采用飞轮来减小电机容量，这样就大大降低了建设投资。（2）可以显著降低轧制压力和能耗，并使钢板更易延伸。（3）由于中辊易于更换，因此便于采用不同凸度的中辊来补偿轧辊的磨损，以提高产品精度并可延长轧辊使用寿命。但三辊劳特式轧机因中辊是从动辊而降低了其咬入的能力，轧机前后升降台等机械设备也比较笨重、复杂，且辊系刚性也不够大，所以这种轧机不适于轧制精度要求高或尺寸规格厚而宽的产品。过去三辊劳特式轧机常用以生产4~20mm的中板，现在由于四辊轧机的发展，三辊劳特式轧机一般已不再兴建，但由于其投资少，建厂快，故在中小型企业中仍在继续使用。三辊劳特式轧机的轧辊配置如图5-1（b）所示。

C 四辊可逆式轧机

四辊可逆式轧机是现代应用最广泛的中厚板轧机，它集中了二辊轧机和三辊劳特式轧机的优点，既降低了轧制压力，又大大增强了轧机刚性，因此这种轧机适合于轧制各种尺寸规格的中厚板，尤其是适合轧制宽度、精度和板形要求较严的厚板。但这种轧机造价较高，故为节省投资我国有些工厂只将其用作精轧机。

四辊可逆式轧机有等直径的上、下工作辊和等直径的上、下支承辊（图5-1（c）），工作辊与支承辊的直径分别为700~1200mm和1100~2400mm，辊身长度为1200~5500mm。轧机大多驱动工作辊，轧机转速0~60~120r/min。

D 万能式轧机

万能式轧机是机前或机后具有一对或两对立辊的可逆式轧机（二辊式或四辊式），其轧辊布置如图5-1（d）所示。万能式轧机的优点是能轧制出齐边钢板，轧出的成品不需剪边，故降低了金属消耗，提高了成材率。

实践证明，立辊轧边只是对于轧件宽厚比$\left(\frac{B}{H}\right)$值小于60~70时起作用，例如，热连轧带钢粗轧阶段的轧制情况；而对于宽厚板轧机，则由于轧件宽厚比均大于60~70，立辊轧边时钢板容易产生纵向弯曲，这样不仅起不到轧边的作用，反而容易造成事故；并且立辊与水平辊难以实现同步运行（即满足金属秒流量相等），要实现同步

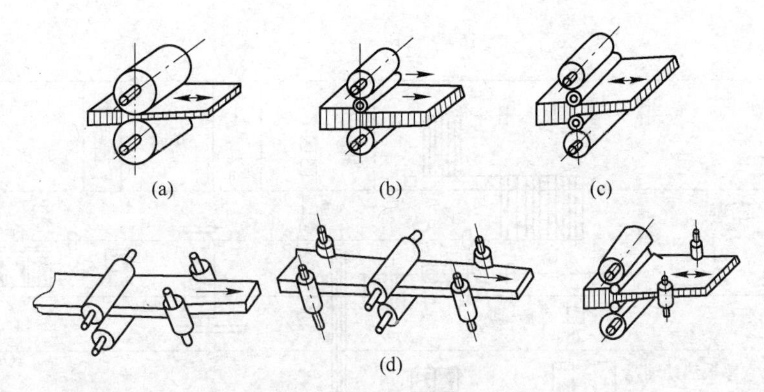

图5-1 各种中厚板轧机

(a) 二辊可逆式轧机；(b) 三辊劳特式轧机；(c) 四辊可逆式轧机；(d) 万能式轧机

必须增加电气控制装置，这样导致操作更复杂。

E 复合式轧机

复合式轧机是一种既能轧制中厚板又能轧制板带，甚至既能用作四辊又能用作二辊的轧机，它适用于产品产量不大而品种多样的工厂，但其结构复杂，投资效果差，故发展不大。

中厚板轧机有轧辊直径大、轧制压力极高、轧机刚性大、电机容量大、轧制速度高、轧制宽板的精度高等特点。

5.1.1.2 中厚板轧机的布置

早期的中厚板轧机均为单机架，其后发展为双机架、多机架布置。

A 单机架轧机

单机架布置的中厚板车间具有投资小、建厂快的特点，适用于产品的种类广且生产规模不大的中型钢铁企业。在当前中厚板生产中，单机架轧机仍有一定的使用量。

4200宽厚板轧机是我国自行设计、制造的，采用8.5~40t钢锭作原料，轧机是一台四辊万能式轧机，立轧辊尺寸为ϕ（900~1000）mm×1100mm，最大开口度为4200mm，最小开口度为800mm，允许最大轧制压力为7000kN；四辊轧机工作辊尺寸为ϕ950mm×4200mm，支承辊为ϕ1800mm×4200mm，允许最大轧制压力为42000kN，最大轧制力矩为2×2300kN·m，由两台2300kW的双电枢直流电机驱动工作辊，轧辊速度为0~2~4m/s，可轧制厚度为8~250mm、宽为3900mm、最长长度达27m的各种宽厚钢板。此外，它也可用钢锭作原料进行开坯生产，以满足本厂的板坯需要(图5-2)。

4200轧机轧出的钢板，经铡刀剪剪去头尾部后，送至布置于辊道两侧的两台铡刀剪组成的切边剪处，按要求剪去两边，该剪最大开口度为4200mm。然后钢板在冷床上进行在线冷却，当冷却至300℃以下时，经翻板检查后，进行精整加工，4200轧机生产车间可以在线对钢板进行常化处理，即由移送台架将钢板送入常化炉处理作业线，也可以采用离线进行热处理加工。该车间的设计能力为40万~60万吨。

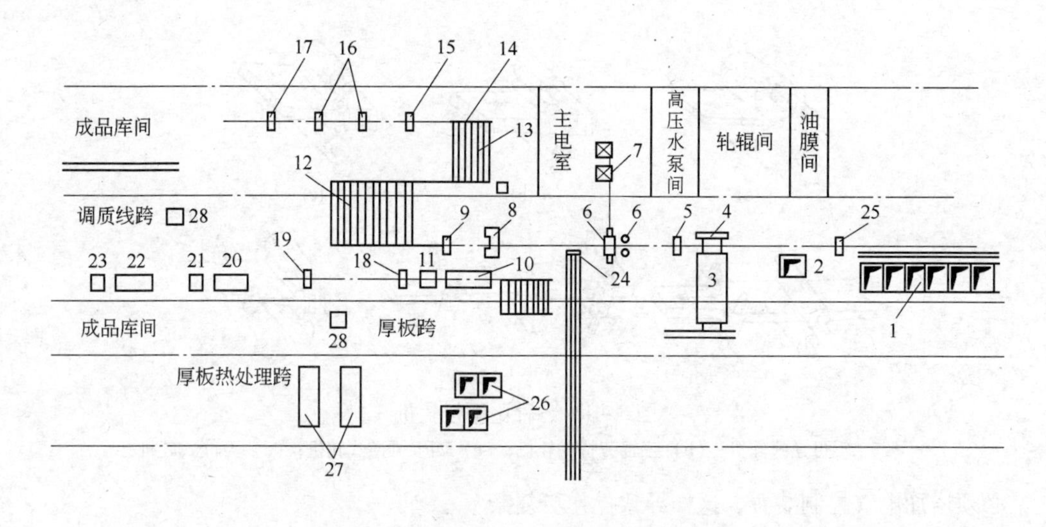

图5－2 单机座4200轧机特厚板车间图

1—均热炉；2—车底式炉；3—连续式炉；4—出料机；5—高压水除鳞箱；6—4200万能式钢板轧机；7—电机－电动机组；8—热剪；9—热矫机；10—常化炉；11—无压力淬火机；12—冷床；13—翻板机、检查修磨台架；14—辊道；15—双边剪；16—定尺剪；17—打印机；18—热矫直机；19—冷矫直机；20—淬火炉；21—淬火机；22—回火炉；23—回火机；24—收集装置；25—运锭小车；26—缓冷坑；27—外部机械化炉；28—翻板机

B 双机架轧机

双机架轧机是现代中厚板轧机的主要型式，它把粗轧和精轧两个阶段的不同任务和要求分到两台机架上去完成。其主要优点是：不仅轧机产量高，而且产品表面质量、尺寸精度和板形都比较好，并延长了轧辊使用寿命，减少了换辊次数等。双机架轧机的粗轧机可采用二辊可逆式、三辊劳特式或四辊可逆式；精轧机采用四辊可逆式。目前，我国以二辊粗轧加四辊精轧的型式和在原有的三辊劳特式轧机的基础上扩建改造为四辊精轧机的方案较为普遍。美国、加拿大采用二辊轧机加四辊轧机的型式较多，而欧洲和日本则大多采用四辊粗轧加四辊精轧的型式，它的优点是：粗、精轧道次分配较合理，产量高；使进入精轧机的来料断面较均匀，表面质量好；粗轧机可以单独生产，较灵活。但粗轧采用四辊轧机，为保证咬入稳定和传递扭矩，须加大工作辊直径，因而轧机结构笨重而复杂，投资也随之增加，所以究竟采用何种型式合适，须视具体情况而定。

图5－3所示为日本住友金属鹿岛制铁所厚板工厂的平面布置。该厂设有两座步进连续加热炉和室状加热炉。轧机采用四辊粗轧机加四辊精轧机的双机架布置，另有四辊可逆式热矫直机、步进式冷床、自动检查划线装置和打印机等设备。全厂面积187780m^2，年产量为192万吨。

2800双机座中厚板车间（图5－4）为我国所采用，该车间设计年产量为56万吨，产品规格为（4～50）mm×（1000～2600）mm×18000mm的碳素及合金中厚

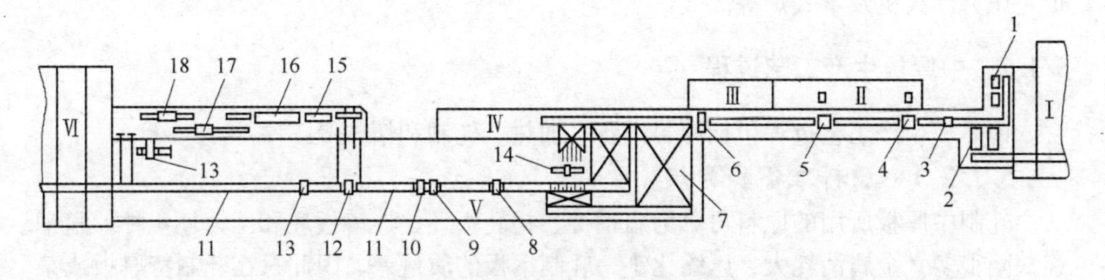

图5-3 日本住友金属鹿岛制铁所厚板工厂平面布置

Ⅰ—板坯场；Ⅱ—主电室；Ⅲ—轧辊间；Ⅳ—轧钢跨；Ⅴ—精整跨；Ⅵ—成品库；
1—室状炉；2—连续式炉；3—高压水除鳞机；4—粗轧机；5—精轧机；6—矫直机；7—冷床；
8—切头剪；9—双边剪；10—纵剪；11—堆垛机；12—端剪；13—超声波探伤设备；14—压力矫直机；
15—淬火机；16—热处理炉；17—涂装机；18—喷砂设备

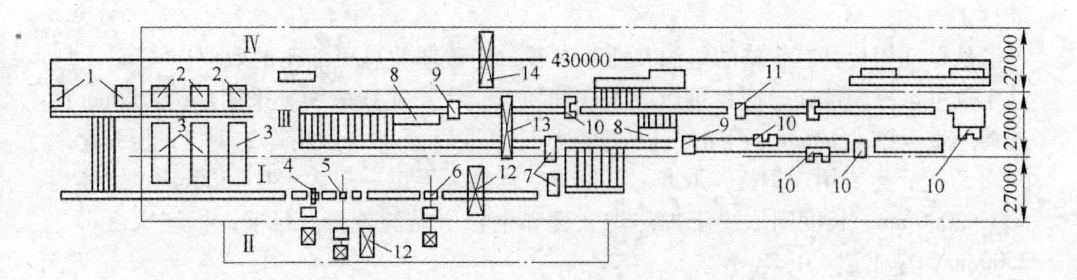

图5-4 2800轧机设备布置

Ⅰ—主跨；Ⅱ—主电室；Ⅲ—精整跨；Ⅳ—成品库；
1—上料装置；2—推钢机；3—加热炉；4—立辊轧机；5—二辊可逆式轧机；
6—四辊万能式轧机；7—矫直机；8—翻板机；9—划线机；10—铡刀剪；
11—圆盘剪；12—75/15t 吊车；13—20/15t 吊车；14—15t 吊车

板，所用坯料是尺寸规格为(115～250)mm×(1000～1550)mm×(1500～2500)mm，单重为750～7500kg的初轧坯。该车间有四段式连续端进端出加热炉3座，并预留有第4座加热炉的位置。加热炉炉宽为6.15m，炉长为30.3m，采用高压喷射式烧嘴和高炉—焦炉混合煤气。板坯出炉后，先经大立辊轧机（$D\times L=11000\times600$）轧边破鳞，同时用高压水（10MPa）除鳞，然后进入二辊可逆式粗轧机轧制（$D\times L=1150\times2800$）。该轧机电机功率为$2\times2.57\times10^3$kW，转速为0～30～60r/min。粗轧机轧到所需厚度后进入精轧机轧制。精轧机为四辊可逆式轧机，工作辊直径为800mm，支承辊直径为1400mm，辊身长度为2800mm，电机功率2.57×10^3kW，转速为0～60～120r/min。钢板经精轧后即送入热矫直机及冷床进行矫直和冷却，1号矫直机为9辊式矫直机，可矫直4～25mm厚的钢板，2号矫直机为7辊矫直机，可矫直15～50mm厚的钢板，矫直机前后有喷水冷却装置。经翻板检查后钢板根据不同规格分别进入两条精整加工线，厚度为4～25mm的钢板经圆盘剪剪边；厚度为25～50mm的钢板则由铡刀剪切边。为了生产合金及优质钢板，车间还设有热处理区，该区有辊底式常化炉、压力淬火机及罩式炉等。

5.1.2 中厚板生产工艺过程

中厚板生产工艺过程包括原料准备、加热、轧制和精整等工序。

5.1.2.1 原料准备和加热

轧制中厚板所用的原料可分为扁钢锭、初轧板坯、连铸板坯和压铸坯4种。扁钢锭缺陷很多，金属消耗大，压缩比小，轧制钢板的质量差，因此只在轧制特厚板或某些特殊钢时，以及在得不到板坯原料时才用扁钢锭。压铸坯的应用尚不普遍。初轧板坯因为可进行中间清理，且压缩比大，所以轧制钢板的质量好。连铸板坯正得到迅速推广，其总的金属消耗小，使轧材成材率比初轧板坯高2%～4%。选择原料的种类、尺寸和重量，不仅要考虑它对产量和钢板质量的影响（例如，考虑压缩比和终轧温度对性能质量及尺寸精度的影响），而且要综合考虑生产技术经济指标和生产的可能性。

从保证钢板具有合格的组织和性能来看，连铸坯的总压缩比的取值应该高一些，这不仅可以提高性能，而且可以改善表面质量。生产实践表明，采用厚为150mm的连铸坯生产厚度12mm以下的钢板较为理想。实际上，对一般用途的钢板，压缩比取6～8以上；重要用途钢板，取8～10以上。连铸坯厚度一般为180～300mm，宽度为800～2000mm，长度则取决于加热炉宽度和钢板所需的重量。目前，板坯宽度可达2500mm，单重达45t。

中厚板用的加热炉有连续式加热炉、室状炉和均热炉3种。室状炉和均热炉多用于加热特重、特厚及特短的钢锭和钢坯；连续式加热炉适用于品种少、批量大的生产。近年来兴建的厚板连续式加热炉多为热滑轨式或步进式。

加热温度的确定：对不同的钢种，其加热最高温度是不同的。最高加热温度是根据对金属塑性的影响以及可能出现过热、过烧等缺陷来确定的。另外，最高加热温度又受到终轧温度的限制。所以，一般最高加热温度较铁碳平衡图的固相线低100～150℃，终轧温度比奥氏体分解线高30～50℃；对于含碳量大于0.8%的过共析钢，终轧温度应低于奥氏体的分解温度线（ES线），以破碎二次渗碳体，来改善和提高钢的力学性能。

5.1.2.2 轧制

中厚板轧制的任务是轧出尺寸符合规格要求的成品钢板。轧制过程大致可分为除鳞、粗轧和精轧3个阶段。

（1）除鳞。完成加热的原料需清除其表面的氧化铁皮。目前，所采用的高压水除鳞箱及在轧机前后设置高压水喷嘴的除鳞方法都具有投资少、效果好的特点，它可以满足除鳞的要求因而被广泛采用。此外，还有投以竹枝、杏条、食盐等爆破除鳞的人工方法以及采用一台大立辊轧机轧边并加高压水除鳞的方法。高压水除鳞箱对普碳钢的喷水压力为12MPa，对合金钢则需17MPa以上，甚至有时高达20MPa。

（2）粗轧。粗轧的任务是将板坯或扁锭展宽到钢板所需的宽度，并进行大压下延伸，使其尽快地轧至钢板精轧前的厚度。为此，粗轧阶段有以下几种轧制操作方法：

1）纵轧法。所谓纵轧是钢板延伸方向与原料（坯、锭）纵轴方向相一致的轧制方法，当板坯宽度大于或等于钢板宽度时，可采用纵轧法轧制。这种操作方法的轧机产量较高，但由于金属始终沿一个方向延伸，使钢中偏析夹杂等呈条状分布，造成钢板组织和性能的各向异性，使横向性能（如冲击韧性）降低。

2）横轧法。所谓横轧是钢板延伸方向与原料纵轴方向相垂直的轧制操作方法，当板坯长度大于或等于钢板宽度时可以采用此法。横轧法可以减少钢板组织和性能的各向异性。

3）横轧—纵轧法（即综合轧制法）。横轧—纵轧法是先将板坯转90°进行横轧，将板坯宽度延伸至钢板所需的宽度，接着将板坯再转90°进行纵轧的轧制方法，这种轧制方法又称为综合轧制法，是中厚板轧制中最常用的方法。其优点是：板坯宽度与钢板宽度配合灵活，且可提高钢板横向性能，减少钢板的各向异性，因而它更适合于以连铸坯为原料的钢板生产；缺点是轧机产量有所降低。

（3）精轧。对于双机架轧机来说，第1台称为粗轧机，第2台称为精轧机，此时两个机架的轧制负荷分配应该比较均匀。单机架轧机开头几道次则为粗轧阶段，最后3～5道次为精轧阶段。粗轧的任务是展宽（控制宽度）和大延伸；而精轧的任务是控制钢板厚度、板形、性能和表面质量。

5.1.2.3 精整

厚板精整主要包括矫直、冷却、划线、剪切、检查及清理表面缺陷、热处理等工序。中厚板在轧制后必须立即进行热矫直，使板形平直。热矫直机有七辊、九辊、十一辊等几种，现在逐渐采用带支承辊的热矫直机。

冷矫直机一般是离线布置的，它可用作热矫后的补充矫直和合金钢板热处理后的矫直。

钢板矫直后送到冷床进行冷却。中厚板冷却的目的，既要获得较好的力学性能和金属内部组织结构，又要使钢板具有良好的工艺性能，因此，选择合理的冷却方式极为重要。中厚板的冷却方式有自然冷却和强迫冷却两种，大多数碳素钢板、低合金钢板采用在线自然冷却或喷水强迫冷却。对于高合金钢板和高碳钢板，可将热钢板堆垛起来，在空气中缓慢冷却。

钢板用冷床有卡爪式、花辊式、托辊链式和步进式4种结构型式。卡爪式冷床易使钢板与卡爪接触处发生弯曲变形，同时可能划伤钢板或产生黑印而造成冷却不均匀。步进式冷床最为理想，它保证钢板在前进中不会被划伤，整块钢板冷却均匀。

经矫直后冷却至150～200℃以下的中厚板，可进行检查、划线和剪切。翻板检查能对钢板上下表面进行检查，以判断钢板是否存在有划伤、压痕等缺陷，除表面检查外，还可采用钢板在线超声波探伤以检查钢板内部缺陷。划线可由人工划线和划线小车进行划线。划线小车安装在辊道上方，并可沿辊道方向滑行，其下方安装两对可升降的划线轮，其中，一对辊轮划纵线，一对辊轮划横线，辊轮间距可随意调整，当划线时，将辊轮放下与钢板接触，小车沿辊道滑行，轮中的颜色粉即在钢板上划出线条。

中厚板车间常用的剪切机有铡刀剪和圆盘剪两种。随着生产规模的扩大，钢板剪切设备性能和布置也做了很大改进。横切剪型式由铡刀剪和摇摆剪改进为滚切剪；纵切剪由连续双圆盘剪所替代。在剪切线布置上，设置双边剪和横切剪的联合机组。

5.1.2.4 中厚板热处理

热轧钢板热处理主要有常化、淬火加回火（调质处理）、退火及缓冷等。厚度为15～20mm以下的碳素钢板及低合金结构钢板多用常化处理，因为常化处理能得到较细小且均匀的铁素体晶粒及碳化物分布，所以可保证钢板具有较高的综合力学性能，而且常化处理的生产率较高，成本较低。钢板常化处理设备大多用辊底式常化炉。部分结构钢板的常化热处理工艺列于表5－1。

表5－1 部分低合金结构钢及碳素钢常化热处理工艺

钢 种	处理方式	温度/℃	时间/s·mm^{-1}	冷却方式
15MnTi等	常化	1～2段950～960 3～5段910～930	1.5	空冷
20Cr	常化	880～900	2	空冷
40Cr	常化	860～880	2	空冷
10、15、20	常化	880～900	2	空冷
25、30、35	常化	860～880	2	空冷
40、45、50、55	常化	840～860	2	空冷
16Mn、15Mn、16MnRE	常化	880～900	2	空冷

淬火加回火的调质处理是厚板常用的热处理方式之一，它使厚板具有较高的力学性能，特别是低温韧性更高了，例如，在低温（－20℃、－40℃）条件下，Q235A钢板常化后的冲击值提高不大，而经淬火加回火处理后，从轧后－40℃时的冲击值5J/cm^{2}提高到46～60J/cm^2。

某些合金钢中厚板为了消除白点、内应力和降低硬度，需进行退火、高温回火或缓冷处理。表5－2为某厂部分中厚板及卷板的退火、高温回火工艺制度。

表5－2 某厂中厚板及卷板退火、回火工艺制度

钢 种		工艺类别	装炉温度/℃	加热速度	加热炉温/℃	保温时间/h	冷却方式	去罩温度/℃	出炉温度/℃
中厚板	15MnMoVN、18MnMoNb	高温回火	—	不限	690^{-10}_{+40}	8～9	炉冷加空冷	550	<300
	14MnMo	高温回火		不限	690^{-10}_{+40}	8～9	炉冷加空冷	550	<300
	25、30、35、45、60	退火	任意	不限	580～600	2.5～3.0	空冷	580～600	不限
	5CrW2Si、6CrW2Si	高温回火	500	80～100℃/h	600±20	24	炉冷加空冷	150	不限

续表 5-2

钢种		工艺类别	装炉温度/℃	加热速度	加热炉温/℃	保温时间/h	冷却方式	去罩温度/℃	出炉温度/℃
卷板	16Mn、15MHVN	高温回火	任意	不小于4h	640~660	4	空冷	640~660	不限
	15MnTi	高温回火	任意	4~5h	500±10	1~2	空冷	500±10	不限
	65Mn、50Mn、20Cr	高温回火	任意	不小于4h	640~660	5	空冷	640~660	不限
	20CrMnSiA、25CrMnSiA	高温回火	任意	不小于4h	660~680	7	炉冷加空冷	550	不限
	30CrMnSiA、35CrMnSiA	高温回火	任意	不小于4h	660~680	9	炉冷加空冷	550	不限
	08、10、15、20、25 (<4mm)	不完全退火	任意	不小于4h	720~740	3	空冷	720~740	不限
	30、35、40、45、50 (<4mm)	不完全退火	任意	不小于4h	720~740	2	空冷	720~740	不限
	08、10、15、20、25 (≥4mm)	退火	任意	不小于4 h	550~580	3.5	空冷	550~580	不限
	30、35、40、45、50 (≥4mm)	退火	任意	不小于4 h	550~580	2	空冷	550~580	不限
	Q235A、Q235A-F、Q235B、Q215B、Q215B-F、Q235B-F	高温回火	任意	不小于4 h	660~680	3	空冷	660~680	不限
	1C、2C、3C	高温回火	任意	不小于4 h	660~680	3	空冷	660~680	不限

5.1.2.5 钢板质量检查

钢板质量检查根据国家、部颁或企业的产品技术标准和有关的生产协议进行，它包括钢板的尺寸和形状检查以及材质检查（拉伸、冲击、弯曲及其他力学性能检验和化学成分、晶粒及组织结构检验以及内部缺陷检验等）。

中厚板生产中，常见的缺陷有轧损、瓢曲、凹坑、鳞层、麻点及厚度不合格等，此外还有冶炼、铸锭带来的原料钢质缺陷。

钢板表面和断面不允许存在的缺陷有气泡、结疤、裂缝、压入氧化铁皮、夹杂、分层等，缺陷清理的要求在标准中也有规定。

钢板形状缺陷有单边波浪、中间浪和双边波动以及剪坏产生的缺陷（如剪斜、剪窄、剪短等）。钢板波浪形的产生由以下几个原因造成：一是辊缝凸度过小（辊型凸度过大），最后几道压下量分配不当，常出现中间浪形；二是由于辊缝凸度过大（辊型凸度过小），最后几道次压下量控制不当，常出现两侧波浪形；三是由于辊缝调整不当，一侧轴瓦磨损严重或送钢不正，造成钢板单边浪形；四是由于钢板温度不均匀产生浪形。

5.1.3 轧机压下规程制定

轧制中厚板，通常总是希望以最少的轧制道次轧出成品钢板。因此，合理的压下规程既要求充分发挥设备能力，提高轧机的产量，又要求保证钢板的质量，并且要使操作方便，设备安全。若要减少道次，就必须增大道次压下量，但最大压下量常受到一些条件的限制。

5.1.3.1 咬入条件的限制

轧制时轧件所允许的最大咬入角大小取决于轧辊直径和轧辊摩擦系数，而摩擦系数的大小与轧辊材质、轧制速度、轧辊与轧件的表面状态等有关。平辊轧制时，最大压下量为：

$$\Delta h_{max} = D(1 - \cos\alpha_{max}) = D\left(1 - \frac{1}{\sqrt{1 + f^2}}\right) \tag{5-1}$$

式中 D——轧辊直径；

f——摩擦系数；

α_{max}——允许咬入角。

根据实验资料，平辊热轧时允许咬入角与轧制速度之间的关系如下：

轧制速度/m·s^{-1}	0	0.5	1.0	1.5	2.0	2.5	3.5
允许咬入角度/(°)	25	23	22.5	22	21	17	11

在二辊可逆式粗轧机上，由于轧辊直径大、双辊驱动，并实行低速咬入，故二辊可逆式粗轧机的咬入条件不会成为限制道次压下量的因素，其实际允许咬入角可选22°~25°；连续宽板轧机的咬入角也可允许达到18°~20°；万能轧机由于有立辊的作用，允许咬入角可达到21°~22°，所以咬入角一般也不会成为限制因素。

5.1.3.2 轧辊强度条件

轧制钢板时，由于轧制压力大，轧辊强度往往是限制压下量的因素。轧辊能够承受的允许压力可由均布载荷的简支梁的弯曲力矩求得，此时按轧辊许用弯曲应力计算的最大允许轧制压力 P_{max} 由式（5-2）确定：

$$P_{max} = \frac{0.4D^3 \cdot R_b}{L + l - 0.5B} \tag{5-2}$$

式中 D, L, l——轧辊直径、辊身长度和辊颈长度，mm；

B——钢板宽度，mm；

R_b——轧辊许用弯曲应力，MPa，R_b 可按下表取值：

轧辊材质	一般铸铁	合金铸铁	铸钢	锻钢	合金锻钢
R_b/MPa	70~80	80~90	100~120	120~140	140~160

为了满足轧辊强度条件，由所选定的道次压下量 Δh_{max} 求得的轧制总压力 P 必须小于由轧辊强度所决定的最大允许压力，即

$$P = \overline{P} \cdot B \cdot \sqrt{R\Delta h} < P_{max} \tag{5-3}$$

式中 $\overline{P}$——平均单位压力，MPa；

B——钢板宽度，mm；

P_{max}——由轧辊强度决定的最大允许压力，kN。

故由轧辊强度所决定的最大允许压下量为：

$$\Delta h_{max} = \frac{1}{R}\left(\frac{P_{max}}{\overline{P} \cdot B}\right)^2 \tag{5-4}$$

在四辊轧机上，由于支承辊辊身强度很大，P_{max}还往往取决于支承辊辊颈的弯曲强度。按驱动辊辊颈的许用扭转应力计算的最大允许轧制压力为：

$$P_{max} = \frac{0.4d^3[\tau]}{\sqrt{R \cdot \Delta h}} \tag{5-5}$$

式中 d——驱动辊辊径直径；

$[\tau]$——轧辊许用扭转应力，取$[\tau] = (0.5 \sim 0.6)R_b$。

由于四辊轧机附加摩擦力矩很小，若忽略不计，则从轧辊辊颈强度出发近似可得最大允许轧制力矩M_{max}为：

$$M_{max} \approx P_{max} \cdot \sqrt{R \cdot \Delta h} = 0.4d^3[\tau] \tag{5-6}$$

由此可见，Δh取得越大，则轧制力矩越大，故粗轧道次压下量取值较大时一般应考虑最大允许轧制力矩的限制问题。在实际生产中，辊颈扭断的危险往往在粗轧道次中。

5.1.3.3 主电机能力的限制

主电机能力的限制，即电机过载和发热能力的限制。由道次压下量计算出轧制压力和力矩，来校验主电机过载和发热能力，即：

$$M_{max} \leqslant \lambda M_H$$

$$M_e = \sqrt{\frac{\sum M_i^2 t_i + \sum M_i'^2 \cdot t_i}{\sum t_i + \sum t_i'}} \leqslant M_H \tag{5-7}$$

式中 M_{max}——轧制周期内最大力矩，kN·m；

λ——主电机允许过载系数，直流电机$\lambda = 2 \sim 2.5$，交流同步电机$\lambda = 2.5 \sim 3$；

M_H——主电机额定力矩，kN·m；

M_e——等效力矩，kN·m；

$\sum t_i$——轧制周期内各段轧制时间的总和，s；

$\sum t_i'$——轧制周期内各段间隙时间的总和，s；

M_i——各段轧制时间所对应的力矩，kN·m；

M_i'——各段间隙时间所对应的力矩，kN·m。

5.1.3.4 钢板板形的限制

精轧阶段压下量对成品钢板的板形和尺寸精度有很大影响。若开始时粗轧道次压下量过大，则咬入困难，或不能很好除鳞，造成表面质量不好；精轧道次压下量过大，则钢板板形不好且尺寸精度差；若整个轧制过程的压下量分配不当，则导致终轧温度过高或过低，从而影响成品钢板的力学性能。为获得良好的板形和尺寸精度，一般要求精轧阶段的最终几道给以小压下量，但必须大于临界变形量，以防止晶粒粗化，使钢板性能下降。

5.2 热连轧带钢生产

热轧带钢是通用性钢材，被广泛用于国民经济各部门。热轧带钢按宽度尺寸分为宽带钢及窄带钢两类，宽度在700～2300mm的带钢为宽带钢，由于此宽度及卷重较大，所以在大型带钢厂连轧机上生产，其用途主要用于汽车、拖拉机、机械制造业，船舶建造业，焊管，桥梁，锅炉制造及冷轧原料等。一般宽度在50～250mm的带钢为窄带钢，多作为焊管、冷弯型钢冷轧带钢的原料或用于建筑、轻工（自行车、缝纫机、文教用品、小五金等）、机电（电机、仪表、工具、刃具等）等部门。生产热轧带钢在国外多采用连续式轧机，而我国目前有横列式、纵列式、连续式和行星式等多种型式轧机。随着“四化”建设发展对热带钢提出新的要求，国家新建和扩建连轧生产规模以满足国民经济的需要。

热连轧机生产的热轧宽带钢厚度为1.2～16mm（或0.8～25mm），自从1924年第1台带钢热连轧机投产以来，连轧带钢生产技术得到很快的发展，特别是1960年后，由于可控硅供电电气传动及计算机自动控制等新技术的发展，以及液压传动、加速轧制、层流冷却等新设备新工艺的采用，使热连轧的发展更为迅速。我国在2800/1700mm带钢热连轧基础上又新建了具有现代工艺水平的1780mm、2250mm的带钢热连轧机组并采用了最新的设备和工艺。

连轧生产的发展趋势特点是：

（1）提高轧制速度。1980年精轧出口速度一般为3～10m/s，采用升速轧制后，现已普遍超过20m/s，最高可达30m/s。

（2）采用连铸并进一步加大卷重。过去卷重一般为5～10t之右，目前则超过15t，一般为20～30t，最大达到43t。单位宽度卷重已由3kg/mm加大到目前的35kg/mm；为了加大卷重，主要通过增大坯料的厚度来加大卷重，因而在轧制时增加了板坯总伸长率，导致了粗轧机的架数增加及组成变化。考虑到进精轧机的板坯不能过长（过去为20～40m，现已加大到120m），以免温降过大，所以必须加大带坯重，这也使得精轧机架数增多，一般由6架改为7～8架。

（3）扩大产品规格范围。产品厚度已扩大到0.8～20mm，特别是由于厚壁螺旋焊管生产的发展，促进了热轧带钢向大厚度、大宽度、高强度发展。

（4）加大主电机功率。改进的2050轧机的总功率，已增至15万千瓦。

为了减小非生产时间，加强了加热炉前后、卷取机前后及带钢氧化铁皮清除的机械程度，通过弧形刀刃剪切头以减少冲击改善咬钢条件，并采用快速换辊和层流冷却的方法，使作业率由70%提高到85%以上。

（5）采用新工艺，包括：

1）充分利用大立辊和粗轧机座前小立辊，加工侧边，控制宽度；

2）恒定小张力轧制，稳定了精轧机组宽展量，使得粗轧机组的立辊系统能在计算机控制下实现带钢宽度控制，从而提高了成品厚度和宽度的精度；

3）加速轧制、张力卷取等，此外，如初轧或连铸后进行热装和直接连轧，采用工艺润滑及不对称轧制工艺等。

（6）采用计算机综合控制，采用各种 AGC 系统和液压弯辊装置。精轧机的工作辊直径已增至 800mm 以上，提高了轧辊刚性，从而提高厚度和板形控制能力；采用加速轧制和层流冷却工艺，以控制终轧和卷取温度，提高厚度精度达到 ±0.05mm，终轧和卷取温度控制在 ±15℃以内，使带钢的组织性能大为提高。

目前，世界由热连轧机生产的板带钢已达板带钢总产量 80% 以上，占总钢材产量的 50% 以上，产品已达到优质、高产和低成本的要求，因此热连轧带钢生产已成为轧钢生产的主流。

5.2.1 带钢热连轧机型式及其特点

现代带钢热连轧机的精轧机组大都是由 6～8（或 6～9）架四辊机架组成，但粗轧机组的组成和布置却不相同，这种不同反映了各种型式的特点。图 5－5 为几种典型轧机的粗轧机组成布置型式示意图，带钢热连轧机主要分为全连续式、半连续式和 3/4 连续式三大轧机形式。

5.2.1.1 全连续式轧机

粗轧机组由 5～6 个机架组成，每架轧制一道，全部为不可逆式，大都采用交流电机传动，轧机产量可高达 300 万～600 万吨/年，适于大批量单一品种生产。其操作简单、维护方便，但设备多、投资大、生产流程线或厂房长度较长，另外粗轧机生产能力与精轧机不相平衡。

为了减少粗轧机机架数，出现所谓空载返回连续式轧机，即第 1 或第 2 架设计成下辊利用斜楔自由升降，借以实现空载返回再轧一道，以减少轧机的数目。

5.2.1.2 3/4 连续式

3/4 连续式是为了充分利用粗轧机提高轧机利用率，也为了减少设备和厂房面积节约投资，而广泛发展起来的一种新型式。3/4 连轧在粗轧机组内设置 1～2 架可逆式轧机，粗轧机由 6 架减到 4 架，可逆式轧机可放在第 2 架或第 1 架，放在第 2 架的优点是大部分铁皮可除去，使辊面和板面质量好，但换辊次数比放在第 1 架时的多 2 倍，所以目前倾向放在第 2 架并采用四辊可逆式。总之，3/4 连轧优点是设备少，厂房短，总投资少 5%～6%（与全连轧比较），生产灵活性大，但可逆式轧机操作维修复杂，耗电量也较大。对于年产量在 300 万吨左右的带钢厂，采用 3/4 连轧较适宜。

5.2.1.3 半连续式

半连续式轧机有两种形式，图 5－5（c）中粗轧机组由一架不可逆式二辊破鳞机架和一架四辊可逆式机架组成，主要用于生产成卷带钢。图 5－5（d）中粗轧机组是由两架可逆式轧机组成，主要用于复合半连续轧机，设有中厚板加工线设备，既生产板卷，又生产中厚板。粗轧阶段道次可灵活调整，设备和投资都少，适用于产量不高，产品品种范围较广的情况。

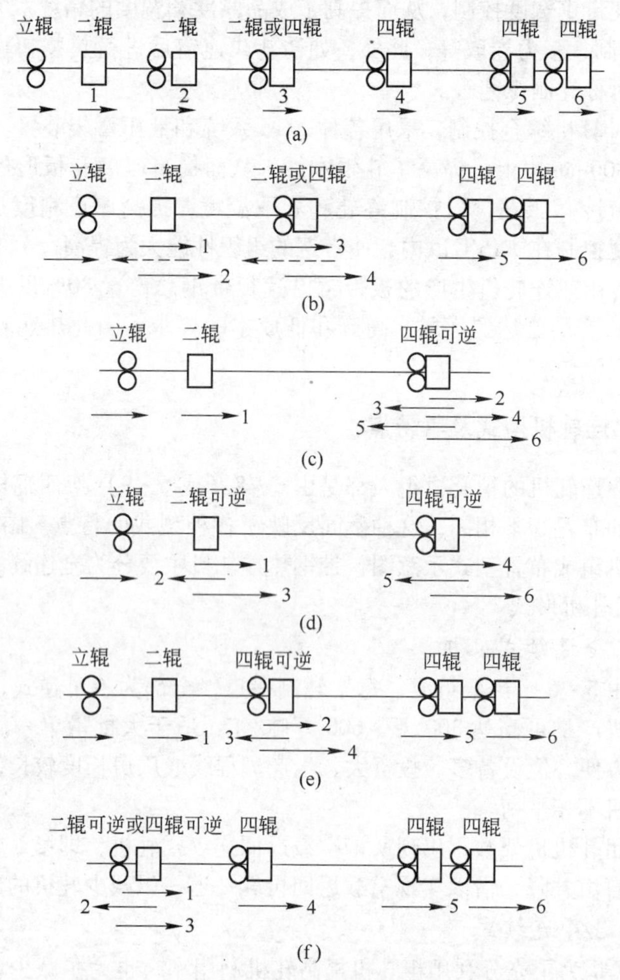

图 5－5　粗轧机组轧制六道时典型的布置型式

（a）连续式；（b）空载返回连续式；（c），（d）半连续式；（e），（f）3/4 连续式

粗轧机组第 1 架一般选用大辊径二辊轧机，它可以用大道次压下量，满足工艺要求，随着轧件变薄，温度下降，采用具有大支承辊的四辊轧机，使轧机刚性增大，弹性变形减小，既能保证足够压下量，又能保证良好板形。因此，粗轧机组第 1 架后的其他轧机大多数采用四辊轧机或四辊万能轧机。

粗轧机的轧辊直径，在二辊轧机上一般为 1100mm 和 1270mm，为改善咬入条件，有的将轧辊直径增大到 1400mm。四辊轧机的工作辊直径一般为 900 ~ 1200mm，支承辊直径通常与精轧机相同，多为 1350 ~ 1570mm，最大可达 1700mm。对于可逆式粗轧机，还要求有较大的开口度和较高的压下速度，粗轧机的出口速度一般为 2 ~ 4.5m/s，最大可达 5.5m/s。粗轧机的主电机对于不可逆轧机来说，一般采用同步电动机，对于可逆式轧机来说，则采用直流电机。

粗轧机组中所有四辊万能机架，其前部带小立辊，用以控制板带卷的宽度并使轧件对准轧制中心线。由于立辊与水平辊形成连轧关系，为了补偿水平辊辊径变化及适应水平辊压下量的变化，立辊必须能调速。随着板卷重量和板坯厚度的增加，需要增加道次压下量，为此增大电机功率和轧辊直径，以提高咬入能力和轧辊扭转、弯曲强度。

5.2.2 带钢热连轧车间及生产工艺过程

带钢热连轧生产作业线，按生产过程划分为加热、粗轧、精轧及卷取四个区域，另外还有精整工段，其中设有横切、纵切和热平整等专业机组，可根据需要进行热处理。带钢热连轧生产流程、主要工序如图 5-6 所示。

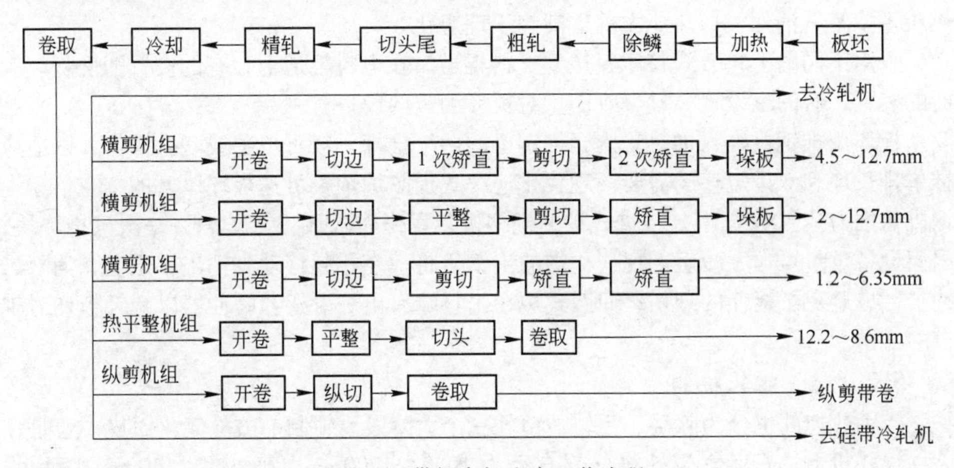

图 5-6 带钢车间生产工艺流程

5.2.2.1 原料准备

连轧机采用初轧坯或连铸坯为原料，由于连铸坯的优点，加之物理化学性能比初轧坯均匀，且便于增加坯重，故近年来逐渐增大连铸坯的比重，个别厂已达 100%。带钢连轧机板坯厚度一般为 150~250mm，多数为 200~250mm，最大达 300~350mm。近代连轧机完全取消了展宽工序，以便加大板坯长度，采取全纵轧轧制法，板坯宽度约比成品宽度大 50mm，其长度主要取决于加热炉的宽度和所需坯重，一般长度为 9~12m，最长可达 15m。

板坯重量直接决定单位卷重，目前板坯最大重量达 45t，今后有增大的趋势，在现代化轧机上，最大单位卷重已达 27~36t/m。增加卷重可以显著提高轧机的产量和收得率，但也必须加大机械设备尺寸、增加机架数量并加大机座间距。为了避免温降和头尾温差过大，必须提高轧制速度，因而增加了主电机的功率。板坯在加热前要消除表面缺陷，在一般板坯初轧机上常设火焰清理机对一般钢种板坯进行全面清理，对缺陷较深的板坯，尚需进行局部修磨清理，以清除较深的缺陷，某些对温度敏感的钢种，还要在热状态下进行局部修磨。

5.2.2.2 板坯加热及设备组成

板坯加热设备一般由3～5座连续式或步进式加热炉组成，加热温度为1250～1280℃。连续式加热炉的优点是建造费用较低，燃料、动力消耗较少，机械设备简单、便于维护；缺点是板坯在加热中产生局部底面划伤、黑印，板坯厚度差不能过大，均热时附带氧化铁皮多，停炉检修时炉内板坯排空困难及炉子长度受板坯最小厚度的限制等。

步进式炉，由于板坯在炉内无滑动，板坯间保持一定间隙，步进机构动作可灵活变更，因而基本上消除了连续加热炉的缺点，同时扩大了生产能力。目前，步进式炉炉底强度一般可达700～800kg/(m^2·h)，最大产量可以达到420t/h。现代加热炉均为多段式，各段可单独调节轧制的温降。采用电子计算机自动控制的加热炉，板坯加热质量、燃料消耗、加热能力等逐渐趋于理想化。

采用不同的上料方式将原料送到上料辊道，在上料辊道上，有的设置清洗板坯表面的装置，有的也设置称量、打印、对板坯测重的设备。

板坯用推钢机推入加热炉内，推钢机的两个推杆一般可单独或联合操作，以适应推单排长坯和双排短坯的需要。现代化连续式加热炉炉长可达板坯厚度的280倍，推钢机的推力达400t以上。步进式炉的推钢机只用来将板坯推入炉内，一次只推一块，因而设备重量可大大减轻。现代化炉的出钢机将板坯托起移动到输出辊道上，消除了冲击，也避免了板坯的划伤；而旧式炉在出料端有出炉滑架和缓冲器以减轻板坯对辊道的冲击。

5.2.2.3 粗轧机组

带钢热连轧也分为除鳞、粗轧、精轧三个大阶段。轧制前破除氧化铁皮一般是在大立辊轧机上进行，立辊轧机轧辊直径为1000～1200mm，压下量为50mm或稍大。大多数立辊轧机都由一台1000～1500kW的同步电机传动，轧制速度为1～1.25m/s，除破碎一次氧化铁皮外，还起控制和调节板宽的作用。近年来，由于板坯厚度的增加和连铸坯宽度规格的限制，有采用加大立辊总压下量（可达150mm）以改变板材宽度的做法，因而需要提高机架强度。大立辊轧机的进口处设有侧导板，轧机前或后设有高压水除鳞装置，用12～15MPa的高压水除鳞。为保证轧材质量，目前各粗轧机架前都有高压水喷嘴，以去除再生氧化铁皮。

板坯的开轧温度为1180～1220℃，在粗轧机组上轧制5～7道次，可将厚度为120～300mm的板坯轧成厚20～40mm的带坯，总延伸系数（H/h）为8～12。

粗轧机组的任务是将板坯轧成符合精轧机组所要求的带坯。其质量要求是：(1) 表面清洁，彻底清除一次氧化铁皮；(2) 侧边整齐，宽度符合要求尺寸；(3) 带坯厚度达到精轧机组的要求，为此粗轧机组，应尽量用大压下量，一般要完成总变形量的70%～80%。

粗轧机组型式如前所述根据需要在建厂时确定。粗轧机组到精轧机组的中间辊道的长度取决于带坯长度和操作制度，一般为73～137m左右，辊道的速度随工艺要求而改变；当轧件由末架轧机轧出时，辊道速度与轧机同步；当轧件尾端出轧机后，辊道速度立即下降到与切头飞剪速度相适应；当轧件离开辊道后，辊道速度应上升到与轧机同步的速度。辊道可分段控制，在中间辊道上，大都设有废品推出机和废品台架，以处理轧废的带坯，也有的厂装设废品剪切设备进行处理。此外，在粗轧机组最后一个机架后面，设有测厚仪、测宽仪及测温装置以获得必要的精确参数，以便作为计算机对精轧机组进行的前馈控制和对粗轧机、加热炉进行反馈控制的依据。随着单位卷重的增加和精轧机组速度的提高，为了控制轧件的终轧温度，必须在中间辊道上设置保温和冷却装置，以便对薄带坯进行保温，对较厚坯进行冷却，以获得理想的终轧温度。

5.2.2.4 精轧机组

精轧机组布置如图5－7所示。带坯在进入精轧机之前，首先要进行测温、测厚并接着用飞剪切去头部和尾部，切头目的是为了去除由于前端的温度过低引起的辊面压痕和轧件辊印划伤等缺陷，并防止“舌头”、“鱼尾”卡在机架间的导卫装置或辊道缝隙和卷取机缝隙中，有时还要切去后端，以防后端的“鱼尾”或“舌头”给卷取及其后的精整工序带来的困难。飞剪的剪切速度一般在2m/s以下，切头、切尾长度在0.5m以内。飞剪一般采用曲柄式或滚筒式，曲柄式飞剪剪切厚度最大可达60mm，而滚筒式飞剪剪切速度较高而且能设置两对以上的刀片，刀片为弧形或人字形，以减轻轧件咬入轧辊时的冲击。当要求切头、切尾时，最好采用带两对弧形刀片的滚筒式飞剪，一对切头，一对切尾，且刀片对数不宜过多，以免增大电机容量。一般希望切头时飞剪的剪切速度略高于带钢速度，而切尾时略低于带钢速度，以使切下的头尾不致落在带坯上。带钢坯切头后，即进行除鳞，现代轧机已取消二辊破鳞机，只在飞剪与第1架轧机间设置高压水除鳞箱以及在精轧机前几架之前设高压水喷嘴消除次生氧化铁皮，水压为12～15MPa。除鳞后带钢坯进入精轧机轧制，精轧机一般由6～7架四辊轧机组成连轧，近年来，精轧机有发展到8～9架连轧的趋势。这样做一是可以扩大成品品种，生产0.8～1.0mm的带卷；二是可以增大进入精轧机组的带坯厚度，将厚度增至35～40mm以上，由此也提高了精轧机组的出口速度。

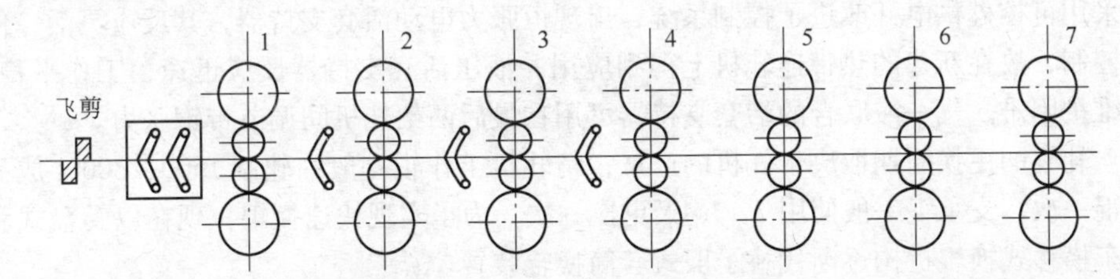

图5－7 精轧机组布置简图

轧机的最大出口速度普遍在20m/s以上，最高可达30m/s。过去精轧机速度的提高，主要受穿带速度及电气控制技术的限制。为了防止事故，穿带速度不能太高，并且在轧件出末架后入卷取机前，轧件运送速度也不能太高，以避免带钢在辊道产生飘浮，所以在20世纪60年代前轧制速度始终得不到提高。随着电气控制技术的发展，出现了升速轧制、层流冷却等新工艺、新技术后，轧钢厂采取了低速穿带再与卷取机同步升速的方法来进行高速轧制，才使轧制速度大幅度提高。总之，由于采取升速轧制，可使终轧温度控制得更精确并且使轧制速度大为提高，因此现在末架的轧制速度一般已由10m/s左右，提高到24m/s，最高可达28m/s，甚至可达30m/s。

为适应高速轧制，必须有相应地速度快、准确性高的压下系统和必要自动控制系统，才能适应轧制中及时而准确地调整各项参数变化的需要。精轧机压下装置有电动压下和液压压下两种，其中液压压下的优点是调节速度快、灵敏度高、惯性小、效率高、其响应速度比电动压下快7倍以上，因而被逐渐采用。但由于其维护较困难，控制范围又受到液压缸的活塞杆的限制，所以有的轧机将液压与电动压下结合使用，以电动压下为粗调，液压压下为精调。

为了灵活控制辊型和板形，现代精轧机上设有液压弯辊装置，以便根据情况实行正弯辊或负弯辊。

在精轧机组各机架之间设有活套支持器，如图5-8所示。其作用一是缓冲金属流量的变化，给控制调整留下时间，并可防止成叠进钢；二是调节各机架的轧制速度以保持连轧常数，当各项工艺参数产生波动时发出信号和命令，快速进行调整；三是带钢能在一定范围内保持恒定小张力，防止因张力过大引起缩颈现象，造成宽度不均甚至拉断。另外，精轧最后几个机架间的活套支持器，还可以调节张力，以控制带钢厚度。因此，精轧要求活套支持器动作反应快，能自动进行控制，并能在活套变化时始终保持恒张力。活套支持器有电动、气动、液压及气—液联合的4种。过去的电动恒力矩活套支持器的缺点是张力变化大、动作反应慢、控制系统复杂；但近来由于采用可控硅供电并改进了控制系统，出现恒张力电动活套支持器，其反应灵活，便于控制，故在新建的热带连轧机上得到应用。液压活套支持器反应迅速，工作平稳，但维护困难。气—液联合的活套支持器可用在最后两架轧机间调节带钢张力。

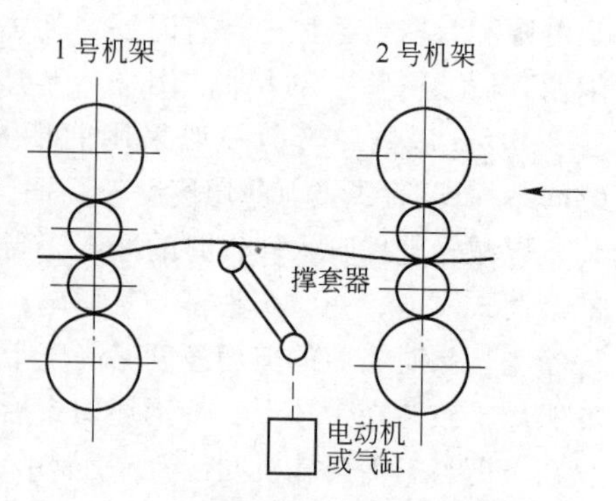

图5-8 活套支持器工作状态示意图

轧辊的更换周期取决于轧机的产量，精轧机工作辊一般约轧制1500~3000t成品换辊一次，支承辊一般使用7~15天更换一次。为了实现快速换辊，现在以转盘式和小车横移式换辊机构逐渐代替了旧式套筒换辊装置。

为使带钢厚度及力学性能均匀，必须调整轧机出口速度以控制终轧温度，使带钢首尾保持一定的终轧温度，而在机架间设有喷水装置也可对控制终轧温度起一定作用。

精轧入口和出口处设有温度测量装置，精轧后设有测宽仪和X射线测厚仪。测厚仪与轧机架上的测压仪、活套支持器、速度调节器及厚度自动调节装置组成厚度自控系统，用来控制带钢厚度精度。

5.2.2.5 轧后冷却及卷取

精轧机高速轧出的带钢经过120～190m长的输出辊道，在数秒内由850℃左右急速冷却到600℃左右，然后卷成板卷，再被送去精整加工。

由于轧速高，因此必须在5～15s内急冷到卷取温度，而为了保证热带的组织性能也要求带钢有低的卷取温度和高的冷却速度，为此近代出现了高冷却效率的层流冷却法，层流冷却系统的应用，为计算机控制卷取温度创造了前提。经过冷却后的带钢即被送往2～3台的地下卷取机卷成板卷。由于焊管的发展，要求生产16～20mm甚至22～25mm的板卷，而目前卷取的带钢厚度已达20mm。带钢厚度不同，冷却所需的输出辊道长度也不同，因此目前有的轧机除考虑在末架精轧机190m处装设3台厚板卷取机外，在60m处再装设2～3台近距离卷取机，用以卷取厚度2.5～3mm以下的带钢，另外也有的轧机只在120m处设置了3台标准卷取机。卷取后的板卷经卸卷小车、翻卷机和运输链运往仓库，作为冷却原料或热轧产品，之后再继续精整加工。

5.2.3 轧制规程的制定方法

轧制制度主要包括压下制度、速度制度、温度制度、张力制度、辊型制度等，其中主要是压下制度和辊型制度，而制定压下规程时必然要涉及速度、温度、张力制度等。带钢热连轧的压下规程由粗轧机组与精轧机组两部分的规程组成。粗轧机组由于基本上采用多机连续轧制，故压下规程制订方法与中厚板基本相似，各机架压下量一般是按经验分配。

5.2.3.1 粗轧机组变形量分配

由于板坯温度高、厚度大、塑性好，因而给以大压下量。一般在粗轧机组上的变形量，约能完成总变形量的70%～80%以上，总延伸系数（H/h）可达8～12，这样可减少能耗，并减轻了精轧机组的负担。逐道变形量的分配可参考如下：

根据精轧所要求的轧制温度，决定带坯在粗轧机组中的轧件轧制厚度，如7架精轧机组要求带坯温度较6架者高，带坯厚度也较大。

当板坯厚度为已知时，可适当根据经验逐道选择压下量，最后一道轧完即得到粗轧机组所轧带坯的厚度，但所选定的压下量还有待根据轧机的具体条件，进行设备强度、主电机过载及发热条件的校核，最后再确定或修正。

表5-3为3组总延伸系数为8的压下量分配方案，表5-4为1组总延伸系数为10的压下量分配方案。

表5-3 粗轧机组压下量分配方案（总延伸系数8）

粗轧道次	$(\Delta h/H)$/%	$H=304.8$mm，$h=38.1$mm		$H=254$mm，$h=31.75$mm		$H=203.2$mm，$h=25.4$mm	
		Δh/mm	h/mm	Δh/mm	h/mm	Δh/mm	h/mm
0	—	—	304.8	—	254	—	203.2
1	16.7	50.8	254	42.42	211.58	33.78	169.42
2	22.5	57.15	196.85	47.50	164.08	38.10	131.32

续表 5-3

粗轧道次	$(\Delta h/H)$/%	$H=304.8$mm，$h=38.1$mm		$H=254$mm，$h=31.75$mm		$H=203.2$mm，$h=25.4$mm	
		Δh/mm	h/mm	Δh/mm	h/mm	Δh/mm	h/mm
3	30.7	60.33	136.53	50.29	113.79	40.39	90.93
4	35	47.63	88.9	39.8	73.91	31.75	59.18
5	35.6	31.75	57.15	26.41	47.5	21.08	33.1
6	33.3	19.05	38.10	15.75	31.75	12.70	25.40
总延伸系数		8		8		8	
总相对压下量/%		87.5		87.5		87.5	

表 5-4 粗轧机组压下量分配方案（总延伸系数 10）

粗轧道次	$(\Delta h/H)$/%	$H=254$mm	$h=25.4$mm
		Δh/mm	h/mm
0	—	—	254
1	20	50.8	203.2
2	25	50.8	152.4
3	33	50.8	101.6
4	40	40.6	61.0
5	37.5	22.9	38.1
6	33	12.7	25.4
总延伸系数		10	
相对压下量/%		98	

当粗轧机组的最后两架为连轧时，必须调节最后一架轧机的轧制速度，以保证其连轧常数。

5.2.3.2 精轧机组（连轧）变形量分配

连轧机组的压下规程是轧制规程的中心内容，即合理分配各架的压下量，确定各架实际轧出厚度，同时确定速度制度及温度制度。

（1）连轧机组分配各架压下量的原则。其原则一般也是充分利用高温的有利条件，将压下量集中在前几架，对于薄规格产品，在后几架轧机上，压下量逐渐减少，以保证板形、厚度精度和表面质量；但对于厚规格产品，后几架压下量不宜过小，否则不利于保证板形。

在具体分配压下量时一般有如下考虑：1）第 1 架由于考虑带坯厚度可能的波动和可能产生的咬入困难，因此压下量略小于最大压下量；2）第 2、3 架给予尽可能大的压下量，以充分利用设备能力；3）以后各机架逐渐减小压下量，到最末一架一般在 10%～15% 左右以保证板形、厚度精度及性能质量。

下面列出精轧机组压下量分配数据及成品与带坯厚度关系。

精轧机组逐道变形量的分配，在不同条件下用以下两种方法确定：

1）当只有已知成品厚度时，可按轧制顺序，根据表5-5选定压下量，算出所需带坯的厚度。

表5-5 精轧机组压下率分配经验数据

精轧机座号	1	2	3	4	5	6
$(\Delta h/H)$ /%	30~50	30~45	25~35	20~30	15~25	8~15

2）当带坯与成品厚度均已知时，即其总压下量为已知时，可以逐道分配绝对压下量，再换算成相对压下量按表5-6所列数据校核，按上述方法确定的压下量，再经过轧辊强度与主电机负荷的核算，才能做最后确定。

表5-6 国内早期所建机组压下率分配经验数据

精轧机座号	1	2	3	4	5	6	7
$(\Delta h/H)$（6机架）/%	40~50	40~45	34~40	30~35	25	15	25~28
$(\Delta h/H)$（7机架）/%	41~50	42~50	35~48	32~38	29~31		10~16

（2）制定连轧机组压下规程的方法一般有两种：一是经验法，即用现场经验数据来分配各架压下率或厚度；二是能耗负荷分配法简称能耗法。经验法见表5-7。

表5-7 成品与带坯厚度举例

成品厚度/mm	1.20	1.27	1.65	2.05
板坯厚度/mm	35	31.75	25.4	28.1
总延伸系数	29.2	25	15.4	18.8

能耗法是从电机能量（功率）合理消耗的观点出发，按经验能耗资料推算出各架压下量的一种合理的方法。因为现代轧机强度日益增大，轧制速度日益提高，电机功率成为提高生产能力的限制因素，因而按电机功率合理安排分配是最根本的方法。

5.2.3.3 精轧机组速度分配原则

当各架轧机的轧出厚度确定后，还要按秒流量相等原则，进一步确定各架轧制速度。精轧机速度 v_n 选定后，式中连轧常数 $C = h_n v_n (1 + S_n)$，相应各机架的轧制速度为 $v_i = \dfrac{C}{h(1+S_i)} \cdots v_{n-1} = \dfrac{C}{h_{n-1}(1+S_{n-1})}$。

5.2.4 热轧双相钢的轧制工艺设计及控制

汽车作为公路运输的重要手段和人类最便捷的交通工具，如今已进入社会经济生活的各个领域，发挥着难以代替的巨大作用，汽车制造业也与机械、电子、石油、化工及建筑业一样，成为国民经济最主要的产业之一，汽车的人均占有量在一定程度上反映社会经济繁荣和生活质量水平。自20世纪70年代末期以来，减轻车重、降低能耗的发展需求促进了高强度钢板在汽车工业中的广泛应用，并取得了显著效果。目前汽车工业发达的国家使用高强度钢板的数量已经达到了钢板总量的30%，使用的高强度钢板已形成不同强度级别的品种系列。低合金强度钢，特别是其中的微合金化钢，是近三十多年来发展最迅速、最富活力的钢类之一，被广泛用于工程结构和汽车构件。低合金强度钢既有高强度、高韧性，又有良好的可焊性、成型性、耐蚀性、耐磨性，它的发展得到了国内外广大冶金材料科技工作者的极大关注。

世界上主要发达国家汽车工业的发展，尤其是轿车生产的迅速发展，产生了两个主要问题：一是汽车数量增多，车速提高，车祸增多，因此要求有较高的汽车安全性保证，重要措施之一是汽车构件要显著增强；二是能源紧张，因此要求汽车降低油耗、节约能源，而降低油耗的一个重要方法是减轻汽车自重，即使汽车轻量化。减轻汽车自重要求汽车工业采用高强度的新材料，而双相钢（Dual Phase Steel）因为满足了汽车减重的要求，所以已被广泛地用于制造汽车加强板、联轴器加强体、轮盘、保险杠等构件。

双相钢是指低碳钢或低碳合金钢经过临界区热处理或控制轧制工艺而得到的，主要由铁素体（F）+少量（体积分数小于30%）马氏体（M）组成的先进高强度钢（AHSS，Advanced High - Strength Steel）。它是低合金高强度钢的一个重要分支，也称马氏体双相钢，是20世纪70年代中期发展起来的一种新材料。双相钢的研究与应用，是低碳合金领域的重大发展之一。双相钢因具有良好的强塑性匹配及冷变形性能，所以被应用于汽车冲压件，它符合汽车材料轻量化、高性能、安全、环保、节能的发展主题，正日益受到人们的重视。

采用合适的化学成分，控制轧制和冷却工艺，可以直接热轧成双相钢钢板或带钢。目前，普遍采用的工艺是控制带卷的卷取温度，即将热轧钢材的终轧温度控制在两相区的某一范围，然后快速冷却，通过控制最终形变温度及冷却速度的方法获得铁素体+马氏体（或贝氏体）双相组织。

该生产工艺又分为两类：一是中温卷取型热轧法，即在通常的终轧及卷取温度下获得双相组织，这种轧制方法的卷取温度为500～600℃；二是低温卷取型热轧法，即极低温线材或钢带在M_s点以下进行卷取，以获得双相组织。低温卷取型热轧法的特点是：在热轧阶段采用控轧工艺，轧后在输出辊道上快速冷却，将热钢带冷却到马氏体转变点M_s温度以下，并进行卷取。热轧双相钢多用于运动构件和安全构件，如车轮、大梁、保险杠等，其疲劳强度和撞击吸能是重要的使用性能指标。

5.2.4.1 热轧双相钢生产关键技术

双相钢的生产对常规热连轧机提出了全新的技术要求，这些要求包括：轧机配置具有较强大的力能参数以生产高强度的薄规格带钢；带钢终轧温度均匀性控制；精轧后带钢冷却控制；卷取机卷取能力适应低至室温的卷取温度等。在上述条件中，生产热轧双相钢最重要的要素就是对带钢化学成分和温度的控制（包括轧后冷却制度）。

A 成分设计及微合金化

在一定程度上讲，带钢的化学成分以及轧制条件、温度控制和冷却制度是得到理想的显微结构的重要条件。主要的合金元素对相变行为的影响如图5-9所示。

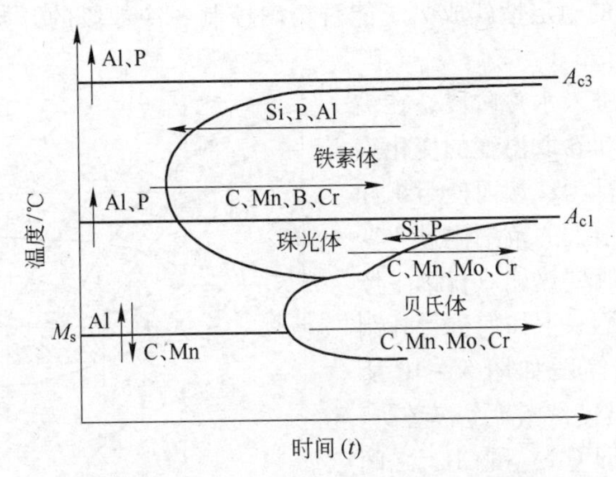

图5-9 主要合金元素对相变行为的影响

大多数合金元素都有助于提高淬透性，降低临界冷却速度，有利于得到双相组织。双相钢在化学成分上的主要特点是低碳低合金，主要合金元素以Si、Mn为主，另外，根据生产工艺及使用要求的不同，有的还加入适量的Cr、Mo、V元素，组成了以Si-Mn系、Mn-Mo系、Si-Mn-Cr-V系和Mn-Si-Cr-Mo系为主的双相钢系列。

热轧双相钢一般都含有较低含量的碳（含量小于等于0.1%）和较高含量的合金元素，其目的是使钢具有必需的淬透性，同时也可减少轧制工艺、冷却速度以及卷取工艺的变化引起的性能波动。Corldren等提出“冷却速率宽度”（即获得最佳的双相钢组织和性能，终轧后板材冷却所允许的冷却速率的最大值CR_{max}与最小值CR_{min}之比）来表示合金元素对热轧双相钢工艺性能和组织的影响。根据一些试验结果和有关的性能参数，得出的热轧双相钢较为合理的成分为0.01%～0.07%C、0.8%～1.0%Mn、1.2%～1.5%Si、0.4%～0.5%Cr、0.33%～0.38%Mo、0.02%Al，S、P的含量尽可能低。

在生产热轧双相钢板时，如果卷取温度高于400℃，则钢中应含有一定量的Mn、Cr、Mo、Si。在所采用的热轧工艺条件下，以Si-Mn-Cr和Si-Mn-Mo系合金的性能为最好，组织为马氏体加铁素体组织，无屈服点伸长，屈强比小于0.60。在热轧双相钢中，Cr、Mn、Mo可使奥氏体稳定化，推迟珠光体转变，降低冷却速度，有利于改善双相钢的延性。加入Cr还可使热轧双相钢的卷取温度范围加宽，并降低双相钢的屈强比。加入Mn还可使最佳终轧温度范围降低，但如果Mn含量过高，则会抑制铁素体的形成，影响早期铁素体与奥氏体相的分离过程。

B 热轧双相钢的工艺控制

轧线上各区域带钢的温度控制对于双相钢是十分重要的，其中终轧温度、轧后冷却制度（包括冷却速度、分段冷却起始温度、空冷时间）、卷取温度等指标对于双相钢的组织形成起着至关重要的作用，特别是轧后冷却制度，可以将同样化学成分的产品经过不同的冷却工艺得到不同的力学性能，是生产双相钢的核心所在。由于双相钢轧后冷却大都采用分段冷却的方式，带钢终轧温度的均匀性（包括长度方向和宽度方向）和终轧速度的稳定性就成为了能否精确控制各冷却段的开始和终了温度的重要前提条件。

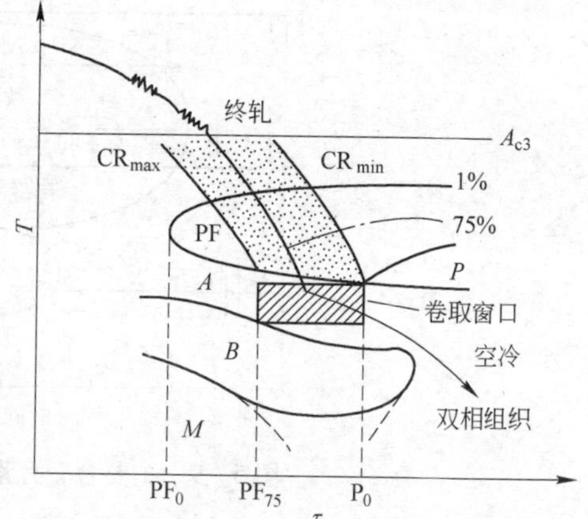

图 5－10 热轧双相钢工艺示意图

轧件经终轧后进入水冷阶段，在输出辊道的冷却强度和卷取温度的变化直接决定了钢的相变行为，从而使组织和力学性能可在一个很大的范围内进行变化。下面以中温卷取型热轧双相钢生产工艺为例，简单介绍一下如何进行轧制工艺控制，其工艺简图如图 5－10 所示。钢在接近 A_{c3} 温度终轧后，有较宽的铁素体析出区，即 CR_{max} 和 CR_{min} 之间有较宽的“速度窗口”，珠光体转变曲线大幅度右移，在多边形铁素体和贝氏体转变区域中间有一个较宽温度范围的奥氏体稳定区域，即“卷取窗口”，保证在卷取温度下不发生珠光体转变，而富碳的奥氏体抑制了贝氏体的析出，当冷却到 M_s 点以下时转变成马氏体。中温卷取热轧双相钢的生产工艺参数主要有终轧温度、冷却速度和卷取温度。

5.2.4.2 热轧双相钢的控制轧制及控制冷却

双相钢的控制轧制是一项使奥氏体中尽可能大量地形成铁素体相变形核的晶格异质，并有效地将铁素体晶粒细化的技术。

典型的控制轧制有两个不同的轧制温度段：

(1) 奥氏体再结晶区轧制。奥氏体再结晶区轧制的温度在再结晶终止温度（T_R）之上（大约950℃）。在奥氏体再结晶区轧制时，轧件在轧机形变区内发生动态回复和不完全再结晶，在两道次之间的间隙时间内，完成静态回复和静态再结晶。加热后获得的奥氏体晶粒随着反复轧制—再结晶而逐渐细化。为了达到完全再结晶，应保证轧制温度在再结晶温度以上，而且要有足够的形变量。

(2) 奥氏体未再结晶区轧制。奥氏体未再结晶区轧制的温度在 T_R 之下（约950℃～A_{r3}）的奥氏体温度下限范围。在这一阶段，奥氏体晶粒经过形变，但不发生再结晶，通过累积形变量，形成大量被拉长的形变奥氏体。形变量大时，晶粒内产生大量的滑移带和位错，增大了有效晶界面积，相变时铁素体在晶界上、形变带上形核。由于形核位置增多且分散，所以铁素体细小，铁素体晶粒度可达到11～12级。

双相钢热轧后控制冷却一般包括三个不同冷却阶段，一般称为一次冷却、二次冷却及三次冷却。三个冷却阶段的目的和要求是不相同的。

一次冷却是指从终轧温度开始到奥氏体向铁素体开始转变温度 A_{r3} 范围内的冷却，控制其开始快冷温度、冷却速度和快冷终止温度。一次冷却的目的是控制热变形后的奥氏体状态，阻止奥氏体晶粒长大，固定由于变形而引起的位错，加大过冷度，降低相变温度，为相变做组织上的准备。

二次冷却是指热轧钢材经过一次冷却后，立即进入由奥氏体向铁素体的相变阶段，在相变过程中控制相变冷却开始温度、冷却速度和停止控冷温度。控制这些参数，就能控制相变过程，从而达到控制铁素体的形态、结构和体积分数的目的。

三次冷却是指铁素体相变之后直到卷取这一温度区间的冷却参数控制。双相钢在铁素体相变完成之后一般采用快冷工艺冷却到卷取温度，以避免珠光体和贝氏体的生成，然后卷取空冷，使得残留的亚稳奥氏体转变为马氏体。控制冷却速度和卷取温度，就能控制马氏体的相变过程，从而达到控制马氏体的形态、结构和体积分数的目的。

为使双相钢达到优秀的综合性能，一次冷却即水冷，将尽量冷却到铁素体转变的下限温度，提高铁素体转变的过冷度以提高相变形核率，达到在二次冷却（即空冷）中细化铁素体的目的。三次冷却（即水冷）将实验钢在获得足够体积分数的铁素体后快速冷却到卷取温度，避免贝氏体的生成，并使亚稳奥氏体转变为马氏体以获得双相组织。

现以600MPa级双相钢为例，对现场工业化大生产的工艺参数初步设计如下所述。相应的控轧控冷工艺参数设计如图5-11所示。

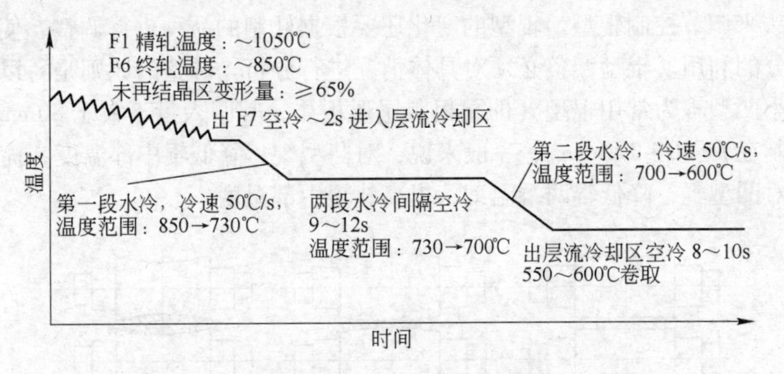

图5-11 现场工业化大生产的控轧控冷工艺图

600MPa级热轧双相钢的组织及应力-应变曲线如图5-12及图5-13所示。组织为多边形铁素体加马氏体，铁素体体积分数为80%，晶粒尺寸6.5μm。

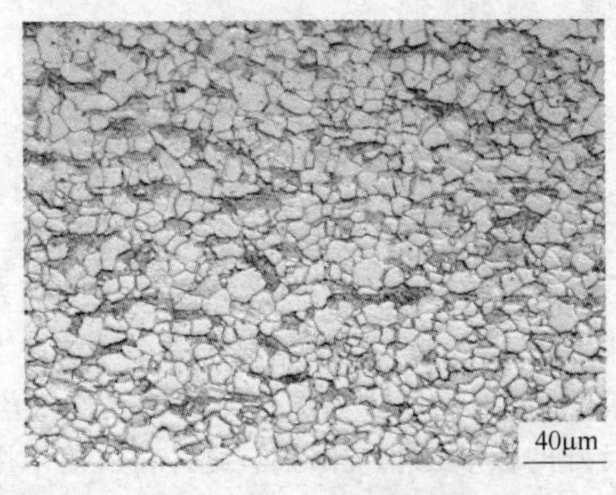

图5-12 金相组织

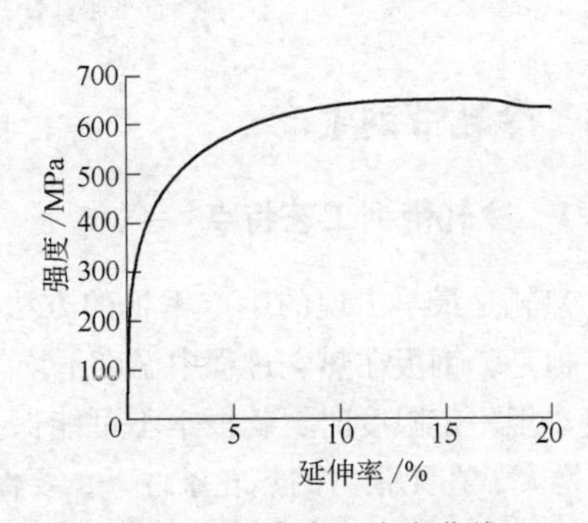

图5-13 应力-应变曲线

从图5－13可以看出拉伸过程均可分为三个阶段：1）弹性变形阶段。应力－应变曲线的起始为直线。2）均匀变形阶段。超出弹性变形范围后，材料由弹性变形连续过渡到塑性变形，此阶段的变形是均匀的，随着变形的增加变形抗力不断增加，呈现明显的变形硬化。3）局部变形阶段。从试样承受最大拉力点到试样断裂，随着变形增大，载荷下降，产生大量不均匀变形，且集中在颈缩处，最后试样断裂。

5.2.5 辊型设计

5.2.5.1 轧辊原始凸度

原始凸度为正常轧制下轧辊的弹性变形量、辊缝凸度与其热凸度的代数和。由于叠轧薄板轧机轧辊的热凸度大于轧辊弹性变形和辊缝凸度，因此轧辊原始凸度为一负值，通常每一辊的凹度为0.25～0.80mm。

5.2.5.2 辊型控制与调整

辊型是保证钢板质量的关键，辊型受多个条件影响。辊型一般分为三种：（1）平辊；（2）凸型辊（大肚辊）；（3）凹型辊。不同辊型轧出不同薄板，如图5－14所示。轧制过程中，辊型靠调节轧制压力、轧辊温度、辊颈温度、板温或操作速度以及磨辊等方法来调节控制辊型。辊型的变化还要根据轧制的品种进行调整，使不同的辊型得到充分的利用。辊型调整必须对具体情况进行分析。调整的原则是：以平辊最为理想，以小凹型辊为常用辊型（即叠板鱼尾形板尾，其凹入量不大于80mm，并使后端圆角控制在$f=80\sim120$mm），一般来说，对凸型辊，降低辊中部温度，提高轧辊两端温度；对凹型辊，降低辊两端温度，提高轧辊中部温度。

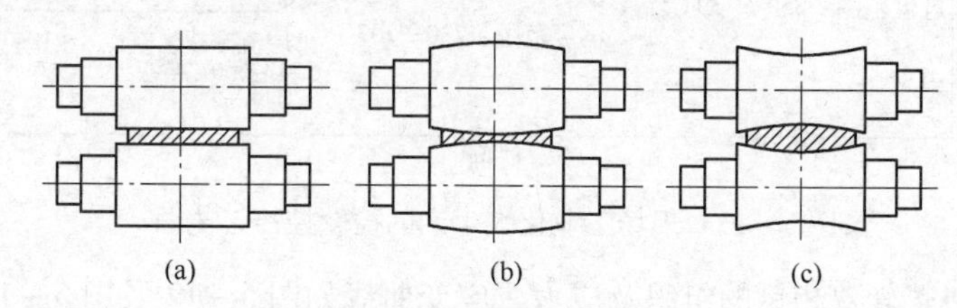

图5－14 辊型形状

（a）平辊；（b）凸型辊；（c）凹型辊

5.3 冷轧带钢生产

5.3.1 冷轧带钢工艺特点

热轧是最早出现的生产钢板的方法，其优点是钢在高温下塑性好而且变形抗力低。但是，钢板在热轧过程中温度不均匀，从而使钢板厚度不均匀，性能不一致，当厚度小至一定限度时，就根本不可能保持热轧所需要的温度。随着钢板宽厚比（B/H）增大，在无张力的热轧条件下，要保证良好的板形也非常困难。此外，目前采用热轧的生产方式还难以生产表面粗糙度要求较低的板带钢产品。

采用冷轧的生产方式较好地解决了上述问题。首先，它不存在热轧的温降与温度不均的弊病，因而可以生产厚度很薄（最小达0.001mm），尺寸公差很小并且长度很长（从数百米到上万米）的板带钢。其次，由于坯料经过酸洗且无次生氧化铁皮，故产品的表面粗糙度低，并可根据要求赋予板带钢各种特殊表面。这一优点使得某些产品虽然从厚度来看可采用热轧方法生产，但出于对表面粗糙度的要求，却需要采用冷轧的方法生产。

冷轧板带钢的另一突出优点还表现在产品的力学性能上。通过冷轧变形与热处理（例如，低温再结晶退火）的恰当配合，可以比较容易地在较宽的范围内满足用户的要求，还特别有利于生产某些需要有特殊结晶织构的重要产品（例如，深冲板、硅钢板等）。如果单纯依靠热轧，这些要求就往往不易办到。

较之热轧，冷轧板带钢的轧制工艺特点有以下三点：

（1）加工温度低，钢板在轧制过程中产生不同程度的加工硬化。

加工硬化带来的后果是：1）变形抗力增大，使轧制力加大；2）塑性降低，易发生脆裂。当钢种一定时，加工硬化的剧烈程度与冷轧变形程度有关。加工硬化超过一定程度后，板料将因过分硬脆而不适于继续轧制，或者不能满足用户对性能的要求。因此，钢板经冷轧一定的道次（即完成一定的冷轧总压下量）之后，往往要经软化热处理（再结晶退火、固溶处理等），使轧件恢复塑性，降低变形抗力，以便继续轧薄。同理，成品冷轧板带钢在出厂之前一般也都需要进行一定的热处理。这种成品热处理不仅可以使金属软化，更重要的还可以全面提高冷轧产品的综合性能。

在冷轧生产过程中，每次软化退火之前完成的冷轧工作称为一个“轧程”。在一定轧制条件下，钢质越硬，成品越薄，所需的轧程越多。

（2）冷轧中采用工艺冷却与润滑（简称工艺冷润）。

1）工艺冷却。冷轧过程中变形热与摩擦热使轧件和轧辊温度升高，故需采用有效的人工冷却。轧制速度越高，冷却问题越显得重要。如何合理地强化冷轧过程的冷却已成为发展现代高速冷轧机的重要研究课题。

实验研究与理论分析表明，冷轧板带钢的变形功约有84%～88%转变为热能，使轧件与轧辊的温度升高。我们所感兴趣的是在单位时间内发出的热量 q（或称变形发热率），以便采取适当措施及时吸走或控制这部分热量。变形发热率 q 可用式(5-8)表示：

$$q = \frac{\psi\eta B}{J}\bar{p}\Delta hv \tag{5-8}$$

式中 ψ——系数，0.94～0.88；

η——小于1的修正系数；

B——所轧板材的宽度；

J——机械功的热当量；

$\bar{p}$——轧制时的平均单位压力；

Δh——该道次的绝对压下量；

v——轧制速度。

实际测温资料表明，即使在采用有效的工艺冷润的条件下，冷轧板卷在卸卷后的温度有时仍达到 130～150℃，甚至还要高。由此可见，在轧制变形区中的料温一定比这还要高。辊面温度过高会引起工作辊淬火层硬度的下降，并有可能促使淬火层内发生组织分解（残余奥氏体的分解），使辊面出现附加的组织应力。

另外，从其对冷轧过程本身的影响来看，辊温的反常升高以及辊温分布规律的反常或突变均可导致正常辊型条件的破坏，直接影响板形与轧制精度。同时，辊温过高也会使冷轧工艺润滑剂失效（油膜破裂），使冷轧不能顺利进行。

综上所述，为了保证冷轧的正常生产，对轧辊及轧件应采取有效的冷却与控温措施。

2）工艺润滑。冷轧采用工艺润滑的主要作用是减小金属的变形抗力，这不但有助于保证在已有的设备能力条件下实现更大的压下，而且还可使轧机能够经济可行地生产厚度更小的产品。此外，采用有效的工艺润滑也直接对冷轧过程的发热率以及轧辊的温升起到良好的作用；在轧制某些品种时，采用工艺润滑还可以起到防止金属粘辊的作用。

生产与试验表明，采用天然油脂（动物与植物油脂）作为冷轧的工艺润滑剂在润滑效果上优于矿物油，这是由于天然油脂与矿物油在分子的构造与特性上有质的差别所致。图 5－15 即为采用不同的润滑剂的轧制效果比较。由图可知，当冷轧机工作辊直径为 88mm，带钢原始厚度为 0.5mm，并用水作工艺润滑剂时，轧至厚度为 0.18mm 左右就难以再薄了；而采用棕榈油作润滑剂时，则可用 4 道轧至 0.05mm 的厚度。为了便于比较各种工艺润滑剂的轧制效果，在图中设棕榈油的润滑效果为 100，润滑性能较差的水作为零（见图中右侧的竖标，称为“润滑效果指标”）。由图可知，矿物油的润滑效果指标界于 0 与 100 之间。此数越接近 100，说明其润滑效果越接近棕榈油。

冷轧润滑效果的优劣诚然是衡量工艺润滑剂的重要指标，但是一种真正有经济实用价值的工艺润滑剂还应具有来源广、成本低、便于保存（化学稳定），易于轧后的表面去除，不留影响质量的残渍等特点。目前，还只有为数不多的几种工艺润滑剂能够较全面地满足上述要求。

生产实际表明，在现代冷轧机上轧制厚度在 0.35mm 以下的白铁皮、变压器硅钢板以及其他厚度较小而钢质较硬的品种时，在接近成品的一、二道次中必须采用润滑效果相当于天然棕榈油的工艺润滑剂，否则即使增加道次也难以轧出所要求的产品厚度。棕榈油来源短缺，成本高昂。事实上，使用其他天然油脂，只要配制适当，也可以达到接近天然棕榈油的润滑效果。例如，一些冷轧机就曾经使用过棉子油代替天然棕榈油生产冷轧硅钢板与白铁皮，效果也不错；用豆油或菜子油甚至氢化葵花籽油作工艺润滑剂也同样能满足要求。此外，国外有些工厂还使用着一些以动、植物油为原料经过聚合制成的组合冷轧润滑剂（如“合成棕榈油”），其润滑效果甚至优于天然棕榈油。

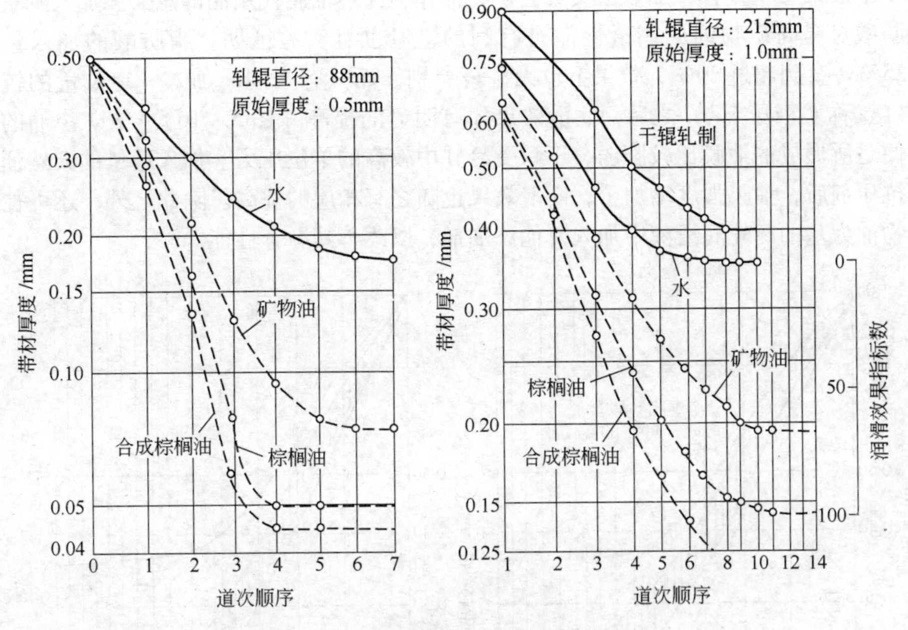

图5－15　不同润滑剂的轧制效果比较

实验研究表明，为保证冷轧顺利进行，钢板表面上只需附上很薄的一层油膜就够用了。这一必要而最小的油膜厚度因轧机的型式、轧制的条件与所轧品种的不同而异，可以通过实测大致确定。例如，国外某冷轧机根据实测结果，证明在冷轧马口铁时，耗油量只需达到0.5～1.0kg/t左右，油量再多对进一步减小轧制中的摩擦来说已无显著效果。这样，实际上只需事先用喷枪往板面上喷涂一层薄薄的油层就能满足要求。尽管如此，在大规模的冷轧生产中，油的耗用量还是相当大的，进一步节约用油仍然大有可为。

通过乳化剂的作用把少量的油剂与大量的水混合起来，制成乳状的冷润液（简称“乳化液”）可以较好地解决油的循环使用问题，在这种情况下，水可以作为冷却剂与载油剂。对这种乳化液的要求是：当以一定的流量喷到板面和辊面之上时，其既能有效地吸收热量，又能保证油剂以轻快的速度均匀地从乳化液中离析并黏附在板面与辊面之上，这样才能及时形成均匀、厚度适中的油膜。油剂从乳化液中离析并黏附在板面及辊面的这一过程受许多因素影响，其中乳化剂或其他表面活性剂的含量便是重要因素之一。乳化剂含量过高将妨碍油滴的凝聚与离析。用量以多少为宜则需要结合具体的轧制条件通过生产实验确定。

矿物油的化学性质比较稳定（动、植物油容易酸败），而且来源丰富，成本低廉，如能设法使其润滑性能赶上天然油脂，则采用矿物油作代用品将成为冷轧工艺润滑剂的一个重要发展方向。对此，过去曾经做过的工作有两方面：

一种做法是往矿物油中添加一定数量的天然油脂或者脂肪酸。但实际表明，油脂加少了效果并不显著，加多了又失去矿物油作为天然油脂代用品的意义。加入少量的脂肪酸对提高矿物油的润滑性能是有利的，但也有实验证明，脂肪酸的加入量从0.25%一直到超过20%，效果上也无显著差别，而只有当同时加入一定数量的抗压剂（又称“极压剂”）之后，润滑效果才有明显的提高（图5-16）。纯矿物油的缺点便是所形成的油膜比较脆弱，不耐受冷轧中较高的单位压力。加入适量的天然油脂与抗压剂后，油膜强度增加了，润滑效果也随之有相应的提高。除此之外，还可往以矿物油为基的冷轧润滑液中加入其他添加剂，以改善其综合性能。

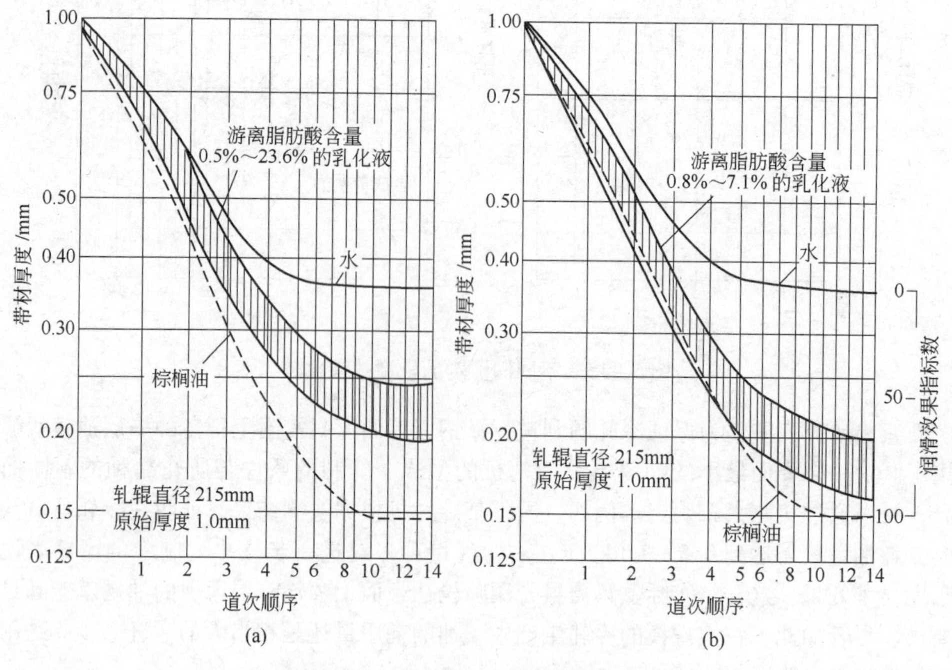

图5-16 抗压剂对润滑效果的影响

（a）很少或不含抗压剂者；（b）含特殊抗压剂者

另一种做法是从改变矿物油的黏度入手，而不是主要依靠添加剂。实验证明，在同类型的矿物油中，润滑效果随着油的黏度的增加而渐增。但是当黏度超过一定限度后，由于油剂不易输送并且不易分布均匀，反而使所轧板材出现局部的不均匀变形而报废。故此法在生产中未获广泛应用。和天然油脂一样，以矿物油为基础的冷轧工艺润滑油也可以调制成乳化液（一般采用含油量为2%~5%），并保证循环使用。循环供液系统必须很好地解决乳化液的净化问题。在冷轧过程中，乳化液不断地受到金属的碎屑、氧化铁皮碎末、导板的磨损碎屑以及轴承与液压缸的漏油等的污染；杂物含量越来越多。块度较大的杂质可以通过网眼或过滤予以滤除。但约占杂物总量60%的较微细的物质则透过过滤器而沉积在管道与喷嘴之中；还有一部分形成一种黏性的泥状物沉积在滤网之上，使液体难以透过，清除起来也异常困难。这种情况一方面经常造成乳化液喷嘴堵塞，破坏正常的冷轧操作；而另一方面，又由于清除过滤器、导管及喷嘴的沉积物需要轧机较长时间停产，也影响了轧机的产量。为此，近年来发展了一种采用离心分离与磁性分离相结合的高效净化系统，并且采用自动反冲式过滤器（当滤网因堵塞而出现两面压差较大时，用蒸汽反冲排污），大大提高了乳化液的净化效率。

典型的五机架冷轧机有三套冷润系统。对厚度在0.4mm以上的产品来说，第一套为水系统，第二套为乳化液系统（以矿物油为主），第三套为清净剂系统。由酸洗线送来的原料板卷表面上已涂上一层油，足以供连轧机第一架润滑之用，故第一架喷以普通冷却水即可；中间各架采用乳化液系统；末架可喷清洗剂除油，使轧出的成品带钢可不经电解清洗就避免出现油斑。

（3）冷轧中采用张力轧制。所谓“张力轧制”，就是轧件在轧辊中的辗轧变形是在有一定的前张力与后张力作用下实现的。按照习惯上规定，作用方向与轧制方向相同的张力称为“前张力”，而作用方向与轧制方向相反者则称为“后张力”。单位张力 σ_z（kg/mm^2）是作用在带材断面 A 上的平均张应力：

$$\sigma_z = \frac{T}{A} \tag{5-9}$$

式中 T——总张力，kg。

张力的作用主要有以下几方面：1）防止带钢在轧制过程中跑偏（即保证正确对中轧制）；2）使所轧带钢保持平直（包括在轧制过程中保持板形平直以及轧后板形良好）；3）降低轧件的变形抗力，便于轧制更薄的产品；4）适当调整冷轧机主电机的负荷。

防止轧件跑偏是冷轧操作中关系到能否实现稳定轧制的一个重要的问题。跑偏将破坏正常板形，引起操作事故甚至设备事故，若不很好地加以控制，将不能保证冷轧的正常进行。造成跑偏的原因在于轧制中的延伸不均。

从理论上讲，即使是在刚性无限大的轧辊中轧制断面绝对平行的轧件，如果喂钢不对中，引起轴承反力不对称，机架左右弹跳不一致，仍会导致延伸不均而使轧出的轧件跑偏。这种跑偏一旦发生，便会造成恶性循环，愈演愈烈。

防止跑偏的方法：1）采用凸形辊缝；2）采用导板夹逼；3）采用张力防偏。

由于轧件的不均匀延伸将会改变沿带宽度方向上的张力分布，而这种改变后的张力分布反过来又会促进延伸的均匀化，故张力轧制有利于保证良好的板形。此外，在轧制过程中，当未加张力时，不均匀延伸将使轧件内部出现残余应力。当边部延伸较大而中部延伸较小时，边部受压而中部受拉；反之，当中部延伸大于边部延伸时，则结果相反。当压缩残余应力达到一定数值时，板面将在该处出现浪皱，板形遭到破坏。加上张力后，可以大大削减其至消除压应力，这就排除了在轧制过程中板面出现浪皱的可能，确保稳定冷轧。当然，所加张力的大小也不应使板内拉应力超过允许数值。

带钢在任何时刻下的张应力 σ_z 可用式（5-10）表示：

$$\sigma_z = \sigma_{z0} + \frac{E}{l_0}\int_{t_0}^{t} \Delta v \mathrm{d}t \tag{5-10}$$

同理，设带钢断面积为 A，则总张力 $T = A\sigma_z$ 或

$$T = A\sigma_{z0} + \frac{AE}{l_0}\int_{t_0}^{t} \Delta v \mathrm{d}t \tag{5-11}$$

式中 l_0——带钢上 a、b 两点之间的原始距离，σ_{z0} 为带钢原始张力；

Δv——b 点速度 v_b 与 a 点速度 v_a 之差，$\Delta v = v_b - v_a$；

E——带钢的弹性模量。

如果把 a、b 两点分别看成是连轧机中前一架的出口点与后一架的入口点，近似地视为机架间的距离，式（5-11）表示了机架间张力的建立与变化的规律（当然，a、b 可以代表被轧带钢的任意两点）。

由于张力的变化会引起前沿与轧辊速度在一定程度上反向改变，故连轧过程有一定的自调稳定化作用。但是这种作用受到限制的自发响应不能代替轧制过程的自动控制。

通过改变卷取机或开卷机的转速、各架轧机主电机的转速以及各架的压下可以使轧制力、张力在较大范围内变化。借助准确可靠的测长仪并使之与自动控制系统结成闭环，可以按要求实现恒张力控制，配备这种张力闭环控制系统是现代冷轧机的起码要求。较完善的设计是用电子计算机负责不同轧制条件下的张力设定与闭环增益的计算。

生产中张力的选择主要是指选择平均单位张力 σ_z。从理论上讲，单位张力似乎应当尽量选高一些，但是不应超过带钢的屈服极限 σ_s。由于板内残余应力的存在以及应力集中等因素的影响，实际上板内张应力是不均匀分布的，故 σ_z 的数值并不能反映板内各点张应力的真正大小。当某点的实际张应力达到允许值时，就可能出现拉"细"或拉断。特别是当因边部延伸较小而引起边缘受拉时，应力集中效应比较显著（破边影响），使允许采用之 σ_z 值小于中部受拉的情况。因此，实际 σ_z 应取多大数值要视延伸不均匀情况、钢的材质与加工硬化程度以及板边情况等因素而定。它必然是一个因轧制条件而异的数值，企图规定一个统一的"合理"数值是不现实的。

根据以往的轧制经验，$\sigma_z = (0.1 \sim 0.6)\sigma_s$ 变化范围颇大。不同的轧机，不同的轧制道次，不同的品种规格，甚至不同的原料条件，要求有不同的 σ_z 与之相适应。当轧钢工人操作技术水平较高，变形比较均匀并且原料比较理想时，可选用高一些的 σ_z 值；当钢板硬脆，边部不理想或者操作者不熟练时，可取偏小一些的数值。一般在可逆轧机的中间道次或连轧机的中间机架上，σ_z 可取 0.2%～0.4%（一般不超过 0.5%）。在轧制低碳钢时，有时因考虑到防止退火黏结等原因，成品卷取张力不能太高，一般选用 $5\mathrm{kg/mm^2}$ 左右，其他钢种可以提高一些。连轧机的开卷张力很小（一般仅为 $0.15 \sim 0.2\mathrm{kg/mm^2}$），可以忽略。除此之外，连轧机各架张力的选择还需考虑主电机之间及主电机与卷取电机之间的合理功率负荷分配。一般的做法是：先按经验范围选择一定的 σ_z 值，然后再进行其他方面的校核。

5.3.2 轧机型式

5.3.2.1 冷轧机的生产分工

现代冷轧机按轧辊配置方案可分为四辊式与多辊式两大类型。按机架排列方式又可分为单机可逆式与多机连续式两种，前者由于灵活性大，适用于产品品种规格变动频繁而每批的生产数量又不大或者合金钢产品比例较大的生产情况。

这种轧机的生产能力较低，但投资小、建厂快，生产灵活，适宜于中小型企业。连续式冷轧机生产效率与轧制速度都很高，在工业发达的国家中，它承担着薄板带钢的主要生产任务。相对来说，当产品品种较为单一或者变动不大时，连轧机最能发挥其优越性。冷轧连轧机目前所能生产的规格范围是：宽为450～2450mm，厚为0.076～4mm。根据成品厚度的不同，连续式冷轧机组的机架数目也各不相同。早年出现的三机架式冷连轧机主要用来生产厚为0.6～2.0mm的汽车钢板，所用原料厚为2.5～4mm，总压下率达60%。与之同时出现的是辊身长度达到1450mm的五机架式连轧机，用以轧制厚度为0.15～0.6mm的产品（主要是生产镀层原板），所用原料厚为1.5～3.5mm。20世纪50、60年代开始发展适应性较强的四机架式冷连轧机，生产规格扩大到厚为0.35～2.7mm的钢板，总压下率达70%～80%，逐渐取代了三机架式轧机（现在三机架式轧机多数只用作二次冷轧轧机）。四机架式冷连轧机辊身长度约为1400～2500mm。

从60年代开始，轧制较薄规格的冷轧机逐渐形成以下几类：通用五机架式、专用六机架式及供二次冷轧用的三机架与二机架式。通用五机架式冷连轧机所能生产的品种规格较广，厚为0.25～3.5mm；辊身长为1700～2135mm。专用六机架式冷连轧机专门用以生产镀锡原板，产品厚度可以小到0.09mm，辊身长度一般不大于1450mm。为生产特薄镀锡板（厚0.065～0.15mm），近年来在冷轧车间中还专门设置了二机架式或三机架式的二次冷连轧机，由五机架式或六机架式冷连轧机供坯（坯厚0.15～0.2mm左右），总压下率不超过50%，此类轧机的辊身长度很少超过1400mm。

厚度较小的特殊钢及合金钢产品经常在多辊式轧机（如二十辊森吉米尔式冷轧机及偏八辊冷轧机等）上生产。顺便指出，近年来这些多辊式轧机已开始实现连轧，甚至是完全连轧。

轧制速度决定着连轧机的生产能力，也标志着连轧的技术水平。通用五机架式冷连轧机末架轧速约为25～27m/s，六机架末架最大轧速一般为36～38m/s，个别轧机的设计速度达40～41m/s。现代冷连轧机的板卷重量一般均为30～45t，最大达60t。

1971年，世界上第一套完全连续式冷轧机在日本正式投产，冷轧技术从此发展到了一个新的阶段。人们通常把一般的冷连轧过程与冷连轧机称为“常规冷连轧”与“常规冷连轧机”，以区别于这种完全连续式的冷轧。

5.3.2.2 常规冷连轧机操作特点

板卷经冷轧厂的酸洗工段处理后送至冷连轧机组的入口段。入口段一般备有入口板卷输送带（现在都是用步进式的），板卷准备站。板卷横移装置，开卷机及其他附属设备。原料板卷在入口段中完成剥带、切头、直头及对正轧制中心线等工作。在此过程中，还必须进行卷径及带宽的自动测量，这些准备工作应当在前一板卷轧完之前进行完毕。

穿带即将板卷首端依次喂入机组中的各架轧辊之中，一直到板卷首端进入卷取机芯轴并建立了出口张力为止的整个操作过程。在穿带过程中，轧钢工人必须严密监视由每架轧机出来的轧件的走向（有无跑偏）与板形。一旦发现跑偏或板形不良，必须立即调整轧机予以纠正。在人工监视穿带过程的条件下，穿带轧制速度必须很低，否则发现问题将来不及纠正，导致断带、勒辊等故障；穿带操作自动化至今尚未完全解决，经常还需要人工的干预。

穿带后开始加速轧制。此段任务是使连轧机组以技术上允许的最大加速度迅速地从穿带时的低速加速至轧机的稳定轧制速度，即进入稳定轧制阶段。由于供冷轧用的板卷是由两个或两个以上的热轧板卷经酸洗后合并而成的大卷，焊缝处一般硬度较高，厚度也多少有异于板卷的其他部分，且其边缘状况也不理想，放在冷连轧的稳定轧制阶段中，当焊缝通过机组时，一般都要实行减速轧制（在焊缝质量较好时可以实现过焊缝不减速）。在稳定轧制阶段中，轧制操作及过程的控制现已完全实现了自动化，轧钢工人只起到监视的作用，很少需要进行人工干预。

板卷的尾端在逐架抛钢时有着与穿带过程相似的特点，故为防止损坏轧机和发生操作故障，也必须采用低速轧制。这一轧制阶段称为“抛尾”或“甩尾”。甩尾速度一般等于穿带速度。这样一来，当快要到达卷尾时，轧机必须及时从稳轧速度降至甩尾速度。因此，必须经过一个与加速阶段相似的减速轧制阶段。

当前，冷轧板带钢生产的主流是采用连轧，其最大特点就是高产。近年来，由于实现了计算机控制，改变轧制规格的轧机调整也有可能在高速可靠的基础上实现，冷速轧机所能生产的规格范围也不像开始发展时期那样受到较大的限制了。此外，围绕着轧制速度的不断提高，冷连轧机在机电、设备性能的改善以及高效率的 AGC 系统和板形控制系统的发明和发展等方面也取得了飞速的进步。同时也促进了各种轧制工艺参数的改进，产品质量的检验与各种机、电参数检测仪表的发展。这些发展也给薄板生产解决了很大的问题，基本上满足了国民经济在相当长的一段时期里对薄板带钢在产量上与质量上的要求。于是，常规的冷轧生产也就进入相对稳定的发展阶段。

5.3.2.3 全连续式冷轧

常规的冷连轧生产由于并没有改变单卷生产的轧制方式，虽然就所轧的那一个板卷来说构成了连轧，但对冷轧生产过程的整体来讲，还不是真正的连续生产。事实上，在相当长的一段时期内，常规冷轧机的工时利用率还只有 65%（或者稍高一些），这就意味着还有 35% 左右的工作时间轧机是处于停车状态，这与冷连轧机所能达到的高轧速是极不相称的。一些年来，通过采用双开卷、双卷取，以及发明快速的换辊装置等技术措施，卷与卷间的间隙时间已经缩短了很多，换辊的工时损失也大为削减，使轧机的时间利用率提高到 76% ~79%，然而，上述的措施并不能消除单卷轧制所固有的诸如穿带、甩尾、加减速轧制以及焊缝降速等过渡阶段所带来的不利影响。全连续冷轧的出现解决了这个难题，并使冷轧板带钢的高速发展有了广阔的前景。

图5-17 所示为美国的一套五机架式全连续冷轧机组设备示意图。这是继 1971

年日本福山厂全连续冷轧机之后投产的又一套设备，整个机组的性能均较福山厂的设备有所提高。其中五机架式冷连轧机组中所有各机架均采用全液压式轧机，第一机架刚性系数调至无限大，最末二架刚性系数则很小，这样有利于厚度自动控制。原料板卷经高速盐酸酸洗机组处理后送至开卷机，拆卷后经头部矫平机矫平及端部剪切机剪齐，在高速闪光焊接机中进行端部对焊。板卷焊接连同焊缝刮平等全部辅助操作共需90s左右。在焊卷期间，为保证轧钢机组仍按原速轧制，需要配备专门的活套仓。该厂的活套仓采用地下活套小车式，能储存超过300m以上的带钢，可在连轧机维持正常入口速度的前提下允许活套仓入口端带钢停止150s。在活套仓的出口端设有导向辊，使带钢垂直向上经由一套三辊式的张力导向辊给第1机架提供张力，带钢在进入轧机前的对中工作由激光准直系统完成。在活套储料仓的入口与出口处装有焊缝检测器，若在焊缝前后有厚度的变更，则由该检测器结合计算机发生信号，以便对轧机做出相适应调整。这种轧机不停车调整的先进操作称为“动态规格调整”，它只有借助计算机的控制才能实现。进行这种动态规格调整后，不同厚度的两卷间的调整过渡段为3~10m左右。

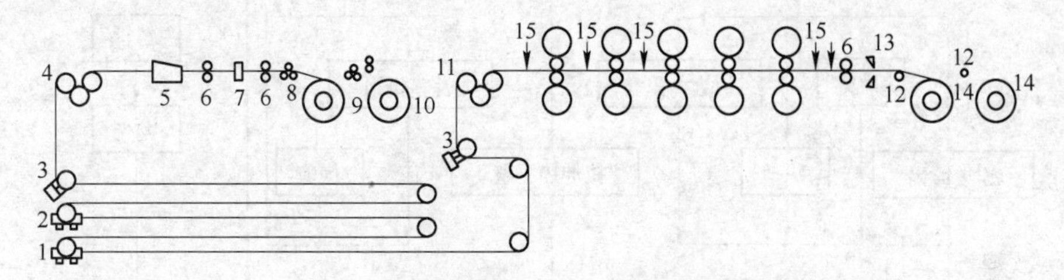

图5-17 五机架全连续冷轧机组设备示意图

1，2—活套小车；3—焊缝检测器；4—活套入口勒导装置；5—焊接机；6—夹送辊；7—剪断机；8—三辊矫平机；9，10—开卷机；11—机组入口勒导装置；12—导向辊；13—分切剪断机；14—卷取机；15—X射线测厚仪

在冷连轧机组末架（第5机架）与两个张力卷筒之间装有一套特殊的夹送辊与回转式横切飞剪。计算机对通过机组的带钢焊缝实行跟踪，当需要分切时，在焊缝通过机组之后进行切割，以使焊缝总是位于板卷的尾部。夹送辊的用途是当带钢一旦被截断而尚未来得及进入第二张力卷筒以重新建立张力之前，维持第五机架一定的前张力。此夹送辊在通常情况下并不与带钢相接触，当焊缝走近时，夹送辊即加速至带钢的速度并及时夹住带钢，一旦张力重新建立后立即松开。高速横切飞剪与给两个张力卷筒分配料的高速导向装置是实现全连续冷轧的重要设备，动作速度要求既高而且可靠。

5.3.3 冷轧生产工艺过程

图5-18为冷轧薄板生产工艺流程。

5.3.3.1 原料板卷的酸洗

冷轧的坯料（热轧带钢）必须在轧前去除氧化铁皮，这是为了保证钢板面光洁，

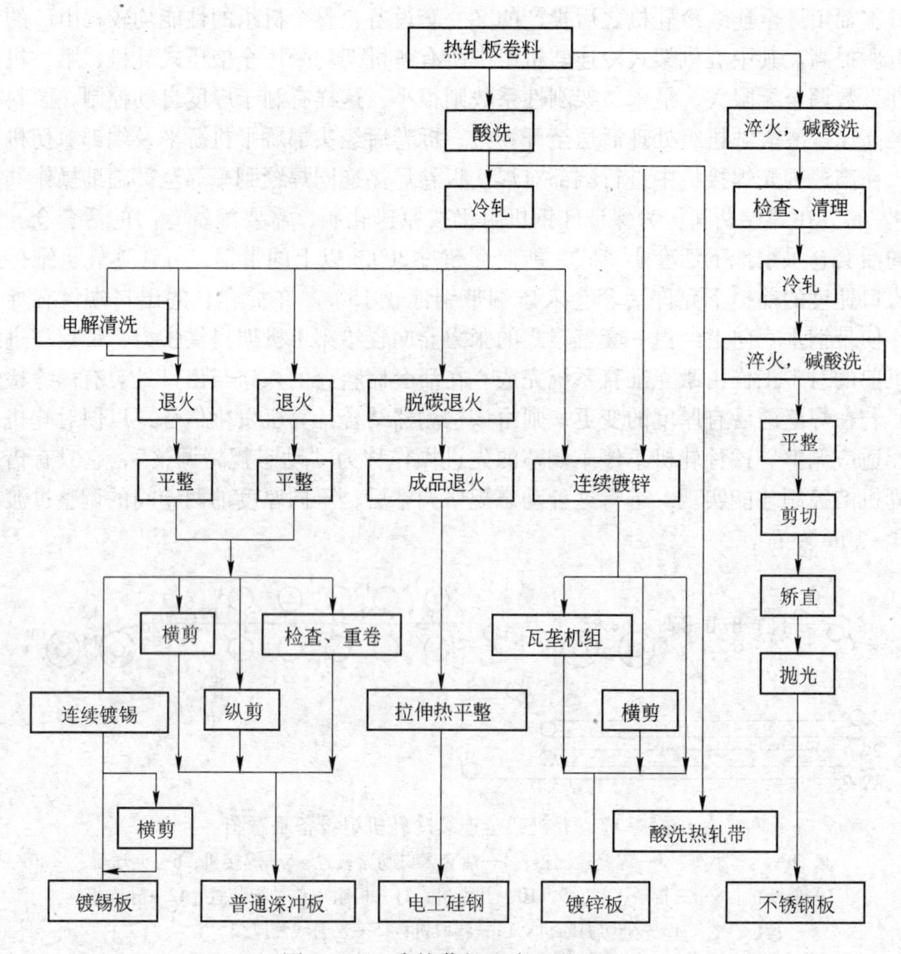

图 5－18 冷轧薄板生产工艺流程

以便顺利地实现冷轧及其后的表面处理。目前，冷轧车间中应用最广的去除氧化铁皮的方法是酸洗。除此以外，个别工厂也有采用喷砂清理的，某些特殊品种则需要进行碱洗或者酸碱混合处理。近年来，国内外还在试验研究无酸除鳞的新工艺，日本利用高压水喷铁矿砂以冲除铁皮，已取得很好的效果。

在相对静止的状态下生成的氧化铁皮，外部有一层结构致密的 Fe_2O_3 起保护作用，内层氧的扩散的数量将受限制，只能按 $Fe_2O_3-Fe_3O_4-FeO$ 的次序（即按氧含量越来越少的次序）生成铁的氧化物，这便是上述“三层构造”氧化铁皮的成因。而在热轧宽带钢的生产条件下，坯料的表面受到轧辊的辗压延伸，以及高压水、冷却水的反复冲刷与激冷，氧化铁皮处在不断被碎裂清除同时又不断重新生成的状态中。在热卷后，根据卷取温度与板卷的冷却条件的不同，氧化铁皮的继续生成与冷后分解程度也不相同。在热轧过程中，氧化铁皮很可能在产生的时候由于轧辊的压下而出现裂纹甚至局部剥离，这就使空气中的氧有可能从这些渠道向内层侵入，改变供氧的条件，从而也就使氧化物的生成有别于静止状态下的次序。在上述各种因素的综合作用下，热轧板卷上的氧化铁皮不仅在各组成相的比例上有所差别，而且在层次上也互有穿插。

某些工业规模的生产试验资料表明大部分在677℃温度下卷取的热轧带钢酸洗效果较好，低于575℃卷取者则往往不理想。实验证明，要想控制卷后的热轧板卷的冷却速度（特别是经过570℃附近时的冷却速度）是不太容易的。尤其是板卷的头部、尾端与两侧边缘部分，其冷却条件与供氧条件均与板卷中间部分有所区别，这种情况往往会造成板边与板头部分较难酸洗。在硫酸酸洗过程中产生的欠酸洗缺陷也往往出现在这些部位。

热轧带钢盐酸酸洗的机理有别于硫酸酸洗，前者能同时较快地溶蚀各种不同类型的氧化铁皮，而对金属基体的侵蚀却大为减弱。因此，酸洗反应可以从外层往里进行。其化学反应式为：

$$Fe_2O_3 + 4HCl \longrightarrow 2FeCl_2 + 2H_2O + \frac{1}{2}O_2 \uparrow$$

$$Fe_3O_4 + 6HCl \longrightarrow 3FeCl_2 + 4H_2O + \frac{1}{2}O_2 \uparrow$$

$$FeO + 2HCl \longrightarrow FeCl_2 + H_2O$$

$$Fe + 2HCl \longrightarrow FeCl_2 + H_2 \uparrow \text{（甚弱）}$$

因此，盐酸酸洗的效率对带钢氧化铁皮层的相对组成并不敏感，更不像硫酸酸洗那样，在酸洗反应速率方面如此受制于氧化皮层在酸洗前的松裂程度。实验表明，盐酸酸洗速率约等于硫酸酸洗的两倍，而且酸洗后的板带钢表面光亮洁净。

为了提高生产效率，现代冷轧车间一般都设有连续酸洗加工线。20世纪60年代以前，由于盐酸酸洗有一些诸如废酸回收与再生等技术问题尚未解决，带钢连续酸洗几乎毫无例外地采用硫酸酸洗。60年代以来，随着化工技术的发展，盐酸酸洗在大规模生产中应用的主要技术关键已被突破，故新建的冷轧车间开始普遍采用效率高而且质量好的盐酸酸洗。已有的许多冷轧厂也争相改建连续盐酸酸洗加工线，以取代原来的硫酸酸洗线。两种酸洗虽然在机理与效果上有所区别，但在酸洗线的组成上却有许多的共同点。

5.3.3.2 冷轧

与常规冷连轧相比较，全连续式冷轧的优点为：（1）工时利用率大为提高，这是因为：消灭了穿带过程所引起的工时损失；减少了换辊次数；省去了安装、调整与更换入口导板的时间；节省了加、减速时间。在最新建设的全连续冷轧机组中，轧机一经开动后，一般是不减速，偶尔在更换宽度及飞剪剪切时才有必要将速度降至5～10m/s左右。（2）提高了成材率。减少板卷首尾厚度超差及头层剪切损失。（3）轧辊使用条件大大改善，减少了因穿带轧折与甩尾冲击而引起辊面损伤；又因加、减速次数减少，也能减少轧辊磨损。结果使换辊次数大为减少，使轧辊的储备量与加工工作量相应地减少，同时也提高了产品的表面质量。（4）提高了冷轧变形过程的效率。

这是由于速度变化较小，整个轧制条件更接近于稳态，因此摩擦、惯量及变形速率改变所带来的能量损失更少。此外，接近稳态的轧制也使所有的电动机发电设备等的效率更高。(5) 节省劳动力。由于轧机工作不需要人工调定，并取消了穿带、甩尾作业，而且生产控制的主要任务都由位于中央控制室的计算机完成，故操作人员可大大缩减。

为了进一步提高全连续冷轧的生产效率，充分发挥计算机控制的快速、准确的长处，可实现连轧机组的不停车换辊（又称“动态换辊”），这将使连轧机组的工时利用率突破90%的大关。

5.3.3.3 脱脂与退火

冷轧后清洗工序的目的在于除去板面上的油污，此工序也称为“脱脂”。现在采用的冷轧带钢脱脂方法有：电解清洗加喷刷清洗，机上洗净与燃烧脱脂等几种。前者所用的清洗剂为碱液（苛性钠、硅酸钠、磷酸钠等），外加旨在适当降低碱液表面张力以改善清洗效果的界面活性剂。通过使碱液发生电解，放出氢气与氧气，起到机械冲击作用，可以大大加速脱脂过程的进行。带钢经电解槽后还需进一步经过喷刷与清洗烘干等处理。一些使用矿物油为主体的乳化液作为工艺冷润剂的产品可以不单独分设清洗机组，而改为在连轧机组最末一架（或可逆式轧机的最后一道）上喷以除油清洗剂，这种处理方法称为“机上洗净法”。

退火是冷轧板带钢生产中的最主要的热处理工序。前面已经讲过，冷轧中间退火的目的主要是使受到高度冷加工硬化的金属重新软化，对大多数钢种来说，这种处理基本上是再结晶退火。冷轧板带钢成品的热处理主要也是退火。但根据所生产品种在最终性能方面的不同要求，有的是旨在获得良好的深冲压性能的处理，有的则可能是专为脱碳而设的一种化学热处理性质的退火。

在冷轧板带钢热处理中应用最广的是罩式退火炉。板卷成垛地置于中部带有气流循环风扇的底座上。同垛的各板卷之间隔以涡卷式通气垫板，每垛一段放四个板卷，用耐热内罩罩上。底座上还备有通保护气体或化学热处理气体用的管道。炉子的外罩实质上是一个可移动的加热炉，其上装有燃料烧嘴（煤气、天然气或重油）或加热元件（辐射管或电热元件）。这种垛式退火可以是每炉处理一垛，也可每炉处理多垛。因板卷在装炉时均处于冷轧后的卷紧状态，故此种退火又称为“紧卷退火”。

冷轧板带钢成品退火的另一种常用方式便是连续式退火。其作业方式与连续酸洗类似，也分为卧式与塔式（立式）两种。图5-19即为供处理镀锡板用的塔式连续退火设备，根据以往的经验，带钢连续退火后，硬度与强度均较垛式退火高，而塑性及冲压性能则有所不如，故很长时期内，连续退火不能用于处理深冲钢板与汽车钢板。主要问题在于：钢的快速加热使钢一方面保持细晶粒从而导致屈服点过高；另一方面也不能满足深冲压性能对钢的织构的某些特殊要求。而且，在快冷过程中，碳与氮的原子以固溶状态保存下来，导致时效硬化。对于用铝脱氧的镇静钢来说，由于氮化铝质点阻碍晶粒的长大，上述困难更不易解决。日本曾对成分大致为0.055% C，0.10% ~0.35% Mn，0.003% ~0.014% S，0.005% ~0.060% O，0.001% ~0.006% N以及0.09% Al的半镇静钢、加盖钢和铝镇静钢进行了连续退火的工业研究，证明用连续退火方法处理铝镇静深冲用钢是可能的，条件是需要十分准确地保证锰与硫含量的比例，并且卷取温度应高于700℃。实验表明，经连续退火处理的带钢力学性能同于甚至优于垛式退火处理的带钢，连续退火生产出来的深冲压板的特点是塑性变形比 r 值特别高。这样一来，冷轧板带钢的主要品种（镀锡板、深冲板、硅钢片与不锈钢）都可以采用经济、高效的连续退火处理，这也是近年来在冷轧薄板热处理技术方面的一个突破。

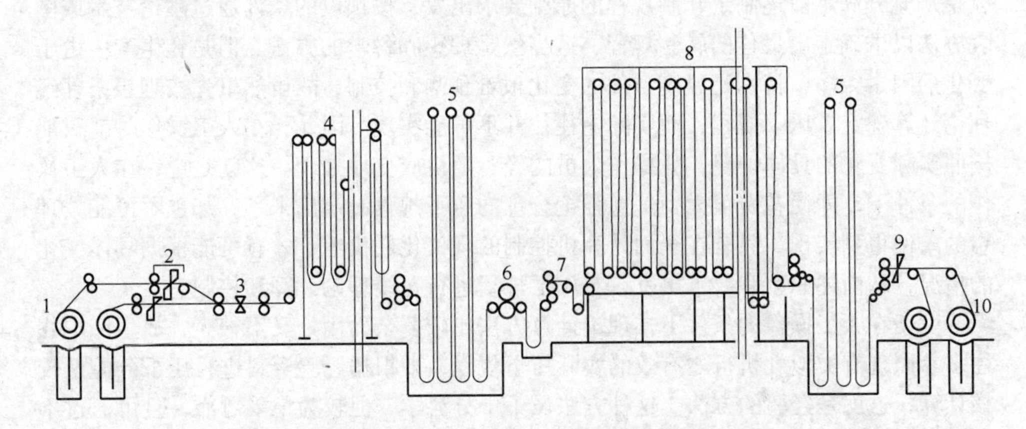

图5-19 白铁皮塔式连续退火机组设备组成示意图

1—开卷机；2—双切机头；3—焊头机；4—带钢清洗机组；5—活套塔；6—圆盘剪；7—张力调节器；8—塔式退火炉；9—切头机；10—卷取机

5.3.3.4 平整

在冷轧板带钢的生产工序中，平整处理占有重要的地位。平整实质上是一种小压下率（1% ~5%）的二次冷轧，其功用主要有三：（1）供冲压用的板带钢事先经过小压下率的平整，则可以在平整后相当长的一段时间内保证不出现表面形成的外压“滑移线”，即吕德斯线（铝脱氧镇静钢板在平整后的保持期更长）。以一定的压下率进行平整后，钢的应力-应变曲线即可不出现“屈服台阶”，理论与实验研究均证明，吕德斯线的出现正是与此屈服台阶有关的。（2）冷轧板带钢在退火后再经平整，可以使板材的平直度（板形）与板面的粗糙度有所改善。（3）改变平整的压下率，可以使钢板的力学性能在一定的幅度内变化，这可以适应不同用途的镀锡板对硬度与塑性所提出的不同要求（例如，制造罐头顶、底的镀锡板在硬度与强度方面的要求就高于筒壁用材）。

此外，经过双机平整或三机平整还可以实现较大的冷轧压下率，可为生产超薄的镀锡板创造条件。

5.3.4 压下规程的制定

板带钢轧制压下规程是板带轧制制度最基本的核心内容，直接关系着轧机的产量和产品的质量。压下规程的中心内容就是要确定由一定的板坯轧成所要求的板带的变形制度，即要确定所需采用的轧制方法、轧制道次及每道压下量的大小，在操作上就是要确定各道次压下螺丝的升降位置（即轧辊之间辊缝的大小）。与此相关联的，还涉及各道次的轧制速度、轧制温度及前后张力制度的确定和原料尺寸的合理选择，因而广义地说来，压下规程的制定也应包括这些内容。

制定压下规程的方法很多，一般可概括为理论方法和经验方法两大类。理论方法就是从充分满足前述制定轧制规程的原则要求出发，按预设的条件通过理论技术或图表方法以求确定出最佳的轧制规程，这当然是理想和科学的方法。但是在生产中由于变化的因素太多，特别是温度条件的变化很难预测和控制，故虽然事先按理想条件经理论计算确定了压下规程，而实际上往往并不可能实现。因此，在人工操作时就只能按照实际变化的具体情况，凭操作人员的经验随机应变地处理。这就是说，在人工操作的条件下，即使花费很大力气勉强把合理的压下规程制定出来了，却也不可能按理想的条件得到实现。只有在全面计算机控制的现代化轧机上，才有可能根据具体变化的情况，从前述原则和要求出发，对压下规程进行在线理论计算和控制。

由于在人工操作的条件下，理论计算方法比较复杂而用处又不很大，故生产中往往多参照现有类似轧机行之有效的实际压下规程，即根据经验资料进行压下分配及校核计算，这就是经验的方法。这种方法虽不十分科学，但较为稳妥可靠，且可通过不断校核和修正而达到合理化。因此，这种方法不仅在人工操作的轧机上应用广泛，而且在现代计算机控制的轧机上也经常采用。例如，常用的压下量或压下率分配法、能耗负荷分配法等基本上都是经验方法。应该指出，即使是按经验方法制定出来的压下规程，也和理论的规程一样，由于生产条件的变化和人工控制的误差，很难在实际操作中按原规程加以实现。

基于上述情况，生产中通常采用原则性与灵活性相结合的方法来处理压下规程问题：(1) 根据原料、产品和设备条件，按前述制定轧制规程的原则和要求，采用理论的或经验的方法制定出一个原则指导性的初步压下规程，或者只是从保证设备安全出发，通过计算规定出最大压下率的限制范围，有了这个初步规程或限制范围，就基本上保持了原则性和合理性。(2) 在实际操作中以此规程或范围为基础，根据当时的实际情况具体灵活掌握，这样就有了适应具体情况的灵活性。没有一个从实际条件出发并根据科学计算而定出的原则性规程或范围，就难以合理地充分发挥设备能力；而没有实际操作中的随机应变，便无法适应生产条件的变化保证生产的顺利进行。这两方面相辅相成，体现为原则性与灵活性的结合。

在计算机控制的现代化轧机上，应更便于从理论原则和要求出发，灵活地根据具体情况进行合理轧制规程的在线计算和控制。这就更好地体现了原则性和灵活性的结合。事实上，在计算机控制的情况下也不可能在生产中完全按照初设定的压下规程进行轧制，而必须根据随时变化的实测参数，对原压下规程进行再整定计算和自适应计算，及时加以修订，这样才能轧制出高精度质量的产品。

通常在板带钢生产中制定压下规程的方法和步骤为：(1) 在咬入能力允许的条件下，按经验分配各道次压下量：这包括直接分配各道次绝对压下量或压下率、确定各道次压下量分配率（$\Delta h/\sum\Delta h$，%）及确定各道次能耗负荷分配比等各种方法；(2) 制定速度制度，计算轧制时间并确定逐道次轧制温度；(3) 计算轧制压力、轧制力矩及总传动力矩；(4) 校验轧辊等部件的强度和电机功率；(5) 按前述制订轧制规程的原则和要求进行必要的修正和改进。

冷轧板带钢压下规程的制定一般包括原料规格的选择、轧制方案的确定以及各道次压下量的分配与计算。

冷轧带钢原料厚度的选择，通常要考虑成品板带的质量要求，包括组织性能与表面质量的要求。板带钢的物理力学性能是从冶炼开始，经过轧制到最终热处理为止的整个生产周期中各个生产环节综合影响的结果。在选择原料厚度时，主要考虑的是冷轧总变形程度对性能及组织结构的影响。因为对一定钢种、规格的产品，必须有一定的冷轧总变形程度，才能通过热处理获得所需要的晶粒组织和性能。例如，汽车板必须有30%以上（一般是50%~70%）的冷轧总压下率，才可以获得合适的晶粒组织和冲压性能；硅钢片等也是一样，都需要一定的冷轧变形程度才能保证其物理性能。为了保证表面质量，也必须有一定的冷轧变形程度相配合。此外，选择原料厚度时，当然还要考虑到轧机的生产能力的提高和热轧原料生产的可能性。从提高冷轧机生产能力着眼，原料薄些好，但这对热轧又不利（甚至不可能）。故应根据具体情况做出适当的选择。

冷轧带钢的主要特点之一是产生加工硬化，使变形抗力急剧增大而塑性降低。为了能继续进行轧制，必须通过再结晶退火来降低变形抗力并恢复其塑性，这就带来一个冷轧轧程的确定问题。冷轧轧程的确定主要取决于所轧钢种的软硬特性、原料及成品的厚度、所采用的冷轧工艺方式与工艺制度以及轧机的能力等。而且随着工艺和设备的改进与革新，轧程方案也在不断变化。例如，改用润滑性能更好的工艺润滑剂或采用直径更小的高硬度工作辊都能减少所需要的轧程数。又如某些牌号的不锈钢在采用150~200℃的温轧工艺时，变形抗力显著降低。还有近来发现采用不对称或异步轧制方式冷轧带钢时，可以使轧制压力和加工硬化大为减小，这些都非常有利于减少轧制道次和轧程。因此，在确定冷轧轧程方案时，除了切实考虑已有的设备与工艺条件以外，还应当充分注意研究并挖掘各种提高冷轧效率的手段与可能性。

至于冷轧各道次或连轧各机架压下量的分配，基本上仍应遵循前述制订轧制规程的一般原则与要求。在第一道次，由于后张力太小，而且热轧来料的板形与厚度偏差不均匀，甚至呈现浪形、瓢曲、镰刀弯或楔形断面，致使轧件对中难以保证，给轧制带来一定的困难；此外，前几道有时还要受咬入条件的限制。故为了使来料得以均整及使轧制过程稳定，第一道次压下率不宜过大；但也不应过小，有的钢种（如硅钢）往往第一道次宁可采用大压下量，以防止边部受拉造成断带。中间各道次（各机架）

的压下分配，基本上可以从充分利用轧机能力出发，或按经验资料确定各架压下量。最后1~2道（架）为了保证板形及厚度精度，一般按经验采用较小的压下率。但对于连轧机上轧制较薄的规格（如镀锡板），则应使最末两架之间的轧件要尽量厚一些，以免由于张力调厚引起断带，这样末架的压下率就可能要增大到35%~40%。

制订冷轧带钢的轧制规程时，在确定各道（架）的压下制度及相应的速度制度以后，还必须选定各道（架）的张力制度。这也是冷轧带钢轧制规程的另一个特点。

在设计冷轧板带钢轧制规程时应考虑到上述特点。一种常用的压下规程设计法是：（1）先按经验并考虑到规程设计的一般原则和要求，对各道（架）压下进行分配；（2）按工艺要求并参考经验资料，选定各机架（道）间的单位张力；（3）校核设备的负荷及各项限制条件，并做出适当修正。

分配各机架的负荷，也可像热连轧带钢一样，采用能耗法，例如，若手头有类似的单位能耗曲线资料，则可直接按上述原则确定各架负荷分配比，算出压下量，其方法与热连轧带钢相类似。但有时不易找到正好合适的能耗资料，也可根据经验采用压下分配系数（见表5-8），令轧制中的总压下量为 $\sum \Delta h$，则各道的压下量 Δh_i 为：

$$\Delta h_i = b_i \sum \Delta h \tag{5-12}$$

式中 b_i——压下分配系数。

表5-8 各种冷连轧机压下分配系数举例

机架数	压下分配系数 b_i 道次（机架）号				
	1	2	3	4	5
2	0.7	0.3			
3	0.5	0.3	0.2		
4	0.4	0.3	0.2	0.1	
5	0.3	0.25	0.25	0.15	0.05

在确定各架压下分配系数，即确定各架压下量或轧后厚度的同时，还需根据经验分析选定各机架之间的单位张力。在计算机控制的现代化冷连轧机上，各类产品往往都有事先制订的压下分配系数表及单位张力表，供设定轧制规程之用。各架马达负荷需在选好张力之后，利用能耗曲线重新核算，其方法是用所选定的前后张力值代入式（5-13）：

$$N_i = A_1 v_1 [3600\gamma\omega + (Q_0 - Q_1) \times 10^3] \tag{5-13}$$

式中 A_1，v_1——轧出带钢的断面积及速度；

γ，ω——钢的比重及该架单位能耗；

Q_1，Q_0——前、后张力。

计算出各架轧制功率 N_i 以后，再看其与额定功率 $N_{o.d}$ 的比值是否合适，应使各架负荷较满并留有余量。

当各机架马达功率不同时，也可以完全从等马达负荷率出发来初步分配各架的压下量，即为了使各架有相同的负荷率或相同的余量，可按各架功率大小求出各架的单位能耗（ω_i），即

$$\omega_i = C_i \omega_\Sigma \tag{5-14}$$

$$C_i = \frac{N_{o.d.i}}{\sum N_{o.d}} \tag{5-15}$$

式中 ω_Σ——轧制该种产品的单位总能耗；

$\sum N_{o.d}$——各架额定功率的总和；

$N_{o.d.i}$——第 i 架的额定功率。

得出各架的单位能耗以后，即可按能耗曲线得出各架的出口板厚。

分配好各架的压下量，求出各架的轧制速度，并进行功率校核以后，还要计算轧制力、校核设备强度及咬入等工艺限制条件，并按弹跳方程计算空载辊缝。这些都与热连轧机相类似。

冷轧带钢时，轧制压力的计算公式已在轧制原理中加以论述。对于冷轧板带钢的压力计算，一般说来，Bland - Ford 公式及其简化形式 R. Hill 公式较为符合实际。故计算机控制的现代冷连轧机常用它作为轧制压力模型。但对于手工计算轧制压力的场合，此公式却过于复杂，不便计算。而 M. D. Stone 公式由于可用图解法确定考虑轧辊弹性压扁后的变形区长度，使计算简化，故较为常用。Stone 公式在轧制原理中已做详述。为了在下述例题中使用方便，在这里仍做简单介绍。

采用 Stone 公式计算轧制平均单位压力：

$$\overline{p} = (1.15\,\overline{\sigma}_s - \overline{Q})\frac{e^x}{x} \tag{5-16}$$

$$x = \frac{fl'}{\overline{h}} \tag{5-17}$$

式中 $\overline{\sigma}_s$——对应于冷轧平均总压下率的平均屈服应力，平均总压下率 $\sum \overline{\varepsilon} = 0.4\varepsilon_0 + 0.6\varepsilon_1$，其中 ε_0 及 ε_1 分布为变形区入口及出口的冷轧总压下率，经一定程度冷轧以后，$\overline{\sigma}_s = \overline{\sigma}_{0.2}$；

$\overline{Q}$——平均单位张力；

f——轧制时摩擦系数；

$\overline{h}$——该道带钢在变形区的平均厚度；

l'——考虑轧辊压扁后的变形区长度。

5.3.5 冷轧硅钢生产工艺

冷轧硅钢的生产是一个从原料开始，经冶炼、浇铸、冷轧、退火及涂层各道工序的复杂的系统工程。从冶炼用铁水开始到生产出取向、无取向冷轧硅钢板带工艺流程如图5－20所示。

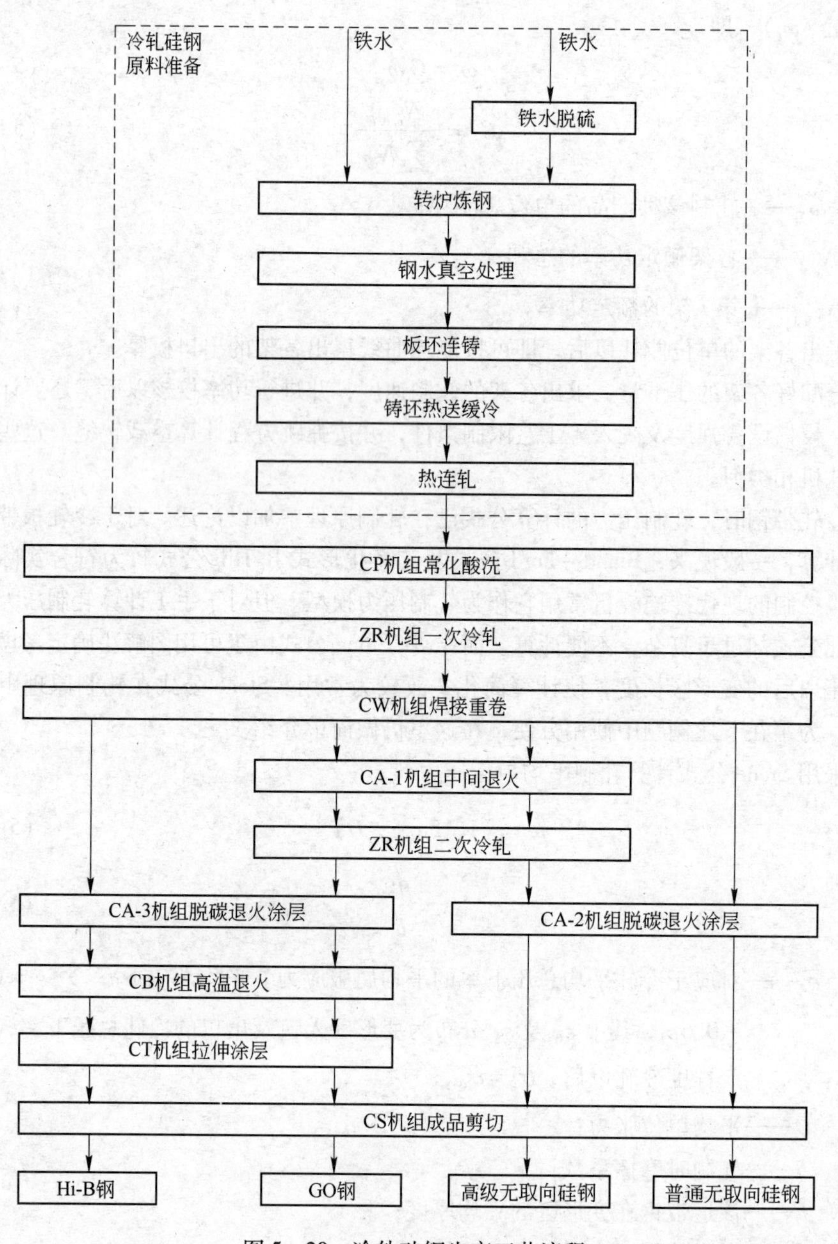

图5－20 冷轧硅钢生产工艺流程

本节将以某厂生产冷轧硅钢板为例叙述硅钢生产的冷轧工艺及设备。

5.3.5.1 热轧钢带的常化及酸洗

硅钢冷轧前必须经过酸洗工序，以去除热轧钢带表面上的氧化铁皮。酸洗前，热轧卷还必须进行常化处理，一般取向硅钢和无取向硅钢可以不经过热处理。

热轧卷必须进行常化处理，这是由 AlN 析出行为所决定的。在热轧过程中，AlN 析出温度范围正处在精轧机轧制温度范围，钢带快速通过精轧机时，厚度也急剧减薄，温度迅速下降，AlN 析出量减少，此时析出的 AlN 尺寸较大，抑制能力小；而在卷取后低温析出的 AlN 质点小而不稳定。

由于钢中含有一定量的碳，在高温常化时产生一定数量的 γ 相；氮在 γ 相内的溶解度远大于氮在 α 相内的溶解度，所以在高温常化处理过程中能够大量地固溶那些在热轧时低温析出的细小而不稳定的 AlN。在常化处理的冷却过程中，通过控制 $\gamma-\alpha$，析出有效尺寸（10～50nm）的 AlN。

常化温度、均热时间、开始冷却温度和冷却速度的选择是常化处理的关键，必须严格遵守。

常化温度范围以 1050～1150℃为宜，最佳常化温度在 1100℃左右。常化温度对磁性的影响如图 5－21 所示。

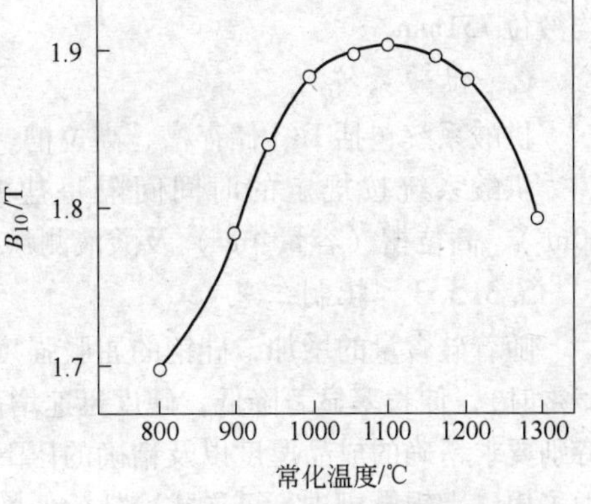

图 5－21 最终冷轧前常化温度和成品轧向磁感应强度 B_{10} 的关系

从钢带入炉到开始冷却的时间一般控制在 3.5～4.5min，其中均热时间为 2min 左右。常化时间短，AlN 析出量不足，常化时间长，晶粒过大，都会使二次再结晶发展不完善。

常化后喷水急冷对提高磁性十分重要，因为在急冷过程中 AlN 大量析出，称为“急冷效应”。急冷的冷却速度通过喷水量和喷水时间进行控制。冷却速度应随钢中铝含量不同而变化，铝含量高的相对慢冷，铝含量低的相对快冷。

5.3.5.2 热轧钢带的酸洗

硅钢中硅含量较高，其氧化铁皮中含有一定量的 SiO_2，这种氧化铁皮仅用酸洗不容易去掉，所以在酸洗前进行机械除鳞是必要的。

A 喷丸预处理

机械除鳞一般采用喷丸处理，作为酸洗工艺的预处理。

一般喷丸机设 4 个喷头，上下各两个，对钢带上下两面同时进行喷丸处理。每个喷头的喷丸能力为 500～1000kg/min，钢丸粒度约为 1.0mm。设计采用铸钢丸，现用 ϕ1mm 钢丝切割，长 1mm。

喷丸后停留在钢带面上的钢丸可通过安装在喷丸机出口侧的去丸装置全部去掉。为防止浪费钢丸，当钢带停止运行时，钢丸喂给装置及喷头应停止喷丸。

喷丸机底部设有螺旋运输机、斗式提升机，用于将钢丸提升到顶部的钢丸分离器中。分离器将铁皮、渣子及损坏的钢丸分离出来，将可用的钢丸重新送入钢丸推进器重复使用。喷丸产生的铁皮、渣子用吸尘器吸出进行清除，不允许喷丸时产生粉尘外逸，以保证环境卫生。

B 酸洗

硅钢采用盐酸进行酸洗效果较好。酸液中 HCl 的质量分数为 2% ~4%，酸洗温度 70 ~80℃。

酸洗槽采用焊接钢板结构，内衬特殊橡胶，其上砌耐酸砖；两个下沉辊设在槽的进出口两端，能使钢带有效地浸渍在酸洗液中；酸洗液通过直接喷吹蒸汽进行加热，并自动地维持酸洗液的温度。酸洗槽中装有一个提升器，当作业线停止工作时，将钢带提起以防止过酸洗。酸洗槽尺寸为 16678mm(长) × 1788mm(宽) × 867mm(高)，平均液位 751mm。

C 供酸系统

供酸系统包括 HCl 储存槽、高位槽、HCl 及水的测量槽、供酸泵及管道等。

供酸系统按规定的时间间隔将盐酸及水送到酸洗槽内。盐酸储存槽（容量 $20m^3$）、高位槽（容量 $4m^3$）及酸液测量槽用钢板焊接，内衬特殊耐酸橡胶。

5.3.5.3 轧制工艺

随着硅含量的增加，硅钢的屈服强度和抗拉强度明显提高（硅的质量分数小于 35% 时），伸长率显著降低，硬度迅速增高。硅钢的轧制比其他软钢困难，而且硅钢特别要求精确的成品厚度以及精确的压下率，同时要有好的板形。因此，一般冷轧硅钢采用二十辊轧机进行可逆式冷轧。低牌号硅钢也可以在四辊或多辊轧机上冷轧。为提高生产率，目前日本在生产硅的质量分数为 1.5% ~2.5% 的中等牌号硅钢时，已大量采用连轧机生产。

硅钢冷轧不仅使钢带减薄而获得所需要的厚度，同时还为获得理想的初次再结晶组织及织构创造有利条件。因此，冷轧方法分为一次冷轧法和二次冷轧法，根据不同牌号钢种而分别采用。Hi – B 钢（高磁感取向硅钢）采用一次冷轧法，GO 钢（取向硅钢）采用二次冷轧法。

Hi – B 钢一次冷轧总压下率为 81% ~90%，这是获得高磁感应强度的必要条件之一。一次大压下冷轧在冷轧板生产中产生更多的具有 {111} <112> 位向的变形带，在这些变形带之间的过渡处保留了原来的 {110} <001> 位向的亚晶粒。在随后的脱碳退火时，过渡带的 {110} <001> 亚晶粒通过聚集而形成位向准确的（110）[001] 初次晶粒（二次晶核），并与其周围的 {111} <112> 形变带构成大角晶界。退火后获得细小均匀的初次再结晶基体，在初次再结晶织构中（001）[112] 组分加强，（110）[001] 组分减弱，（110）[001] 二次晶粒位向更准确，但数量少，因此形成时二次晶粒尺寸更大。

GO 钢采用二次冷轧工艺，在两次冷轧间进行中间退火。

GO 钢冷轧的重点是控制第二次冷轧的压下率，适当的第二次冷轧压下率，能够保证脱碳退火后在初次再结晶基体中产生一定数量的位向较准确的（110）［001］晶粒，这是提高磁性的关键。初次再结晶织构中（110）［001］组分强，其次（111）［112］组分，二次晶粒数量多，所以尺寸较小。第二次冷轧压下率控制在 50% ~60% 时，磁性能最高，如图 5－22 所示。

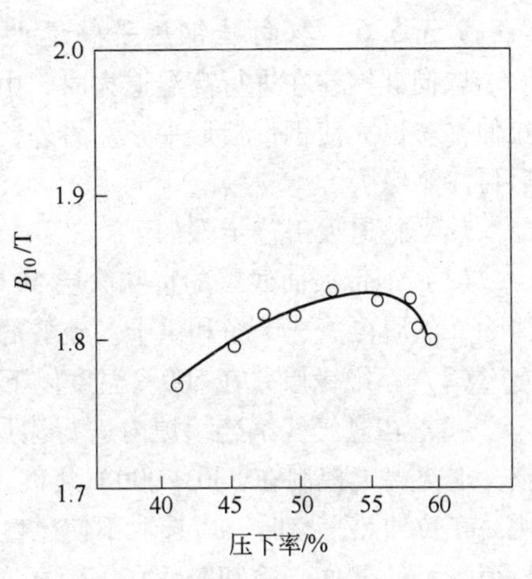

图 5－22 GO 钢第二次冷轧压下率对 B_{10} 的影响

5.3.5.4 中间退火工艺

一般来说，两个冷轧轧程之间的中间退火目的是进行再结晶、消除冷轧加工硬化，以便于第二次冷轧。而硅钢的中间退火，除了进行再结晶、消除冷轧加工应力外，还为产品得到所需要的磁性做准备。对于 GO 钢，中间退火还要使固溶的 MnS 析出量增加；使钢部分脱碳，将碳的质量分数控制在一定范围内（0.015% 以上），增加第二次冷轧时的应变能，对第二次冷轧后脱碳退火时的再结晶有利。

中间退火工艺要求快速升温到再结晶温度以上，其目的是减少再结晶前的回复和多边化过程所消耗的储能，有利于形成完善的、细小均匀的初次再结晶晶粒。在中间退火时热轧过程中尚未充分析出的 MnS 继续析出，使 MnS 数量增多，提高抑制能力。

中间退火温度为 850 ~950℃。温度过低，再结晶不完善；温度过高，再结晶晶粒过大。这都会影响二次再结晶的发展。

退火时间，从进炉到出炉约为 2.5 ~4min。

退火气氛为 15% ~20% H_2 +85% ~80% N_2（体积分数），通过加湿器进入炉中；露点为 20 ~30℃。

5.3.5.5 取向硅钢高温退火工艺

取向硅钢涂 MgO 隔离层后进行高温退火是获得低铁损、高磁感的重要环节。

高温退火的目的是：

（1）在升温过程中完成二次再结晶。高温退火时，钢中的（110）［001］晶粒发生异常长大吞食其他位向晶粒，使钢带具有单一（110）［001］位向的二次再结晶组织。

（2）在升温过程中形成良好的玻璃质硅酸镁薄膜（底层）。高温退火也是表面处理过程，高温退火时，MgO 和 SiO_2 反应形成以 Mg_2SiO_4 为主的硅酸镁底层。

（3）净化钢质。当二次再结晶完成以后，有利元素（抑制剂）的作用已结束，如果硫、氮元素继续留在钢内会阻碍磁畴壁移动，使磁化能力降低，因此需要在约 1200℃高温保温（纯氢气氛中）时去除掉。

5.3.5.6 取向硅钢热平整退火及涂绝缘层

取向硅钢卷在进行高温退火时，由于受热应力的作用钢带不平整，所以必须进行拉伸平整退火使钢带板形平整。另外，需要将前道工序造成的过量特殊涂层除掉，然后再涂绝缘膜。

热平整退火工艺步骤如下：

（1）钢带表面残留的特殊涂层 MgO 及其他污物，首先要用水刷洗、稀硫酸酸洗清除，然后再清洗干净和烘干。硫酸的质量分数为4%～8%，酸洗温度为70～90℃。

（2）涂绝缘层并在500℃温度以下烘干。

（3）在氮气气氛连续炉内进行涂层烧结，并加以合适的张力对钢带进行拉伸平整。退火温度控制在830～900℃之间，随涂层种类、钢板厚度、机组速度不同而变化。在拉伸热平整时，应选取不使磁性降低并能使钢带平直的最小张力，一般控制在3～6N/mm^{2}之间。冷却时，在钢带宽度方向应均匀冷却，以保证良好的板形。

5.4 板带钢厚度及辊型控制

5.4.1 影响厚度的主要因素

板、带材轧制过程既是轧件产生塑性变形的过程，又是轧机产生弹性变形（即所谓弹跳）的过程，二者同时发生。由于轧机的弹跳，轧出的带材厚度（h）等于轧辊的理论空载辊缝（s'_0）再加上轧机的弹跳值。按照虎克定律，轧机弹性变形与应力成正比，故弹跳值应为 P/K，此时：

$$h = s'_0 + P/K \tag{5-18}$$

式中 P——轧制力；

K——轧机的刚度，即每单位弹跳所需轧制力的大小。

式（5－18）为轧机的弹跳方程，据此绘成曲线 A 称为轧机弹性变形线，它近似一条直线，其斜率就是轧机的刚度。但实际上在压力较小时，弹跳和压力的关系并非线性，且压力越小，所引起的变形也越难精确确定，即辊缝的实际零位很难确定。为了消除这一非线性区段的影响，实际操作中可将轧辊预先压靠到一定程度，即压到一定的压力 P_0，然后将此时的辊缝指示定为零位，这就是所谓“零位调整”。以后即以此零位为基准进行压下调整。由图 5－23 可以看出：

$$h = s_0 + \frac{P - P_0}{K} \tag{5-19}$$

式中 s_0——考虑预压变形后的空载辊缝。

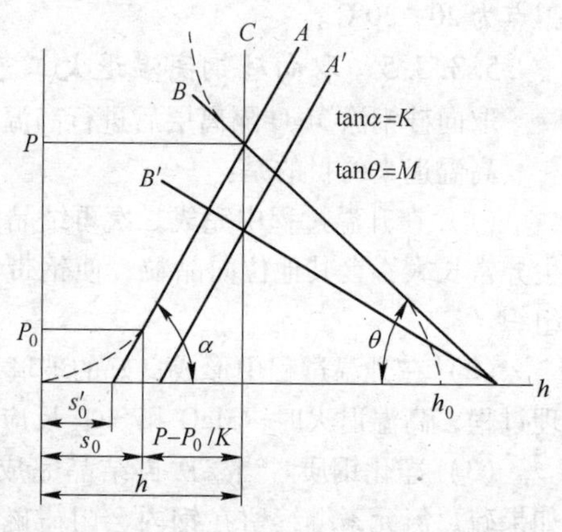

图 5－23 P－h 图

另外，给轧件以一定的压下量（$h_0 - h$），就产生一定的压力（P），当料厚度（h_0）一定，h 越小（即压下量越大），则轧制压力也越大，通过实测或计算可以求出对应于一定 A 值（即 Δh 值）的 P 值，在图 5－23 上绘成曲线 B，称为轧件塑性变形线。B 线与 A 线交点的纵坐标即为轧制力 P，横坐标即为板带实际厚度 h。塑性变形线 B 实际是条曲线，为便于研究，其主体部分可近似简化成直线。

由 $P-h$ 图可以看出，如果 B 线发生变化（变为 B'），则为了保持厚度 h 不变，就必须移动压下螺丝，使 A 线移至 A'，使 A' 与 B' 的交点横坐标不变，即需使 A 线与 B 线的交点始终落在一条垂直线 C 上，这条垂线 C 称为等厚轧制线。因此，板带厚度控制实质就是不管轧制条件如何变化，总要使 A 线与 B 线交到 C 线上，这样就可得到恒定厚度（高精度）的板带材。由此可见，$P-h$ 图的运用是板带材厚度控制的基础。

由式（5－19）可知，影响带材实际轧出厚度的主要有 s_0、K 和 P 三大因素。其中，轧机刚度 K 在既定轧机轧制一定宽度的产品时，一般认为是不变的。影响 s_0 变化的因素主要是轧辊的偏心运转、轧辊的磨损与热膨胀及轧辊轴承油膜厚度的变化，它们都是在压下螺丝位置不变的情况下使实际辊缝发生变化，从而使轧出的板带材精度发生波动。

轧制力 P 的波动是影响板带轧出厚度的主要因素。因此，所有影响轧制力变化的因素都必将影响到板带材的厚度精度。这些因素主要有：

（1）轧件温度、成分和组织性能的不均。对热轧板、带材最重要的是轧件温度的波动；对冷轧则主要是成分和组织性能的不均。这里应该指出，温度的影响具有重发性，即在前道消除了厚度差，在后一道还会由于温度差而重新出现。故热轧时，只有精轧道次对厚度控制才有意义。

（2）坯料原始厚度的不均。来料厚度有波动实际就是改变了 $P-h$ 图中 B 线的位置和斜率，使压下量产生变化，自然要引起压力和弹跳的变化。厚度不均虽可通过轧制得到减轻，但终难完全消除，且轧机刚性越低越难消除。故为使产品精度提高，必须选择高精度的原料。

（3）张力的变化。它是通过影响应力状态及变形抗力而起作用的。连轧板带材时头、尾部在穿带和抛钢的过程中，由于所受张力分别是逐渐加大和缩小的，故其厚度也分别减小和增大。此外，张力还会引起宽度的改变，故在热连轧板带材时应采用不大的恒张力。冷连轧板带时采用的张力则较大，并且还经常利用调节张力作为厚度控制的重要手段。

（4）轧制速度的变化。它主要是通过影响摩擦系数和变形抗力，乃至影响轴承油膜厚度来改变轧制压力而起作用的。轧制速度的变化一般对冷轧变形抗力影响不大，但会显著影响热轧时的变形抗力；轧制速度的变化对冷轧时摩擦系数的影响十分显著，对热轧的摩擦系数则影响较小；故轧制速度的变化对冷轧生产的影响特别大。此外，速度增大则油膜增厚，致使压下量增大并使带钢变薄。

上述各个因素的变化与板厚的关系绘成 $P-h$ 图，列于表 5－9 中。

表 5-9 各种因素对板厚的影响

变化原因	金属变形抗力变化 $\Delta\sigma_s$	板坯原始厚度变化 Δh_0	轧件与轧辊间摩擦系数变化 Δf	轧制时张力变化 Δq	轧辊原始辊缝变化 ΔS_0
变化特性	$\sigma_s-\Delta\sigma_s$；P；h_i h_1 h_0 h	$h_0-\Delta h_0$；P；Δh_0；h_i h_1 h_0 h	$f-\Delta f$；P；h_i h_1 h_0 h	$q-\Delta q$；P；h_i h_1 h_0 h	$S_0-\Delta S_0$；P；ΔS_0；h_i h_1 h_0 h
轧出板厚变化	金属变形抗力 σ_s 减小时板厚变薄	板坯原始厚度 h_0 减小时板厚变薄	摩擦系数 f 减小时板厚变薄	张力 q 增加时板厚变薄	原始辊缝 t_0 减小时板厚变薄

5.4.2 板带钢厚度控制方式

常用的厚度控制方式有调整压下、调整张力和调整轧制速度。

其原理可通过 $P-h$ 图加以阐明。

5.4.2.1 调整压下

调整压下是厚度控制的最主要和最有效的方式，它通过改变空载辊缝的大小来消除各种因素的变化对轧件厚度的影响。

图 5-24（a）为消除来料板厚变化影响的厚控原理图。当来料厚度为 H 时，弹跳曲线为 A，塑性曲线为 B，轧后轧件厚度为 h。如果来料厚度有一个增量 ΔH，则塑性曲线由 B 移到 B'，轧后轧件厚度就有一个增量（偏差）Δh。为了消除这一偏差，就要调整压下量，使空载辊缝 S_0 减小一个调整量 ΔS_0，弹跳曲线由 A 变为 A'，A' 与 B'，交点的横坐标为 h，即轧后轧件的厚度不变。

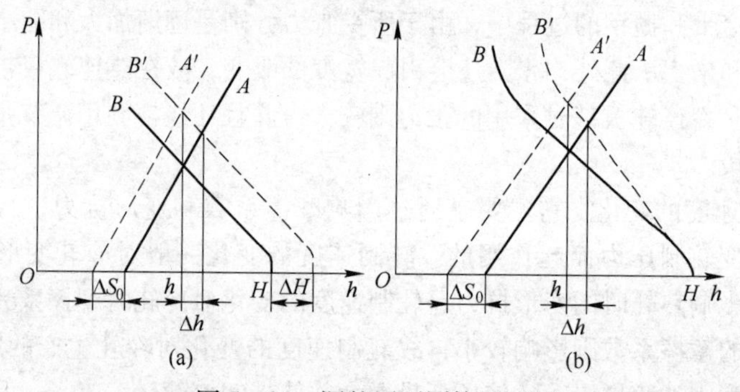

图 5-24 调整压下厚控原理图

（a）消除来料厚度变化的影响；（b）消除张力、摩擦系数和抗力变化的影响

图5－24（b）为消除张力、摩擦系数和变形抗力变化影响的厚控原理图。当由这些因素的影响（单独作用或同时作用）使塑性曲线由 B 变到 B'时，轧件厚度 A 就有一个增量（偏差）Δh，为了消除这厚度偏差，调整压下使空载辊缝减小 ΔS_0，弹跳曲线由 A 变到 A'，就可使轧后轧件厚度恢复到 h。

5.4.2.2 调整张力

在连轧机或可逆式板带轧机上，除了调整压力进行厚控外，还可以通过改变前后张力来进行厚控。如图5－25所示，当来料厚度 H 有一偏差 ΔH 时，轧后轧件厚度 h 将产生偏差为 Δh。在空载辊缝不变的情况下，通过加大张力，塑性曲线的斜率发生变化，由曲线 B'变为曲线 B''，从而消除厚度偏差 Δh，使轧后轧件厚度 h 保持不变。

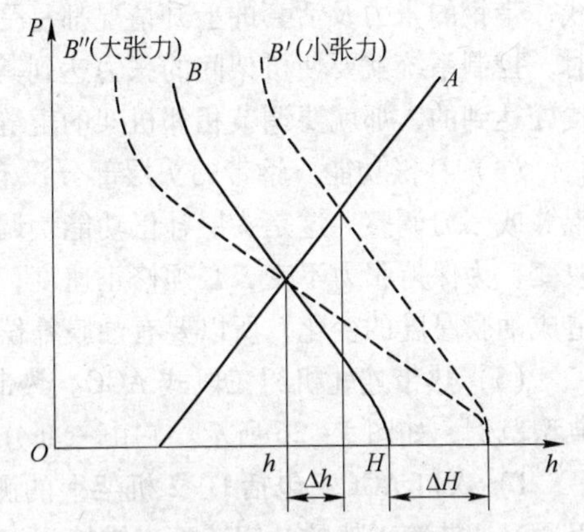

图5－25 调整张力厚控原理图

张力厚控的优点是反应速度快（较之电动压下厚控）且易于稳定，可使厚控更准确。其缺点是热轧带材和冷轧较薄的带材时，为防止拉窄和拉断轧件，张力变化范围不能过大。这种方法在冷轧时用得较多，热轧一般不用，但有时在末架采用张力微调：冷轧时，往往把调整压下厚控和张力厚控配合使用。当厚差较小时，在张力允许范围内采用张力微调；当厚差较大时，则采用压下进行厚控。

5.4.3 厚度自动控制方法

厚度自动控制系统（AGC）是指为使板带材厚度达到设定的目标偏差范围而对轧机进行的在线调节的一种控制系统。AGC系统的基本功能是采用测厚仪等直接或间接的测厚手段，对轧制过程中板带的厚度进行检测，判断出实测值与设定值的偏差；根据偏差的大小计算出调节量，向执行机构输出调节信号。AGC系统由许多直接和间接影响轧件厚度的系统组成，通常包括：辊缝控制系统、轧制速度控制系统、张力抑制及补偿功能系统。

（1）辊缝控制系统。辊缝控制的执行机构有机械式和液压式，其中液压缸被广泛地应用于辊缝控制的执行机构中。液压缸被安装在上支承辊轴承座上方，或下支承辊轴承座下方。液压执行机构采用闭环控制系统，最常用的两种模式是位置控制模式和轧制力或压力控制模式。

此外，还有测厚仪式AGC、差动厚度控制（DGC）、定位式厚度控制（SGC）以及单机架轧机的厚度偏差控制等辊缝控制形式。

（2）冷轧带钢张力控制系统。带钢张力控制系统由辊缝控制系统与张力闭环控制系统组成，对辊缝有干扰的因素，如来料厚度的波动、轧辊偏心、润滑条件的变化等都会导致带钢张力的变化。张力计的输出信号与张力基准信号相比较所得的偏差信号被送到轧机辊缝调节器或速度调节器中。前者称为通过辊缝进行张力控制，后者称为通过速度进行张力控制。

（3）带活套的热带连轧机组中间机架的张力控制系统。在热带连轧机组中，机架间的张力通常是通过活套来控制的。常用的活套形式有电动活套、气动活套、液压活套。活套是一种带自由辊的机构，这个自由辊在带钢穿带后就会上升并高于轧制线，带钢的张力及活套的上升情况都是受连续监控的。当活套上升到预定的目标位置时，控制系统就要使机架间的张力达到其目标位置。如果张力目标值是活套在其他位置处达到的，那就要调节相邻机架的辊缝或轧制速度。

（4）补偿功能。钢带的头层部分没有张力作用，厚度要发生变化，因此要进行辊缝或张力调整，这是头层补偿功能。调整辊缝时会造成轧件的秒流量变化，张力会改变，为保持张力不变，必须修正速度，这就需要有速度补偿功能。轧制压力变化会造成油膜厚度的变化，所以要有油膜补偿功能。

（5）热带连轧机组三段式 AGC。热带连轧机组的三段式 AGC 是厚度控制系统的典型范例，如图 5－26 所示。它由三部分组成：

1）入口 AGC：包括 1、2 机架上的测厚仪控制系统，1、2 架轧机之间的张力可以通过调节第 1 架的轧辊速度来维持。

2）机架间 AGC：通过调节下游机架的辊缝和活套来维持机架间带钢张力的恒定以保证秒流量的稳定。

3）出口 AGC：包括出口偏差反馈控制系统，能够通过调节下游机架的速度来控制轧件的出口厚度。

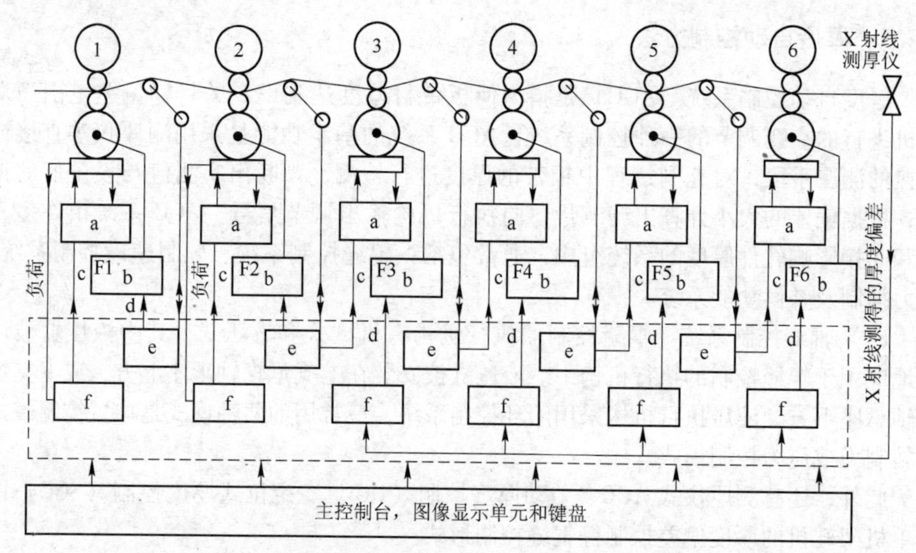

图 5－26　带钢连轧机组的三段式 AGC 示意图

a—位置空载；b—驱动电器；c—位置基准；d—速度调整；e—活套控制；f—厚度控制

5.4.4 辊型控制

热轧和冷轧薄板轧机多采用弯曲工作辊的方法，如图 5－27 所示。实际生产中由于换辊频繁，采用（a）式装置需要经常拆装高压管路，影响油路密封，而且浪费时间，故更倾向于采用（b）法，或者将油缸置于与牌坊窗口相连的凸台上，以避免经常拆装油管。比较理想的是（a）法与（b）法并用，即选用所谓的工作辊综合弯辊系统，可以使辊型在更广泛的范围内调整，甚至用一种原始辊型就可以满足不同品种和不同轧制制度的要求。

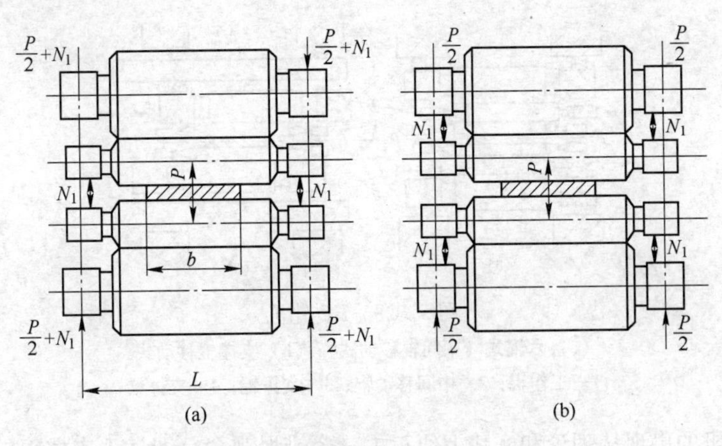

图 5－27 弯曲工作辊的方法
（a）减小工作辊的挠度；（b）增大工作辊的挠度

液压弯辊所用的弯辊力一般为最大轧制压力的 10%～20%。液压缸的最大油压一般为 20～30MPa，近年来还制成了能力更大的液压弯辊系统。

上述液压弯辊控制虽是一种无滞后的辊型控制的有力手段，但它还有一定的局限性。首先，它受到液压油源最大压力的限制，致使它还不能完全补偿在更换产品规格时实际需要的大幅度曲线变化。而且实践表明，弯辊控制对于轧制薄规格的产品，尤其是对于控制“二肋浪”等作用不大，有时还会影响轧出板带的实际厚度。因此，尽管液压弯辊技术已得到广泛应用，但人们仍然不断研究开发更完美、更有效控制板形的新技术和新轧机，其中值得注意的有以下几种：

（1）HC 轧机。HC 轧机为高性能板形控制轧机的简称，其结构如图 5－28 所示。目前，日本用于生产的 HC 轧机是在支撑辊和工作辊之间加入中间辊并使之做横向移动的六辊轧机。在支撑辊背后再撑以强大的支撑梁，使支撑辊能做横向移动的新四辊轧机正在研究。HC 轧机的主要特点有：1）具有大的刚度稳定性。即当轧制力增大时，引起的钢板横向厚度差很小，它也可以通过调整中间辊的移动量来改变轧机的横向刚度，以控制工作辊的凸度，此移动量以中间辊端部与带钢边部的距离 δ 表示，当 δ 大小合适，即当中间辊的位置适当，处在所谓 NCP 点（Non Control Point）时，工作辊的挠度即可不受轧制力变化的影响，此时轧机的横向刚度可调至无限大；2）具有很好的控制性。即在较小的弯辊力作用下，就能使钢板的横向厚度差发生显著的变化。HC 轧机还没有液压弯辊装置，由于中间辊可轴向移动，致使在同一轧机上能控制的板宽范围增大了（图 5-28）；3）由于上述特点，HC 轧机可以显著提高带钢的平直度，可以减少板带钢边部变薄及裂边部分宽度，减少切边损失；4）压下量由于不受板形限制，压下量可适当提高。由于 HC 轧机的刚度稳定性和控制性都比一般四辊轧机好得多，因而能高效率地控制板形。因此，HC 轧机自 1972 年以后得到了较快发展。

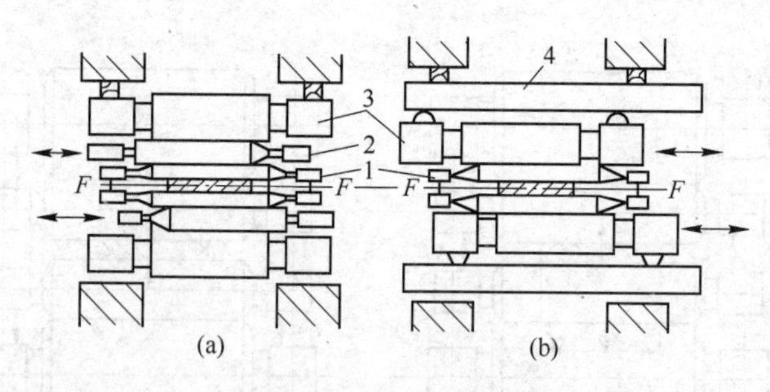

图 5-28 HC 轧机

（a）六辊式（中间辊移动式）；（b）支撑辊移动式

1—工作辊；2—中间移动辊；3—支撑辊；4—支撑梁

HC 轧机的出现从理论和实践上纠正了一个错误观念，即认为支撑辊的挠度决定于工作辊的挠度，因而为了提高其弯曲刚度，便不断增大支撑辊直径。但实际上尽管支撑辊很大且有快速弯辊装置，其板平直度仍然不理想。而且理论与实践表明：工作辊的挠曲一般大于支撑辊的挠曲达数倍之多。其原因一方面是由于工作辊与支撑辊之间以及工作辊与被轧板带之间的不均匀接触变形，使工作辊产生附加弯曲；另一方面则由于轧辊之间的接触长度大于板宽，因而位于板宽之外的辊间接触段，即图 5-29(a) 中指出的有害接触部分使工作辊受到悬臂弯曲力而产生附加挠曲。最近几年来，基于这种分析和对轧机总体弹性变形分布的研究，创造出 HC 轧机。由图 5-29（b）可见，由于消除了辊间的有害接触部分而使工作辊挠曲得以大大减轻或消除，同时也能有效地发挥液压弯辊装置控制板形的作用。这是 HC 轧机技术核心所在，是板带轧机设计思想的一个大进步。

（2）特殊辊型的工作辊横移式轧机。近年来，德国西马克和德马克公司分别开发出工作辊横移式 CVC 轧机和 UPC 轧机，二者工作原理相同，只是 CVC 轧机辊型是 S 形，而 UPC 轧机辊型呈雪茄形（图 5-30）。这种轧机工作辊横移时，辊缝凸度可连续由最小值变到最大值。所以，调整控制板形的能力很强。

（3）对辊交叉（PC Pair Cross）轧制技术。日本新日铁公司广烟厂于 1984 年投产的 1840mm 热带连轧机的精轧机组首次采用了工作辊交叉的轧制技术。PC 轧机的工作原理是：通过交叉上下成对的工作辊和支撑辊的轴线形成上下工作辊间辊缝的抛

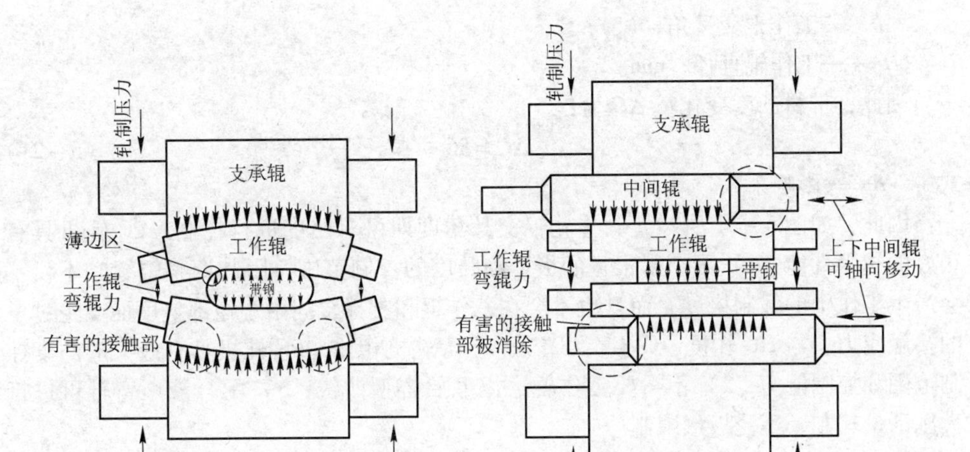

图 5－29 一般四辊轧机和 HC 轧机轧辊变形情况比较

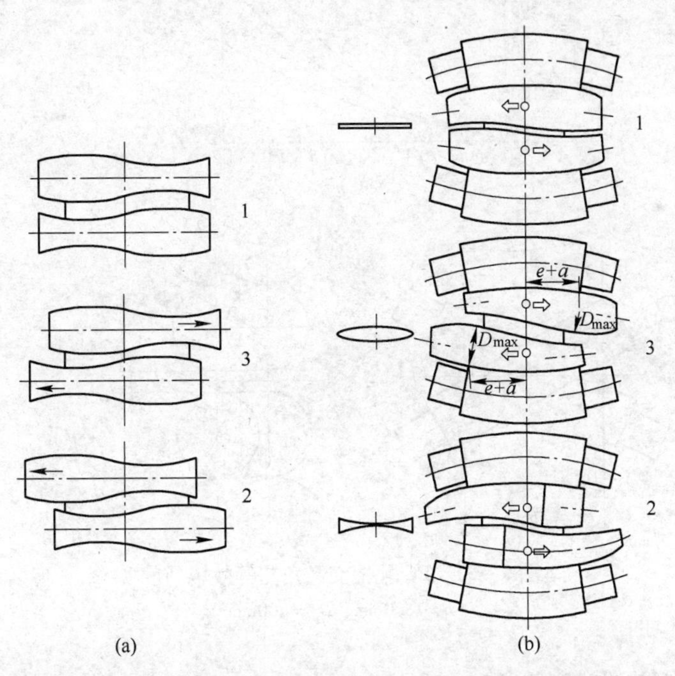

图 5－30 CVC（a）与 UPC（b）轧辊辊缝形状变化示意图

1—平辊缝；2—中凸辊缝；3—中凹辊缝

物线，并与工作辊的辊凸度等效。等效轧辊凸度 C_r 由下式表示：

$$C_r = \frac{b^2\tan^2\theta}{2D_w} \approx \frac{b^2\theta^2}{2D_w} \tag{5-20}$$

式中 b——板材宽度，mm；

θ——工作辊交叉角，(°)；

D_w——工作辊直径，mm。

因此，带材凸度变化量 ΔC 为：

$$\Delta C = \delta C_r \tag{5-21}$$

式中 δ——影响系数。

因此，如图 5-31 所示，调整轧辊交叉角度即可对凸度进行控制。PC 轧机具有很好的技术性能：1）可获得很宽的板形和凸度的控制范围，因其调整辊缝时不仅不会产生工作辊的强制挠度，而且也不会在工作辊和支撑辊间由于边部挠度而产生过量的接触应力。与 HC 轧机、CVC、SSM 及 VC 等轧机相比，PC 轧机具有最大的凸度控制范围和控制能力；2）不需要工作辊磨出原始辊型曲线；3）配合液压弯辊可进行大压下量轧制，不受板形限制。

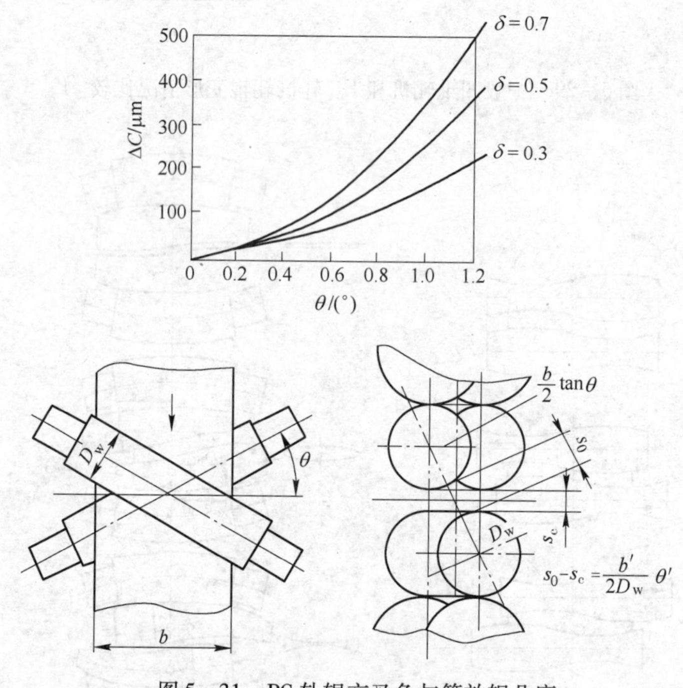

图 5-31 PC 轧辊交叉角与等效辊凸度

$b = 1500\text{mm}$；$D_w = 700\text{mm}$

5.5 板带钢生产新技术

5.5.1 中厚板生产新技术

中厚板生产的新技术主要有四方面：

(1) 广泛采用连铸坯。由于连铸坯有其优点，在中厚板生产中大多都采用连铸坯为原料，厚板连铸比逐年有明显的提高，由于轧制厚板受压缩比的要求，原料要求较厚。随着连铸技术的提高和生产规模的扩大，轧制厚板的连铸坯已能满足轧制某些厚板的技术要求。

（2）中厚板轧机尺寸加大。世界上中厚板轧机越来越大，20 世纪 60 年代发展了以 4700mm 轧机为典型代表的宽厚板轧机。70 年代又发展了以 5500mm 轧机为典型代表的 5m 级宽厚板轧机。

（3）采用控制轧制和控制冷却。中厚板生产采用控制轧制和控制冷却，提高了强度和韧性，降低合金元素含量和碳当量，提高可焊性，改善钢板性能，降低生产成本。

（4）采用平面形状控制轧制法。采用平面形状控制轧制法可以提高成材率，减少金属消耗，如厚边展宽轧制（MAS）、薄边展宽轧制等。

5.5.2　热带钢生产新技术

热连轧带钢生产新技术主要有四方面：

（1）薄板坯连铸直接轧制。采用连铸薄板坯，不经加热炉加热，只对温度较低的部位进行补偿加热，直接进精轧机连续轧制成热带钢，可以大幅度节能，简化工艺过程，缩短工艺流程。

（2）自动化和计算机控制技术。热连轧带钢生产中采用的各种 AGC 系统和液压控制技术，各种板形控制技术，利用升速轧制和层流冷却控制钢板温度与性能等。

（3）保温技术。热连轧带钢经粗轧机轧制之后，在入精轧机前应使温降越小越好，以便于轧制薄规格产品。为使粗轧后带坯温降小，减小精轧机轧制时的头尾温差，采取如下措施：

1）增加送入精轧机的坯料厚度，所以现代化的热连轧机机架数目有逐渐增多的趋势；

2）尽量缩短轧制线，采取辊道保温措施；

3）在粗、精轧机之间设热卷取箱，以保温、减少头尾温差及缩短轧制线。

（4）板坯低温加热轧制技术。适当降低板坯的加热温度可以大幅度地节能。同时，低温加热还可以减少烧损，提高钢材的表面质量，提高成材率。

热连轧带钢的生产规模不断扩大，轧制速度也在不断提高，目前可高达 30m/s，卷重达 45t，而且产品规格也在扩大，带钢厚度已达 0.8 ~ 25mm。热连轧带钢的质量也在不断提高，尺寸公差在减小，轧制头尾温差、终轧温度偏差，卷取温度偏差都在减小。

5.5.3　冷轧板带生产新技术

冷轧板带钢生产新技术有五方面：

（1）全过程连续生产线。全过程连续生产线是将酸洗、冷轧、脱脂、退火、平整等生产过程全部实现连续化生产，将这些工序全部串联起来，实现了整体全过程连续生产线。日本新日铁广畑厂 1986 年投产了世界第一套酸洗、冷轧、连续退火及精整的无头连续生产线。

（2）新型辊系轧机。为提高冷轧板带的质量，保持良好的板形，出现了许多新型辊系轧机。如MKW轧机、HC轧机、异步轧机、泰勒轧机、偏六辊轧机等。

（3）机架冷连轧机。为使冷轧实现全连续轧制，采用5/6机架。即轧制线上安装六个机架，生产中使用五个机架。多出的一个轧机轮流替换其他轧机，在轧制时交替进行换辊，生产操作不停止。

（4）辊型控制技术。为使冷轧带钢的板形好，必须要灵活地控制辊型。控制辊型的方法有液压弯辊、可变凸度轧辊、成对交叉轧辊、水平弯曲轧辊等。

（5）自动控制技术。冷轧板带轧机的自动化控制最为完善。有弯辊力控制、数字速度调节系统、张力补偿系统、自动制动控制、自动厚度控制系统。在生产线上还有进出料自动控制、开卷和卷取控制等。

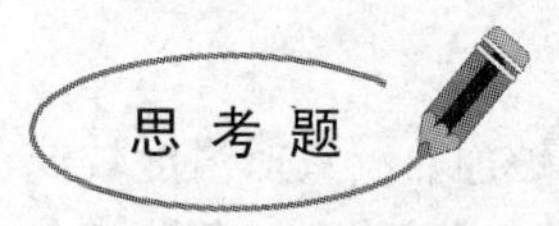

1. 中厚板轧机型式及布置方式有哪些？
2. 带钢热连轧机型式及其特点有哪些？
3. 简述热轧板带钢生产工艺过程。
4. 简述热轧板带钢轧制规程的制定方法。
5. 冷轧带钢工艺特点有哪些？
6. 简述冷轧带钢生产工艺过程。
7. 影响板带钢轧制厚度的主要因素有哪些？
8. 板带钢厚度控制的方式有哪些？
9. 板带钢轧制新工艺及新技术有哪些？

6 钢管生产

【本章概要】

本章介绍了钢管的品种、用途和分类，钢管热轧生产方法，焊接钢管生产方法及钢管冷加工法；热连轧无缝钢管生产；轧制表的编制原则和程序，编制轧制表的要求，轧制表编制的步骤，轧制表编制方法；热轧无缝钢管生产工具与工艺控制；焊接钢管生产；冷轧管生产；钢管生产发展与新技术。

【关 键 词】

无缝钢管，焊管，穿孔，轧管，定（减）径，连续轧管，浮动芯棒连轧管机组，环形炉，顶头，基本变形，附加变形，芯棒中性面，轧制表，送进角，周期式轧管法，限动芯棒连轧管机

【章节重点】

本章应重点掌握钢管的品种、钢管的热轧生产方法、热连轧无缝钢管的主要工序；熟悉轧制表的编制原则和依据、连轧钢管的生产控制技术；了解焊接钢管的生产工艺过程、冷轧钢管的生产工艺过程、钢管生产发展及新技术现状。

随着国民经济的快速发展，各行各业对钢管的需求量不断攀升，对钢管质量提出了更高要求。我国生产的钢材中，钢管的比例在不断提高，各种新工艺、新设备不断涌现。由于钢管被用于多个重要的工业部门，所以各国对它的生产状况和工艺发展都十分重视，各个工业国家的钢管产量，一般约占钢材总产量的10%～15%。

6.1 钢管生产概述

钢管包括焊管和无缝管，其产品主要用于石油工业、天然气输送、城市输气、电力和通讯网、工程建筑以及汽车、机械等制造业。无缝钢管以轧制方法生产为主，高合金钢管用挤压方式生产，有色金属无缝钢管以挤压方法生产为主。另一类为焊接管，这种钢材的生产具有连续性强、效率高、成本低、单位产品的投资少等优点，加之带材生产发展迅速，使得它在管材产量中的比重不断增长。目前，焊接钢管在各主要工业国家占钢管总产量的50%～70%，我国的焊接钢管比重约为55%。

6.1.1 钢管的品种、用途和分类

钢管种类繁多，性能要求各异，尺寸规格范围很宽，外径范围为0.1～4500mm，壁厚范围为0.1～100mm。为了区分其特点，通常按以下几种方法分类：

（1）钢管根据不同用途可分为：

1）配管：配管就是输送管，用来输送流体和一些固体，包括石油、天然气、水煤气输送管，以及煤炭、矿石、粮食的输送管等；

2）结构管：结构管用来制作各种机器零件以及构筑物架体，包括自行车管、管桩、各种结构件用管和轴承管等；

3）石油管：石油管是指石油、天然气的钻采用管，包括钻杆、套管、油管等；

4）热交换用管：这种管道通过管壁进行热交换，包括锅炉管、热交换器用管等；

5）其他：其他用途包括电缆管、高压容器用管等。

不同用途的钢管、技术标准不同，生产方法也有所不同，具体分类情况见表6－1。

（2）按断面形状分类。可分为圆管与异型管，其中异型钢管又可分为等壁异型管和不等壁异型管，以及纵向变截面管，如图6－1所示。

（3）按材质分类。主要有普通碳素钢、优质碳素结构钢、合金结构钢、合金钢、轴承钢、不锈钢和双金属等。有的采用涂镀工艺制成涂覆钢管，如镀锌和涂塑管等。

表6－1 钢管按用途分类

用　途	钢管名称	技术标准	常用生产方法
管道用管	水煤气管	CB/T 3091—2008	炉焊、电焊
	石油输送管	API SPEC5CT—2001	直缝电焊、热轧
	石油、天然气干线用管	API SPEC5L—2004	直缝电焊、螺旋焊
	蒸汽管道用无缝管	GB 13296—2007	热轧
热工设备和热交换器用管	普通锅炉管	GB 3087—2008	热轧、电焊、冷拔
	高压锅炉管	GB 5310—2008	热轧、电焊、冷拔
机械工业用管	航空结构管	GB/T 3094—2008	热轧、冷拔
	汽车拖拉机结构管	GB/T 8162—2008	热轧、电焊、冷拔
	半轴及车轴管	YB/T 5035—2008	热轧、电焊、冷拔
	柴油机高压油管	GB 3093—2002	冷拔
	液压支柱用管	GB/T 17396—2009	冷拔
	农机用方矩形管	GB/T 3094—2008	热轧、冷拔
	轴承管	GB/T 18254—2002	热轧、冷拔
	变压器用管	GB/T 3092—2008	电焊

续表 6-1

用　途	钢管名称	技术标准	常用生产方法
石油地质工业用管	地质钻探管	YB 235—1970	热轧、冷拔
	石油油管	API SPEC5CT—2008	热轧、冷拔
	石油套管	ISO 11960（APL5CT）	热轧、冷拔、电焊
	石油钻杆、钻铤、方钻杆	ISO CD11961、GB/T 9253.1—1999	热轧、冷拔、电焊
化工用管	石油裂化管	GB 9948—2006	热轧、冷拔
	化肥用高压管	GB 6479—2013	热轧、冷拔
	化工设备及管道用管	GB 13296—2007	热轧、冷拔
其他用管	容器用管	GB 18248—2008	热轧、电焊、冷拔
	仪表用管	GB/T 3090—2000	冷拔

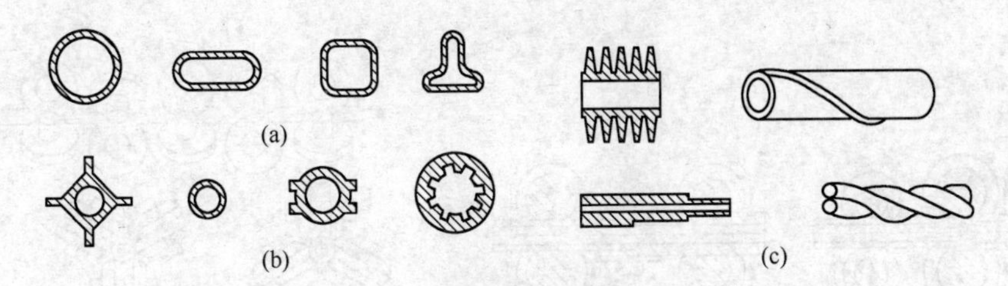

图 6-1　钢管按断面形状分类

（a）等壁异型管；（b）不等壁异型管；（c）纵向变截面管

（4）按管端形状分类。钢管端部形状有光滑和车丝管两种（图 6-2）。

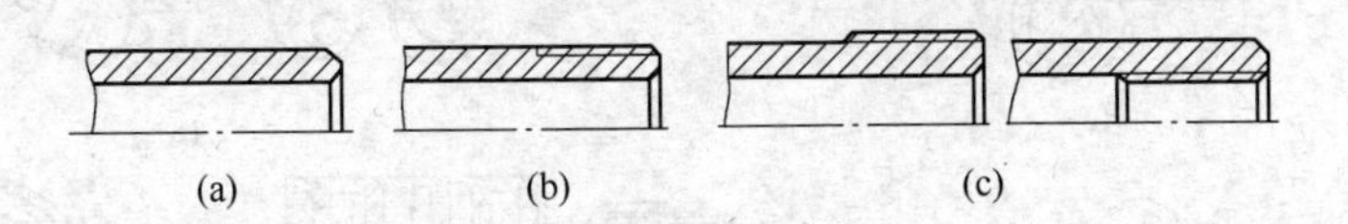

图 6-2　钢管按管端形状分类

（a）光滑；（b）普通车丝管；（c）加厚管

（5）按生产方法分类。钢管按生产方法可分为无缝钢管与焊管两大类。无缝钢管又可以分为热轧管、冷轧管和冷拔管等。焊管可分为高频直缝电焊管、螺旋焊管和 UOE 管等。

（6）按钢管的外径和壁厚之比（D_c/S_c）分类。$D_c/S_c \leqslant 10$ 为特厚管；$D_c/S_c = 10 \sim 20$ 为厚壁管；$D_c/S_c = 20 \sim 40$ 为薄壁管；$D_c/S_c \geqslant 40$ 为特薄壁管。

6.1.2　钢管热轧生产方法

热轧无缝钢管生产是将实心管坯穿孔并轧制成符合产品标准的钢管。整个过程有以下四个变形工序。

（1）穿孔。将实心管坯穿孔，形成空心毛管。常见的穿孔方法有斜轧穿孔和压力穿孔（图6－3）。此外还有直接采用离心浇注、连铸与电渣重熔等方法获得空心管坯，从而省去穿孔工序。

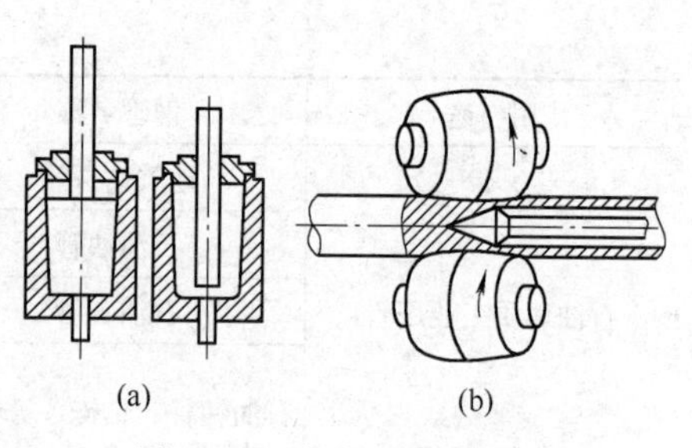

图6－3 穿孔方法示意图

（a）压力穿孔；（b）斜轧穿孔

管坯经过穿孔制作成空心毛管，毛管的内外表面和壁厚均匀性，都将直接影响到成品质量的好坏，所以根据产品技术条件要求，考虑可能的供坯情况，正确选用穿孔方法是重要的一环。

（2）轧管。轧管是将穿孔后的毛管壁厚轧薄，达到符合热尺寸和均匀性要求的荒管。常见的轧管方法有自动轧管、连续轧管（MM、MPM、PQF）、皮尔格轧管（Pilger）、三辊斜轧（Assel）、二辊斜轧（又称狄舍尔轧管，Diesher）、顶管（CPE）和热挤压等（图6－4）。

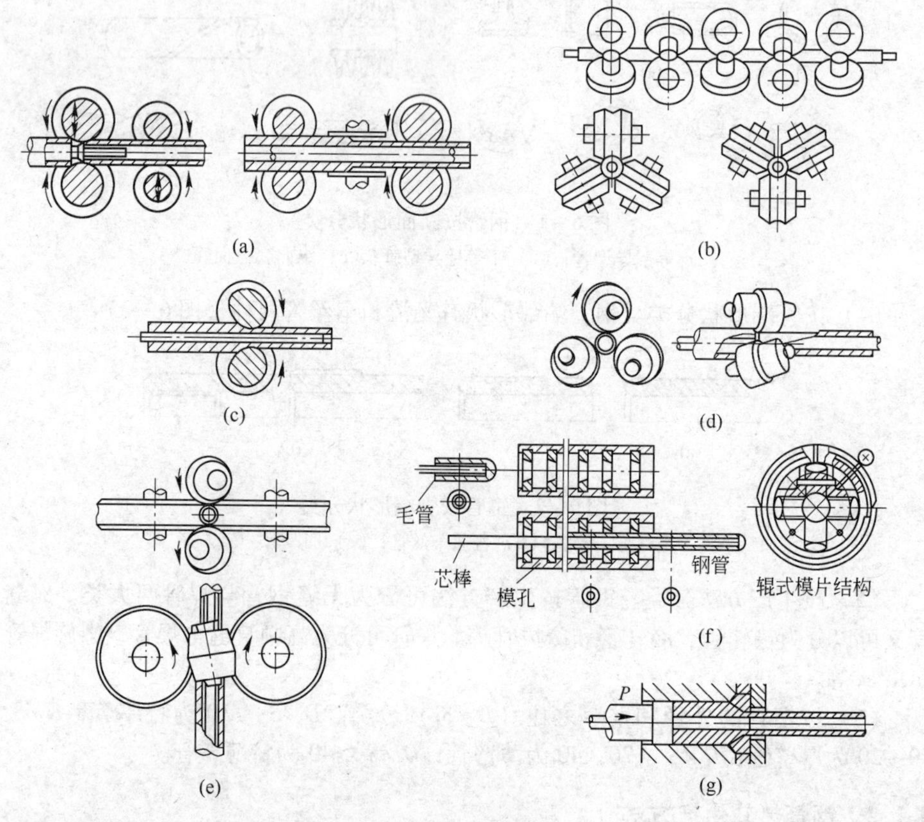

图6－4 各种热轧无缝钢管轧管方法示意图

（a）自动轧管；（b）连续轧管；（c）皮尔格轧管；（d）三辊斜轧；（e）二辊斜轧；（f）顶管；（g）热挤压

轧管是制管的主要延伸工序，它的选型以及它与穿孔工序之间变形量的合理匹配，是决定机组产品质量、产品和技术经济指标好坏的关键。所以，目前机组都以选用的轧管机型式命名，以其设计生产的最大产品规格表示其大小。例如，140 自动轧管机组，即机组生产的最大外径为 140mm，轧管机型式为自动轧管机。而钢管热挤压机组则采用挤压机的最大挤压力或产品规格范围来表示其型号，例如 3150 挤压机组，即挤压机的最大挤压力为 3150t。

(3) 定（减）径。定径是毛管的最后精轧工序，使毛管获得成品要求的外径热尺寸和精度。减径是指大管径缩减到要求的规格尺寸和精度，也是最后的精轧工序。为使在减径的同时进行减壁，可令其在前后张力的作用下进行减径，即张力减径。

(4) 扩径。400mm 外径以上，设有扩径机组，扩径有斜轧和顶、拔管方式。

6.1.3 焊接钢管生产方法

焊管生产过程是将管坯（板带钢）用各种成型方法弯卷成所要求的横断面形状，然后用不同的焊接方法将焊缝焊合而获得钢管的过程。成型和焊接是它的两个基本工序。不同的成型和焊接方式构成不同的焊管生产方法（表 6－2）。焊管机组的名称用机组生产的产品范围以及成型和焊接的方法表示。例如，产品外径范围为 $\phi=20\sim102$mm，采用直缝连续成型和高频电阻焊接的机组，表示为 $\phi=20\sim102$ 连续高频电阻焊管机组。

表 6－2 常用的焊管生产方法

<table>
<tr><th colspan="3" rowspan="2">焊接法</th><th colspan="2" rowspan="2">成型法</th><th colspan="2">产品规格范围</th></tr>
<tr><th>外径/mm</th><th>壁厚/mm</th></tr>
<tr><td colspan="3">炉焊</td><td colspan="2">连续辊式成型机</td><td>21.7～114.3</td><td>1.9～8.6</td></tr>
<tr><td colspan="3">直缝连续高频电阻、感应焊</td><td colspan="2">连续辊式成型机</td><td>12.7～508.0</td><td>0.8～14.0</td></tr>
<tr><td rowspan="6">电弧焊</td><td colspan="2" rowspan="4">埋弧焊接</td><td rowspan="3">直焊缝</td><td>连续排辊式成型机</td><td>400～1200</td><td>6.0～22.2</td></tr>
<tr><td>辊式弯板机</td><td>300～4000</td><td>4.5～25.4</td></tr>
<tr><td>UO 压力成型机</td><td>400～1625</td><td>6.0～40.0</td></tr>
<tr><td colspan="2">螺旋成型机</td><td>300～3660</td><td>3.2～25.4</td></tr>
<tr><td rowspan="2">惰性气体保护电弧焊</td><td>TIG</td><td colspan="2">连续辊式成型机</td><td>10.0～114.3</td><td>0.5～3.2</td></tr>
<tr><td>MIC</td><td colspan="2">压力成型机
辊式弯板机</td><td>50～4000</td><td>2.0～25.4</td></tr>
</table>

注：TIG—惰性气体保护钨极的电弧焊接法；MIC—惰性气体保护金属极的电弧焊接法。

6.1.4 钢管冷加工法

钢管冷加工方法主要有冷轧、冷拔和旋压（图 6－5）。各种冷加工方法生产的产品规格范围见表 6－3。旋压本质上也是一种冷轧，冷轧管机组和旋压机的规格大小用其轧制的产品规格（最大外径）和轧管机型式来表示。例如 LD－50 表示轧管机的机型为二辊周期式冷轧管机，轧制钢管的最大外径为 50mm。LD－30 表示为多辊式冷轧管机，轧制钢管最大外径为 30mm。冷拔机的规格用其允许的额定拔制力大小和冷拔机的传动方式来表示，例如 LB－20 表示为额定拔制力 20t 的链式冷拔机；80t 液压冷拔机表示额定拔制力为 80t，采用液压传动。

表 6－3　目前钢管冷加工的产品规格范围

冷加工方法	产品范围				
	外径 D_c/mm		壁厚 S_c/mm		D_c/S_c
	最大	最小	最大	最小	
冷轧	450.0	4.0	60	0.04	60～250
冷拔	762.0	0.1	20	0.01	2.1～2000
旋压	4500.0	10.0	38.1	0.04	≥12000

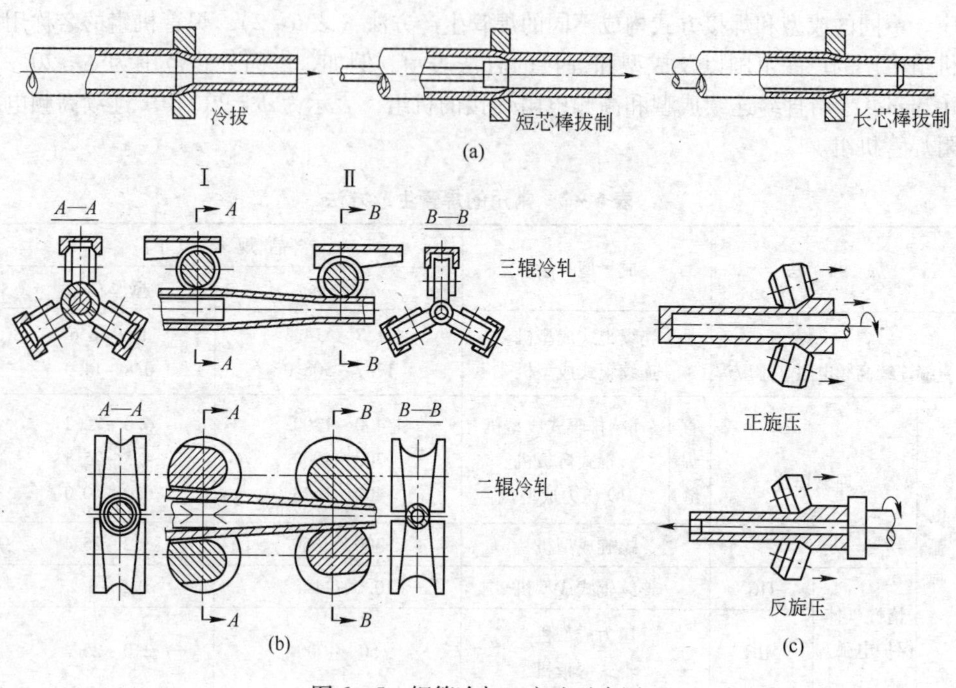

图 6－5　钢管冷加工方法示意图
（a）冷拔；（b）冷轧；（c）旋压

6.2　热连轧无缝钢管生产

热轧无缝钢管生产根据穿孔和轧制方法以及制管的材质不同，可选用圆形、方形或多边形断面的轧坯、锻坯、钢锭或连铸坯为原料，有时还采用离心铸造或旋转铸造的空心管坯。轧前准备包括管坯的检查、清理、切断、定心等工序。

管坯加热目的和要求与一般热轧钢材基本相同。通常加热设备有环形加热炉、步进炉、斜底炉、感应炉和快速加热炉等，有时根据需要可在生产线上设置再加热炉，以便继续轧制变形、确保终轧温度、控制成品管的组织性能等。

热轧主要包括穿孔、轧管、定径或减径工序。穿孔工序的任务是将实心管坯穿制成空心的毛管。轧管工序（包括延伸工序）的主要任务是将空心毛管减壁、延伸，使壁厚接近或等于成品管壁厚。均整、定径或减径工序统称为热精整，是热轧钢管轧制中的精轧，起着控制成品几何形状和尺寸精度的作用。完整的热轧钢管轧制工艺中必须包含粗轧、中轧、精轧三部分，才能获得交货状态的热轧成品管。一个机组中设置哪些精轧工序，视机组的类型和产品规格而定，通常 ϕ50mm 以下的热轧成品管须采用减径工序进行生产。

钢管精整包括锯断、冷却、热处理、矫直、切断、钢管机加工、检验和包装等工序，其目的是保证管材符合技术标准。其中，钢管机加工通常是指管端加厚、端头车丝和制作管接头等机械加工和处理工艺。

6.2.1 连轧钢管机组

连续轧管是将穿孔后的毛管套在长芯棒上，经过多机架顺次排列且相邻机架辊缝互错60°或90°的连续轧管机而轧成荒管（图6－6）。连续轧管机按其芯棒运动形式可分为两种：一种是芯棒随同管子自由运动的长芯棒连轧管机，简称 MM（Mandrel Mill）；另一种是轧管时芯棒是限动的或速度可控的限动芯棒连轧管机，简称 MPM（Multi－stand Pipe Mill）。

我国当今拥有数量最多的各类连轧管机组，产量居世界首位。近年来，三辊限动芯棒连轧管机（PQF、FQM，见图6－7）的诸多优点使得它在连轧管生产中备受瞩目。

图6－6 连续轧管过程示意图
1—轧辊；2—荒管；3—芯棒

连轧管机组的特点可归纳为：

(1) 连轧管机由6~8架二辊或三辊轧机组成，相邻机架的辊缝交替布置，通常采用高刚度的预应力机架。

(2) 各机架由调节精度很高的直流电机单独传动，主传动系统布置在轧机的两侧。较为先进的二辊连轧钢管是用与平面成45°倾斜安装的直流电机直接驱动轧辊，

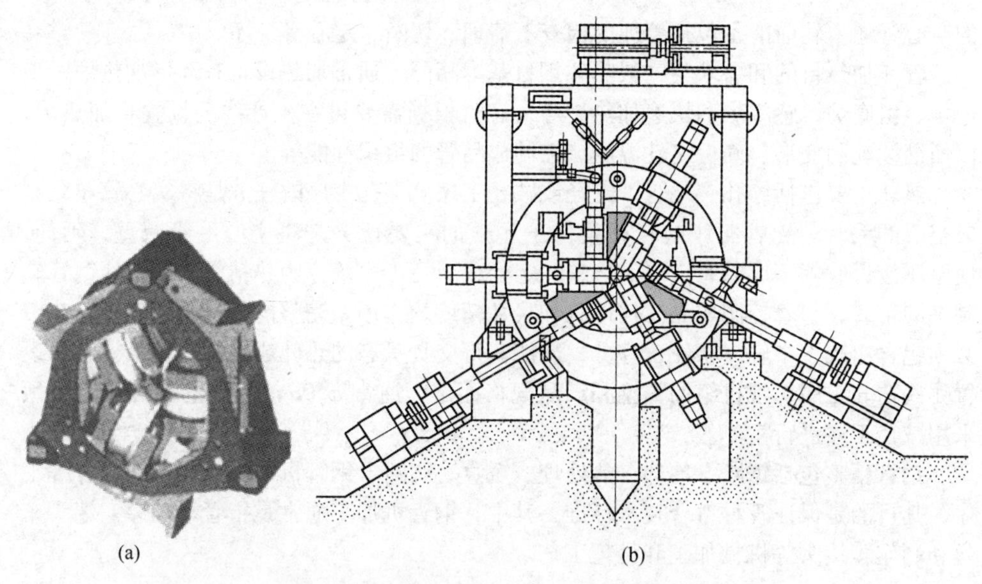

(a) (b)

图6－7 PQF和FQM三辊连轧管机示意图

（a）PQF三辊连轧管机；（b）FQM三辊连轧管机

以提高轧机转速调节响应度。

（3）连轧管机后配有张力减径机。

（4）采用先进的电控技术。表6－4列出了一些浮动芯棒连轧机（MM）的主要技术性能。

MM连轧管机主要具有以下优点：

（1）生产效率高，大多数机组年产量在25万～30万吨左右，甚至有的机组可达到年产量56.2万吨；

（2）钢管质量高，表面质量和尺寸精度比自动轧管机组好；

（3）可以轧出长管，荒管长度可达33m，经张力减径后管长可达160～165m。这对发挥张力减径的优越性创造了条件，而张力减径机又称为连轧管机简化工具，对扩大品种和提高经济效益起了重要作用；

（4）连轧管机可以承担较大的变形量（一般$\mu=3.5\sim5$），允许提供厚壁毛管而减小穿孔机的延伸系数，因此对管坯质量要求可比自动轧管机低些；

（5）自动化程度高，操作人员少；

（6）钢管生产成本低，这主要是机组生产效率高、金属消耗低和每吨管子的折旧费较少的缘故。采用连铸坯为原料的连轧管机组，钢管成本可与焊管相竞争，故采用连轧管机组是目前用来生产无缝钢管最经济的方法。

MM连轧管机的缺点：

（1）一次投资费用大；

（2）长芯棒的加工制造，贮存和维修困难，特别是大直径芯棒，因此多采用于轧制ϕ168mm以下口径的芯棒生产；

(3) 目前还不能生产高合金钢管，又因脱棒的问题，使其生产更薄、更厚和更长的钢管受到限制。

鉴于 MM 连轧的上述问题，新建连轧机组多采用 MPM 方式，这种方式可生产较大口径钢管，金属流动比较均匀，壁厚质量和内外表面质量较高，可采用延伸轧制长度达 30 ~ 40m 的荒管，并且轧制节奏短，是发展最为迅速的轧管设备。

表 6-4 一些浮动芯棒连轧机（MM）的主要技术性能

机组成品管外径/mm	轧后钢管尺寸/mm	伸长系数	机架数	轧辊尺寸 $D \times L$/mm	机架间距/mm	出口速度/m·s^{-1}	主电机		芯棒最大长度/m
							功率 N_r/kW	转速 n/r·min^{-1}	
30 ~ 102	ϕ108 × (3 ~ 8) × ~27000	~6	9	ϕ550 × 230	1150	3.9 ~ 6.0	1400 × 9	375 ~ 500	19.5
27 ~ 138	ϕ114，146 × (4 ~ 30) × ~23000	~4.5	8	ϕ535 × 450	950	~5.0	1—1300 × 2 2—1100 × 2 3 ~ 6—1300 × 2 7 ~ 8—1300 × 1	200 ~ 360	26
25 ~ 127	ϕ95，133 × (4 ~ 9) × ~23000	~4.4	8	ϕ535 × 444	1003	~4.57	1，7，8—720 × 1 2 ~ 6—720 × 2	550 ~ 1000	19.8
22 ~ 168	ϕ90，146，175 × (3.25 ~ 15) × ~25000	~4.35	8	ϕ500 × 305	1120	~5.0	2，7—700 × 2 1，8—700 × 1 3 ~ 6—700 × 3	450 ~ 1100	22
21 ~ 140	ϕ119，152.5 × (3.25 ~ 25) × ~33000	~4.5	8	ϕ(600 ~ 490) × 300	1000	~8.3	1，2—2200 3 ~ 6—2600 7，8—1300	1，2—150 ~ 250 3 ~ 8—230 ~ 400	29.7

6.2.2 管坯准备和加热

管坯质量直接影响成品管质量，管坯选择不当，将限制机组生产能力的发挥；管坯质量不良，将难以生产出高质量的钢管。因此，管坯的选择及轧前准备对于提高产品质量、改善技术经济指标、降低成本以及最大限度地发挥机组生产能力有着重要意义。

6.2.2.1 管坯种类及选择

管坯按断面形状、冶炼方法和生产方法进行分类。管坯断面形状有圆形、方形、多边形等；管坯的冶炼方法有转炉冶炼、电炉冶炼、电渣重熔等；管坯的生产方法有连铸坯、初轧坯、铸锭和离心浇注等。管坯断面形状取决于穿孔方法：压力穿孔选用方形、带波浪的方形或多边形坯（锭）；挤压机组压力穿孔选用圆坯（锭）；斜轧穿孔则受变形条件限制，需选用圆形坯。管坯冶炼方法和管坯的生产方法首先取决于材质和技术条件，其次是穿孔方法，并与冶金和浇注技术有关。按钢种选择冶炼方法：碳素钢管坯与合金结构钢管坯多用转炉钢；合金钢和高合金钢坯采用电炉钢、有特殊要求的则采用电渣重熔钢。按穿孔方法选择管坯：压力穿孔变形量小、应力状态较好，可采用钢锭或连铸坯为坯料；二辊斜轧穿孔应力状态条件较差，当穿孔变形量较大时（$\mu \geqslant 3.0$）采用轧坯或锻坯，如果穿孔变形量较小，并采用较低的穿孔速度，可采用钢锭（$\mu \leqslant 2.1$）或表面质量较高的连铸坯（$\mu \leqslant 3.0$）为坯料；狄舍尔穿孔、三辊斜轧穿孔和锥形辊斜轧穿孔有较好的应力状态条件，可采用连铸坯（$\mu \leqslant 3.0$）。锻坯常用于合金钢管生产。

连铸圆管坯具有成材率高、成本和能耗低、表面质量好、组织性能稳定的优点，目前被大量采用。实践证明，通过提高冶炼和浇注技术，如采用炉外精炼、氩气保护浇注、选装振动结晶器、电磁搅拌和结晶器液面自动控制等新技术，可使连铸坯达到很高的质量水平。除了带大导盘二辊斜轧穿孔外，目前可用于穿制连铸圆坯的还有三辊斜轧穿孔法和锥形穿孔法。

6.2.2.2 管坯的技术条件

管坯质量是确保钢管成品质量和顺利生产的先决条件。管坯标准所确定的技术要求有：化学成分、外形和尺寸偏差、表面质量、组织、性能要求等，各管坯的技术条件可查阅标准和技术协议。

管坯表面质量是指表面可允许存在的缺陷，包括：裂纹、夹杂、结疤、气孔、划伤、凹坑、压痕等；管坯的低倍组织包括：中心疏松、缩孔、皮下裂纹、中心裂纹、白点、皮下气泡等；高倍组织包括：退火组织、脱碳层深度、碳化物分布、非金属夹杂物等；性能要求包括：抗拉强度、屈服强度、断面收缩率、硬度等力学性能和物理性能，还包括某些工艺性能。

6.2.2.3 管坯检查和表面清理

钢坯在冶炼过程和生产过程中总会形成一定程度的缺陷，因此须对管坯进行严格检查和适当清理，以确保钢管质量并提高成材率。管坯检查和表面缺陷清理一般在管坯生产部门完成，轧管部门则按技术条件复验。

管坯准备工艺流程如图 6－8 所示。酸洗、剥皮等方法是为了暴露表面缺陷以便检查，现代热轧钢管车间多用无损探伤代替人工检查。表面清理的方法有砂轮磨修、火焰清理、风铲清理和机械剥皮等。

6.2.2.4 管坯切断

A 切断长度

现代高效生产采用的管坯体积较大，管坯交货状态按技术要求给定，一根连铸或初轧管坯长度是生产计划要求的投料长度的数倍，此时须设置管坯切断工序。生产所需的管坯长度 L_p 为：

$$L_p = \frac{\pi(n_c L_c + \Delta L)(D_c - S_c)}{K_{sh} F_p} \tag{6-1}$$

式中 L_p——生产所需的管坯长度，mm；

F_p——管坯横截面积，mm^2；

n_c——每根钢管的倍尺数；

D_c，S_c——成品管外径和壁厚，mm；

L_c——成品管定尺长度，mm；

ΔL——切头切尾（包括切口）长度，mm。一般 $\Delta L = 200 \sim 500$mm；

K_{sh}——管坯加热时的烧损系数，与钢种、炉型和加热操作有关。通常环形炉 $K_{sh} = 0.98 \sim 0.99$，步进炉 $K_{sh} = 0.985 \sim 0.99$，斜底连续式加热炉 $K_{sh} = 0.97 \sim 0.98$，步进式再加热炉 $K_{sh} = 0.99 \sim 0.995$。

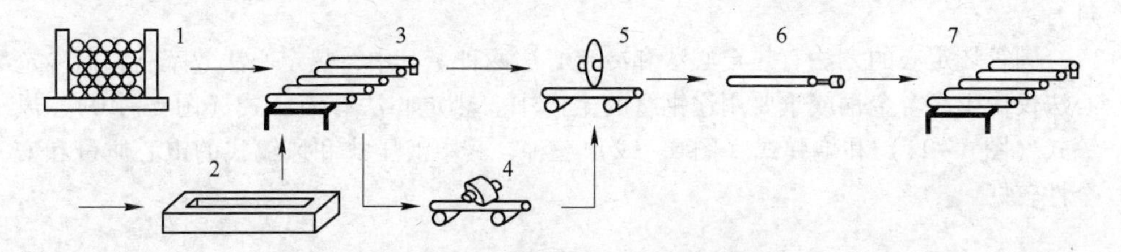

图6-8 管坯准备工艺流程示意图

1—管坯库；2—去除氧化铁皮；3，7—检查；4—表面清理；5—锯切；6—冷定心

同时，管坯长度不应超过机组设备允许范围，如穿孔机前、后台长度等。穿制高合金钢管时，管坯长度还须考虑穿孔顶头的寿命。

B 切断方法

管坯切断的方法有剪断、折断、锯断、火焰切割等（图6-9）。

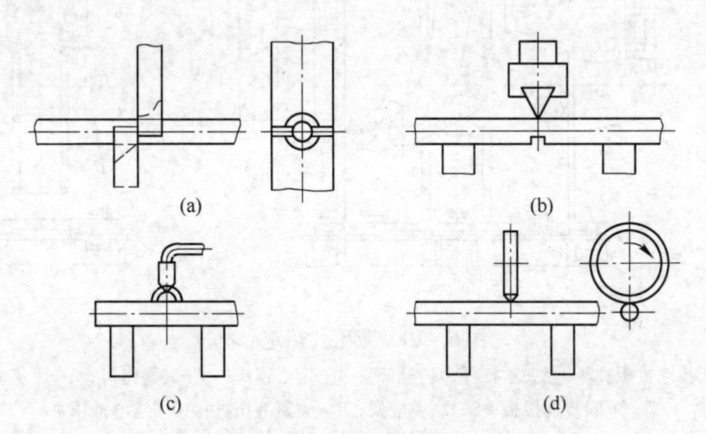

图6-9 管坯切断方法示意图

（a）剪断；（b）折断；（c）锯断；（d）火焰切割

火焰切割的操作费用最低，切割面平整度好，管坯形状不限，但有金属耗损，且管坯碳当量不宜超过0.45%，不适于高碳钢和合金钢管坯切割；

剪断法生产效率较高，无金属损耗，切断费用低，但断口有压扁变形、切斜甚至切裂；

折断法效率高、费用低，但端面不平整，且仅适用于 $D_p > 140$mm 或 $\sigma_b > 600$MPa 的管坯切断，所用设备为折断压力机；

锯断法的切断质量最好，对管坯形状不限，可切割任何钢种，但成本很高，常用于产量较小的合金钢和高合金钢管坯的切断。

6.2.2.5 管坯定心

圆管坯定心是指在管坯前端面中心钻孔或冲孔，其目的是使顶头对中，防止穿偏，减小毛管前端的壁厚不均，并改善斜轧穿孔的二次咬入条件，使穿孔过程顺利进行。

圆管坯定心的方法有热定心法和冷定心法两种。其中，热定心法效率高，而冷定心法仅用于高合金钢或重要用途钢管的生产中。热定心法有液压式（图6-10）、风镐式（图6-11）和炮弹式（图6-12）三种，其中液压式和风镐式的定心质量和安全性较好。

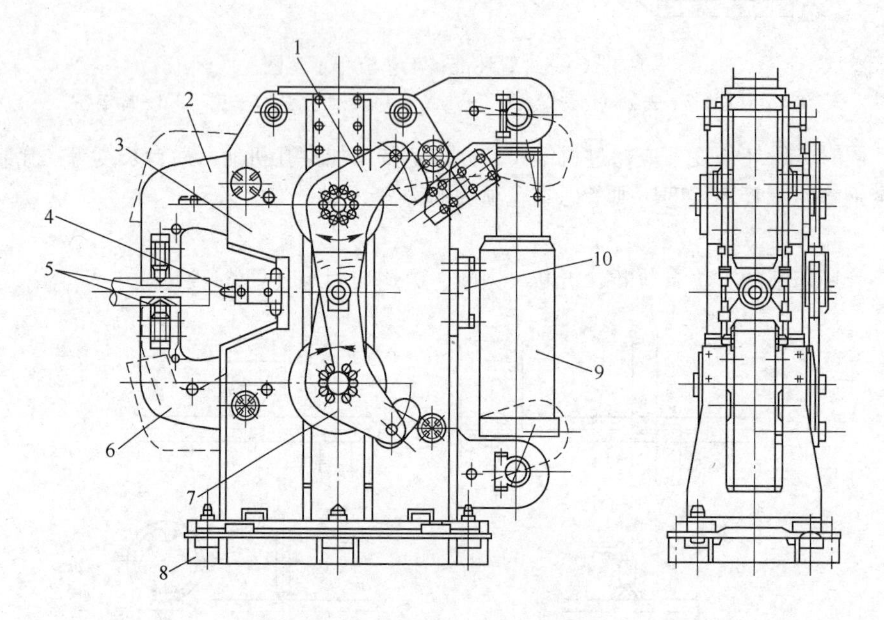

图6-10 液压式热定心机

1—上同步连接板；2—上夹紧杠杆；3—机架；4—定心顶头；5—夹紧钳口；6—下夹紧杠杆；7—下同步连接板；8—底座框架；9—夹紧液压缸；10—定心液压缸

二辊穿孔时，定心直径 d 大体等于管坯斜轧穿孔时产生的中心疏松区直径，其值为（0.12～0.25）D_p。定心孔深度的选取根据管坯材质而定：（1）低碳低合金钢以减小毛管前端壁厚不均为定心的主要目的，定心深度 $l = 7 \sim 10$mm 即可起作用；（2）合金钢及高合金钢以改善二次咬入条件为定心的主要目的，定心深度 $l = 20 \sim$

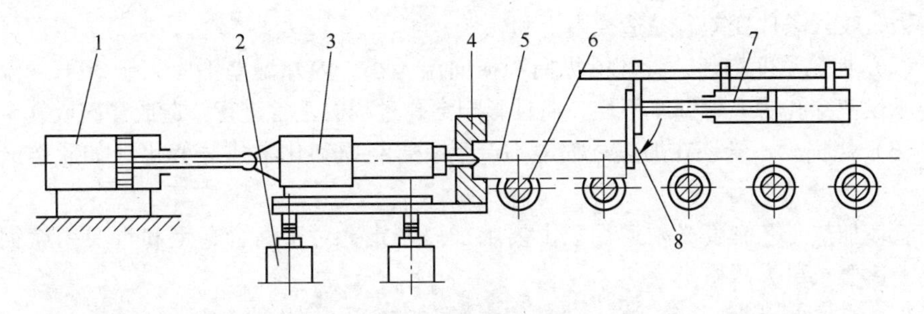

图6-11 风镐式热定心

1—工作气缸；2—升降螺丝；3—风动装置；4—定位板；5—管坯；6—辊道；7—推力气缸；8—推板

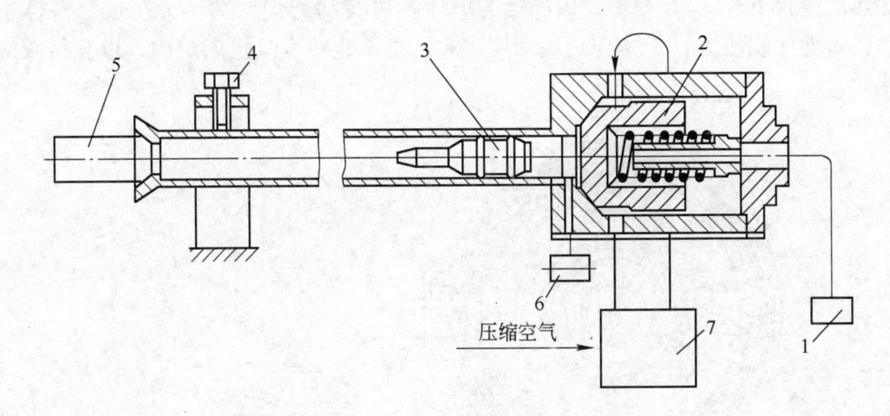

图6-12 炮弹式热定心

1—电磁换向阀；2—快速阀；3—冲头；4—调整器；5—管坯；6—抽气阀；7—储气罐

30mm；（3）对于某些可穿性低的高合金管坯，可采用深孔钻钻通孔，以便减小穿孔变形、储备顶头润滑剂和提高可穿性。

直径较小（$D_p \leqslant 100$mm）的管坯，二辊斜轧穿孔顶头接触管坯之前，变形深透至中心部位，在管坯前端形成漏斗状凹陷，有利于自动对中和便于二次咬入，可以不定心。

三辊斜轧穿孔时，管坯中心为三向压应力状态，形成“刚性核”，所形成的管坯前端凹陷很浅，顶头不易对中，需要加以定心。

6.2.2.6 管坯加热

A 管坯加热的目的和要求

钢管加热的目的是：提高管坯塑性、降低变形抗力，有利于塑性变形和降低加工能耗；使碳化物溶解和非金属相扩散，改善钢的组织性能。

加热工艺不当会引起管坯的某些缺陷，如坯料表面氧化、脱碳、增碳、过热、过烧等。因此，对管坯加热有以下三个基本要求：

（1）加热温度准确，确保穿孔过程在最佳塑性温度范围内进行。加热温度过高，金属塑性变差而造成穿孔时产生内折或轧破缺陷；加热温度过低，塑性降低、变形抗力增大，咬入条件变差，易造成内折和轧卡；

（2）加热温度均匀，管坯沿纵向和横向温差小，内外温差不应大于30℃，温度不均不仅使穿孔后毛管壁厚不均，而且影响穿孔过程的正常进行，造成穿破或轧卡；

（3）烧损少，管坯在加热过程中不产生有害组织和化学成分变化（如脱碳或增碳）。

管坯加热工艺制度必须遵循以上要求加以制定，对于高合金钢和重要用途钢管坯，上述要求更为严格。

B 管坯加热炉

管坯加热炉型有环形炉、步进炉、斜底炉等。现代热轧无缝钢管机组大多采用环形加热炉（图6－13）。环形炉由固定的炉体和可转动的炉底两部分组成，整体呈圆环状，占地面积较大，炉体与炉底采用水封，可防止冷空气进入炉内，以获得较好的加热质量。

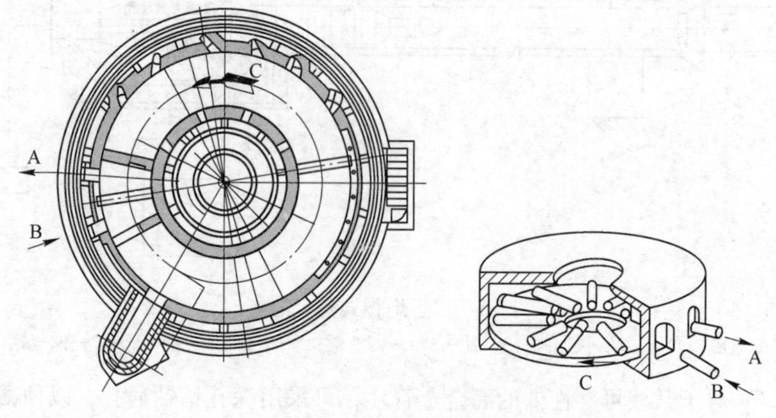

图6－13 环形加热炉

A—出料；B—装料；C—炉底选装方向

步进式加热炉（图6－14）占地面积较小，但步进炉的炉底由耐热钢制成，设备投资费用较高，主要用于中间再加热。

斜底式连续加热炉与推钢式连续加热炉的主要区别在于炉底斜度（6%～12%）不同，如图6－15所示，圆管坯在炉内依靠自重和人工翻料沿倾斜炉底滚动前进。斜底式连续加热炉虽然结构简单造价低，但存在烧损严重、加热质量差、燃耗高、劳动强度大等诸多缺点，所以逐渐被其他炉型取代。

C 加热制度

加热制度内容涉及加热温度 t_{jr}、加热时间 τ_{jr}、加热速度等工艺参数的确定。

a 管坯加热温度的确定

加热温度是指管坯的出炉温度。加热温度必须确保管坯的穿孔温度在塑性最佳温度范围内，碳素钢的塑性最佳温度一般低于固相线100～150℃。

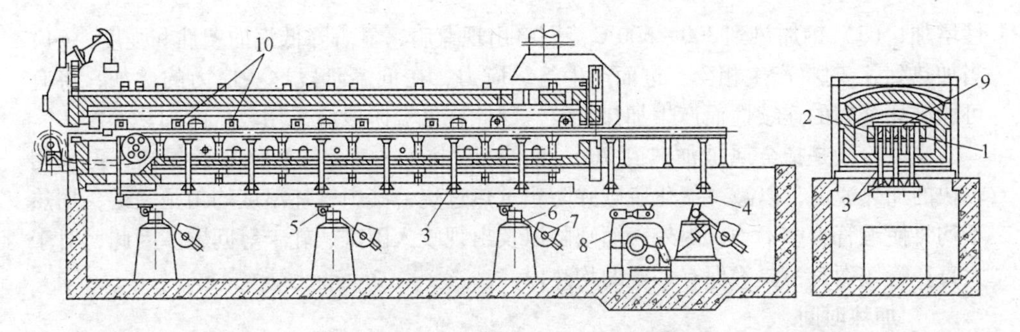

图 6-14 步进式加热炉示意图

1—移动梁；2—固定梁；3—支梁；4—纵梁；5—滚轮；6—杠杆；7—平衡锤；8—传动系统；9—管坯；10—烧嘴

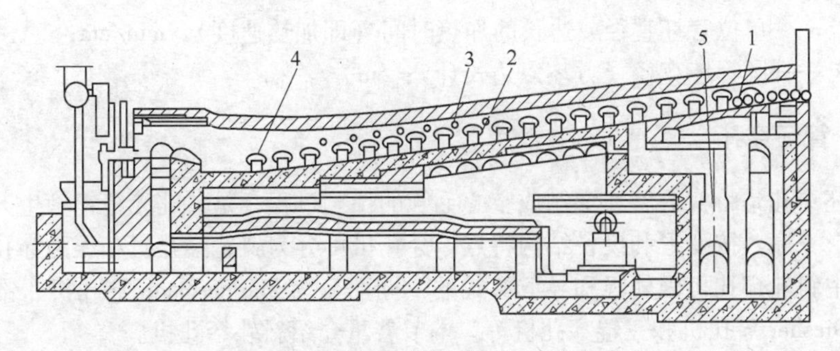

图 6-15 斜底式连续加热炉示意图

1—管坯；2—烧嘴；3—翻料炉门；4—出料炉门；5—烟道

确定管坯加热温度还须考虑以下因素：(1) 防止产生过烧缺陷。(2) 管坯质量状况。压缩比小的管坯，低倍组织较差，易产生过热，加热温度和穿出温度应比正常情况略低一些。(3) 终轧温度对钢管组织性能的影响。(4) 成品管规格。厚壁管轧制过程中温降较小，加热温度可稍低些。(5) 顶头材质和形式。用水冷顶头穿孔时加热温度要高些；用钼基顶头穿制不锈钢时，由于顶头不用水冷，加热温度要比用水冷顶头穿孔时低 80 ~ 90℃。

三辊斜轧穿孔时加热温度和穿出温度与二辊斜轧穿孔相同。

压力穿孔变形较小，穿孔时金属有温降，加热温度应高于穿出温度。

总之，在不发生过热的前提下，一般应尽量提高加热温度，以确保金属穿孔时具有最好的塑性，且有利于后续变形。

b 加热速度确定

管坯加热速度是指加热时管坯升温的快慢，也就是加热曲线的斜率，可以用温度和加热时间的关系曲线表示。加热速度通常可分为低温和高温两个阶段。

低温阶段是加热一些合金钢和高合金钢的关键，因为：(1) 高合金钢在低温阶段导热性差、塑性低，过快的加热速度会产生加热裂纹甚至破碎；(2) 管坯内部存在着残余应力，尤其是加热冷锭时钢锭内部存在较大的铸造应力，使产生裂纹的敏感性增加；（3）钢加热到300～500℃范围将出现蓝脆，显著降低钢的塑性和强度；（4）当加热到A_{c1}时将产生相变，进而产生组织应力，在低温阶段这些应力的叠加，将有可能破坏金属的连续性而产生加热裂纹。因此在低温阶段应采用较低的加热速度。

高温阶段是指金属被加热到700～800℃以上，这时金属塑性显著提高，可采用较快的加热速度，以减少氧化脱碳并防止过热过烧。其中管坯温度均匀是关键，加热不均将使毛管管壁不均，内外表面缺陷以及出现咬入困难、轧卡等问题。因此，对于大直径管坯而言，要确保有一定的均热段。

c 加热时间

管坯加热时间可以按式（6－2）估算：

$$\tau_{jr} = K_{jr} D_p \tag{6-2}$$

式中 τ_{jr}——加热时间，min；

K_{jr}——单位管坯直径或边长的加热时间（即加热速度），min/cm；

D_p——圆管坯直径（方坯以边长计），cm。

6.2.3 管坯穿孔

管坯穿孔是将实心管坯穿制成空心毛管的工艺过程，是热轧无缝钢管生产中最重要的变形工序。按变形和设备结构特点，穿孔机可分为斜轧穿孔机和压力穿孔机两大类。其中斜轧穿孔机因轧辊和导卫形式的不同而分为Mannesmann穿孔机、锥形辊穿孔机、Diesher穿孔机和三辊穿孔机等。本节着重介绍斜轧穿孔机。

6.2.3.1 概述

无缝钢管的生产一般以实心坯为原料，而从管坯到中空钢管的断面收缩率是非常大的，为此变形需要分阶段才能完成，一般情况下要经过穿孔、轧管、定减径三个阶段。管坯穿孔的目的是将实心的管坯穿成要求规格的空心毛管，根据穿孔中金属流动变形特点和穿孔机的结构，可将穿孔方法进行分类，如图6－16所示。穿孔后的中空管体叫毛管。

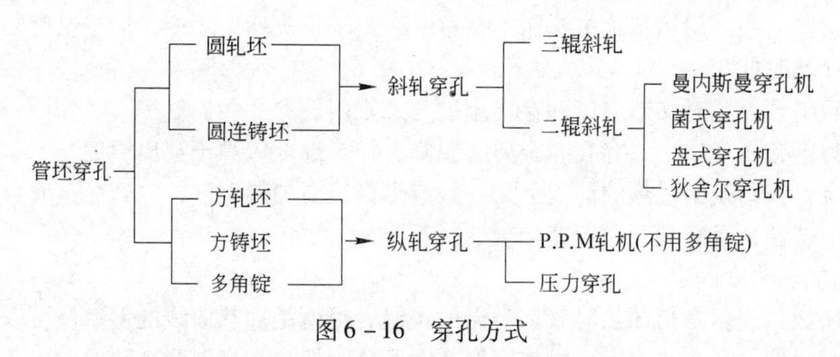

图6－16 穿孔方式

6.2.3.2 斜轧穿孔机

斜轧穿孔机是目前最广泛应用的穿孔设备，包括曼氏穿孔机、狄舍尔穿孔机、菌式穿孔机以及三辊穿孔机。

二辊斜轧穿孔机是穿孔方法中最先应用的穿孔设备，其他斜轧穿孔机都是在其基础上或在其后发明和应用的。

A 曼氏穿孔机

穿孔机由一对轧辊左右布置，相对于轧制线（即管坯运动轨迹）各呈一个 α 角，也叫咬入角（或前进角），上下有两块固定不动的导板。两块导板、一对同向旋转且又与轧制线呈一定角度的轧辊与位于坯料中心随动的顶头构成了一个“环形封闭的变形区域”，实心的金属坯料通过此区域时变成了中空的管体，如图 6 - 17 所示。

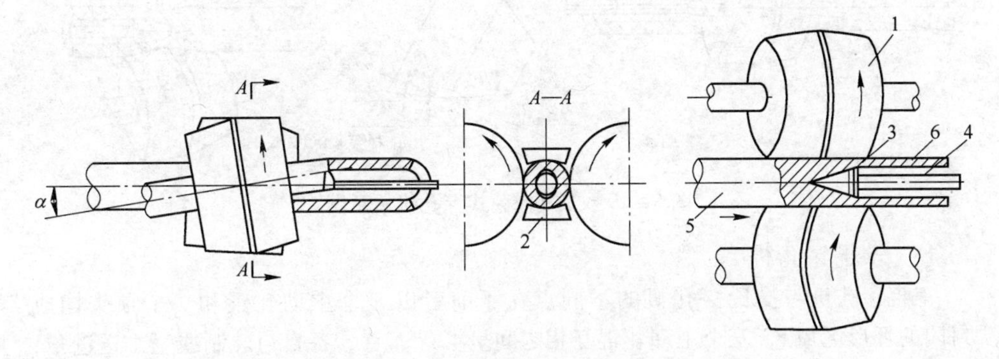

图 6 - 17 轧辊角度及环形孔型图

1—轧辊；2—导板；3—顶头；4—顶杆；5—管坯；6—毛管

曼氏穿孔机的特点是对心性好，毛管壁厚较为均匀，延伸系数 $\mu = 1.25 \sim 4.5$；但穿孔时的变形及应力状态条件较差、毛管内外表面易产生缺陷；轧制中旋转横锻效应大，附加变形严重，能耗大；受电机驱动条件限制，送进角较小（$\alpha < 13°$），故轧制速度不快。

B 狄舍尔穿孔机

狄舍尔穿孔机与曼氏穿孔机的不同点主要在于以主动旋转导盘代替固定不动的导板，且采用立式布置，即轧辊上下放置，导盘左右放置，如图 6 - 18 所示，其送进角 α 可达到 18°以上。相对于曼氏穿孔机而言，由于其主动导盘的线速度大于毛管的出口速度，因此狄舍尔穿孔机生产效率、金属的可穿性、毛管的质量和成材率都提高了，并且使工具的消耗减小，降低了成本。

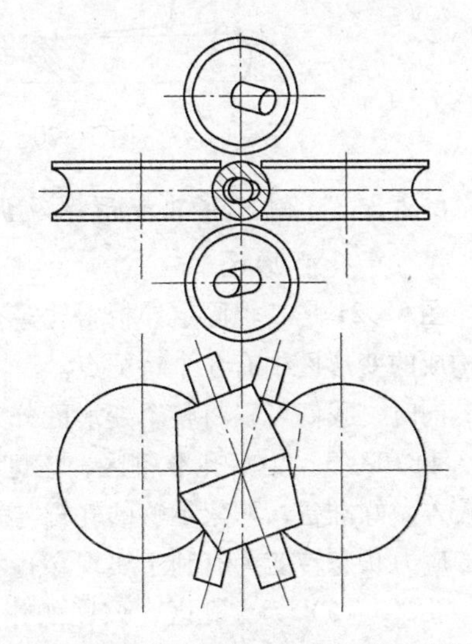

图 6 - 18 狄舍尔穿孔机的结构示意图

C 菌氏穿孔机

菌式穿孔机（图 6 - 19）的布置上轧辊轴线除与轧制线呈一个送进角 α 外，还有一个辗轧角 β。导向工具可用导板或导盘。菌式穿孔机轧辊呈锥形，锥形辊的直径沿穿孔变形区逐渐增大，从而有利于变形区中轧辊与轧件间的速度（轴向速度与旋转速度）能较好地匹配，减轻变形区中金属的堆积，促进延伸，提高穿孔效率和可穿性；同时，减少扭转变形和横向剪切变形，减少内外表面缺陷发生的概率。所以，近年来菌式穿孔机已被许多钢管厂所采用。

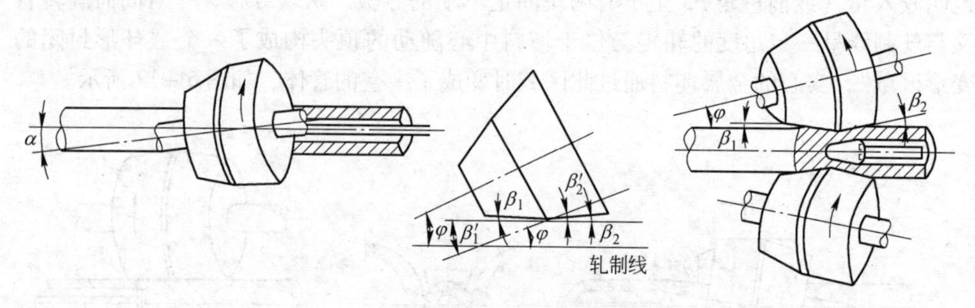

图6-19 双支撑菌式穿孔机示意图

D 三辊穿孔机

三辊穿孔机与曼氏穿孔机的不同点在于前者以三个主动轧辊和一个顶头构成“封闭的环形区域”，三个主动轧辊互相之间呈120°布置，各自与轧制线呈一送进角，如图6-20所示。与曼氏穿孔机相比，它可穿钢种范围扩大，毛管内外表面质量更好，穿轧效率更高，毛管尺寸更稳定。

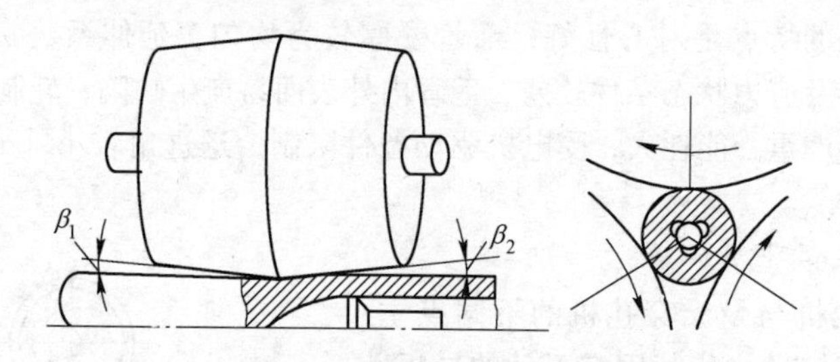

图6-20 三辊斜轧穿孔机示意图

6.2.3.3 斜轧穿孔变形区及调整参数

A 穿孔变形区

图6-21是二辊固定导板斜轧穿孔机变形工具的90°剖面图，在轧辊、导板、顶头构成的变形区中有8个特征点。

同时，我们可以将整个变形区分为四个区，也叫做变形的四个阶段。

Ⅰ（1~3）为穿孔准备区，该区的作用是实现管坯的一次咬入，并为管坯的二次咬入做好准备，积累足够的轧辊与轧件接触面上的摩擦曳入力；同时通过该区使金属的应力状态转变为有利于实现穿孔的金属组织状态。

Ⅱ（3~5）为穿孔区，该区的作用是对管坯穿孔并进行毛管减壁，毛管的壁厚是一边旋转一边压下的，是一个螺旋的连轧过程。该区承担着穿孔过程中的主要变

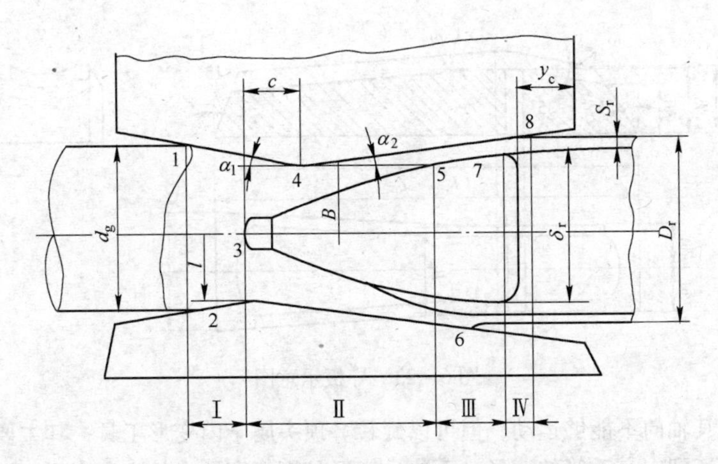

图6-21 曼氏穿孔机变形区示意图

1—管坯与轧辊接触点；2—管坯与导板接触点；3—管坯与顶头接触点；4—管坯进入轧辊压缩带；5—管坯进入顶头辗轧带；6—毛管离开导板或顶头；7—毛管离开顶头或导板；8—毛管离开轧辊

形量。

Ⅲ（5~7）为辗轧区也叫平整区，它的主要作用是通过顶头辗轧带与轧辊的作用，起到平整毛管内外表面、均匀壁厚的目的。

Ⅳ（7~8）为归圆区，该区的主要作用是通过轧辊将毛管的外径形状由椭变圆，实际上是一个无顶头的空心毛管的塑性弯曲过程。

B 穿孔机的变形工具

二辊斜轧穿孔机的变形工具主要有三个：轧辊、顶头、导板（或导盘）。穿孔机的变形工具形状及尺寸对穿孔过程的进行状态是非常重要的。

（1）轧辊：穿孔机的轧辊是主传动的，形状有桶式、菌式、盘式等，而以桶式为常见形状。轧辊属于外变形工具，它通常分为三段：入口锥Ⅰ、出口锥Ⅲ、辗轧带Ⅱ，如图6-22所示。表征斜轧轧辊的特征参数是轧辊直径、辊身长度以及出入口锥角。

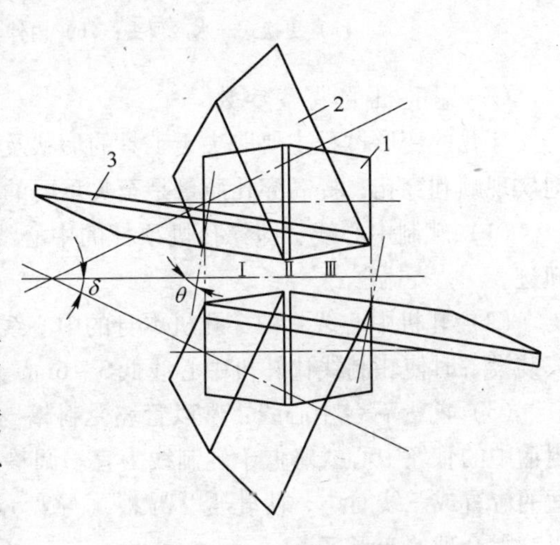

图6-22 轧辊示意图

1—桶形轧辊；2—菌形轧辊；3—盘形轧辊

（2）导板：导板也属于外变形工具，只是它是固定不动的，其主要作用是为管坯及毛管导向，同时限制金属横向变形，并与轧辊一起构成封闭的外环。它也分成三段：入口斜面、出口斜面、过渡带，如图6-23所示。

（3）顶头（图6-24）：顶头一般

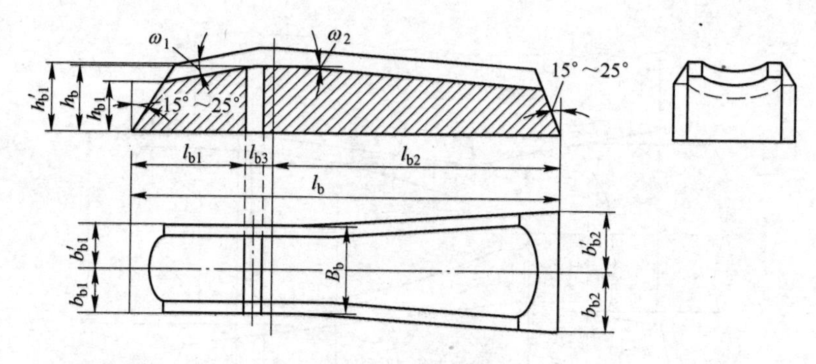

图 6－23 导板示意图

是随动的，其轴向不能够运动，但可以旋转。顶头属于内变形工具，其主要作用是完成从实心管坯到中空毛管的变形，而这一变形是钢管穿孔中的主要变形，因此顶头的工作条件是非常恶劣的。顶头由四部分组成：鼻部、穿孔锥、均壁锥（辗轧锥）和反锥。

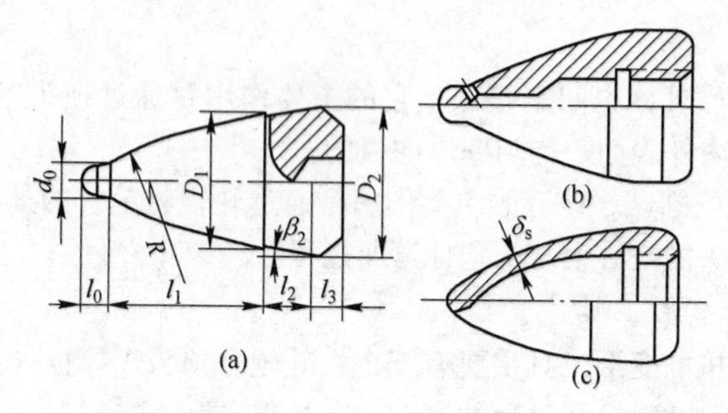

图 6－24 顶头示意图

（a）更换式非水冷顶头；（b）内外水冷顶头；（c）内水冷顶头

C 穿孔机的调整参数

穿孔的变形过程主要取决于工具的形状及位置，因此调整穿孔机工具的相对位置对实现顺利穿孔，提高穿孔质量是至关重要的。二辊斜轧穿孔机调整的主要参数有：

（1）轧制中心线：即穿孔机顶杆的中心线。它也是管坯到毛管的中心线的运动轨迹。

（2）轧机中心线：即穿孔机本身的中心线。一般说来为了使穿孔过程比较稳定，安装设备时使轧制线比轧机中心线低 3～6mm。

（3）前—后台中心线：常以管坯受料槽与轧制线的相对高度衡量，原则上以受料槽中的管坯中心线略低于轧制线为宜。调整三条线的目的就是使三条线处于一个合适的位置或三线对中，使轧辊、导板（导盘）、顶头在轧制中处于正确的空间关系，以获得合理的变形区。

（4）辊间距 B：指两轧辊辗轧带之间的间距。间距的大小必须保证管坯有足够的顶前压下量，同时应保证轧辊相对于轧制线对称。辊间距的调整一般以管坯碰到顶头前总的直径压下率在10%～17%为宜，通常为15%左右。

（5）导板距L：指两导板过渡带之间的距离。调整导板距主要依据椭圆度的大小，椭圆度$\xi = L/B$，一般$\xi = 1.01 \sim 1.15$。同时还要调整导板在轧制线方向上的位置，原则上要保证管坯接触轧辊经约两个螺距后再接触导板，还要保证毛管最后离开轧辊。

（6）顶前压下率：指坯料在碰到顶头之前其径向的压下程度。顶前压下量过大则坯料穿孔前容易出现孔腔，影响穿孔质量；顶前压下量过小则坯料中心不能形成有利于穿孔的"疏松"状态，造成顶头阻力过大而"轧卡"，一般顶前压下率控制在6%～8%。在实际生产中为方便起见，常以顶头位置C的大小衡量。

（7）顶头位置C：因为实测顶头位置很困难，所以常用顶杆位置Y表示。C指顶头鼻部伸出辗轧带的距离，其大小直接影响穿孔能否进行及穿后毛管的质量。C过大则不利于咬入，顶头阻力大，易轧卡；C过小则坯料中心容易出现"孔腔"，影响毛管的质量。

（8）轧辊倾角α和轧辊转速：轧辊倾角是斜轧穿孔中最积极的工艺参数。适当增加α弊少利多，α增加可提高穿孔效率和改善毛管质量，但会使穿孔负荷增加。轧辊转速会影响穿孔速度。

穿孔机调整的目的就是保证能在穿孔时轧机顺利地咬入管坯和抛出毛管，并获得一定尺寸精度和内外表面质量，为此需要对3条线、4个主要参数（顶前压下率除外）进行调整，原则上应使管坯能按时顺利通过变形区内各点各段，完成变形的全过程。

6.2.3.4 斜轧穿孔咬入条件和运动学条件

管坯穿孔过程是一个独特的连轧过程，管坯被咬入后，由轧辊带动获得螺旋运动，一面旋转，一面前进。管坯的螺旋运动是靠两个轧辊同向旋转和既不平行又不相交的交错布置实现的，而表征管坯螺旋运动的参数有切向转动速度、轴向运动速度及$1/n$转（对二辊斜轧而言，$n=2$）管坯前进的距离（螺距）。

A 螺旋运动的建立

由图6－25所示，轧辊轴线相对于轧制线倾斜呈一个角度α，我们称之为咬入角。此时轧辊与坯料接触点处的轧辊辗轧带处（即两轧辊轴线相交点处）辊面圆周速度v_R可以分解为沿轧件轴向的分速度v_{Rx}以及周向的分速度v_{Ry}（此处沿轧件径向的分速度可视为零），v_{Rx}、v_{Ry}可分别由式（6－3）和式（6－4）求得：

$$v_{Rx} = v_R \cdot \sin\alpha = \frac{\pi}{60} D_x \cdot n \cdot \sin\alpha \tag{6-3}$$

$$v_{Ry} = v_R \cdot \cos\alpha = \frac{\pi}{60} D_y \cdot n \cdot \cos\alpha \tag{6-4}$$

式中，D为所讨论截面的轧辊直径，n为轧辊转速。

由于轧辊与轧件之间的摩擦作用，轧件也产生了两个方向的分速度，即v_{Bx}使轧

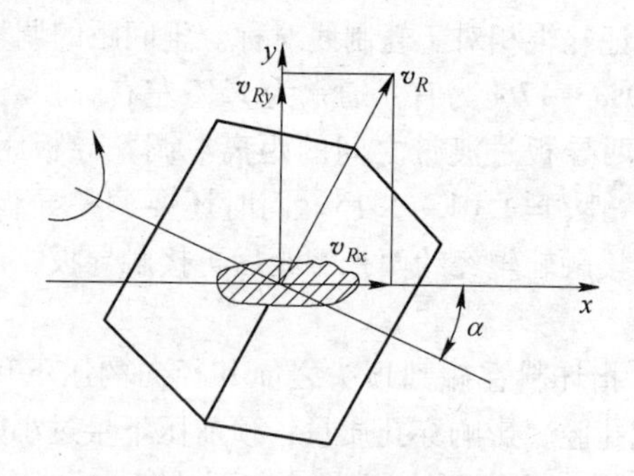

图 6-25 轧辊的速度分量图

件轴向前进、v_{By}使轧件周向旋转，构成了轧件的螺旋运动。一般轧件运动的速度小于轧辊速度，即轧件和轧辊之间要产生滑动，可用滑移系数来表示两者速度差。因此，轧件的轴向旋转速度应为：

$$v_{Bx} = v_R \cdot \sin\alpha = \frac{\pi}{60}D_x \cdot n \cdot \sin\alpha \cdot \eta_0 \tag{6-5}$$

切向旋转速度应为：

$$v_{By} = v_R \cdot \cos\alpha = \frac{\pi}{60}D_x \cdot n \cdot \cos\alpha \cdot \eta_T \tag{6-6}$$

式中，η_T、η_0 分别为轴向和切向滑移系数，一般两者都小于 1。

螺旋运动中两个参数是非常重要的，一是半转螺距，即轧件每转一转受轧辊加工两次时前进的距离；二是轧件每经轧辊一次加工的半径压下量，称之为单位压下量。

出口螺距值 t_0 可由式（6-7）求出：

$$t_0 = \frac{\pi}{2} \times \frac{\eta_0}{\eta_T}D_0\tan\beta \tag{6-7}$$

式中 D_0——管子直径。

B 斜轧穿孔过程的咬入条件

斜轧穿孔过程分一次咬入和二次咬入，接触轧辊时的咬入为一次咬入，接触顶头或内变形工具时的咬入为二次咬入。一次咬入是轧辊通过摩擦作用带动轧件做螺旋运动而曳入变形区；二次咬入则是管坯（轧件）在轧辊的带动下，克服顶头或内变形工具的阻力而继续曳入变形区，形成稳定过程。而每次咬入都必须满足旋转条件和轴向前进条件。

（1）一次咬入条件：一次咬入的旋转条件就是管坯旋转力矩大于或等于管坯旋转阻力矩，即：

$$M_T \geqslant M_N \tag{6-8}$$

式中 M_T——每一轧辊给钢坯的旋转摩擦力矩，N·m；

M_N——每一轧辊正压力对管坯旋转的阻力矩，N·m。

一次咬入的轴向前进条件为管坯的轴向曳入力（前进力）应大于或等于其轴向阻力，即：

$$n(T_x - N_x) + P_0 - Q_x \geqslant 0 \tag{6-9}$$

式中 n——轧辊数；

T_x——每一轧辊给管坯的摩擦力之轴向分力，N；

N_x——每一轧辊给管坯的正压力之轴向分力，N；

P_0——外加顶推力，非顶推穿孔时，$P_0=0$；

Q_x——顶头对轧件的轴向阻力，一次咬入时 $Q_x=0$。

推导得出一次咬入时的满足前进条件下的旋转公式为：

$$f \geqslant \sqrt{\tan^2\beta_1 + \frac{\pi}{n}(1+i)\tan\alpha \cdot \tan\beta_1} \tag{6-10}$$

式中 β_1——轧辊入口锥辊面锥面，(°)；

i——坯料直径与咬入处轧辊直径之比，$i=\frac{D_p}{D}$；

α——咬入角，(°)；

n——轧辊数。

实际生产中 $\beta \leqslant 6°$，$i \leqslant 0.3$，$\alpha \leqslant 18°$，实现一次咬入是没有问题的。

（2）二次咬入条件：在两次咬入中，第二次咬入是关键，因为二次咬入存在顶头或内变形工具的阻力，所以满足一次咬入的条件不一定满足二次咬入，并且满足了旋转条件也不一定能前进。因此斜轧穿孔的咬入条件最终以二次咬入条件中的前进条件为主。对于二次咬入中的旋转条件而言，尽管比一次咬入条件增加了顶头—顶杆系统的惯性阻力矩，但由于数值不大可以忽略，故与一次咬入相同。二次咬入的轴向前进条件由于顶头的阻力，使 $Q_x \neq 0$，因此有：

$$2(T_x - N_x) - Q_x \geqslant 0 \tag{6-11}$$

式中 Q_x——顶头鼻部接触管坯时的阻力，N。

经过一系列的推导可以得出：

$$\varepsilon_{dq} > \varepsilon_{min} \tag{6-12}$$

式（6-12）为二次咬入条件表达式，它表示要满足二次咬入的轴向前进条件，其顶前的压下量 ε_{dq} 必须大于临界压下量 ε_{min}，即：

$$\varepsilon_{dq} > \varepsilon_{min} = \frac{\frac{\pi}{n} r_0^2 \frac{\overline{P_0}}{\overline{P}} \tan\beta_1}{\frac{1}{2} D_p b \left\{ f \sqrt{1 - \left[\left(\frac{1+i}{fD_p} \right) b \right]^2} - \sin\beta_1 \right\}} \tag{6-13}$$

式中 r_0——顶头鼻部半径，mm；

n——轧辊数（$n=2$）；

D_p——管坯直径，mm；

β_1——轧辊入口锥角，(°)；

$\overline{P_0}$——顶头鼻部给金属的平均单位压力，MPa；

$\overline{P}$——穿孔准备区轧辊与轧件的平均单位压力，MPa；

b——穿孔准备区轧辊与轧件的平均接触宽度，mm。

(3) 其他形式穿孔机的二次咬入条件：在相同条件下三辊穿孔机的二次咬入曳入力比二辊穿孔机大，但此时顶头鼻部的阻力也比二辊穿孔机大，因此三辊穿孔机的二次咬入条件并不一定比二辊好。由于顶头阻力大，二次咬入时对钢温变化、辊面状况以及顶头形状等条件极为敏感。为了保证穿孔过程稳定，一般选用较大的顶前压缩量（8%～12%）。

带导盘穿孔机，由于导盘主动旋转速度大于轧件轴向速度，导盘给轧件一个轴向曳入力，从而改善二次咬入前进条件，但这对管坯旋转条件不利，因为导盘对轧件的旋转阻力大。

锥形穿孔机的二次咬入条件比一般二辊穿孔机的咬入条件好。

6.2.3.5 斜轧穿孔的变形特点

斜轧穿孔过程中存在着两种变形：基本变形和附加变形。

基本变形也称有用变形，是几何尺寸的变形关系，与轧件本身的性质无关，仅仅取决于变形区的几何形状，穿孔过程中基本变形就是延伸变形、切向变形和径向变形（壁厚压缩）。根据体积不变定律可知，壁厚压缩的金属流向纵向（延伸）和切向，由于切向变形受到孔型的限制，因此，纵向（延伸）变形是主要的变形方式。

附加变形指的是轧件内部的变形，也称无用变形，是由于轧件变形不均匀引起的，它对基本变形没有益处，只能增大轧件的变形应力，引起毛管中产生缺陷的概率增大。

传统的桶式穿孔机无辗轧角，设计的轧辊辊径中间大，两头小，穿孔变形过程中金属流动遵守秒流量相等的规律，因此，桶式穿孔机提供给轧件的轴向速度在变形区入口处和出口处小，在轧制带处大，这样轧辊的轴向速度不能与变形区金属流动速度匹配，增大轧辊与轧件滑动，使得变形区中形成堆积，不利于延伸，降低穿孔效率和可穿性，增大了附加变形。而轧件理论转速也同样是在变形区入口处和出口处小，在轧制带处大，这样形成出入口锥变形区扭转方向是相反的，产生扭转变形，特别是在出口变形区，轧件壁厚较薄，抗扭能力弱，给轧制薄壁管带来不利因素，所以桶式穿孔机不能实现大变形、大扩径穿孔，特别是高合金钢穿孔。

菌式穿孔机由于有辗轧角 ϕ，设计的轧钢辊径顺着轧制方向逐渐增大。辗轧角 ϕ 的大小影响着辊径沿变形区长度方向的分布，辗轧角 ϕ 越大，变形区入口侧辊径越小，而变形区出口侧辊径越大。所以轧辊与轧件间的轴向速度与旋转速度能较好地匹配，减轻变形区中金属堆积和金属与轧辊之间的滑动，同时减少出口锥变形区各截面的轧件转速差，降低扭转变形和附加变形，也为大变形、大扩径穿孔创造有利条件。

6.2.4 毛管轧制

穿孔以后的毛管必须进行壁厚加工，同时还要对外径进行加工，才能投入使用。毛管轧制就是对穿孔以后的毛管进行壁厚加工，实现减壁延伸，使壁厚接近或等于成品壁厚。

6.2.4.1　轧管延伸机的分类及变形特点

A　轧管延伸机的分类

目前常用的轧管延伸机的分类见表6－5。

B　纵轧变形的特点

按照机架的形式及内变形工具的类型，纵轧基本上有三种形式，即空心、短芯头、长芯棒，如图6－26所示。轧制所用孔型有二辊孔型图和三辊孔型图，如图6－27所示，各种孔型的几何参数有：Δ——辊缝；a——孔型宽度；b——孔型高度；e——椭圆孔型偏心距；R——孔型顶部的半径；r——圆角半径；θ——孔型椭圆度系数，θ值越小，则表示孔型越窄。

表6－5　各种轧管延伸机的特点比较

变形特点	设备工具特点			加工工艺方法	延伸系数
	外工具、设备		芯棒（短芯头）		
斜轧法	二辊	导板	短芯头	斜轧延伸机	1.8～2.5
		主动导盘	长芯棒	狄舍尔延伸机（Diescher）	<2.0
				锥形辊延伸机（Accu－roll）	<3.4
	三辊		（中）长芯棒	三辊轧管机（Assel、Transval）	1.3～5.5
	多辊		（中）长芯棒	行星轧机（PSW）	5～14
纵轧法	单机架		短芯头	自动轧管机（plug mill）	1.5～2.1
	多机架连轧	二辊	长芯棒	全浮芯棒连轧管机（MM）	3～4.5
			中长芯棒	半浮芯棒连轧管机（Neuval）	3～6.5
			中长芯棒	限动芯棒连轧管机（MPM）	
		三辊	中长芯棒	三辊连轧管（PQF）	
锻轧法	周期断面辊		中长芯棒	周期式轧管机（pilger）	7～12
顶制法	一列模孔		长（与出口端同步）	顶管机	4～16.5
挤压法	单模孔		中长芯棒	挤压机	1.2～30

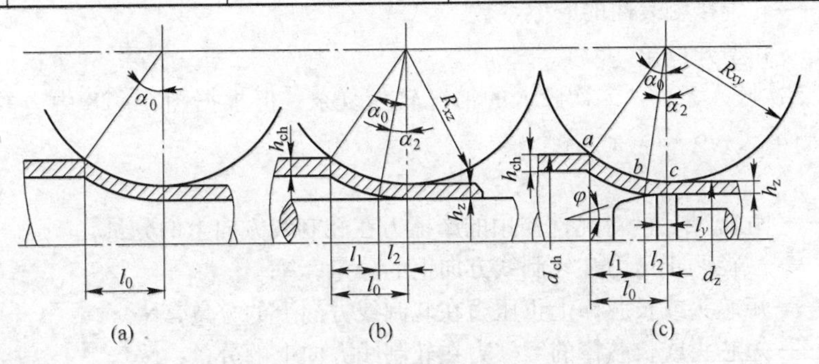

图6－26　空心、长芯棒、短芯头轧制图示

（a）空心管轧制；（b）长芯棒轧制；（c）芯头

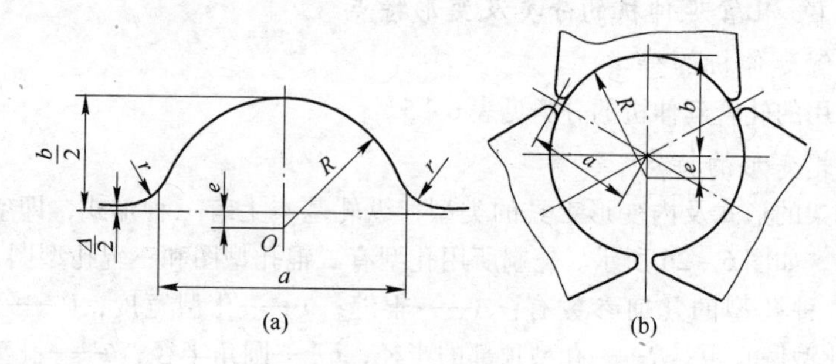

图6-27 孔型图
(a) 椭圆形二辊孔型图；(b) 三辊孔型图

纵轧过程中的变形有：

(1) 压扁：由于毛管的横断面与孔型的形状不相适应，毛管轧制时首先产生的是压扁变形，此时的变形只是断面形状的变化，尺寸并无改变。

(2) 减径：减径是纵轧的主要目的之一，也是主要变形，此时毛管出现延伸，壁厚略有增减。纵轧减径时由于孔型开口处金属径向流动阻力较小，壁厚也比孔型底部的大，出现了壁厚不均的现象。

(3) 减壁：减壁也是纵轧的一个主要目的。当碰到短芯头或长芯棒，或对变形金属施加了一定张力后，毛管的壁厚很快减薄，毛管迅速延伸，由于孔型开口处金属流动阻力与孔型底部之间存在差别，使开口处管壁相对更厚，壁厚不均更为严重。

6.2.4.2 纵轧的咬入条件

纵轧也有一次咬入和二次咬入问题，对于空心管轧件来说只要满足一次咬入条件就可以了，而对于短芯头或长芯棒轧制来说则有是否满足二次咬入条件的问题。

(1) 一次咬入条件为：

$$\tan\alpha \leqslant \frac{2f}{1-f} \quad 或 \quad f \geqslant \tan\alpha \cdot \sin\phi \tag{6-14}$$

式中 α——开始接触点的第一次咬入角，(°)；
f——轧辊接触表面的摩擦系数；
ϕ——孔型开口角，(°)。

(2) 二次咬入条件。二次咬入的情况较为复杂，但根据图6-28中力的平衡原则，它应满足式(6-15)：

$$T_x \geqslant N_x + N_{dx} + T_{dx} \tag{6-15}$$

式中 T_x——轧辊减径区对轧件作用的摩擦力在轧制线方向上的分量，N；
N_x——减径区正压力在轧制线方向上的分量，N；
N_{dx}——短芯头或长芯棒上正压力在轧制线方向上的分量，N；
T_{dx}——短芯头或长芯棒的摩擦力在轧制线方向上的分量，N。

由上式可以看出，实现二次咬入必须有足够的减径区长度，也就是说要尽可能扩大毛管内径与短芯头、长芯棒间的间隙，增大减径区的咬入能力。

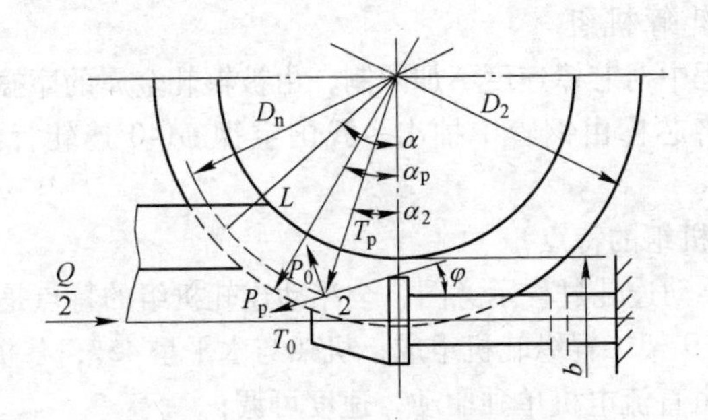

图6-28 纵轧时受力分析简图

6.2.4.3 自动轧管机轧管

自动轧管机（图6-29）是20世纪初使用的老工艺，一般是单机架组成，在我国无缝钢管厂中应用较多，由主机、前台、后台构成。主机为二辊不可逆纵轧机，轧辊上刻有不同的圆孔型，工作辊后装有一对高速反向旋转的回送辊，设有上工作辊和下回送辊的快速升降装置。自动轧管方式生产灵活，适用于多种钢种轧制，在小批量、多品种的生产中具有优势，且其设备投资相对较小，但变形能力差（$\mu \leqslant 2.3$），且壁厚不均较严重，需要后续配置均整机，以辗轧壁厚和整圆，同时荒管长度受后台顶杆的限制而较短，不利于张力减径，故而生产效率低。由于自动轧管机的上述优缺点，目前新上马的 ϕ170mm 以下的钢管生产线一般不予考虑，但其在中口径以上的钢管生产中占有一定的优势。

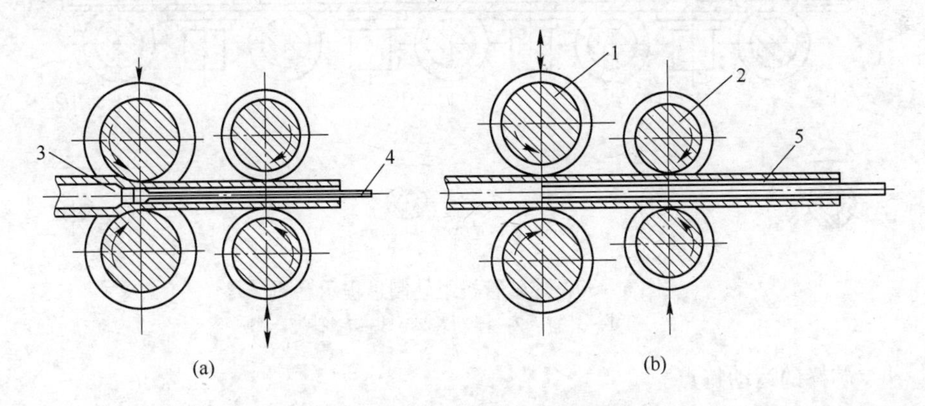

图6-29 自动轧管机工作示意图

（a）轧制情况；（b）回送情况

1—轧辊；2—回送辊；3—顶头；4—顶杆；5—轧制毛管

6.2.4.4 连续轧管机组轧管

连轧管机组一般按照芯棒的运动特点可分为三种形式，即全浮动（MM）、半浮动（Neuval）和限动（MPM）芯棒连轧管机。

A 全浮动连轧管机组

在整个轧制过程中对芯棒速度不加限制，由被辗轧金属的摩擦力带动芯棒通过轧机，随后用脱棒机将芯棒由钢管中抽出。我国宝钢 ϕ140 连轧管机就是这种类型的轧制。

a 全浮动连轧机组的特点

图6－30为全浮动连轧过程示意图，全浮动连轧机组的特点是：

（1）机组由6～9架二辊纵轧机组成，机架与水平呈45°，各机架之间互呈90°；

（2）各机架均由直流电机单独驱动，速度可调；

（3）机组后配置张力减径机，以扩大产品范围；

（4）整个机组采用最新的电控技术。

MM轧机具有生产率高；钢管的表面质量和尺寸精度高；生产出的管子较长，从而减小了切头的比例，提高了成材率；变形量大，一般 $\mu=3.5\sim5.0$，因此对管坯的质量要求也比自动轧管机宽松；机械化、自动化程度高，操作人员少；钢管的成本低，金属消耗小的优点。但是轧制参数调整不当会使轧后管子的头、尾部有壁厚增厚现象，也就是“竹节”现象，影响产品的收得率；同时由于使用的是长芯棒，产品规格越大，芯棒的自重也越大，芯棒的自重限制了机组的发展。

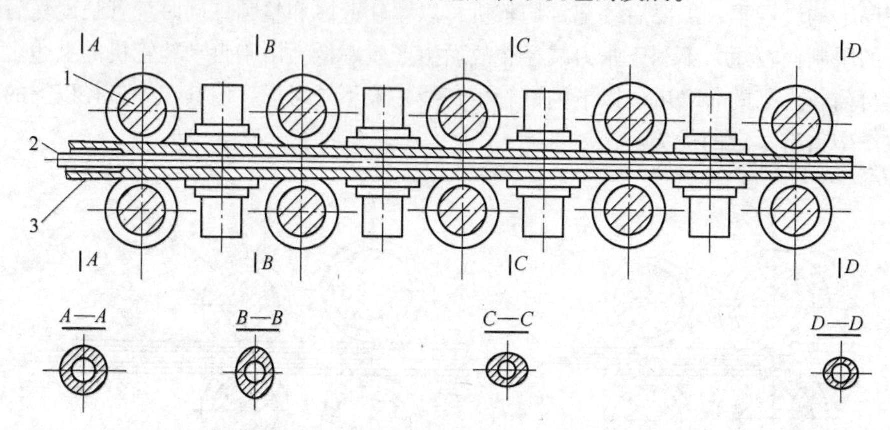

图6－30 连轧管机组轧制过程示意图

1—轧辊；2—浮动芯棒；3—毛管

b 芯棒的运动特点

（1）芯棒中性面：连轧机之所以能保持连轧，首要条件是要遵循秒流量体积不变原则，也就是说金属通过每一机架的每秒钟的流量体积是个常数，即 $F_i \cdot v_i = C$。轧制时，作为内变形工具的芯棒在轴向只受到轧件的摩擦力作用，而处于全浮动状态的芯棒由于是刚体，因此在任意时刻在全长上只有一个速度，这一速度与此时处于轧制状态下的各机架金属速度的某一平均值相当。由于金属在各机架上的速度根据秒流量体积不变原则是逐架提高的（金属截面逐架减小），因此必然在芯棒和轧件内表面的整个接触长度上存在一个速度同步面，也叫芯棒中性面。中性面往入口方向，有 v_x

$> v_z$（v_x 为芯棒速度；v_z 为轧件速度）；中性面往出口方向，有 $v_x < v_z$。

表6－6为某6机架全浮动芯棒连轧管机组轧制产品时咬、抛钢阶段的各机架速度及芯棒速度分布。由表可知，在连轧的咬入阶段，轧件依次在第1架、1～2架、1～3架……1～n架上轧制（$n=6\sim9$），最后充满整个机组。在咬入过程中，芯棒速度起初与第1架轧机的轧件速度相近；随着同时轧制的机架数增加，且又由于由入口往出口方向机架的速度越来越快，因而咬入各架后的金属平均速度也在增加，即 $v_1 < v_{1-2} < v_{1-3} < \cdots < v_{1-n}$，芯棒的速度也随着咬入轧件的机架数增多而跳跃性地增大，中性面的位置也随之向出口方向移动。

在稳定轧制阶段，由于轧件充满了全部机架，芯棒的速度也处于稳定状态，因而中性面也处于某一稳定的位置。在连轧的抛钢阶段，轧件的尾部开始依次离开第1、第2、…、第n个机架，同时处于轧制状态的机架也分别为2～n，3～n，…，n，此时各架间的金属平均速度又在增加，芯棒的速度也随之又开始跳跃性地增加，中性面也由稳定状态位置向前移动、直到末架出口。

表6－6 咬、抛钢阶段轧件出口速度及芯棒速度

轧件占有的机架		轧件的出口速度/m·s^{-1}						芯棒速度 v_D /m·s^{-1}
阶段	编号	1号机架 v_{m_1}	2号机架 v_{m_2}	3号机架 v_{m_3}	4号机架 v_{m_4}	5号机架 v_{m_5}	6号机架 v_{m_6}	
咬入阶段	1	3.011						3.011
	1～2	3.207	4.137					3.655
	1～3	3.300	4.238	4.570				3.960
	1～4	3.365	4.343	4.665	4.802			4.181
	1～5	3.430	4.126	4.759	4.901	5.067		4.394
	1～6	3.470	4.477	4.817	4.961	5.131	5.459	4.524
抛钢阶段	2～6		4.719	5.088	5.247	5.435	5.769	5.144
	3～6			5.241	5.407	5.606	5.943	5.493
	4～6				5.502	5.707	6.064	5.698
	5～6					5.822	6.163	5.937
	6						6.388	6.388

（2）芯棒摩擦力对轧件变形的影响：连轧状态下芯棒的摩擦力对轧件变形的影响主要体现在首先对变形区内的内表面金属产生切应力，这有利于延伸；其次对各机架延伸速度产生一个相对变化值，造成金属向芯棒中性面的堆积，使轧件的横截面积产生一个增大值；再有芯棒摩擦力对各架轧制力的影响使中性面附近的轧制力增大，弹跳也随之增大，轧后横截面增大，加上咬入阶段电机特性的影响和抛钢阶段张力的变化，造成连轧后的头、尾出现“竹节”现象。

全浮动芯棒连轧管机由于轧制过程中芯棒速度改变而使金属流动条件发生变化，

因金属流动的不规律性而引起钢管纵向壁厚和直径的变化，虽然采取了不少措施，但轧制条件的变化依然存在，且成品管的尺寸精度始终不如限动芯棒连轧管机组生产的成品管。

B 限动芯棒连轧管机组

限动芯棒连轧过程中芯棒以某一限定的速度运动，轧制后期芯棒由限动机构驱动回退，当荒管尾部离开机组时，芯棒回到起始位置，继续下一根的轧制。我国包钢钢铁公司 ϕ180mm 连轧管机、天津钢管公司 ϕ250mm 连轧管机都属于这种类型。与 MM 轧机比较，MPM 具有工具消耗低，减小或避免了 MM 轧机出现的“竹节”现象，改善了管子的质量，扩大了品种范围，降低了能耗，缩短了工艺流程，提高了延伸系数等优点。但是由于需要芯棒回退工序，故生产率大为降低，每分钟只能轧两根，相当于 MM 轧机的 50%。

MPM 轧管机使用后部带有限动装置的芯棒，使芯棒在整个轧制过程中的工作行程只有 2～3 个机架的间距。轧制时芯棒在限动装置的作用下，以低于或等于第一架钢管咬入的速度向前运动，MPM 机组出来的荒管随即进入由一级轧辊组成的脱管机，轧制完毕并且钢管尾部由脱管机拉出最末机架时，芯棒快速退回原位，重新更换芯棒后进行下一根管的轧制。更换下来的芯棒在冷却装置中用高压水快速冷却，再喷上润滑油待用。

为使芯棒磨损均匀，每轧一根管子前应当变动芯棒原始位置，变动量相当于齿条的一个节距，变化范围为 0.5mm。

目前限动芯棒速度恒定且低于第一架轧件的轧出速度，从而每个机架上金属的速度总高于芯棒的速度，两者间存在相对速度差，而且越往后面，机架间相对速度差就越大。

C 半浮动芯棒连轧管机组

半浮动芯棒轧机在轧制过程中对芯棒速度也进行控制，但在轧制结束之前将芯棒放开，同全浮动芯棒轧机一样由钢管将芯棒带出轧机，然后由脱棒机将芯棒抽出。在对芯棒速度进行限动时，在一定程度上解决了金属流动规律性的问题，将芯棒放开后，又如同浮动芯棒一样要考虑脱棒条件的限制，因此半浮动芯棒轧机所轧制的管径不宜太大。

D 小型 MPM 轧机（MINI－MPM）

限动芯棒连轧管机的另一发展是小型 MPM 的出现。小型 MPM 轧机充分利用了传统 MPM 轧机的优点，同时可较为经济地生产钢级和规格范围较宽的高质量钢管。MINI－MPM 轧机有以下特点：

（1）在目前较先进的 MPM 工艺基础上大幅度改善钢管质量和经济性；

（2）将 MPM 工艺成功地运用到 MINI－MPM 新型设计中，使 MPM 机架数量明显减少，设计和制造费用大大降低。

表 6－7 是小型 MPM 轧机建议的产品大纲。

表 6-7 小型 MPM 建议产品大纲

产品类别	尺寸范围			产量/t·a^{-1}
	外径/mm	壁厚/mm	长度/m	
套 管	127.6~244.5	5.59~13.84	6~15	162775
套管接手	127.0~269.9	13.18~21.96	—	
输送管	114.3~219.1	4.78~25.40	6~15	30000
油 管	60.3~88.9	5.51~6.45	6~9.8	16276
油管接手	73.0~114.3	9.80~21.96	—	
商品管	114.3~219.1	5.60~25.00	6~12	25000
合 计				234051

6.2.4.5 三辊轧管及 ACCU-ROLL 轧管方式

A 三辊轧管及其特点

三辊轧管方式属于斜轧延伸，可以用来生产外径在 ϕ240mm 以下的钢管，尤其在生产高精度厚壁管中具有明显的优势。其主要特点是道次变形量大，工艺过程简单；产品的尺寸精度高，表面质量好；生产便于调整，更换规格容易；轧管工具少且工具消耗小，易于实现自动化。不足的地方是生产效率低；对坯料要求严格；生产薄壁管比较困难。三辊轧管方式如图 6-31 所示。

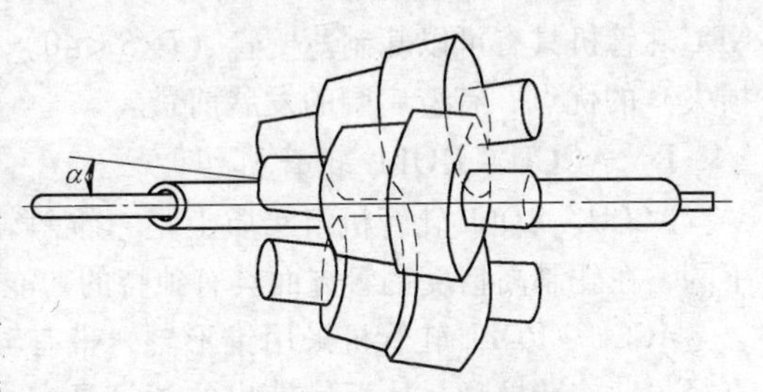

图 6-31 三辊轧管原理图

由图 6-31 可知，三辊轧管机的三个辊各呈 120°“对称”地布置在以轧制线为形心的等边三角形的顶点，轧辊轴线与轧制线有一送进角 α；同时轧辊轴线与轧制线在包含轧制线的垂直平面上的投影之间有一夹角，叫碾轧角，如图 6-32 所示。轧辊的辊身分为入口锥、辊肩、平整段和出口锥四部分，相应的变形区也分为咬入减径区、减壁区、平整区、归圆区。就结构而言，三辊轧管方式目前有四种形式，即：

(1) 阿塞尔（Assel）轧管机（属第一代三辊式轧管机），主要用于生产高精度的厚壁管，当轧制 $D/S \leqslant 12$ 的毛管时会出现“尾三角”现象，严重的会导致尾部轧卡。

(2) 特朗斯瓦尔（Transval）轧管机（属第二代三辊轧管机），采用了在毛管轧制后期转动入口回转牌坊来改变送进角，同时变化轧制速度的办法来消除“尾三角”的现象，但是却存在头尾部壁厚增厚的现象，增加了切头损失。

(3) 抬辊快开型轧管机（属第三代三辊轧管机），在轧制过程接近尾端时使轧辊迅速抬起，在尾端留有一小段只减径不减壁的荒管（长度 50~70mm），它可以消除“尾三角”现象，轧后产品的精度也进一步提高。

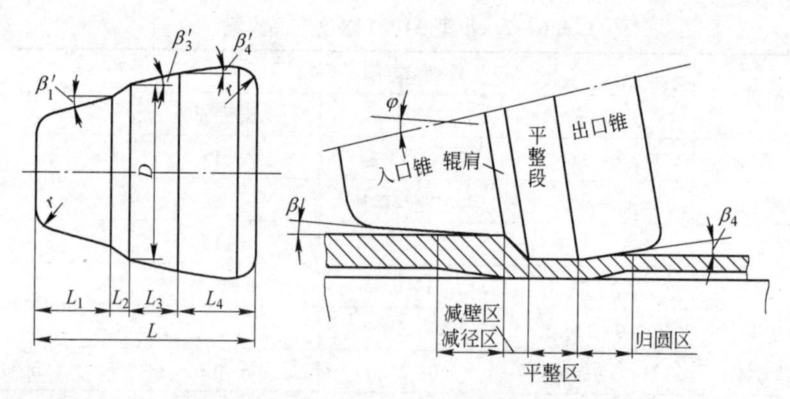

图 6-32 三辊轧管机辊型及变形区示意图

(4) 带 NEL（无尾切损装置）轧管机，属最新的三辊轧管技术，其主机取消了旋转牌坊，仍采用刚性高的 Assel 机架，轧制过程中保持孔喉直径不变；在主轧机上或轧机前增设一预轧机构，当轧件尾部约 100mm 部分通过时，由 NEL 机构对其先进行减径减壁，而三辊轧管机只给这部分少量的压下量，消除了“尾三角”的现象。NEL 轧管机具有可以轧制薄壁管（$D/S<40$），产品尺寸精确、成材率高（没有切尾损失）的优点，有着广阔的发展前景。

B ACCU-ROLL 轧管机组

ACCU-ROLL 轧管机组实质上是二辊斜轧延伸机，但它又与一般的斜轧延伸机不同，在轧制高精度钢管方面具有独特的功能，被称为精密轧管机。

ACCU-ROLL 轧管机采用锥形辊，带有辗轧角，并采用旋转与限动的芯棒、大直径主动旋转导盘，从而使轧出的荒管具有高精度的壁厚，提高了钢管的内表面质量，扩大了轧制的钢种和品种，同时提高了轧制效率，降低了能耗。

ACCU-ROLL 轧管机组的主要变形工具由穿孔机、ACCU-ROLL 轧管机、定径机（有时配置微张力减径机）组成。在轧管机的前后台的关键设备是毛管夹送辊和限动装置，夹送辊夹着毛管旋转前进，限动装置也夹着芯体旋转并前后运动。芯棒的限动方式有前进式和回退式两种：前进限动时芯棒的前端必须超前毛管前端约 300mm；回退限动时芯棒的前端必须伸出轧机中心线足够的长度，轧制过程中芯棒缓慢地回退，与毛管的运动方向相反。

6.2.5 钢管的再加热、定径与减径

钢管再加热属于薄材加热，一般都可以采用快速加热，以减少氧化和脱碳，提高炉子的生产率。定减径前钢管再加热温度一般为 900~1100℃，并考虑热轧产品的组织性能、表面质量和轧后冷却方式。

毛管在轧管机上进行了以减壁为主的加工后，已成为壁厚接近于成品的荒管。为了扩大生产使用范围，就需要对其外径进行加工，同时对壁厚继续进行少量的加工，这就是钢管生产中变形的第三个阶段——定、减径工序。钢管的定、减径属于纵连轧

过程，但与前面的轧管工序所不同的是，它们均属于空心的不带芯棒（芯头）的纵连轧过程。定、减径机的分类如图 6 – 33 所示。

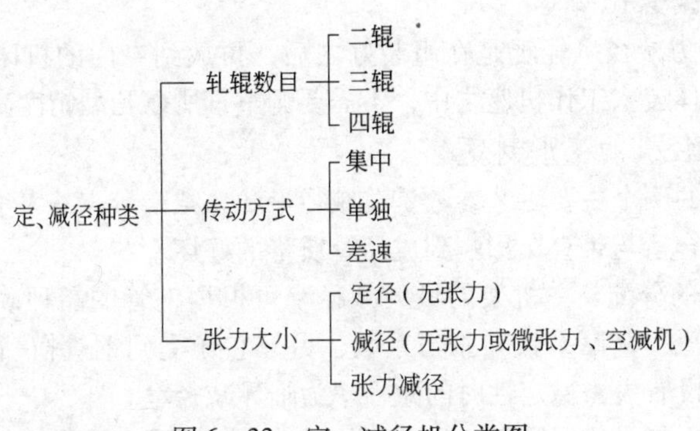

图 6 – 33　定、减径机分类图

6.2.5.1　定径机

定径机的作用是将荒管轧成具有要求的尺寸精度和真圆度的成品管。其任务一是少量减径，修磨尺寸精度；二是归圆。定径机一般由 3 ~ 12 架轧机组成，常用的有 5 ~ 7 架。荒管在轧制过程中一般没有减壁现象，而由于直径减小而使得其壁厚还略有增加。在新建的轧管机组定减径设备中，定径机较多采用了三辊式，原因是：三辊式定径机的三辊孔型为整体加工，保证了钢管的尺寸精度；同时由于整个工作机座更换的时间短，提高了工作效率；另外三辊定径机组一般选用 12 架左右的轧机，且又采用分组传动技术，所以在生产上灵活性大。定径机一般单机减径率为 3% ~ 5%，最大总减径率大约在 30% 左右。

6.2.5.2　减径机

它除了定径的任务外，还担负着以较大的减径率实现用大管料生产小管子的任务，而后者是主要的任务，因此减径机的工作机架比定径机多，有 9 ~ 24 架，一般取 20 架左右。在减径机上由于机架间张力很小或无张力，所以没有减壁现象，相反由于径向压下较大，管壁增厚现象较定径机更明显，特别是横向壁厚不均显著，出现“内四方（二辊）”和“内六方（三辊）”现象。无张力减径一般单机减径率在 2% ~ 3.5%，总减径率在 45% 以下。

6.2.5.3　张力减径

张力减径除了减径的任务外，还有通过机架间的张力实现减壁的任务，工作机架也更多，一般在 12 ~ 30 架不等，常用的为 20 ~ 28 架，机架形式以三辊为主，目前也有采用十几个机架的微张力减径机。张力减径机多采用三辊结构，其优点为：

（1）三辊张力减径机的孔型由三段圆弧组成，管子受力均匀，轧辊与钢管的相对滑动小，摩擦损失小，变形率高。

（2）三辊的孔型椭圆度比二辊要小，在减径、减壁量较大时，三辊张力减径后的成品管质量较好。

（3）张力减径机的机架间距直接影响钢管的切头损失，三辊的机架间距可以等于轧辊名义直径的$\frac{9}{10}$，二辊则等于名义直径，也就是说仅就轧机间距来说，三辊比二辊的切头损失减少10%。

（4）三辊张力减径机轧辊是在组装好之后，再放到专门的机床上加工孔型，然后将轧辊机架整体装入工作机座之中，不需要调整，所以孔型精度高。

A 张力减径机的变形制度

张力减径机的两个主要工艺参数是总减径量和总减壁量，其大小及在各机架上的分配比例的选择合适与否直接影响到成品管质量的好坏。

（1）减径率的分配：单机架的最大减径率可根据钢管的品种确定，与其相关的因素有壁厚变化值、壁厚系数和张力系数，另外它还受到钢管横断面的稳定性的限制，我们称钢管没有失去稳定性时的减径率为临界减径率。

总的减径率则需要根据管料、成品管的尺寸和精度要求及机架数目来确定。减径率的分配就是把总的减径率合理地分配到各机架上，一般地说，在机架数目确定的条件下，总的减径率增加，单机减径率也相应增加。张力减径机可以按机架间张力的变化将机组分为始轧、中轧、终轧三部分，如图6－34所示。单机减径率的最大值应处于中轧机组部分，减径率的分配原则是：始轧机架逐渐增加；中轧机架均匀分配，并略有减小；终轧机架迅速减小，至成品机架为零或接近于零。根据图6－34所示，张力减径时单机架减径率最大为12%，一般在7%～9%之间（最大的个别机架可达17%），其总的减径率可达90%。

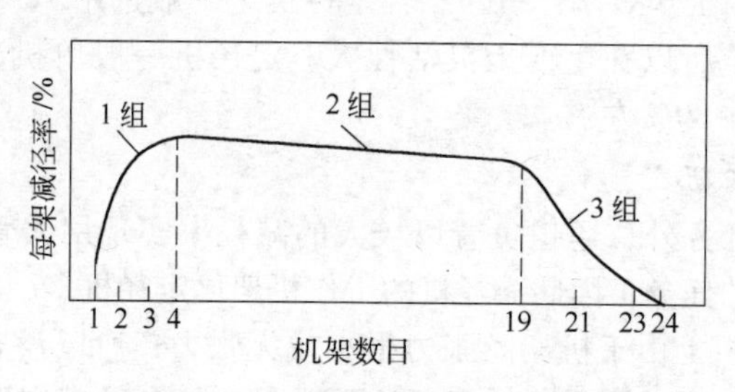

图6－34 各机架减径率的分配

（2）减壁率的分配：减壁率（确切地说是壁厚变化率）分配总的原则是：单机的壁厚变化率必须与单机架减径率相对应，如果有张力存在，再根据张力升起和降落是否平滑来加以调整。张力减径机的减壁率是靠轴向张力得到的，而张力的大小又与单机架的减径率大小有关，较大的单机架减径率是施加较大张力的条件。张力减径机的壁厚变化率根据上述原则，一般按第1、2架增厚管壁，第3、4架减薄管壁，但第3架减薄后其管壁厚度仍大于原始壁厚，而第4架减薄后的管壁厚度开始小于原始壁厚，第4架以后的各架加工壁厚按图6－34中规律逐架次减薄。

B 张力减径机的张力系数

张力系数是用来表示张力减径机的机架间张力大小的系数。张力系数有两种表达方式：

（1）运动学张力系数：它定义为相邻机架的相对秒流量差（指自然轧制状态的秒流量），即：

$$C_{i,i+1} = \frac{F_{i+1} \cdot v_{i+1} - F_i \cdot v_i}{F_i \cdot v_i} \tag{6-16}$$

当 $C>0$ 时，机架间产生张力；当 $C=0$ 时，机架间为自然轧制状态；当 $C<0$ 时，机架间产生推力。

（2）塑性张力系数（Z）：它定义为作用于机架间金属截面上的实际应力 σ_1 与此时金属的屈服极限 σ_s 之比。即：

$$Z = \frac{\sigma_1}{\sigma_s} \tag{6-17}$$

当 $Z>1$ 时，机架间为张力轧制；当 $Z=1$ 时，机架间为自然轧制状态；当 $Z<1$ 时，机架间为推力轧制。

C 张力减径时的管端增厚

张力减径时经常出现减径后的管料头、尾局部壁厚相对于中间偏厚的现象，使这一部分管段需要被切除，增加了切头损失。造成张力减径管端增厚的主要原因是轧件的头、尾局部轧制时处于过程的不稳定状态，建立稳定的张力需要一段时间，使得头尾部的减壁量相对于中间偏小。为此工艺上必须采取一定的措施，如缩短机架间距；提高单机减径率；在可能的条件下，降低总减径率及总的延伸系数；提高电机特性；控制张力的大小；增加摩擦系数；有条件时实现“无头张力轧制”等。

6.2.6 钢管冷却与精整

6.2.6.1 钢管冷却

A 冷床类型

热精整后钢管的温度一般为700~900℃，为便于后续精整，须将其冷却至100℃以下。钢管冷却一般在冷床上进行，冷床有链式、步进式和螺旋式三种。链式冷床易产生链条错位而使钢管弯曲，不能自由收集钢管，已很少使用。步进式冷床（图6-35）和螺旋式冷床（图6-36）均可保证钢管冷却后的弯曲度在±1.6mm/m的范围内，二者均能使钢管在移动过程中旋转矫直，后者能够使钢管成排对齐，便于管端加工，但使钢管在旋转前进中存在滑动，易降低表面质量。所以相比之下，步进式冷床更为优越。

B 钢管冷却制度

钢管冷却方式因其材质和性能要求不同而有所差异，大多数钢种采用自然冷却即可，对某些特殊用途的钢管，为了保证其组织性能，须有一定的冷却方式和冷却制度。

钢管冷却时间是确定冷床长度的主要依据。钢管冷却主要通过辐射和对流散热，温度在500℃以上主要靠辐射散热，低于500℃则以对流传导散热为主，某些钢管自然冷却曲线如图6-37所示。为了缩短钢管冷却时间，减少冷床长度和改善操作条

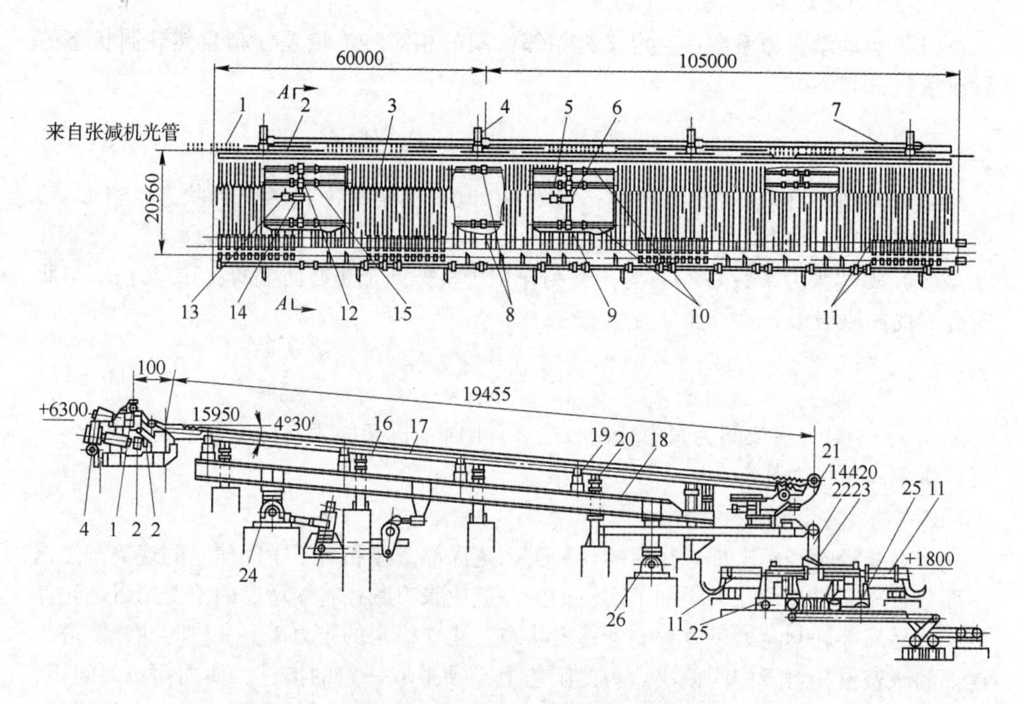

图 6-35 步进式冷床结构示意图

1—输入辊道；2—制动器；3—床面结构；4—制动槽传动；5，13—主传动电机；6，14—减速箱；7—自由辊道；8—离合器；9，12—蜗轮箱；10—上、下传动主轴；11—输出辊道；15—步幅调节器；16—活动齿条；17—固定齿条；18—步进大梁；19—步进小梁；20—固定小梁；21—一次接料机构；22—二次接料结构；23—分料结构；24—升降、水平往复偏心轮；25—横移输送小车；26—升降偏心轮

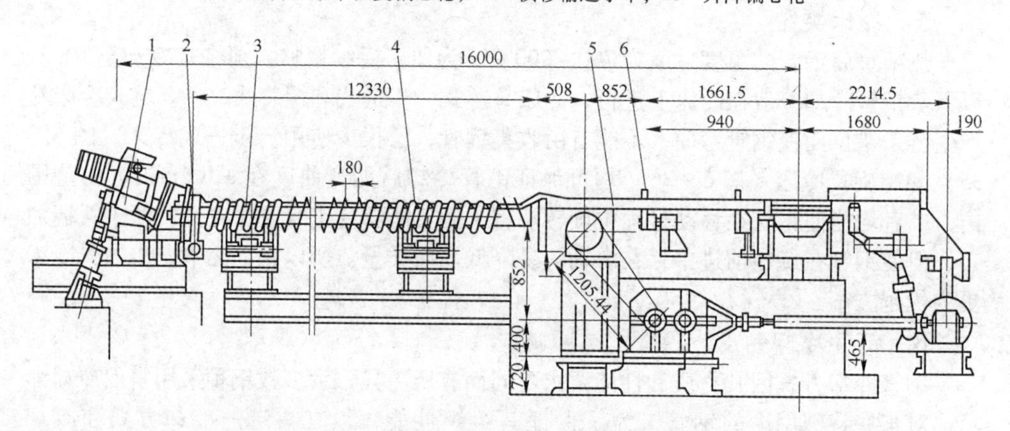

图 6-36 螺旋式冷床结构示意图

1—给料机构；2—给料机；3—螺旋杆；4—托辊；5—步进出料机构；6—挡料器

件，可以在冷床上采用风冷技术，在500℃以下采用风冷技术可使冷却时间缩短40%～50%。

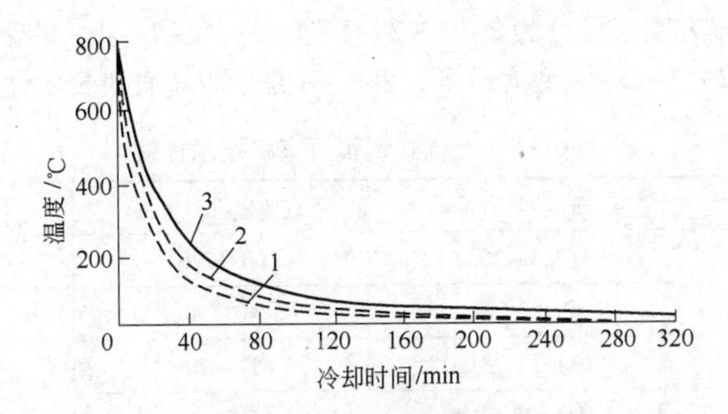

图6-37 钢管冷却曲线

1—ϕ73mm×7.82mm；2—ϕ88.9mm×9.35mm；3—ϕ114.3mm×13.5mm

6.2.6.2 钢管的精整

钢管的品种不同，精整工艺也不同，一般包括矫直、切断、热处理、检查、试验、打印、称重、包装等工序。

A 钢管的矫直

矫直工序的任务是消除轧制、运送、冷却和热处理过程中产生的钢管弯曲，同时兼有减小钢管椭圆度和去除氧化铁皮的作用。

a 钢管矫直机的种类

用于钢管矫直的主要有压力矫直机、斜辊矫直机和张力矫直机。压力矫直机结构简单、生产率低、矫直质量不高，适用于直径为38~600mm、弯曲度在50mm/m以上钢管的粗矫和异型管矫直。目前广泛采用的是斜辊矫直机，其矫直辊的排列形式如图6-38所示。由于矫直辊倾斜放置，即便采用少量的矫直辊也可使钢管在矫直辊间做螺旋运动（图6-39），在多次纵向反复弯曲过程中提高钢管直度和正圆度。

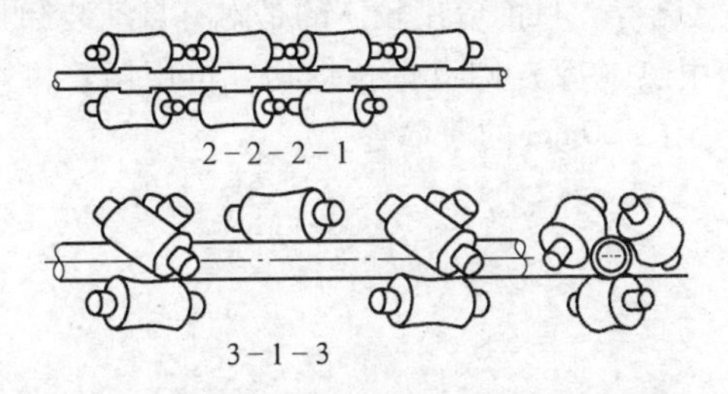

图6-38 斜辊矫直机矫直辊的排列形式

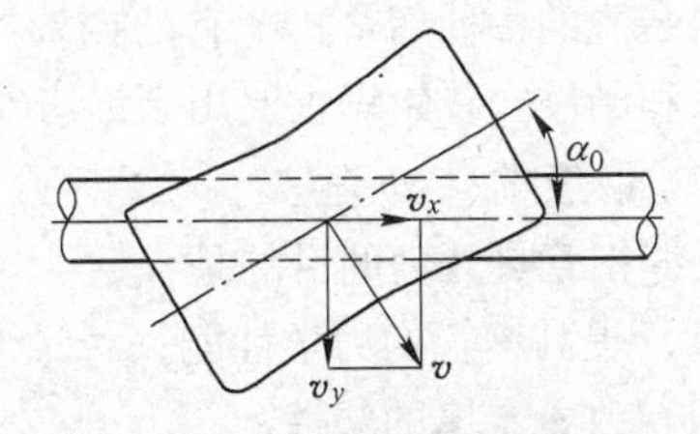

图6-39 矫直辊与钢管的配置关系

斜辊矫直机的优点是：（1）矫直过程连续进行，具有较高的生产率，并可在线矫直；（2）矫直辊上、下间距可调，在提高钢管直度的同时，还能减小椭圆度；（3）特有的辊型曲线可保证钢管与辊子间有相应的接触面积，以保证钢管矫直质量；（4）钢管轴线与矫直辊轴线交角 α_0 可调，一套辊子能矫直一定直径范围的钢管，减少了辊子储备和更换的时间。

常用的斜辊矫直机有五辊和七辊等形式。七辊矫直机的结构较完善，应用最广。

七辊矫直机按配辊方案又可分为2-2-2-1型、1-2-1-2-1型和3-1-3等几种，目前以使用2-2-2-1型为最多。表6-8是七辊矫直机技术性能。

表6-8 七辊式斜辊矫直机技术性能

形 式	矫直范围/mm	矫直速度/m·min^{-1}	调整角度α_0/(°)
2-2-2-1	17.3~76.3	60~120	28~32
2-2-2-1	30.0~115.0	40~90	25~31
3-1-3	114.3~381.0	18~70	15~40
3-1-3	165.2~50.8	15.2~61	15~45

b 钢管矫直机的应用

用一般斜辊矫直机矫直$\sigma_b \leqslant 750$MPa高强度油井管时，矫直效果不佳，此时可采用温矫法，即钢管回火后立即进行定径和矫直。

张力矫直机使钢管在轴向力作用下产生1%~3%的拉伸变形而实现矫直，常用于断面形状复杂的钢管。根据需要可采用冷矫或热矫，并可同时矫正扭曲，但此方法产生率低。

B 钢管的切断

钢管矫直后，要进行初次吹灰检查以确定切头、尾长度。钢管切断的目的是清除具有裂纹、结疤、撕裂和壁厚不均的端头，以获得符合要求的定尺钢管，另外切除经检查后不合格、难于挽救的缺陷，如内折、内结疤、严重的壁厚不均等。一般前者的切断在作业线上进行，而后者离线切断。

钢管切头、尾长度主要取决于生产方式和生产技术水平。一般定减径管切头长度为50~100mm，切尾长度为50~300mm。

钢管切断设备有切管机、砂轮锯和圆盘锯等，目前应用较广的是附有自动装卸料和集料装置的各种切管机。有的钢管厂采用热（冷）圆盘锯预锯切，再用切管机进行平头和倒棱。砂轮锯主要用于锯切外径小于100mm的薄壁管。

C 钢管的热处理

无缝钢管热处理的目的是：

(1) 提高钢管的力学性能；

(2) 改善金属的塑性；

(3) 获得一定的组织状态；

(4) 消除冷变形的残余应力等，例如，不锈钢管、轴承钢管、高压锅炉管等，在精整加工或交货前要进行热处理。

D 钢管尺寸的质量检验

切断后的钢管要根据技术要求进行质量检查，检查内容包括逐根检查钢管的尺寸和弯曲度以及钢管内外表面质量，并取样抽查钢管的力学性能和工艺性能等。钢管几何尺寸和弯曲度的检查，可在检查台上用各种量具进行，也可采用自动尺寸检测装置

（如激光测径、测厚和测长）进行连续检测。现代化钢管车间采用后一种方式。

目前钢管厂已大量采用各种无损探伤法（射线探伤、磁力探伤、超声探伤、涡流探伤和荧光探伤等）检测其内部和外表面缺陷，可按产品检查要求选用其中一种或几种方法进行。一般来说，钢管成品检查均采用在线涡流探伤、在线荧光磁粉和超声波探伤；油井等专用钢管还要进行超声波及磁力探伤；冷轧、冷拔钢管一般采用超声波、涡流和磁力探伤。

E 水压试验

凡承受压力的钢管均需在水压试验机上进行水压试验，以检查其承压能力以及是否存在缺陷，试验压力按有关标准进行。压力 p 可按式（6-18）计算：

$$p = \frac{200S_{\mathrm{cmin}}[\sigma]}{d_{\mathrm{c}}} \tag{6-18}$$

式中 S_{cmin}——成品管最小壁厚，mm；

d_{c}——成品管内径，mm；

$[\sigma]$——许用应力，$[\sigma]=0.8\sigma_{\mathrm{s}}$，MPa；

σ_{s}——钢管屈服强度，MPa。

6.3 轧制表的编制

轧制表是指计算轧管工艺过程变形工序主要参数的表格，它用来分配各道的延伸，确定各道的横剖面形状，是轧制工具设计的依据，是轧管工艺过程的基础。轧制表编制得正确与否，将影响整个机组的生产能力、钢管质量、工具寿命、能源消耗及其他经济指标。

轧制表的内容主要包括：成品尺寸及技术标准、管坯尺寸、各轧机的变形分配、轧后钢管或毛管尺寸、工具尺寸和轧机调整参数等。在编制轧制表时，应考虑车间生产和设备情况，例如轧机的结构、强度、工具设计和尺寸、冷床长度、管坯规格等，并经过反复修正和完善后确定。

6.3.1 编制原则和程序

编制轧制表总的原则是：优质高产、多品种、低消耗。在具体的计算过程中必须遵从以下几个基本原则：

（1）根据生产方案和各轧机的技术特性，合理分配各工序的变形量，使各工序生产均衡，节奏适当，消除薄弱环节，确保整个机组轧制过程正常进行；

（2）为确保产品质量和尺寸精度，要合理选择和确定各轧机的变形参数；

（3）尽量使用较少规格的管坯和工具来生产多规格的钢管，以减少更换工具的时间且便于生产管理；

（4）轧制表的编制要有一定的灵活性，即相邻尺寸的钢管尽量采用共同的孔型和工具及相同直径的管坯，以便于调整时间，提高机组生产率，减少工具储备。

6.3.2 编制轧制表的要求

编制轧制表的要求是：

(1) 各机架的变形量和调整参数应在允许范围内，应充分保证钢管质量，并使轧制过程正常进行。

(2) 结合机组设备条件，使轧制（特别是穿孔和轧管机）的能力和轧制负荷大体匹配（一般前架大于后架），以充分发挥机组能力。

(3) 尽量使用较少规格的管坯和工具来生产多品种规格的钢管，连轧管机组则应以1~2种规格的管坯来生产全部规格的产品，以减少更换工具的时间且便于生产管理。

(4) 便于轧机操作。

(5) 尽可能减少能耗。

6.3.3 轧制表编制的步骤

编制轧制表的步骤是：

(1) 根据产品规格及技术条件确定生产工艺流程；

(2) 分配各轧机的变形量、计算各轧机轧后的钢管尺寸；

(3) 选定各轧机的工具尺寸并计算调整参数；

(4) 必要时校核轧辊强度和主电机能力。

6.3.4 轧制表编制方法

轧制表编制方法有三种：

(1) 逆轧制顺序计算；

(2) 顺轧制顺序计算；

(3) 从轧管工序开始向前、后计算。

最后一种方法在现场应用最广，但三者并无原则区别。为便于掌握，在此介绍逆轧制顺序计算的方法。

逆顺法轧制表编制的大体程序是：

(1) 根据已知成品管外径 D_c、壁厚 δ_c、内径 d_c 和长度 l_c 确定成品管的热尺寸；

(2) 计算定径或减径的变形量和轧后钢管尺寸；

(3) 计算均整后钢管尺寸、工具尺寸和调整参数（有的机组无均整机）；

(4) 计算轧管机的变形量、钢管尺寸和工具尺寸；

(5) 计算穿孔机的变形量、毛管尺寸、工具尺寸及调整参数；

(6) 选定管坯尺寸。

6.3.5 编制实例

现仅以连续轧管机组为例将编制轧制表的一般原则介绍如下：

（1）设计按逆轧制顺序进行。连轧管机组通常只使用1～3种直径的管坯，穿孔和连轧后的外径大多是2～3种，壁厚也仅几十种，要得到各种管径和壁厚的钢管，则可以通过张减机来实现，这样可以减少顶头和芯棒的规格数，简化轧机的调整与生产管理。

（2）比成品管外径 D_G、壁厚 h_G 上下限尺寸的平均值，作为轧制表编制的尺寸依据。

（3）确定钢管热状态尺寸，即：

$$D'_G = (1 + \alpha t)\frac{D_{cmax} + D_{cmin}}{2} \tag{6-19}$$

$$h'_G = (1 + \alpha t)\frac{\delta_{cmax} + \delta_{cmin}}{2} \tag{6-20}$$

式中 D'_G，h'_G——成品管相应冷尺寸外径、壁厚，mm；

D_{cmax}，D_{cmin}——成品允许最大及最小外径，mm；

δ_{cmax}，δ_{cmin}——成品允许最大及最小壁厚，mm；

α——热膨胀系数，$(1+\alpha t)$ 的值与金属的终轧温度有关；$t = 800 \sim 900$℃时，$(1+\alpha t) = 1.01 \sim 1.013$；$t = 900 \sim 1000$℃时，$(1+\alpha t) = 1.013 \sim 1.015$。

（4）张力减径。由张力减径机出来的钢管外径 D_j 和壁厚 h_j 是成品管的热尺寸。

钢管外径为：
$$D_j = D'_G \tag{6-21}$$

轧后壁厚为：
$$h_j = h'_G \tag{6-22}$$

减径量为：
$$\Delta D_j = D_z - D_j \tag{6-23}$$

减径率为：
$$\varepsilon_j = \frac{D_z - D_j}{D_z} \tag{6-24}$$

减径机上钢管直径的总减径率 ε_j 与减径机的机架数、减径机的工作制度和钢管规格有关。如今的张力减径机上，管径减径率约为原始管径的75%～80%。

张减机组一般由20～30架减径机组成。为了避免轧件在进入或退出时，轧件轴向没有张力而造成两个管端增厚的现象，需要在荒管进入张减机时，先设定能形成张力的几架机架（一般为1～3架）。荒管通过1～3架轧机逐步增加减径率直到正常值，此时机架的张力系数也提升到正常值。其中，第一架机架采用较小的减径量，有益于建立张力和圆整直径不均的荒管，同时还可以防止因连轧荒管外径波动太大而产生轧折。为了获得较圆整的钢管，张减机的最后几架机架（一般为2～5架）的单架减径量需逐步减少，最后一架成品机架取为零，中间各工作机架的单机架减径量在4%～12%之间，原则上做到均匀分配。由于轧制力、轧制力矩和轧制功率既随着减径量的增加而增加，又随着光管壁厚的增加而增加，因此，光管壁越厚，工作机架减径量就选得越小，即：

减壁率：
$$\varepsilon_{hj} = \frac{h_z - h_j}{h_z} \times 100\% \tag{6-25}$$

张力减径时钢管减壁率是靠轴向张力得到的。张减机总减壁率在35%～40%，由于张减机架存在着张力，张力系数的最大值主要取决于轧辊的曳入能力和钢管断裂条件，因此张力系数只能小于1。实践证明，张力系数在0.65～0.85之间，且其平均张力系数必须大于零，以防止机架间产生轴向压力而出现堆钢的危险。

无张力减径时管壁增厚量为：$\Delta h_j = 0.0044\ (D_z - D_j)$ (6－26)

减径机的延伸系数为：
$$\mu_j = \frac{F_z}{F_j} = \frac{\pi(d_z + h_z)h_z}{\pi(d_j + h_j)h_j} \quad (6-27)$$

（5）连轧管机。

轧后荒管外径为：
$$D_z = D_j + \Delta D_j \quad (6-28)$$

轧后荒管壁厚为：
$$h_z = h_j \pm \Delta h_j \quad (6-29)$$

连轧机上的钢管壁厚要按张力减径机所用张力大小而定。其平均张力系数按式（6－30）计算：

$$\overline{Z}_\Sigma = \frac{\varepsilon_{rz}(2 - \omega_m) + (1 + 2\omega_m)\varepsilon_{tz}}{\varepsilon_{rz}(1 - \omega_m) - 2(\omega_m - 1)\varepsilon_{tz}} \quad (6-30)$$

$$\varepsilon_{rz} = \ln\frac{h_z}{h_G} \qquad \omega_m = \frac{1}{2}\left(\frac{h_z}{D_{mz}} + \frac{h_G}{D_{mG}}\right)$$

式中，$\varepsilon_{tz} = \ln\dfrac{D_{mz}}{D_{mG}}$；$D_{mz} = D_z - h_z$；$D_{mG} = D_G - h_G$。

其中，D_z，D_G分别为连轧后荒管和成品管的外径；h_z，h_G分别为连轧后荒管和成品管的壁厚。使所选择的平均张力系数$\overline{Z}_\Sigma$在0和0.65之间，这样可以确定出每一个成品管壁厚相适应的荒管壁厚。

轧后内径为：
$$d_z = D_z - 2h_z \quad (6-31)$$

芯棒直径为：
$$D_{tz} = d_z - \Delta_z = D_z - 2h_z - \Delta_z \quad (6-32)$$

延伸系数为：
$$\mu_z = \frac{F_m}{F_z} = \frac{(D_m - h_m)h_m}{(D_z - h_z)h_z} \quad (6-33)$$

其中，Δ_z为芯棒与钢管内径之间的间隙，依经验而定，一般取1～3mm。

（6）穿孔机。

穿孔毛管外径为：
$$D_m = d_m + 2h_m \quad (6-34)$$

穿孔毛管内径为：
$$d_m = D_{tz} + \Delta_m = d_z - \Delta_z - \Delta_m \quad (6-35)$$

$$\Delta_z = 1 \sim 3\text{mm}$$

$$\Delta_m = 5 \sim 12\text{mm}$$

穿孔毛管壁厚为：
$$h_m = \sqrt{\frac{d_m^2}{4} + \frac{F_z\mu_z}{\pi}} - \frac{d_m}{2} \quad (6-36)$$

穿孔机顶头直径为：
$$\delta_m = d_m - \frac{K_m D_p}{100} \quad (6-37)$$

连轧管机上的总延伸系数μ_z在2.5～7.0范围内。其中K_m为轧制量，按表6－9取值。

表 6-9 穿孔时毛管的轧制量与荒管壁厚的关系

毛管壁厚/mm	轧制量 K_m/%		毛管壁厚/mm	轧制量 K_m/%	
	直径小于 140mm	直径大于 140mm		直径小于 140mm	直径大于 140mm
4~6	7~10	8~12	16~20	3~5	5.0~7.0
7~9	6~8	7~10	21~25	2.5~4	4.0~6.0
10~12	5~6	6	26~30	2.0~3.0	3.0~5.0
13~15	4	5.5~7.5	30 以上	1.5~2.0	2.0~4.0

(7) 管坯。管坯尺寸是与毛管尺寸相对应的，因此，管坯外径通常等于毛管外径或比毛管外径大 3%~5%。

管坯直径为：

$$D_p = (1.03 \sim 1.05) D_m \tag{6-38}$$

管坯长度为：

$$L_p = \frac{\pi(n_G L_G + \Delta L)(D_G - h_G) h_G}{K_{sh} F_p} \tag{6-39}$$

式中 L_p——生产所需的管坯长度，mm；

L_G——成品管长度，mm；

n_G——每根热轧管的倍尺寸；

ΔL——切头切尾长度，mm；

K_{sh}——考虑管坯加热时烧损的系数，对于环形炉 $K_{sh}=0.98\sim0.99$。

穿孔机的延伸系数为：

$$\mu_p = \frac{D_p^2}{D_m^2 - d_m^2} \tag{6-40}$$

穿孔机的主要调节参数是：顶头前径缩率 ε_d；孔型椭圆度 ξ（即导盘和轧辊工作表面的最小距离之比）；轧辊送进角 β；顶头前伸量和顶杆位置；轧辊距离等。调节控制顶头前径缩率的目的是使其小于临界径缩率 ε_1。按图 6-40 所示，顶头径缩率取决于顶尖位置 C 和顶尖处的辊面距离 b_d，有 $\varepsilon_d = \frac{d_p - b_d}{d_p} \times 100\%$，但 b_d 和 C 皆不易测量，故实际生产中又用最小辊面 b 和顶杆深入辊缝距离 y 来表示，按图 6-40 所示可得：

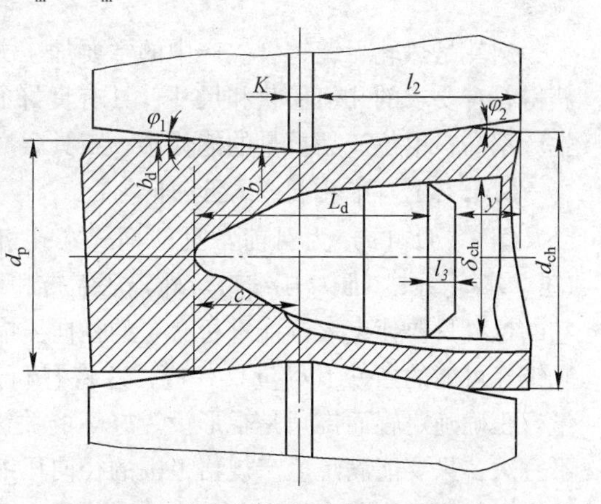

图 6-40 狄舍尔穿孔机变形区纵剖面图

$$b = d_p(1-\varepsilon_d)\frac{\tan\varphi_2}{\tan\varphi_1 + \tan\varphi_2} + (\delta_{ch} + 2h_{ch})\frac{\tan\varphi_1}{\tan\varphi_1 + \tan\varphi_2} - 2(L_d - K)\frac{\tan\varphi_1 \tan\varphi_2}{\tan\varphi_1 + \tan\varphi_2} \tag{6-41}$$

$$y = l_2 - l_3 - \left(\frac{\delta_{ch}}{2} + h_{ch} - \frac{b}{2}\right)\frac{1}{\tan\varphi_2} \tag{6-42}$$

调整控制孔型椭圆度的目的是在保持轧制过程中正常运行的条件下，使其适当减小一些，限制孔型横变形，但椭圆度太小会使轧制过程运行不畅，轴向滑动系数降低，能耗加大。狄舍尔穿孔机由于导盘的速度高于轧件的出口速度，所以摩擦力中的一部分就成了作用于轧件的拉力，这种附加的纵向力减少了轧件的轴向打滑，滑动系数可以从曼氏穿孔机的0.7~0.8提高到0.8以上，椭圆度可适当减少。

送进角β的调整，只要设备能力允许应取上限值，这不仅可提高生产率，而且可改善管材表面质量，延长顶头使用寿命，降低单位产品的能耗。轧辊距离，从薄壁管到厚壁管的轧辊入口锥，其总的压缩量应在管坯直径的10%~16%范围内变化。顶头前伸量C原则上应尽可能大。大导盘边缘与上下轧辊的间距各为2mm，即一个导盘紧靠上辊，另一个导盘则紧靠下辊。这样，导盘的高度位置就会有所不同，轧辊直径越小，两个盘的高度差就会越大，其范围可达±12mm，而为了使毛管壁厚均匀，要严格控制这个参数。在纵向上，右导盘可以沿轧制方向移动，左导盘则可逆向移动。一般轧辊轧制带中心点与导盘中心点位于一个平面上，以便更好地轧出毛管，使其壁厚更均匀。轧管机调整与一般型钢纵轧的要求一样，上下辊轴线需同在一垂直平面内，且互相平行，孔型对正。减径机除按轧制表严格选择孔型系统并对好孔型外，还必须使各孔型中心保持在一条轧制线上，不然就会导致钢管轧折、弯曲、断面不正、刮伤等缺陷。

6.4 热轧无缝钢管生产工具与工艺控制

6.4.1 斜轧工具设计

斜轧是热轧无缝钢管生产中的主要加工方式之一，斜轧工具设计的基本要求是：获得符合要求的几何形状和尺寸；具有良好的内外表面质量；曳入方便；轧制稳定；生产率高；单位产品重量的能耗小；工具磨损均匀、耐用。

6.4.1.1 穿孔机轧辊设计

图6-41（a）为目前常见的桶式穿孔机辊型图，分为三部分：（Ⅰ）曳入区；（Ⅱ）辗轧锥；（Ⅲ）压缩带。轧辊压缩带和导板或导盘构成的孔型一般称之为孔喉，它的位置只要使曳入锥能进行必要的径向压缩率，保证轧制稳定即可，不必过后。辗轧锥在可能的条件下尽量长一些，这将有利于提高毛管壁厚的均匀性和内外表面质量。正确确定辊面锥角是辊形设计好坏的关键，按曳入条件，入口辊面锥角ψ_1宜小不宜大，只要能满足生产规格范围的径向压缩率要求即可。送进角小于13°的斜轧穿孔机入口辊面锥角多为3°~3.5°。送进角在13°以上时，因为入口辊面相对轧制线的实际张角随送进角的增大而增大，所以入口辊面锥角ψ_1需相应减小，如图6-41（b）所示。辗轧锥辊面锥角ψ_2主要考虑到毛管扩径量的要求，一般不宜取高，以免过分扩径而增加表面出现缺陷的概率。如采用毛管外径与来坯外径大致相等的等径穿孔原则，皆取$\psi_1=\psi_2$。如扩径需要也可取$\psi_2=\psi_1+$（1°~2°）。大送进角轧制时，因为辗轧锥辊面相对轧制线的张角比实际的辊面锥角大，缩短了变形区长度，削弱了抛出

力，易发生后卡，因而采取多锥度辊型，距离轧辊回转中心越远，锥角一般应越小，如图6-41（b）所示。菌式辊型辊面相对轧辊轴线的辊面锥角 $\psi_3=\gamma+\psi_1$，$\psi_4=\gamma-\psi_2$，ψ_1、ψ_2 为辊面相对轧制线的张角，γ 为辗轧角。大送进角时，辊面相对轧制线的张角 ψ_1、ψ_2 也应加以修正。

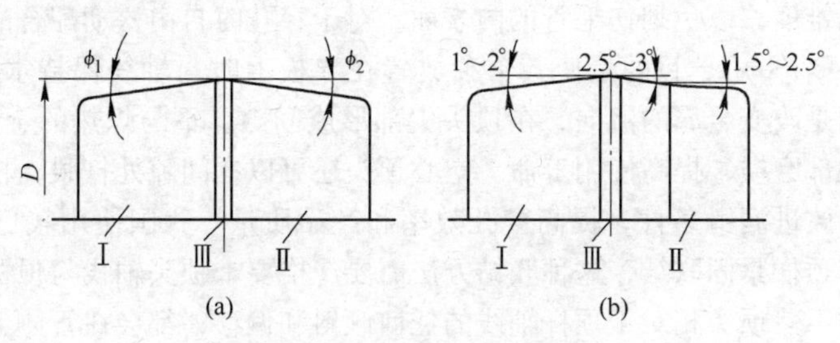

图6-41　桶式和菌式辊型图
（a）桶式辊型；（b）菌式辊型

确定斜轧轧辊压缩带的直径 D 时，主要考虑毛管表面质量和曳入条件。试验证明辊径与最大轧制坯料外径的比必须大于3.5，不然会在毛管表面造成螺旋分布的断续“辊痕”，形成类似外折叠的缺陷。为了提高轧制过程的稳定性，改善大送进角轧制条件下的曳入和抛出能力，迫使斜轧穿孔的辊径日益增加，目前实际的辊径与最大坯料直径的比为3.5~6.8，大型机组因受到空间结构尺寸上的限制取下限。辊身长度 L 应比要求的最长变形区大100~200mm，一般辊身长约为最大辊径的0.55~0.70，目前新型轧机有加长的趋势，多取上限。

斜轧机轧辊材料的选择，既要有一定的耐磨性，又要求有较高的摩擦系数，以利于曳入和抛出轧件，这对于斜轧穿孔更为突出，所以其辊面硬度受到一定限制。目前多采用55Mn、65Mn以及55号钢作为锻钢辊或铸钢辊的材料，热处理后的辊面硬度为HB141~184。

三辊斜轧穿孔机的辊型设计原则与二辊相同，不同之处在于它的最大辊径受到要求生产的最小毛管外径的限制。如图6-42所示，当辊面间隙 Δ 趋于零时即为最大辊径 D 和孔喉处可能轧制的最小轧件直径 d_{xi} 的极限条件。通常最小辊面间隙约为3~4mm。

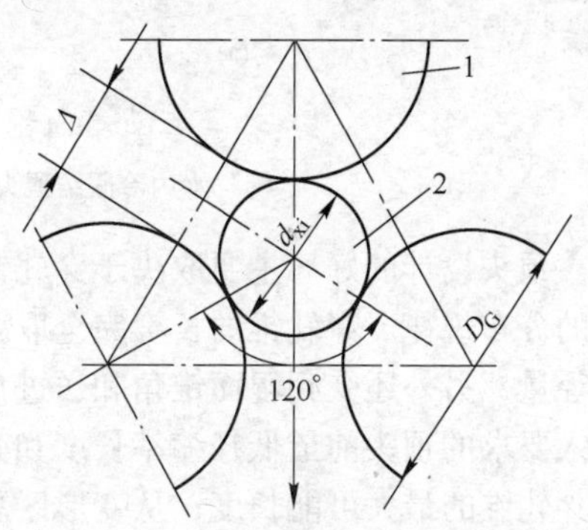

图6-42　三辊斜轧穿孔机最大辊径及与孔喉处最小轧件直径的关系图
1—轧辊；2—轧件

按图6-42所示的几何关系可求得三辊斜轧穿孔孔喉处的最大辊径 D 的计算式：

$$D=6.5d_{xi}-7.5\Delta \tag{6-43}$$

三辊斜轧的最小辊径受到轧制最大直径钢管时的强度限制。

6.4.1.2　斜轧穿孔的顶头设计

图6-43是常见的斜轧穿孔球面顶头，一般由四部分构成：（1）穿轧锥是主要

进行加工的部分。(2) 均壁锥，它的主要作用是均整毛管壁厚，一般取为直线段，并且应与轧辊相应的工作母线间形成等距缝隙。目前锥角多取与轧辊辗轧锥角相等，对大送进角轧机，顶头辗轧锥的锥角修正长度一般取为毛管出口单位螺距的1.5～2.0倍，出口单位螺距应按该顶头轧制的最薄毛管计算。(3) 反锥，就是在顶头末端略带一定反向锥度，以免划伤毛管的内表面。对于穿孔时自由松动配合的顶头反锥较长（见图6－43（b）），目的是使其单独放置在导板上时与轴线保持水平。(4) 鼻尖，它的作用是改变金属的流向，在顶头尖部形成间隙，不与炽热的金属直接相接，有利于减缓尖部磨损，提高使用寿命。空心顶头还可以在间隙处打眼，将润滑剂直接打入变形区，改进润滑条件，提高穿孔效率和产品质量。我国使用较广的水内冷顶头，以螺纹与顶杆紧固联结，这种联结方法需要严格要求顶头轴线与顶杆轴线的平行性和同心度，不然顶头相对于顶杆轴线的任何倾斜和偏移，都会在管体上造成螺旋壁厚不均，据试验结果证明，紧固联结造成的壁厚不均将是可拆松动联结顶头的2倍左右。

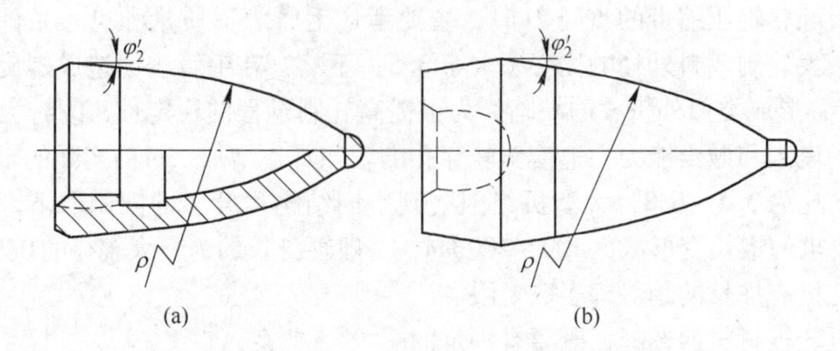

图6－43 斜轧穿孔的球面顶头
（a）水内冷固结顶头；（b）水外冷可拆松动联结顶头

顶头设计的好坏主要取决于穿轧锥的长度和它的轮廓曲线设计，因为这决定了变形的分布规律。穿轧锥的长度完全取决于变形区的实际长短，即主要取决于坯料的总缩径量，另外还受到辊面锥角和送进角的明显影响。从变形区总长度中减去实现二次曳入要求的顶头前最低径缩率长度和必要的均壁锥、毛管规圆段长度后，剩下部分便是穿轧锥的最大可能长度；从变形区总长度中减去临界径缩率要求的变形区长度和均壁锥、毛管规圆段长度，剩下部分便是穿孔锥最小设计长度。最大设计长度与最小设计长度便是顶头设计允许的长度变化范围的上限和下限，也是生产时顶头位置可能的调节范围的上限和下限，考虑到轧机调整的需要可取最大可能设计长度的85%左右作为顶头穿轧锥的设计长度，这样设计的顶头不易发生前、后卡，调整也比较方便。目前常见的工作锥轮廓曲线多为球面形顶头，如图6－43所示，为使表面过渡平滑圆弧与均壁锥相切，与顶尖圆柱底相交，整个穿轧锥是以单半径构成。这种设计方法比较简单，同一尺寸顶头只要毛管内径大致相等即可选用，可适应较大范围的毛管规格和轧机调整情况，但问题是变形主要集中于前锥，使其磨损严重。近年来按拟定的变形分布原则设计顶头穿孔锥的方法又被重新提出。试验证明，只要变形分布曲线合理，这种顶头在使用过程中有磨损均匀、穿孔效率高、节能的优点，但主要缺点是一条穿轧锥曲线只适于一种规格产品和轧机调整参数，不然就完全失去原来的意义，所以长期以来在生产中未能推广。但是张力减径机出现后，使得穿孔机生产的毛管规格锐减，顶头材质性能日益提高，因此关于顶头合理轮廓曲线的研究又引起了人们的兴趣。顶头材料要求具有良好的高温强度和耐磨性、良好的导热性、耐激冷激热性，目前常用的有3Cr2W8、20CrNi3A，而穿制高温强度高的材料时多采用钼基合金Mo-0.5Ti-0.02C。

6.4.1.3　斜轧穿孔的导向装置设计

导板是二辊斜轧穿孔机的导向装置之一，它不仅能限制横向变形，增加孔型的封闭性，保证钢管的内表面质量，而且能在一定程度上影响到金属的运动学和动力学性能。导板的设计应以同外径的薄壁管为准，因为薄壁管材要求导板与辊面吻合得更好。

图6-44是穿孔机导板的结构示意图。导板设计主要确定进、出口斜面的闭角ω_1、ω_2，以及导板中间过渡带相对轧辊压缩带的距离。导板横截面形状沿轧件运行轴线的变化，主要根据与辊面密切吻合的要求，完全按空间几何关系推导得出。导板过渡带一般相对轧辊压缩带向入口方向前移一定距离N，对于碳钢和低合金钢来说其值大致与顶尖超前量相近。实践证明，这样配置能提高滑动系数，降低能耗，提高导板使用寿命，但对低塑性高合金钢，为控制轧辊压缩带的椭圆度，一般将导板前移量N取得小些，或将过渡带作成一定长度的平段。入口斜面的倾角ω_1应本着轧件先与轧辊接触1~2个单位螺距后再与导板相遇的原则确定，以免发生前卡。小型机组的导板大多平行入口斜面。如图6-45所示，导板入口斜面倾角ω_1可按式（6-44）计算：

$$\omega_1 = \arctan\frac{(d_p - a)\tan\varphi_1}{d_p - d - 2[(1\sim2)z_x + N]\tan\varphi_1} \qquad (6-44)$$

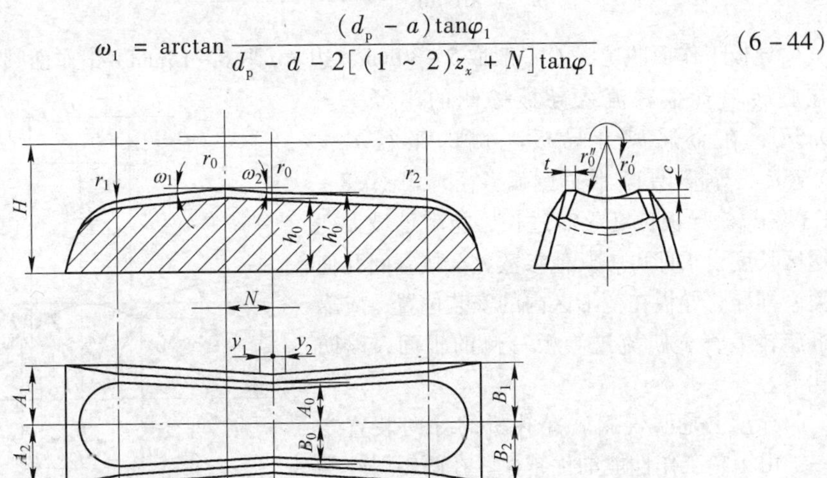

图6-44　两辊斜轧穿孔机的导板图

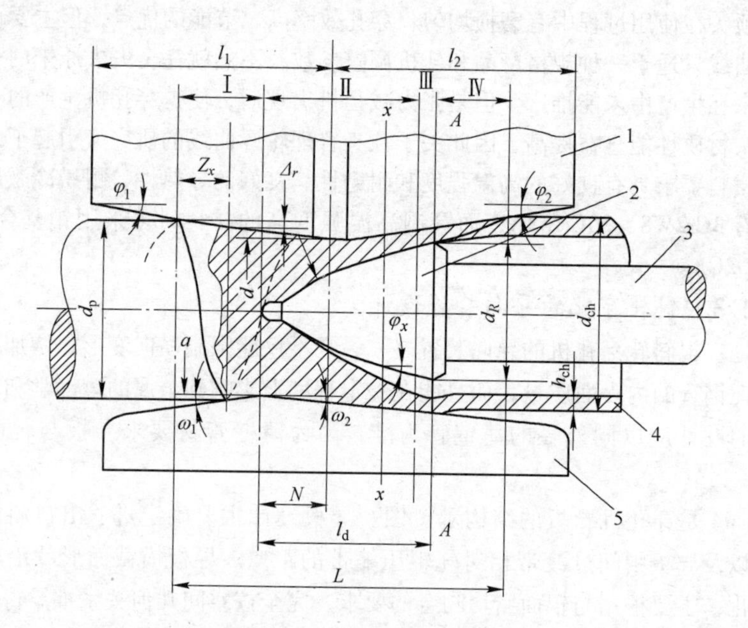

图6-45 二辊斜轧穿孔变形区

1—轧辊；2—顶头；3—顶杆；4—轧件；5—导板

导板出口斜面的倾角 ω_2 主要来控制变形区各断面的椭圆度，同时必须考虑在毛管内表面脱离顶头之前，外表面必须离开导板，防止后卡。按图6-45所示，在极限条件下应在 $A—A$ 剖面位置上，毛管内外分别与顶头、导板脱离。据此 ω_2 按式（6-45）计算：

$$\omega_2 = \arctan\frac{2d_{ch} - (d_R + 2h_{ch}) - a}{2l_d} \tag{6-45}$$

导板工作面凹坑深 C 一般取5~30mm，边宽 t 取6~15mm，工作面圆弧半径一般在旋转毛管金属流入导板一侧的半径 $r_0' = 0.5d_p$，在金属离开导板一侧的半径 $r_0'' = 0.75d_p$，导板出口工作面圆弧半径 $r_2 = (0.8 \sim 1.0)d_{ch}$。导板长度无需过长，能满足最大变形区长度要求即可，其他参数完全按空间几何关系推导。导板在变形区内的安装位置，应靠近旋转毛管金属流进导板一侧的辊面，以防轧卡。

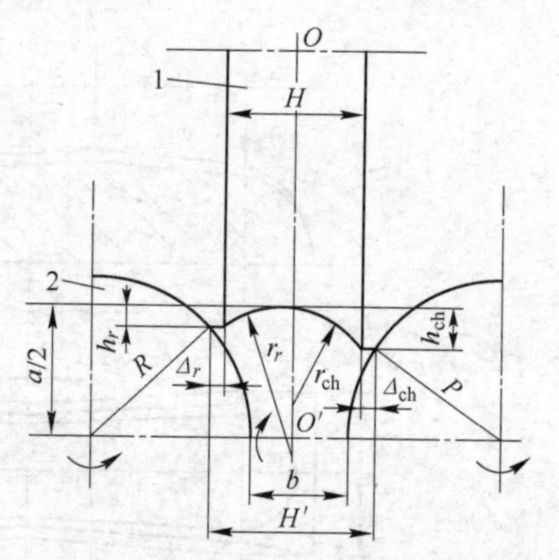

图6-46 导盘与轧辊的装配关系

1—导盘；2—轧辊

导盘也是两辊斜轧穿孔机的导向装置之一，由于它工作性能的优越性，在两辊斜轧穿孔机上的应用日益广泛，图6-46为导盘与轧辊的装配图，由几何关系求得：

$$H = D + b - \Delta_r - \Delta_{ch} - \sqrt{R^2 - \left(\frac{a}{2} - h_r\right)^2} - \sqrt{R^2 - \left(\frac{a}{2} - h_{ch}\right)^2} \quad (6-46)$$

由此可知，辊距越小，孔喉椭圆度越小，R 越大，盘体厚度越薄。所以一般应用最小辊距、最小孔喉椭圆度和最大辊径的条件设计导盘厚度，以利于操作调整。

为保证足够的变形区长度，导盘外径取轧辊压缩带直径的1.5～2.0倍，导盘的工作表面用双半径构成，r_r 取生产管坯最小直径的$\frac{7}{10}$，r_{ch}取生产管坯最小直径的$\frac{1}{2}$，采用半直径工作表面运转时振动较大。宝山钢管公司140连轧钢管机组的穿孔机导盘直径取孔喉辊径的1.6～1.7倍，孔喉椭圆度取1.09，Δ_r 取2～3mm，$\Delta_{ch} \geqslant \Delta_r$，$h_{ch} =$ 0.24mm，$h_r = 21$mm，导盘工作表面用双半径构成。

6.4.2 连轧管机工具设计

连续轧管机多由两辊或三辊斜轧穿孔机提供毛管，经连轧机加工后送往张力减径机轧成要求的成品管热尺寸。穿孔机延伸系数大致为1.8～2.8，连轧机延伸系数大致为2.5～6.4，就是说这种机组的主要变形是在连轧机上完成的，所以连轧毛管的质量更加直接地影响着成品管材的形状和尺寸精度，因此正确设计连轧机的工具很重要。连轧机孔型设计包括：合理选择孔型系统；确定各道次孔型的高宽比；正确分配各机架的延伸系数；给定各机架间的运动张力系数，正确调速。设计应以减壁量最大的薄壁管为准，保证在横截面和纵截面上都获得要求的尺寸精度。

浮动芯棒连续轧管机目前常用的孔型有带圆弧侧壁或切线侧壁的圆孔型、椭圆孔型等。椭圆孔型侧向非接触区大，易脱棒，但对圆芯棒轧制来说沿孔型宽向变形很不均匀，毛管横剖面上的壁厚不均匀现象严重。圆孔型侧面非接触区小，沿孔型宽向变形比较均匀，产品壁厚均匀性好，尺寸精度高，但不易脱棒。所以现代连轧机都采用不同孔型形状的组合系统，各取所长。如九机架连轧机组的头两架无需考虑松动问题，孔型宽高比就可取得比较小（1.20～1.25），提高延伸能力，但这里穿孔毛管尺寸常波动，开始两道的减径量大，毛管铁皮多孔槽且易磨损，所以孔型采用带有圆弧侧壁或切线侧壁的椭圆孔，因为其允许大减径量，铁皮易脱落，孔槽磨损比较均匀。中间机架是主要减壁区，提高变形沿宽度方向的均匀性很重要，所以多采用带圆弧侧壁的圆孔型。最初孔型椭圆度应较大（约1.25～1.30），以留有足够的宽展余地；以后椭圆度应较小（约1.24～1.25），因这里是毛管最后确定管壁阶段，需力求提高管壁的均匀性。最后两架机架用于定径成型和松开芯棒，孔型椭圆度均很小（约1.02～1.06），孔型可采用偏心值很小的椭圆孔，或采用开口角不大的有圆弧侧壁的圆孔。侧壁开口角一般前7架约在40°～45°，后2架为30°。

图6－47为九机架连续轧管机采用的孔型图，表6－10为此孔型系统表。穿孔毛管尺寸为140mm×15mm，连轧后钢管尺寸为108mm×3.5mm，芯棒直径为98mm。

表 6-10 九机架连续轧管机轧制 108mm×3.5mm 管材的孔型主要尺寸表

机架号	孔型尺寸		孔型宽高比 G	开口角度 /(°)	偏心值 e/mm	孔型侧壁圆弧半径 ρ/mm	孔槽边角圆弧半径 r/mm	辊缝 Δ/mm	孔型槽壁厚/mm	孔型槽底的减壁量	
	高 a/mm	宽 b/mm								绝对值/mm	相对值/%
1	119	143	1.20	30	6	—	20	8	10.5	4.5	30
2	113	138	1.40	28	6	—	20	5	7.5	7.5	50
3	110	140	1.27	42	—	332	22.5	5	6	4.5	42.8
4	108	136	1.26	43	—	228	27	5	5	2.5	33.3
5	106	136	1.28	43	—	290	20	5	4	2	33.3
6	105	130	1.24	42	—	288	20	5	3.5	1.5	30
7	105	130	1.24	42	—	288	20	5	3.5	0.5	12.5
8	109	119	1.09	—	5	—	20	5	3.5	—	—
9	109	119	1.09	—	5	—	20	5	3.5	—	—

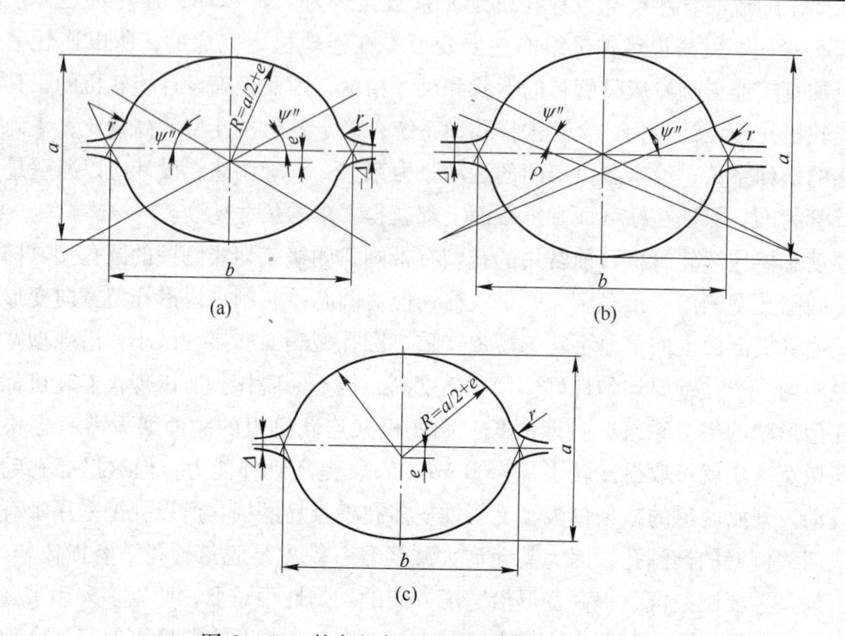

图 6-47 某九机架小型连续轧管机孔型图

(a) 第 1 和第 2 机架孔型；(b) 第 3~第 7 机架孔型；(c) 第 8 和第 9 机架孔型

试验研究证明，要防止轧制毛管出耳子，减少孔型横向壁厚不均，改善轧件表面质量，变形分配量应主要集中在前 3 架，从第 4 架开始变形量应迅速下降，第 6 架~第 8 架主要起定径作用，最后成型机架只是使管子松棒。所以前 3 架的总减壁量一般达到 70% 以上，以后各机架逐渐减小，最后 2 架基本没有减壁量。因为来料尺寸可能有波动，第 1 架减径量又较大，所以减壁量多取为第 2 架的 50%~70%。图 6-48

为八机架连续轧管机的变形分配的情况。

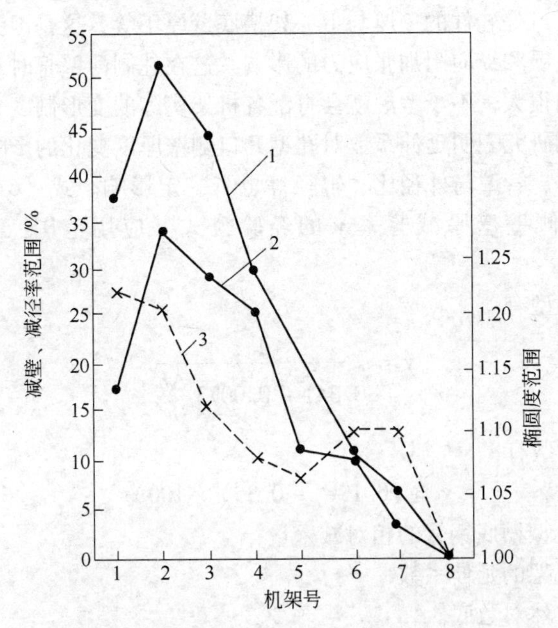

图6-48 八机架连续轧管机的减壁、减径率及椭圆度的分配情况
1—减壁率；2—减径率；3—椭圆度

如图6-48所示，连续轧管机上的延伸分配，原则上可按抛物线特征进行。孔型设计前可按经验先设定各机架的延伸系数或减壁率，也可按有关公式计算各道变形。式（6-47）是九机架连续轧管机第2~第7架减壁量的经验计算式：

$$\Delta h_x = \left[0.0417 + \frac{(7-x)^2}{40}\right]\sum \Delta h \qquad (6-47)$$

式中 Δh_x——第 x 架孔型顶部的减壁量；

$\sum \Delta h$——连轧管机的总减壁量，等于穿孔毛管壁厚 h_{ch} 与连轧管毛管壁厚 h_z 之差。

近似地认为孔型侧壁处的管壁与前一机架孔型顶部的厚度相等，则：

$$\sum \Delta h = \Delta h_1 + \Delta h_3 + \Delta h_5 + \Delta h_7 \qquad (6-48)$$

$$\sum \Delta h = \Delta h_2 + \Delta h_4 + \Delta h_6 \qquad (6-49)$$

各孔型槽底的壁厚分别为：

$$h_9 = h_8 = h_7 = h_6 = h_z$$

$$h_5 = h_7 + \Delta h_7 = h_z + \Delta h_7$$

$$h_4 = h_6 + \Delta h_6 = h_z + \Delta h_6$$

$$h_3 = h_5 + \Delta h_5 = h_z + \Delta h_7 + h_5$$

$$h_2 = h_4 + \Delta h_4 = h_z + \Delta h_6 + \Delta h_4$$

$$h_1 = h_z + \Delta h_7 + \Delta h_5 + \Delta h_3 \quad 或 \quad h_1 = h_{ch} - \Delta h_1$$

实际上孔型入口处轧件的壁厚与上一架槽底壁厚不等，这是因为变形过程中孔型开口处受到金属宽展和纵向附加张应力的影响。这在轧制薄壁管时对计算轧件横剖面面积的准确性影响很大，不予考虑就会打乱各机架实际的变形制度、轧制速度和机架间的作用力。试验研究表明延伸系数对孔型开口侧壁厚度变化的影响较大，对于孔型形状、断面收缩率、管壁与外径比、辊径等也有一定影响。式（6-50）和式（6-51）是计算开口侧壁壁厚减薄率 γ 的经验公式（应用范围：相对壁厚压缩率10%~40%）。

切线侧壁圆孔型有：

$$\gamma = \frac{1}{0.341 - 0.0073\dfrac{\Delta h}{h}} \tag{6-50}$$

圆弧侧壁圆孔型有：

$$\gamma = (0.12e^{\mu} - 0.35) \times 100\% \tag{6-51}$$

式中 $\Delta h/h$——孔型槽底钢管的相对减壁量；
μ——机架的延伸系数；
e——自然对数底。

求得各道槽底壁厚即可计算孔型高 a_x，芯棒直径 d_m 已选定，则：

$$a_x = d_m + 2h_x \tag{6-52}$$

最后一架孔型高度应保证毛管内表面与芯棒间存在一定间隙 Δ_z，则：

$$a_x = d_m + 2h_x + \Delta_z \tag{6-53}$$

孔型宽度 b_x 为：

$$b_x = G_x a_x \tag{6-54}$$

式中 G_x——各机架孔型的宽高比。

但第1架孔型宽度应考虑穿孔毛管能否顺利咬入，需满足式（6-55）的条件：

$$b_x = (1.025 \sim 1.030)d_{ch} \tag{6-55}$$

各道孔型的宽和高决定后应作孔型图。椭圆孔型偏心度 e、圆弧半径 R 的计算式如式（6-56）：

$$\begin{cases} e_x = \dfrac{a_x}{4}(G_x^2 - 1) \\ R_x = \dfrac{a_x}{4}(G_x^2 + 1) \end{cases} \tag{6-56}$$

按孔型充满形状计算各孔型的横截面积，校核各机架延伸系数，如算得各机架延伸系数与初始设定相近则通过，不然需对孔型进行适当修正。

孔型完成后，关键在于如何正确调整各机架的轧辊转速。首先在机架间要正确分布运动张力系数，使机架既能保证产品尺寸精度又能方便脱棒。我们知道张力作用会使孔型延伸增加、壁厚均匀，但会使轧件包裹芯棒较紧不易脱棒；推力作用会使孔型延伸降低，金属横向流动增加造成孔型开口侧壁厚度增大甚至过充满，但是会使轧件包裹芯棒较松易于抽出。所以浮动芯棒连轧机的前几架动态张力系数取 1.0% ~ 1.5%，保证产品尺寸精度，以后逐架减少直至最后几架将动态张力系数控制在 0 ~ 1.0%，形成一定的推力轧制以便脱棒。据此来调整各机架的轧辊转速 n_x，即：

$$n_x = n_{x-1}\mu_x \frac{D_{zx-1}}{D_{zx}(1 - C_x)} \tag{6-57}$$

$$D_{zx} = D + \Delta_x - \lambda_x a_x \tag{6-58}$$

式中 n_x，n_{x-1}——x 机架和上一机架轧辊转速；

μ_x——x 机架的延伸系数；

C_x——x 机架的动态张力系数；

D_{zx}，D_{zx-1}，D——分别为 x 机架和上一机架的轧制直径和各架的辊径；

Δ_x，a_x——x 机架的辊缝值和孔型高度；

λ_x——x 机架的孔型速度系数，如图 6-49 所示。

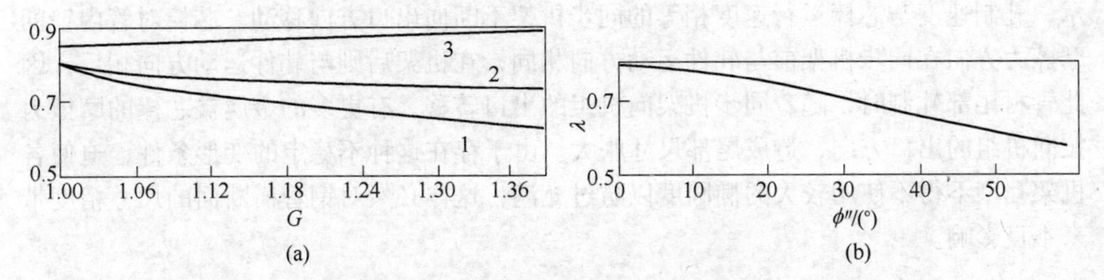

图 6-49 确定孔型速度系数的图示

（a）孔型速度系数与孔型椭圆度的关系曲线；（b）切线侧壁圆孔与开口角的关系曲线

1—椭圆孔型；2—圆弧侧壁孔型；3—三辊式轧机的椭圆孔型

浮动芯棒连轧机的芯棒工作长度 L_z，应为最大轧制毛管长度 l_{max} 减去轧制时毛管向前滑出棒端的距离 ΔL，即：

$$L_z = l_{max} - \Delta L$$

由于
$$l_{max} = l_{ch}\mu_z, \Delta L = l_{max}\left(1 - \frac{1}{\gamma}\right)$$

可得
$$L_z = l_{ch}\mu_z \frac{1}{\gamma} \tag{6-59}$$

式中 γ——毛管和芯棒平均速度的比值，约为 1.45 ~ 1.55；

l_{ch}——穿孔毛管长度；

μ_z——连续轧管机延伸系数。

芯棒尾部还应留出一定长度作为轧后脱棒操作之用，具体长度视脱棒机构造而定，一般为 1.0 ~ 1.5m。浮动芯棒连续轧管机轧制的毛管首尾，无论是直径、壁厚还是横截面都有竹节性鼓胀现象，如图 6-50 所示，这是影响浮动芯棒连轧机产品纵向尺寸精度的主要问题。

竹节性鼓胀段 B、D，产生在轧件逐渐充满连轧机组和最后逐渐离开连轧机组的

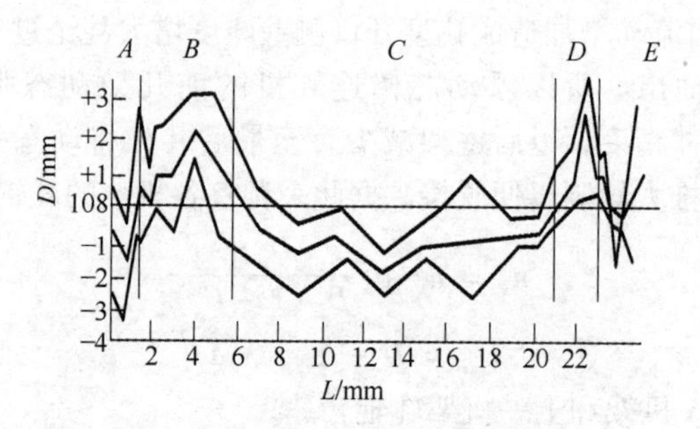

图6－50 连轧钢管长度上的直径变化特点

过程中，此时变形条件不稳定，尺寸波动较大。造成这种现象的原因有两种：

（1）芯棒运行速度的影响。如图6－51所示，在首尾的不稳定轧制过程中，芯棒在轧件作用下先后共变化 $2n-1$ 次运动状态（n 为机架数），相对接触金属变化 $2n-2$ 次，只有 C 段是稳定轧制阶段。由于芯棒速度不断提高，因此如图6－52所示，轧制速度与芯棒运行速度相等的同步机架不断向出口方向移动。芯棒对管内壁的摩擦力方向在同步机架前与轧件运动方向相同，在机架后则与轧件运动方向相反，因此管材尾部轧制时，随着同步机架向机组的出口转移，有更多的金属被芯棒的摩擦力拉向机组的出口方向，造成尾部尺寸胀大。由于存在这种不稳定的变形条件，迫使各机架孔型不得不使用较大的椭圆度以防过充满，这样必然对钢管横断面的尺寸精度带来不良影响。

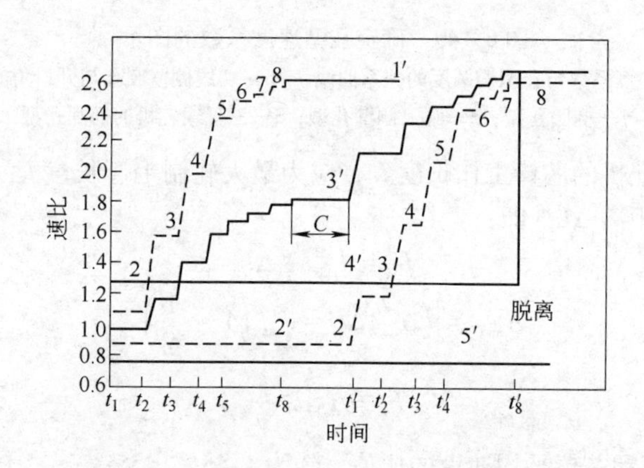

图6－51 连轧管时芯棒的运行速度变化图

1′—毛管前端运行速度；2′—毛管尾端运行速度；

3′—浮动芯棒运行速度；4′，5′—高速和低速限动芯棒的速度

（2）电机特性。在轧件头部依次进入连轧机各机架和尾部依次离开各机架的过程中，电动机都是处于过渡状态，运转不稳定。当轧件咬入轧辊时产生冲击负荷，在其作用下电机由空载转速迅速下降，变形充满后再逐渐回升到此载荷下的转速值。因此在建立连轧过程中，每当轧件进入某一机架的瞬间，该架电机是以空载转速运行，

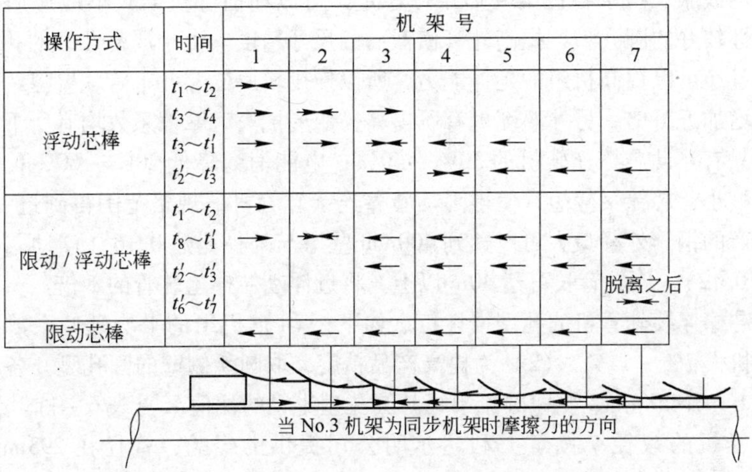

操作方式	时间	机架号						
		1	2	3	4	5	6	7
浮动芯棒	$t_1 \sim t_2$	→←						
	$t_3 \sim t_4$	→	→←	→				
	$t_3 \sim t_1'$	→	→	→←	←	←	←	←
	$t_2' \sim t_3'$			→	→←	←	←	←
限动/浮动芯棒	$t_1 \sim t_2$	→						
	$t_8 \sim t_1'$	→	→←	←	←	←	←	←
	$t_2' \sim t_3'$			←	←	←	←	←
	$t_6' \sim t_7'$							脱离之后 →←
限动芯棒		←	←	←	←	←	←	←

当No.3机架为同步机架时摩擦力的方向

图6-52 同步机架和芯棒摩擦力对轧管内表面的作用方向

而轧件头部受到一瞬时张力，于是出现外径、壁厚偏低的A段。金属充满变形区的过程中，承载机架转速迅速下降，而上一机架转速已完全回升，于是在这两机架间张力迅速下降，推力上升，出现了外径、壁厚偏高的B段。尾部轧制时，随着轧件尾端依次离开各轧机，相应地，机架间的张力不断减小或推力不断增加，最后两三架则完全在推力作用下轧制，所以尾部又出现了尺寸偏大的D段。最后E段尺寸较小的原因是尾部在最后两架轧制时机架间无力的作用，尺寸因此下降，并且比较接近轧机的实际调整值。

为了改善浮动芯棒连轧管沿纵向壁厚的均匀性，目前主要从以下5个方面着手：

（1）改善传动电动机的速度调节性能，使动态速度降低和恢复的时间尽量减小。

（2）采用自动控制系统按工艺要求及时改变轧机压下量。当首尾通过倒数第2、3机架时，立刻加大压下量，控制壁厚增量，稳定轧制时再恢复到正常压下位置；而首尾轧制时增加的壁厚压下量，除应考虑轧管机组本身的壁厚增量外，还要考虑到张力减径的首尾壁厚增量。

（3）按工艺要求采用自动控制系统控制轧辊转速。如端部壁厚控制装置，就是在轧制钢管首尾时，将第1架降速10%，第2架降速5%，第3架以后各机架转速不变，从而增加前3个机架间的张力，控制钢管首尾壁厚增值。

（4）创造良好的工艺变形条件，如提高芯棒表面的光洁度，加强芯棒润滑减小摩擦系数；而降低芯棒摩擦力方向变化时，对各机架变形稳定性有影响。

（5）采用限动芯棒。

1978年在意大利和法国建成投产的限动芯棒连续轧管机，是连轧管机在改进工艺、提高产品尺寸精度上的一次突破。与浮动芯棒连轧机相比，这种轧制的主要特点是轧制过程中芯棒以规定的速度运行，如图6-51所示，这就避免了浮动芯棒在首尾轧制过程中不断加速和同步机架逐渐向机组出口方向转移的影响，从而较好地改善了首尾尺寸的鼓胀。由于各机架变形条件稳定，可以在前部机架较早地使用椭圆度较小、严密性较好的圆孔型，提高轧管横截面的尺寸精度。由于严密性好的孔型延伸能力强，而且还可以提高机组的延伸能力，所以使用较厚的穿孔毛管，壁厚约比浮动芯棒连轧机增加近1倍；另外温度也有所提高，变形抗力、摩擦系数均有所下降，因此轧制压力只有浮动芯棒连轧机的30%～50%；电能消耗降低20%～60%；同时辊径可以相对缩小，芯棒又较短，使得限动芯棒连续轧管机的规格范围得到进一步扩大。目前可生产的钢管外径最大可以达到400mm壁厚与外径比达0.16（浮动芯棒连轧机比值只有0.12），连轧管长可达40m以上，将近浮动芯棒连轧管的1倍。

限动芯棒连续轧管机的孔型设计特点如下：（1）机组的平均延伸系数约比浮动芯棒连轧机大7%～11%。（2）为提高产品精度，取圆弧侧壁的圆孔型。各机架孔型的宽高比G、开口角φ、侧壁圆弧半径与圆孔型半径的比值K见表6－11。（3）二辊式脱管定径机的减径率按意大利达尔明公司提供的经验，管径在293mm以上取3.5%，管径在191mm以下取4.6%。（4）芯棒长度取决于操作需要和轧制时芯棒的移送距离。限动芯棒轧制的操作程序如下：首先将芯棒穿过位于轧管机前的穿孔毛管，一直送到成品前一机架附近，然后送钢轧制，芯棒按规定速度同时向前运行。因此芯棒的工作长度应为：

$$L_z = l_{chmax} + (n-1)A + m \tag{6-60}$$

式中 l_{chmax}——穿孔机最大毛管长度；

A，n——机架间距和机架数；

m——轧制时芯棒的移动距离，即：

$$m = v_m\left(\frac{l_z}{v_n} + \sum_{x=1}^{n-1}\frac{A_x}{v_x}\right) \tag{6-61}$$

式中 v_x，v_n——任一机架和成品机架的轧制速度；

l_z——轧管机的毛管长度；

v_m——规定的芯棒速度。

表6－11 限动芯棒连轧管机的孔型参数表

机架号	1～2	3	4～8
φ/（°）	30	25	25
G	1.15	1.07	1.03
K	∞	3	1.5

规定芯棒速度的基本出发点是控制其表面温升，提高耐磨性。芯棒升温的热源主要有轧件对芯棒的传导热、变形热和变形时芯棒与轧件接触面间的摩擦热。最近的研究证明，控制限动芯棒的温升也和浮动芯棒轧管一样主要在于限制芯棒和毛管接触面之间的速度差，根据法国瓦卢雷克公司的经验，此差值的最大极限一般控制在4.5m/s。如果机组的延伸大，机架数多，则芯棒的限动速度也应提高，以保证芯棒和毛管接触

面之间的速度差不超过最大极限值，实际芯棒的速度约和第1机架的入口速度相等，或高出入口速度10%左右。高速限动芯棒的温度实际比原来低速时的温度低，这是因为高速时芯棒在最大热负荷作用下的时间缩短了。为延长芯棒的使用寿命，限动芯棒开始送入机架的原始位置，每次应变动一定距离，调节范围约0.5m左右。

6.4.3 张减机工具设计

减径机可分为：(1) 一般微张力减径机，作用就是减缩管径，生产机组不能轧制或加工很不经济的规格。(2) 张力减径机，作用是减径又减壁，使机组产品规格进一步扩大，并可适当加大来料的重量，提高减径率以轧制更长的成品，单此一项，据统计即可提高机组产量约15%～20%，所以近20～30年来张力减径机得到迅速发展。减径机按主机架轧辊数分三辊式和二辊式两种，其中三辊式应用较广，这是因为三辊轧制的变形分布较均匀，管材横剖面壁深均匀好，在同样的名义辊径下，三辊机架间距可缩小12%～14%；二辊主要用于壁厚大于10～12mm的厚壁管。从传动形式看有集体传动、单独传动和差动传动等，后两种传动形式如图6－53所示。其中以差动传动采用最广，因其便于调控速度，所以能满足现代轧机对产品规格范围和精度的要求。单独传动也能满足这一点，只是投资昂贵，但在高速轧制条件下（轧制速度大于10～12m/s）比较安全可靠。集体传动已不再使用。

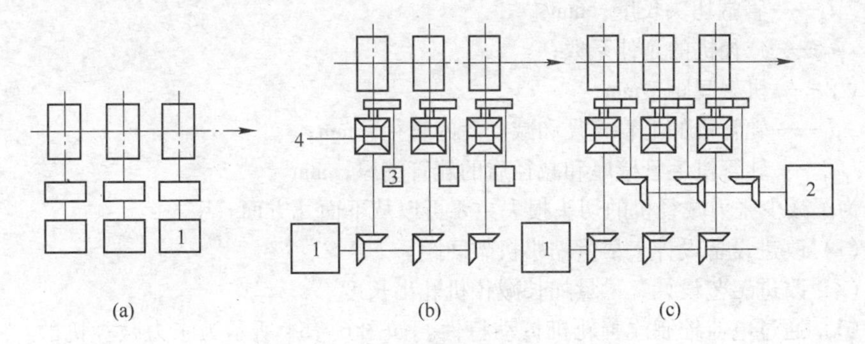

图6－53 常见的减径机传动形式

(a) 主轧机单独传动；(b) 主电机集体传动、差动调速的辅助电机单独传动；(c) 主、辅电机均集体传动
1—轧机主传动电机；2—集体传动的差动调速辅助电机；3—单独传动的差动调速辅助电机；4—差动齿轮

6.4.3.1 减径机的一般工艺特点

普通微张力减径机因减径过程中管壁增厚和横截面上的壁厚不均现象严重，所以主要生产中等壁厚的管材，或以5～11架轧机作定径使用。

现代张力减径机因为张力大所以不仅可以减径，同时可以减壁，而且横截面上壁厚分布比较均匀，延伸系数达到6～8，但它有个突出的缺点，就是首尾管壁相对中部偏厚，增加了切头损失。所以如何降低减径管首尾壁厚偏高的程度和偏厚段的长度，成为主要研究的课题之一。

研究证明，张减管首尾端偏厚的主要原因是轧件首尾轧制时都是处于过程的不稳定阶段。首先，轧件两端总有相当于机架间距的一段长度，一直都是在无张力状态下减径；其次，前端在进入机组的前3~5机架之后，轧机间的张力才逐渐由零增加到稳定轧制的最大值，而尾部在离开最后3~5机架时，轧机间的张力又从稳定轧制的最大值降到零。这样轧件相应的前端壁厚就由最厚逐渐降到稳定轧制时的最薄值，尾端又由稳定轧制的最薄值逐渐增厚到无张力减径时的最大厚度。因此首尾厚壁段的切损率，主要取决于以下因素：(1) 机架间距。机架间距越小，厚壁端越短。(2) 轧机的传动特性。传动速度的刚性越好，恢复转速的时间越短，首尾管壁的偏厚值越小，偏厚段的长度越短。(3) 延伸系数和减径率越大，首尾管壁的偏厚值越大，偏厚段的长度越长。(4) 机架间的张力越大，首尾相对中间的壁厚差也越大，切损越高；但从另一方面看，加大张力可以加工较厚的毛管，提高机组生产率。所以在实际生产中应当摸索合理的张力制度，以求得最佳经济效果，实践证明，进入减径机的来料长度应在18~20m以下，在经济上才是合理的，因此张力减径机多用于连续轧管机、皮尔格轧机和连续焊管机组之后。

目前试图用分析公式计算管端偏厚段的长度尚有一定困难，实际生产中多以经验公式估算。式(6-62)适用总延伸系数为1.5~7.0的情况：

$$l_g = 2\mu_j A \frac{d_z - d_j}{d_z}\left(1 - \frac{h_z - h_j}{h_j}\right) + 150 \tag{6-62}$$

式中 l_g——管端切头长度，mm；

μ_j——减径机的延伸系数；

A——机架间距，mm；

d_z，d_j——轧管机的毛管直径和减径后的直径，mm；

h_z，h_j——轧管机毛管壁厚和减径后的轧管壁厚，mm。

为了减少张力减径机的切头损失主要可以从下面几方面着手：

(1) 改进设备设计，尽量缩小机架间距。

(2) 改进工艺设计，尽量加长减径机轧出长度。

(3) 通过电器控制改善轧机传动特性。如图6-54所示为张力减径机的一种调速方案，稳定轧制时各机架转速根据张力要求按a线分布；前端轧制时使轧辊转速按b线分布，令各机架转速的增值总是依次略高于上一机架；尾端轧制时使轧辊转速按c线分布，令各机架转速的降低值总是依次小于上一机架。调速的目的是使轧件首尾通过减径机组所受的张力变形效应基本上与稳定轧制时相近，减少管端增厚的程度和增厚段长度，减少切损。

(4) 提供两端壁厚较薄的轧管料。

(5)“无头轧制”。这种轧制方法如能实现，将使偏厚端头的切损降到最低限度。但在实际生产应用中还存在一定问题，目前发展势头不大。现代张力减径机轧后成品长度一般在120~180m，进入冷床前由飞锯或飞剪切成定尺。

6.4.3.2 减径机的变形制度和孔型设计

减径机组的总减径率和单机径缩率是减径变形过程的重要参数。不适当地加大单

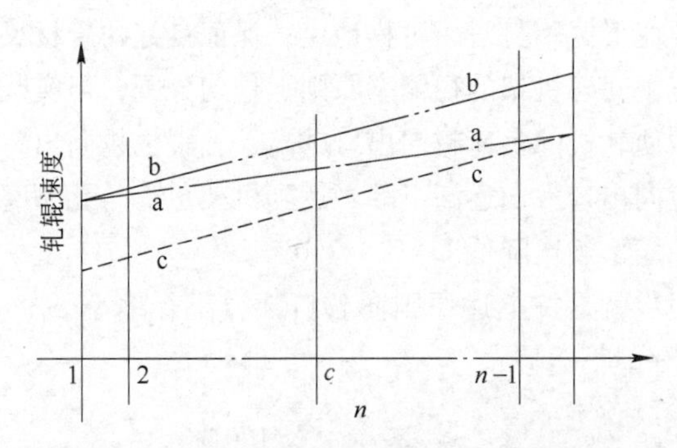

图 6-54 张力减径机的转速调节方案之一

a—正常轧制；b—轧件前端轧制；c—轧件尾端轧制

机径缩率，或单机径缩率不变增加机架数以提高总减径率都会使成品管横剖面的壁厚均匀性恶化并且加大首尾壁厚段的增厚程度，严重时甚至在二辊轧机上出现“外圆内方”，在三辊轧机上出现“外圆内六角”。因此减径管的形状和尺寸精度限制了减径机的减径率和延伸值。目前微张力减径机的最大总减径率限制在 40% ~45%；厚壁管限制在 25% ~30%；张力减径机有较大的提高，总减径率限制在 75% ~80%，减壁率在 35% ~40%，延伸系数达到 6 ~8。现代张力减径机机架数虽由 24 架增加到 30 架，但主要是用于增加张力提升阶段和张力降低阶段的机架数，以保证轧制过程的稳定性并改善产品壁厚的均匀性。总的来说，无论是提高单机径缩率还是总的机组径缩率都将使减径管的壁厚均匀性恶化，因此确定这些变形参数时，应认真考虑到产品的尺寸精度要求。目前微张力减径机的单机径缩率为 3% ~5%，考虑到成品管尺寸精度常限制在 3.0% ~3.5%；张力减径机单机径缩率可高达 10% ~12%，为控制管壁均匀性一般多限制在 6% ~9%，管径较大时取下限。对于薄壁管单机的最大径缩率还应考虑到变形过程中轧件横截面在孔型中的稳定性，不然就会在孔型开口处出现凹陷和轧折。管件横截面在孔型内的稳定性主要随相对壁厚 h/d、机架内辊数、平均张力系数 Z（轧机前后张力平均值）而改变。生产中可根据有关的实测曲线确定不同变形条件下的最大允许单机减径率。

减径机的孔型设计按以下步骤进行：首先向各机架分配径缩率；然后计算各机架孔型的平均直径；再按各道平均直径具体设计各道孔型的形状和尺寸。

微张力减径机的管件径缩率一般在第一架机架时皆取机组平均径缩率的一半，保证顺利咬入并防止因来料沿纵向直径波动，导致局部径缩量过大造成轧折。成品前架也取平均径缩率的一半，成品机架不给压下，这主要为获得要求的尺寸精度。张力减径机除上述问题外，还应考虑提升和降低张力轧制过程的稳定性，以及控制管材首尾壁厚的增值。所以张力减径机在开始时第一架机架的径缩率也取得很小，然后通过 1 ~2 架轧机逐步增加径缩率，直到正常值，机架间的张力也相应提升到正常的张力系数，保证顺利地咬入和建立起张力轧制过程。最后 3 ~4 架的径缩率也是逐渐减小，直至成品机架的径缩率为零，相应机架间的张力也由正常值逐渐降到零。其目的是：

保证张力降低过程中变形区不打滑，过程稳定；保证良好的管材尺寸精度；减少孔型磨损延长使用寿命。中间各机架的径缩率原则上均匀分配，但实践表明，由于轧件温度越来越低，这样做使轧机的负荷越向出口越高，轧辊也越向出口磨损越严重。所以合理的减径率分配应向出口方向逐渐下降，达到机架负荷与孔型磨损均匀化，一般都使相邻机架间单机径缩率逐次降低1.5%～2.0%。

孔型设计的第一步就是按上述原则向各机架分配径缩率ε_x，设任意机架的径缩率按定义为：

$$\varepsilon_x = \frac{d_{x-1} - d_x}{d_{x-1}} \times 100\% \tag{6-63}$$

所以有：

$$d_x = d_{x-1}(1 - \varepsilon_x) \tag{6-64}$$

式中 d_x，d_{x-1}——第x架和上一机架轧机的孔型平均直径。

如果来料和成品管尺寸以及各机架的径缩率均已知，所以按上式可求得各自的平均直径。各机架的径缩率应满足式（6-65）：

$$(1 - \varepsilon_1)(1 - \varepsilon_2)\cdots(1 - \varepsilon_x)\cdots(1 - \varepsilon_n) = \frac{d_j}{d_z} \tag{6-65}$$

式中 d_j，d_z——依次为减径后和减径前管径。

按式求得各架孔型的平均直径后，便可计算各孔型的具体尺寸，如图6-55所示。计算孔型的关键是正确拟定孔型的椭圆度G，求出孔型的轴长a、b。Г. И. 古里雅夫推荐按式（6-66）计算孔型椭圆度：

$$G = \frac{1}{(1 - \varepsilon)^q} \tag{6-66}$$

q是表示孔型内可能的宽展程度，$q=1$表示无宽展，$q<1$表示负宽展，$q>1$表示有宽展。二辊式无张力减径机q取1.55，对于不锈钢取2.0～2.5。三辊式张力减径机q取0.75～1.25；对于粘辊比较厉害的钢种q取1.8～2.0。

二辊轧机孔型的平均直径d为：

$$d = (a + b)/2 \tag{6-67}$$

按孔型椭圆度定义求得：

$$a = \frac{2d}{1 + G} \tag{6-68}$$

$$b = \frac{2dG}{1 + G} \tag{6-69}$$

三辊轧机采用式（6-70）和式（6-71）修正：

$$d = \frac{1}{2\eta}(a + b) \tag{6-70}$$

$$\eta = 0.85 + 0.15G \tag{6-71}$$

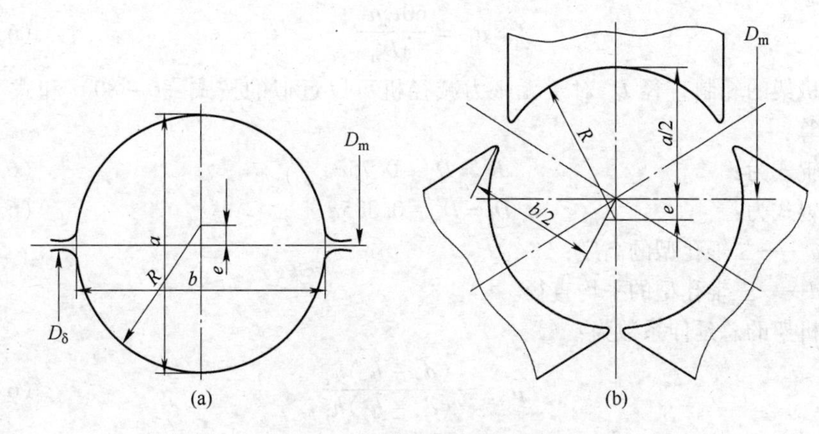

图 6-55 减径机孔型图

（a）二辊式孔型；（b）三辊式孔型

按孔型椭圆度定义求得：

$$a = \frac{2d}{(1+G)\eta} \tag{6-72}$$

$$b = \frac{2dG}{(1+G)\eta} \tag{6-73}$$

求得各孔型的轴长后，由图 6-55（a）求得二辊椭圆孔的主要尺寸，即：

$$e = \frac{a}{4}(G^2 - 1) \tag{6-74}$$

$$R = \frac{a}{4}(G^2 + 1) \tag{6-75}$$

由图 6-55（b）求得三辊椭圆孔的主要尺寸，即：

$$e = \frac{a(G^2 - 1)}{2(2 - G)} \tag{6-76}$$

$$R = \frac{a(G^2 - G + 1)}{2(2 - G)} \tag{6-77}$$

设计孔型时应以减径量最大，生产时使用全部机架的产品为准。这样在生产其他规格产品时，只需抽去中间不用的机架，安上成品机架和 1~2 台成品前机架即可。

6.4.3.3 减径机架的辊速调整

确定各机架轧辊转速的基本原则，就是保证各架的金属秒流量相等，按此原则求得各架的辊速系数 K_x，即：

$$K_x = \frac{n_x}{n_1} = \frac{D_{z1}\mu_{\Sigma x}}{D_{zx}\mu_1} \tag{6-78}$$

式中 $\mu_{\Sigma x}$，μ_1——第 x 机架和第 1 机架相对于来料的总延伸系数。

第 1 机架的轧辊转速 n_1 按工艺流程的安排确定，一般来料速度 v_0 约为 2.0~3.5m/s，则：

$$n_1 = \frac{60v_0\mu_1}{\pi D_{z1}} \tag{6-79}$$

各机架的轧制直径 D_{zx} 对于无张力减径机可以近似的按式（6－80）和式（6－81）计算：

二辊式为：

$$D_z = D_m - 0.75a \tag{6-80}$$

三辊式为：

$$D_z = D_m - 0.885d \tag{6-81}$$

式中 a——二辊孔型的高度；

d——三辊孔型的平均直径。

各机架的总延伸系数为：

$$\mu_{\Sigma x} = \frac{(d_z - h_z)h_z}{(d_x - h_x)h_x} \tag{6-82}$$

各架的壁厚 h_x 在无张力减径条件下，对于成品管壁厚小于15mm的碳钢和合金钢管，壁厚总变化为：

$$\Delta h = 0.0044(d_z - d_j) \tag{6-83}$$

对于成品管壁厚大于15mm的钢管，壁厚总变化为：

$$\Delta h = \frac{d_z - d_j}{14.9} \tag{6-84}$$

各机架的壁厚变化按外径减缩率成正比关系分配，所以各架的壁厚 h_x 为：

$$h_x = h_{x-1} + \Delta h \frac{d_{x-1} - d_x}{d_z - d_j} \tag{6-85}$$

代入式（6－82）即可求得任意机架的总延伸系数 $\mu_{\Sigma x}$。这样即可根据式（6－78）求得各机架的辊速系数 K_x，按式（6－79）求得第一机架的转速 n_1 后，即可求得各机架的转速 n_x。然后根据轧机的实际传动形式和传动比 i_x，计算电动机的转速 N_x。对于单独传动的减径机组，各电机的转速应为：

$$N_x = n_x i_x \tag{6-86}$$

生产中由于电机特性的差异，工具磨损等工艺因素的不均匀性，绝对无张力轧制是不存在的，设计时一般皆按微张力考虑，将机架间的动态张力系数控制在0.3%～0.5%，这样可防止出现堆钢轧制，也便于调整控制。

张力减径机的调速计算原则与微张力相同，只是它的传动形式有的较为复杂，确定电动机转速计算比较繁琐罢了，计算轧制直径、延伸系数时应根据张力轧制条件下的变形特点考虑。现介绍一种经验计算法于下。

按图6－56所示，轧制直径 D_z 可用式（6－87）表示，即：

$$D_z = D_m - a\cos\theta_z \tag{6-87}$$

其中，θ_z，θ_{z0} 依次为张力减径时孔型外廓线上相当于轧制直径的点所对应的中心角和无张力时轧制直径的点所对应的中心角；$\Delta\theta_z$ 为在外力作用下轧制直径中心角的变量，令 $\Delta\theta_z$ 向孔型开口方向转动为正，向槽底方向转动为负，如图6－56所示。

无张力减径时的轧制直径中心角 θ_{z0} 建议用式（6－88）计算：

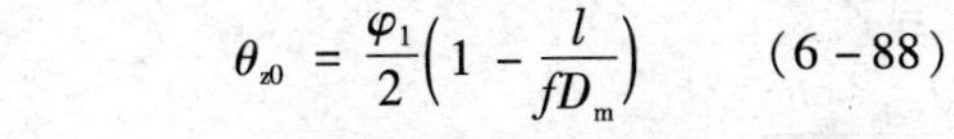

$$\theta_{z0} = \frac{\varphi_1}{2}\left(1 - \frac{l}{fD_m}\right) \qquad (6-88)$$

式中 φ_1——孔型对管件的包角，三辊轧机 $\varphi_1 = \frac{\pi}{3}$，二辊轧机 $\varphi_1 = \frac{\pi}{2}$；

l——孔型槽底的变形区接触长度；

f——金属轧辊接触表面间的摩擦系数。

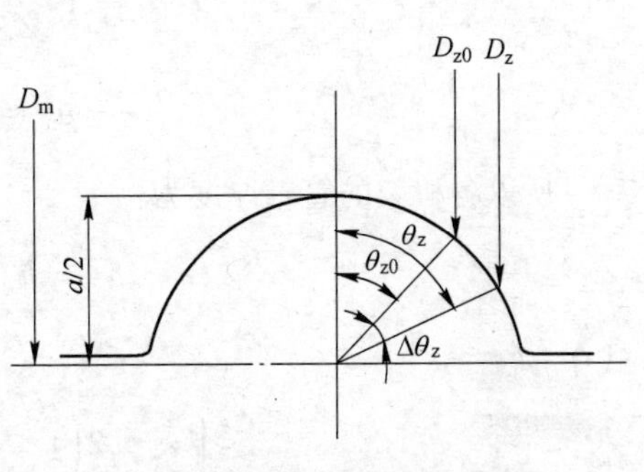

图 6-56 确定轧制直径示意图

张力作用下产生的中心角变量按式（6-89）计算：

$$\Delta\theta_{zx} = \frac{\pi}{2n}\frac{d_{pix}\sin\varphi_1}{2f\eta_x l_x \sin\frac{\pi}{n}}(Z_{qix} - Z_{hox}\mu_x)\varphi_1 \qquad (6-89)$$

式中 n——机架的辊数；

d_{pix}——进入该孔型的毛管平均直径；

μ_x——该机架的延伸系数；

η_x——考虑非接触区的影响系数，$\eta_x = 1 + \gamma\frac{d_{pix-1}}{l_x}\sqrt{\frac{h_{x-1}}{d_{pix-1}}}$，其中 γ 为系数，对于减径机 $\gamma = 0.5 \sim 0.6$；

Z_{qix}，Z_{hox}——前、后张力系数，$Z_{qix} = \frac{\sigma_{qix}}{K_f}$,$Z_{hox} = \frac{\sigma_{hox}}{K_f}$，其中，$\sigma_{qix}$，$\sigma_{hox}$ 为前、后张应力；

K_f——平面变形抗力，$K_f = 1.155\sigma_s$。

张力减径受到两方面的限制，一是轧制直径中心角变量 $\Delta\theta_z$ 只能变动在 $\Delta\theta_{z0} < \Delta\theta_z < \varphi_1 - \theta_{z0}$ 的范围内；二是前、后张力系数不得大于允许的塑性张力系数（轴向张应力与 K_f 的比值）。F. 诺曼、D. 汉克建议在 800 ~ 1000℃ 时塑性张力系数可取为 0.75 ~ 0.85，塑性张力系数过大或温度过高则可能出现断裂。因此使用式（6-89）可以有两条途径：一是选定各机架的轧制直径中心角变量 $\Delta\theta_z$，验算前、后张力系数和计算管材壁厚；二是根据允许的塑性张力系数先选定各机架的张力系数，再验算轧制直径中心角变量和管壁厚度。

如按第 1 条途径，首先选定各机架的轧制直径中心角变量 $\Delta\theta_x$，其次从第 1 机架开始，依次向后计算各架的张力系数和壁厚。适当调换式（6-89）可得式（6-90）：

$$Z_{qix} = \frac{2f\eta_x l_x \Delta\theta_{zx}}{d_{pix}\frac{\pi\sin\varphi_1}{2n\sin\frac{\pi}{n}}} + Z_{hox}\mu_x \qquad (6-90)$$

式中有关参数计算如下：

$$Z_{\text{hox}} = Z_{\text{qix}-1}$$

$$\mu_x \approx \frac{d_{x-1} - h_{x-1}}{d_x - h_{x-1}}$$

所以各机架的管壁厚度为：

$$h_x = h_{x-1}\left(1 + \beta_x \frac{\Delta d_x}{d_{x-1}}\right) \tag{6-91}$$

式中

$$\begin{cases} \beta_x = \dfrac{2\left(1 - \eta_x \dfrac{h_{x-1}}{d_x}\right)\left(1 - \dfrac{Z_x}{2}\right) - 1}{\left(1 - \eta_x \dfrac{h_{x-1}}{d_x}\right)\left(1 - \dfrac{Z_x}{2}\right) + 1} \\ Z_x = \dfrac{Z_{\text{qix}} + Z_{\text{hox}}}{2} \end{cases}$$

如果计算的张力系数超过了允许的塑性张力系数值，则应在允许波动范围内重选 $\Delta\theta_{zx}$，重新校验张力系数。如最后壁厚不符合成品管要求，则需调整各架的 $\Delta\theta_x$，再重新计算。

实际机架间的张力在开始两三架由零逐渐升到最大位，在最后三四架由最大值降到零。在此过渡阶段一定要注意增长和下降的速率不要过急，以免轧制直径中心角变量 $|\Delta\theta_{zx}| > \theta_{z0}$ 或 $|\Delta\theta_{zx}| > \varphi_1 - \theta_{z0}$，出现变形区轧件打滑的现象。所以为保证轧制过程的稳定性一般取：

$$|\Delta\theta_z| \leqslant 0.9\Delta\theta_{z0} \tag{6-92}$$

如按第 2 条途径，首先选定各机架的张力系数，一般第一架和最后一架的张力系数约为 0.2，第二架和成品前两架约为 0.4，其他各机架取在机组的平均塑性张力系数之上。按选定的张力系数计算各机架的轧制直径中心角变量 $\Delta\theta_z$，若 $|\Delta\theta_z| > 0.9\theta_{z0}$，则应重新选定该机架的张力系数，验算新的 $\Delta\theta_z$。各机架张力系数初步确定后还需按式（6-90）计算各架的管壁尺寸，如与成品管要求不合，则需重新调整各机架间的张力系数后重新计算。

定径机的孔型设计，轧辊转速的调整原则与减径机完全相同，只是单机径缩率较小，约为1%~3%。

6.4.4 连轧钢管生产工艺控制技术

连轧钢管生产工艺过程：热轧无缝钢管的基本工艺过程为轧前准备、管坯加热、轧制、精整。其中轧制部分包括穿孔、轧管、热精整三个主要变形过程。生产工艺流程取决于产品和机组形式。

热轧无缝钢管生产根据穿孔和轧管方法以及制管的材质不同，可选用圆形、方形或多边形断面的轧坯、锻坯、钢锭或连铸坯为原料，有时还采用离心铸造或旋转连铸的空心管坯。轧前准备包括管坯的检查、清理、切断、定心等工序。

管坯加热的目的和要求与一般热轧钢材基本相同。常用加热设备有环形炉、步进炉、斜底炉、感应炉和快速加热炉等。根据需要可在生产线上设置再加热炉，以便继续轧制变形、确保终轧温度、控制成品管的组织性能等。

热轧主要包括穿孔、轧管、定径或减径工序。穿孔工序的任务是将实心管坯穿制成空心的毛管。轧管工序（包括延伸工序）的主要任务是将空心毛管减壁、延伸，使壁厚接近或等于成品管壁厚。均整、定径或减径工序统称为热精整，是热轧钢管生产中的精轧、起着控制成品几何形状和尺寸精度的作用，完整的热轧钢管轧制工艺中必须包含粗、中、精轧三部分，才能获得交货状态的热轧成品管。一个机组中设置哪些精轧工序，视机组的类型和产品规格而定，通常 ϕ50mm 以下的热轧成品管须采用减径工序进行生产。

钢管精整包括锯断、冷却、热处理、矫直、切管、钢管机加工、检验和包装等工序，其目的是保证管材符合技术标准。钢管机加工通常是指管端加厚、端头车丝和制作管接头等机械加工和处理。

6.4.4.1 坯料准备与加热工艺特点

各机组的轧前准备和加热环节基本相同，只是定心工序随管坯种类和穿孔操作的需要而有所变化：挤压机组为适应穿孔工序进行扩孔的需要，将管坯（圆坯或圆锭）剥皮清理后进行中心钻孔。在采用方坯压力穿孔的机组中，管坯需定型，以加大圆角、使对角线等长并获得需要的锥度。一些采用分段快速加热炉加热管坯的机组，在加热炉后设置热剪或热锯工序。

6.4.4.2 钢管轧制工艺特点

当热轧机组产品规格、管坯种类以及使用的穿孔和轧管方法不同时，穿孔和轧管工序所能完成的轧制变形量（表6－12）以及操作方式都发生变化，轧制工艺过程也可能发生如下变化：

（1）增设延伸工序。下述情况，须在穿孔和轧管工序间增设延伸工序：1）生产大口径管时，从管坯至成品间的总变形较大，所以大中型自动轧管机组须增设一架延伸机；2）当压力穿孔的延伸系数 $\mu_{ck} < 1.3$ 时，其后也应设置延伸工序（挤压机组例外）。

（2）增设毛管再加热工序。采用压力穿孔和增设延伸工序后，操作持续时间延长，为保证合理的轧制温度，应设置毛管再加热炉。

（3）增设芯棒循环使用系统。采用长芯棒轧管的机组，如连续轧管机、三辊轧管机、狄舍尔轧管机和顶管机等机组，在轧管工序上应增设“插芯棒→轧管→抽芯棒→芯棒冷却→芯棒润滑”的芯棒循环使用系统。

（4）增设均整工序。自动轧管机组在轧管机后必须设置均整工序，以均整荒管壁厚。其他轧管机组的轧管机在轧管过程中均兼有均整管壁作用，故无需设置均整工序。

（5）定径、减径和扩径工序的设置。除挤压机组因挤压过程中兼有定径作用，无需设置定径工序外，其他均应设置定减径工序。生产小口径钢管采用减径或张力减径工序；生产大口径钢管采用定径工序。扩径工序一般单独设置。在减径或张力减径工序前一般均应设置再加热炉，定径前是否进行钢管再加热，视钢管的温降而定。

表 6 - 12 各种穿孔机、延伸机和轧管机的延伸系数范围

<table>
<tr><th rowspan="2">机 组</th><th rowspan="2">原料</th><th colspan="3">轧机型式</th><th colspan="3">延伸系数范围</th><th rowspan="2">备 注</th></tr>
<tr><th>穿孔机</th><th>延伸机</th><th>轧管机</th><th>穿孔机</th><th>延伸机</th><th>轧管机</th></tr>
<tr><td rowspan="2">自动轧管机组</td><td>圆坯</td><td>曼内斯曼穿孔机或菌式穿孔机</td><td>—</td><td>自动轧管机</td><td>1.3 ~ 4.5</td><td>—</td><td>1.5 ~ 2.1</td><td>140 以下的小型机组</td></tr>
<tr><td>圆坯</td><td>曼内斯曼穿孔机</td><td>二辊斜轧延伸机</td><td>自动轧管机</td><td>1.5 ~ 2.0</td><td>1.25 ~ 2.7</td><td>1.5 ~ 2.1</td><td>250、400 机组</td></tr>
<tr><td rowspan="4">连轧管机组</td><td>圆坯</td><td>曼内斯曼穿孔机</td><td>—</td><td>MM</td><td>1.8 ~ 3.0</td><td>—</td><td>3 ~ 5</td><td>—</td></tr>
<tr><td>圆坯</td><td>狄舍尔穿孔机</td><td>—</td><td>MM</td><td>1.8 ~ 4.25</td><td>—</td><td>3 ~ 5</td><td>—</td></tr>
<tr><td>圆坯</td><td>三辊穿孔机、锥形辊穿孔机</td><td>—</td><td>MPM</td><td>1.8 ~ 4.5</td><td>—</td><td>3 ~ 6.5</td><td>48 ~ 340 连轧管机组</td></tr>
<tr><td>圆坯</td><td>锥形辊穿孔机</td><td>—</td><td>PQF、FQM</td><td>1.8 ~ 4.5</td><td>—</td><td>3 ~ 6.5</td><td>159 ~ 460 连轧管机组</td></tr>
<tr><td>狄舍尔轧管机组</td><td>圆坯</td><td>曼内斯曼穿孔机</td><td>—</td><td>狄舍尔轧管机</td><td>1.3 ~ 4.5</td><td>—</td><td>3 ~ 5</td><td></td></tr>
<tr><td rowspan="2">三辊轧管机组</td><td>圆坯</td><td>曼内斯曼穿孔机</td><td>—</td><td>三辊轧管机</td><td>1.8 ~ 3.0</td><td>—</td><td>1.3 ~ 3.5</td><td></td></tr>
<tr><td>圆坯</td><td>三辊穿孔机</td><td>—</td><td>三辊轧管机</td><td>1.8 ~ 3.0</td><td>—</td><td>1.3 ~ 3.5</td><td></td></tr>
<tr><td rowspan="2">皮尔格轧管机组</td><td>圆坯、圆锭</td><td>曼内斯曼穿孔机</td><td>—</td><td>周期式轧管机</td><td>1.8 ~ 2.1</td><td>—</td><td>8 ~ 15</td><td></td></tr>
<tr><td>方坯、方锭</td><td>压力穿孔机</td><td>二辊斜轧延伸机</td><td>周期式轧管机</td><td>≤1.3</td><td>1.75 ~ 2.0</td><td>8 ~ 15</td><td></td></tr>
<tr><td>顶管机组</td><td>方坯</td><td>压力穿孔机</td><td>二辊斜轧延伸机</td><td>顶管机</td><td>≤1.3</td><td>1.7 ~ 2.1</td><td>4.7 ~ 16.5</td><td></td></tr>
<tr><td>挤压机组</td><td>圆坯、圆锭</td><td>压力穿孔机</td><td>—</td><td>挤压机</td><td>1.2 ~ 1.5</td><td>—</td><td>1.2 ~ 30</td><td></td></tr>
</table>

注：MM—Mandrel Mill 全浮动芯棒连轧机；MPM—Multi - stand Pipe Mill 限动芯棒连轧机；PQF—Premium Quality Finishing（Mill）三辊半浮动芯棒连轧管机（多用于生产大口径无缝钢管）；FQM—First Quality Mill 三辊半浮动芯棒连轧管机（多用于生产小口径无缝钢管）。

6.4.4.3 钢管精整工艺特点

各类轧管机组，只要产品品种相同，其精整和机械加工工艺就基本相同。钢管精整工艺内容主要取决于钢管品种和技术条件，与机组类型基本无关。

目前我国拥有世界上种类和规格最齐、最先进的热轧无缝钢管机组，但值得指出的是，现有的无缝钢管生产装备水平参差不齐，为了提高热轧钢管产品质量和实现高效、低耗、低污染的生产，应重视钢管热轧生产工艺的不断发展和完善。20 世纪 80 年代之后我国引进了许多先进机组，原有机组的改造也在不断进行之中，工艺技术和装备的完善化主要体现在三个方面：一是充分发挥现有装备的特长；二是开发设计制造生产小直径无缝钢管的先进装备；三是调整、改造部分现有的落后机组，其中不乏具有较高技术含量的改进，例如 108 三辊轧管机组和 102 顶管机组的技术改造、引进连轧机组的孔型改进以及锥形辊穿孔技术的应用等，为热轧无缝钢管机组生产总体水平的提高起到了重要作用。

6.5 焊接钢管生产

6.5.1 高频直缝连续电焊管生产工艺过程

6.5.1.1 产品范围

高频直缝连续电焊管机组目前可生产 $\phi(5 \sim 660)\text{mm} \times (0.5 \sim 15)\text{mm}$ 的水煤气管道用管、锅炉管、油管、石油钻采管和机械工业用管等中小口径管。当采用排辊成型法时，产品规格可扩大到 $\phi(400 \sim 1220)\text{mm} \times (6.4 \sim 22.2)\text{mm}$。

6.5.1.2 工艺过程

图 6－57 所示为小型高频直缝连续电焊管生产工艺流程。高频电焊管机组一般以冷、热轧带卷为原料。原料成型前经开卷、直头、矫平、切头尾、端头进行闪光对焊后，进入成型机进行成型和焊接，有需要时进行剪边以使带钢沿长度方向上宽度相等，使成型后焊缝间隙一致，提高焊缝质量。为了使成型、焊接过程连续进行，除设置带卷端头对焊等头部设备外，还需设置活套装置，在电焊管机组中采用的带钢活套装置的型式有坑式、架空式、笼式、隧道式和螺旋式等几种，图 6－58 所示为现代电焊管机组上应用的螺旋活套。

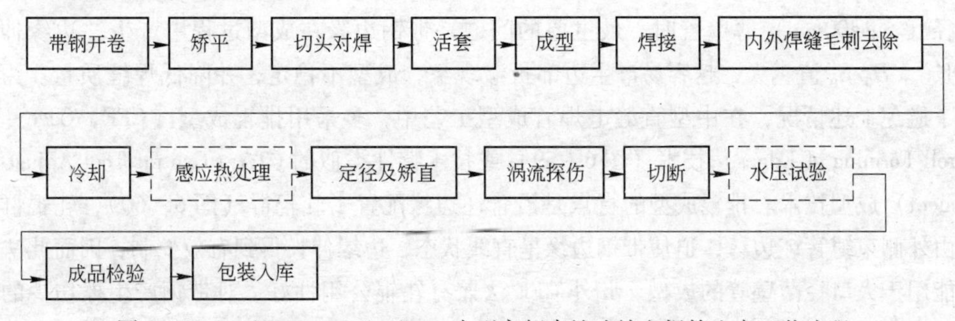

图 6－57 $\phi(20.3 \sim 168.3)\text{mm}$ 小型高频直缝连续电焊管生产工艺流程

图6-58 螺旋活套
1—送料辊；2—外圈导辊；3—内圈导辊；4—导向辊；5—圆盘

成型、焊接后的钢管，经去除内外毛刺后，用水冷却焊缝。焊缝冷却可保证焊缝的组织性能并能防止焊缝在定径时镦粗。由于钢管在焊接过程中受热受压而产生变形，为确保外径精度和正圆度、改善焊缝质量和矫直钢管，焊接后的钢管须冷定径。定径后的钢管锯切成倍尺长度后，再进行矫直和加工管端并保证钢管成品长度。成品管须经水压试验、检验、车丝和涂层（镀锌）等精整加工后，才能包装入库。

为了提高中小直径电焊机组生产率、减少换辊、提高作业率、扩大机组产品规格范围和改善产品质量，可配置张力减径机。在定径、切断工序后，增设再加热炉、张力减径机和飞锯。经张力减径后的钢管再进行上述精整工序。

6.5.1.3 高频直缝连续电焊管机组的特点

高频直缝电焊管机组的特点有：（1）设备简单、投资少。（2）产量高。一套ϕ102mm 机组的年产量可达 7 万吨。（3）成本低。成本比无缝管低 10% ~20%。（4）钢管的力学性能好。（5）成品管精度高、壁厚均匀、表面光洁。（6）焊缝质量好。由于检测和控制手段的不断提高，焊管工艺获得迅速发展，国外电焊管的产量占钢管总量的60%以上，而国内则超过70%。

中小直径电焊管大多在辊式连续成型机上生产，但在辊式连续成型机上成型大直径（>ϕ400mm）薄壁管时，最主要的问题是带钢边缘在成型过程中产生“边缘伸长”。D_0/S_0 值越大，越容易产生边部折皱现象，成型不稳定，并降低焊缝质量。为了避免上述情况，在中型直缝电焊管成型工艺中，多采用排辊成型（CFE，Cage-roll Forming of Edges）技术（图6-59）或技术特性类似的 CTA（Central Tool Adjustment）成型技术。排辊成型的特点是沿管坯边缘配置了轧辊群（图6-60），轧辊群由外侧束缚管坯边缘，迫使带钢边缘呈直线状态，边缘伸长得到有效控制，因而此法能用于大口径薄壁管的成型。此外 CFE 法兼有轧辊公用性好、对带钢产生擦伤少的优点。

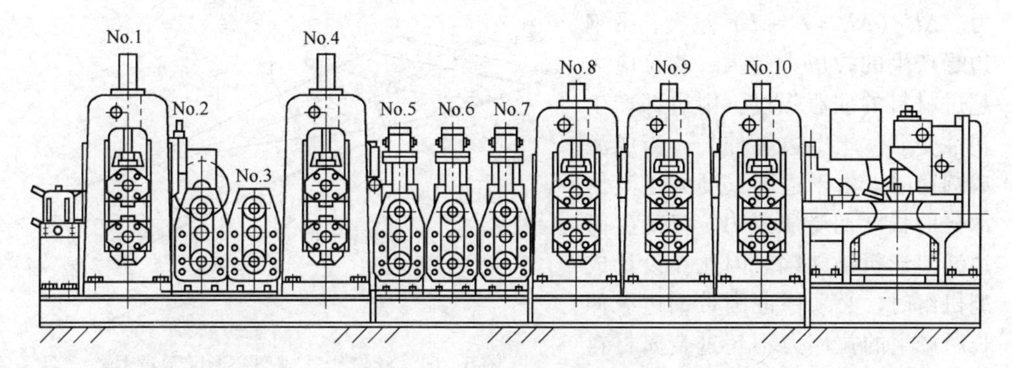

图 6-59 ϕ168mm 排辊成型机

No. 1 ~ No. 4—初成型机架；No. 5 ~ No. 7—排辊成型机架；No. 8 ~ No. 10—精成型机架

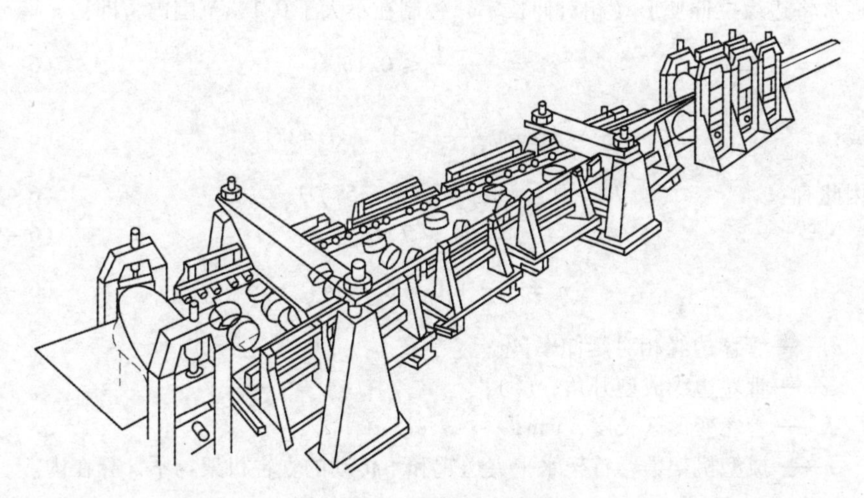

图 6-60 排辊成型示意图

6.5.2 高频直缝电焊管成型法

直缝电焊钢管的生产方式有连续式和间断式两种，其主要区别在于前者在机组中设有储存带材的活套装置，以保证机组生产的连续性，而后者因没有储存带材的活套装置，所以当两个带卷的头尾对接时，机组要全线停产，焊缝的间断处的后续工序要用人工补焊。

连续辊式成型机一般由 6 ~ 10 架二辊式水平机架组成。各水平机架间装有被动的导向立辊，其作用是防止管坯横向移动，并且防止带钢回弹。水平机架数取决于钢管规格。水平机架有悬臂式和双支点式两种，小口径（$D_c < \phi 65\text{mm}$）或薄壁（$S_c <$ 2mm）管可采用换辊方便的悬臂式，较大口径管则采用刚度大的双支点式。

直缝焊管连续成型的变形区如图 6-61 所示，带钢逐架进入轧辊孔型并弯曲成圆管的过程中，边缘逐渐上升并卷拢，使长度由原来的 L 延长到 L'，且边缘存在拉应力。$\Delta L'$（$\Delta L' = L' - L$）越大，带钢边缘产生的拉应力越大，若拉应力超过材料的屈服强度，则边部产生塑性变形，产生边缘伸长，当成型成圆筒时，由于边部长度大于其他部分的长度而受压应力，将产生筒边波浪形折皱缺陷。因此在设计成型机组时，必须保证因带钢边缘伸长所产生的拉应力不超过金属材料的屈服强度，将成型过程中引起的边缘拉伸控制在弹性变形范围内。

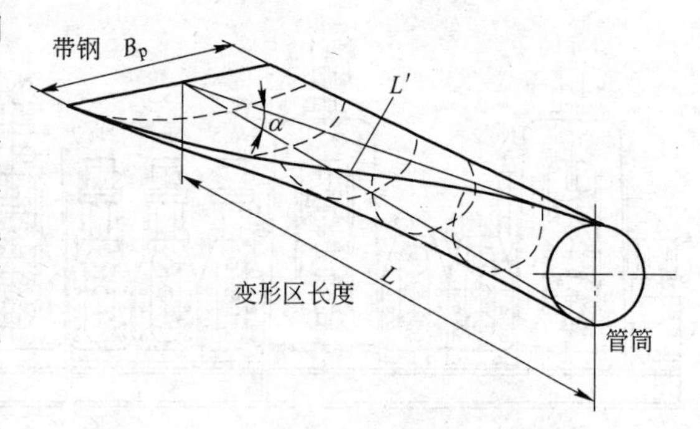

图 6－61 连续辊式成型变形区示意图

通常将边缘拉伸变形（相对伸长率）控制在不大于 0.1% 范围内，即：

$$\varepsilon_L = \frac{L' - L}{L} \leqslant 0.1\% \tag{6-93}$$

或：

$$\alpha = \operatorname{arccot} \frac{L}{D_{cmax}} \leqslant 1^\circ \sim 1.42^\circ \tag{6-94}$$

因此有：

$$L = D_{cmax}\cot\alpha = (40 \sim 57)D_{cmax} \tag{6-95}$$

$$L_{min} = (4 \sim 7)D_{cmax} \tag{6-96}$$

$$n = \frac{L}{L_{min}} + 1 = 6 \sim 14 \tag{6-97}$$

式中 ε_L——管坯边缘相对延伸率，%；
α——管坯边缘成型升角，(°)；
L——管坯变形区长度，mm；
n——成型机架数，首架水平夹送辊和不传动的立辊机架均不计算在内。

6.5.3 直缝连续电焊管电焊焊接法及电焊原理

电焊管焊缝一般采用对接，少量采用搭接。对接焊方法很多，主要有：(1) 压力焊。利用金属加热至焊接温度，并在压力作用下焊合，如炉焊、电焊等。(2) 熔化焊。利用金属熔化而焊合，如电弧焊、等离子焊、电子束焊等。此外，还有钎焊等专门用于小直径管的焊接方法。目前直径小于 508mm 的中小直径焊管主要采用高频电焊，大直径管则采用埋弧焊。

6.5.3.1 电阻焊

电阻焊是一种压力焊，它利用成型后管筒边缘 V 形缺口的电流产生的热量，将焊缝处金属加热至焊接温度，然后由挤压辊施加压力使之焊合。根据电流频率，电阻焊可分为低频电阻焊（50 ~ 360Hz）和高频电阻焊（200 ~ 450Hz）两种。高频焊又可分为高频接触焊和高频感应焊两种。中小直径高频焊管机的电源功率一般为 30 ~ 600kW，频率为 200 ~ 450kHz。

A 低频电阻焊

低频电阻焊焊接钢管的原理如图6-62所示。两个铜合金电机轮分别与管筒两边缘接触，电流由变压器次级线圈供给，电流从一个电极轮通过管筒边缘V形缺口流向另一个电极轮。管筒边缘的自身电阻发热使V形缺口处的金属被加热到焊接温度，并靠挤压辊的挤压作用，使金属焊合成钢管。

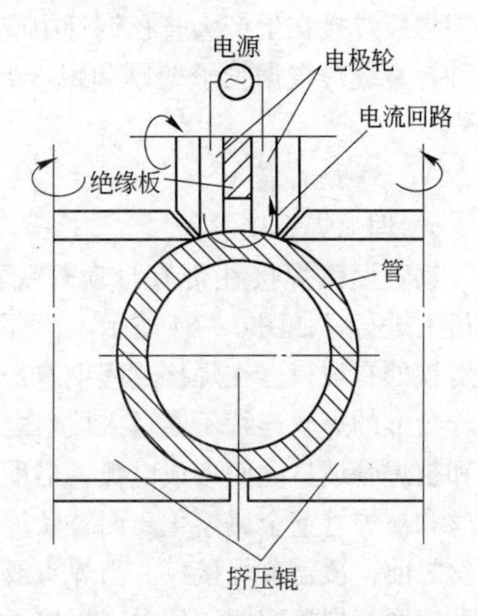

图6-62 低频电阻焊焊接原理示意图

B 高频电阻焊

(1) 高频电阻焊：其焊接原理如图6-63(a)所示，利用两电极分别与管筒两边缘接触，因高频电流产生的集肤效应和临近效应使一部分焊接电流集中于V形缺口，所以可将V形缺口处金属瞬间加热到焊接温度，通过挤压辊加压焊合成钢管。另一部分电流从一个电极经过管筒圆周流向另一电极（此电流称为循环电流）作为热损失而消耗掉。

(2) 高频感应焊：其焊接原理如图6-63(b)所示，感应圈中通过高频电流时产生高频磁场，当成型后的管筒从感应圈中间通过时，管筒将产生高频感应涡电流。同样，由于集肤效应和临近效应的作用使涡电流集中于管筒边缘的V形缺口，管筒因自身阻抗而迅速被加热到焊接温度，同时通过挤压辊加压焊合成钢管。加热V形缺口的电焊称为高频感应焊接电流，而沿管筒横截面外圆周向内层流的是循环电流，加热管筒周身是一种热损失，为了增大焊接电流、减小循环电流，一般在感应圈所在的管筒中心放置一个磁棒（阻抗器），以增加内表面的感抗。实践表明，焊接小口径钢管放置磁棒后焊接速度可提高2倍。

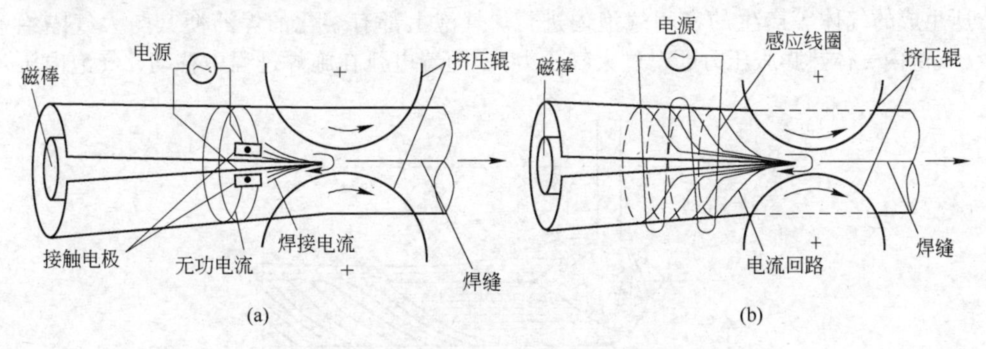

图6-63 高频感应电阻焊原理示意图

（a）高频电阻焊接法；（b）高频感应焊接法

6.5.3.2 电弧焊

电弧焊接利用电极间电弧放电原理产生的高温，使灯丝和待焊金属熔化而焊合。

其中埋弧焊接在生产大直径钢管中应用广泛。埋弧电焊在生产中分为直缝焊和螺旋焊两种，直缝焊根据管子壁厚和耐压要求采用单面焊和双面焊，而螺旋焊一般采用双面焊。

A 埋弧焊接

a 埋弧焊焊接过程

钢管埋弧焊接在带有自动焊头的专用电焊机上进行，如图6－64所示。待焊钢板或焊缝对接处有坡口，在焊接过程中有送丝机构将焊丝盘上的焊丝连续不断送入坡口之内，在焊丝和被焊管坡口之间形成电弧，借助于电弧将焊丝和被焊管壁金属熔化，而粒状焊药在送入焊丝之前，覆盖着焊接口。当焊头或被焊钢管移动速度与焊接速度一致时，焊接过程连续进行。焊缝上覆盖的焊药70%～80%未熔化，由吸嘴吸取并回送到焊药贮罐内，以便再次使用。熔化金属最初是液体状态，然后冷却成致密的焊缝，而紧贴在熔化金属表面上熔化的焊药冷却后形成极易清除的硬壳。在焊接过程中，为防止熔化的液体金属从焊缝内溢出，应在焊缝之下放置一块垫板。

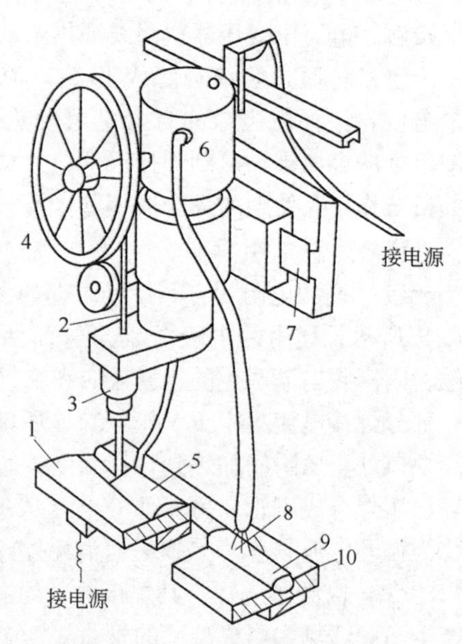

图6－64 埋弧焊装置示意图

1—钢管边缘；2—焊丝；3—送丝机构；4—焊丝盘；5—焊药；6—焊药罐；7—导轨；8—焊药吸嘴；9—焊药硬壳；10—焊缝

b 埋弧焊接原理

如图6－65所示，埋弧焊接时阳极与阴极间的电弧柱温度高达6000℃，焊丝和被焊金属不仅被熔化，而且部分蒸发。因此焊药下电弧放电是在金属蒸气、焊药中各成分的蒸气以及待焊金属与焊药进行化学反应所生成的气体等产生的密闭气泡内进行。气泡上部有熔化的焊药使其与大气隔绝（气泡内气体热膨胀压力远超过大气压力），随着电弧在施焊过程中移动，气泡内压

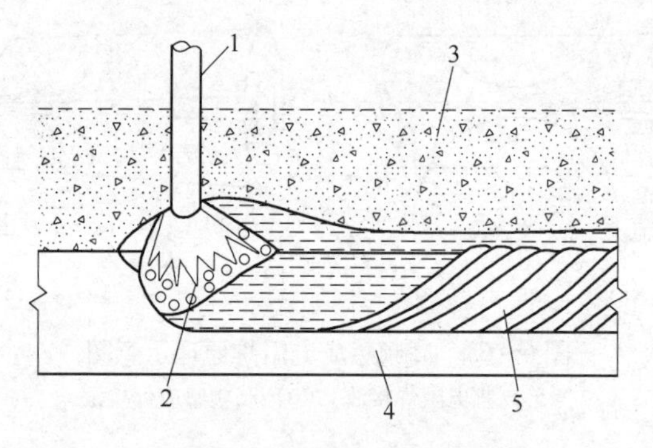

图6－65 埋弧焊原理示意图

1—焊丝；2—电弧；3—焊药；4—被焊金属；5—焊缝

力降低，加上电磁吹力作用使熔化金属由电弧底部向电弧移动方向的反向流动，此时电弧下部金属继续熔化。

B 保护气体电弧焊

按电极的性质分为钨极电弧焊（TIG）和熔化极电弧焊（MIG）。

a TIG 电弧焊

TIG 电弧焊管装置如图 6－66 所示，其钨极不熔化，只利用钨极与焊件之间的电弧所产生的高温，使带钢边部熔化形成熔池，在一定压力作用下将带钢边部焊合。为防止氧化，电弧和熔池均处于惰性气体保护之下。电极在焊接处上方 1.5～3mm，距离太大造成热量散失，会使金属加热不良。电弧柱的温度约为 5000～8000℃，电弧产生的热量和电弧的电流强度及电压成正比。

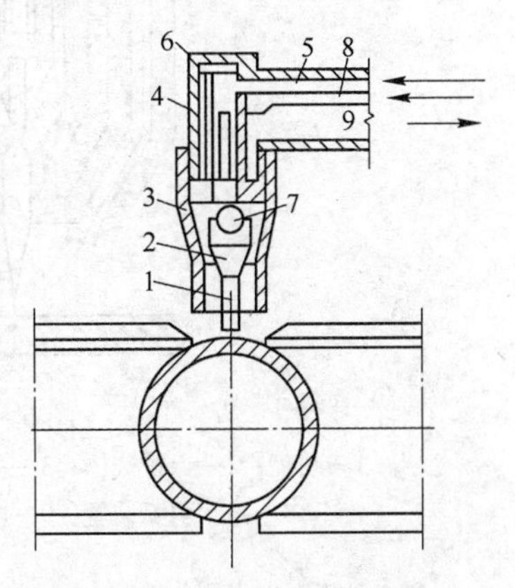

图 6－66 TIG 电弧焊装置
1—钨板；2—夹持器；3—陶制喷嘴；4—焊件；5—保护气体导管；6—小室；7—孔；8—进水带；9—出水口

b MIG 电弧焊

MIG 电弧焊所用电极是与金属相同或相近的金属焊丝，在焊接过程中，电极同时熔化，在惰性气体保护下，熔化的焊丝滴入熔池中，由电极金属和带钢金属形成焊缝。MIG 焊的优点在于可以不使用昂贵的惰性气体，而常用“半惰性”气体，如 CO_2 等。

c 保护气体及其作用

用以保护的惰性气体，除了防止空气中的氧和氮气进入电弧区外，还可以使热流集中在焊缝，有利于金属的熔化和使焊接过程稳定，从而得到没有氧化、没有气孔和非金属夹杂的焊缝。焊管生产中使用的惰性气体有氦（He）、氩（Ar）或 He + Ar，选择何种保护气体取决于被焊金属性质及经济合理性。惰性气体保护焊由于焊接过程稳定、焊缝质量好、设备较简单和容易掌握等优点，被广泛用于高合金钢、不锈钢和有色金属的焊接，尤其是在 TIG 焊中更被广泛使用。一般 TIG 焊方法多用于 $S_c < 3$mm 的钢管，而 MIG 焊用于 $S_c > 3 \sim 4$mm 的钢管。

6.5.3.3 其他焊接法

A 等离子焊接

等离子焊接原理如图 6－67 所示，是一种利用等离子电弧进行焊接的方法。

当在钨极与被焊金属之间加上高压电压时，通过高频振动器使气体产生电离而形成等离子体，在机械压缩效应、热收缩效应的作用下，电弧被压缩在很小的范围内，温度达（1.6～3.3）$\times 10^4$K。在电弧柱中的气体被电离成离子体，其导电性比导热性好，可集中很大的电流。等离子焊适用于不锈钢和其他难熔金属的焊接，与埋弧焊相比，其能量更集中，电弧温度更高，穿透性大，而且更稳定，焊接管壁较厚时速度快，但等离子焊的设备复杂、不易控制、生产成本较高。

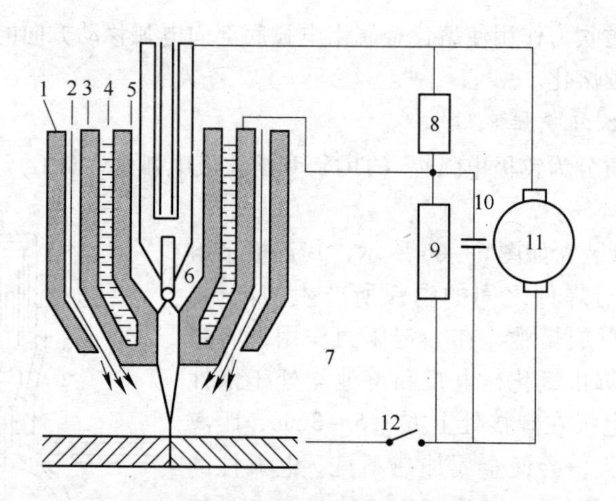

图6-67 等离子焊接原理示意图

1—喷嘴；2—保护气体；3—衬套；4—冷却水；5—等离子气；6—钨极；7—导向弧；8—高频引弧装置；9—电阻器；10—电容；11—直流电源；12—遥控开关

B 电子束焊接

电子束焊接是由电子发射枪的电子群在高压下成为高速电子束轰击金属表面，使其熔化加压而进行焊接。电子束焊分为真空焊和非真空焊两种，非真空电子束焊接 $S_c=2\sim2.5$mm 的钢管，焊速可达10m/min。

电子束焊与电弧焊相比，电子束热量集中，热影响区窄，所以焊速高，用小功率焊接机可进行深焊，而且焊接质量好。适用于不锈钢和其他高合金钢的焊接。

6.5.4 成型辊孔型设计一般问题

除了成型方式和变形区长度对边缘拉伸有显著影响外，影响直缝焊管成型边缘拉伸的另外两个主要因素是成型底线形式和孔型系统。

A 成型底线形式

成型辊孔型最低点的连线称作成型底线，其形式有五种（图6-68）：

(1) 上山法：成型底线在成型过程中逐渐上升（图6-68（a））；

(2) 水平法：成型底线在成型过程中保持一条水平线（图6-68（b））；

(3) 下山法：成型底线在成型过程中逐渐下降（图6-68（c）），或者在前面成型机架中逐渐下降，至最后2~3架闭口孔保持水平；

(4) 边缘水平法：使边缘在成型过程中保持水平（图6-68（d）），是一种将钢管外径作为下山量的成型方法；

(5) 重心水平法：带钢成型过程中截面重心位于水平线上的成型方法（图6-68（e）），是将钢管半径作为下山量的成型方法。

通常直缝焊管成型采用底线水平法和下山法，原因是下山法断面上纵向延伸均匀，边缘拉伸小。

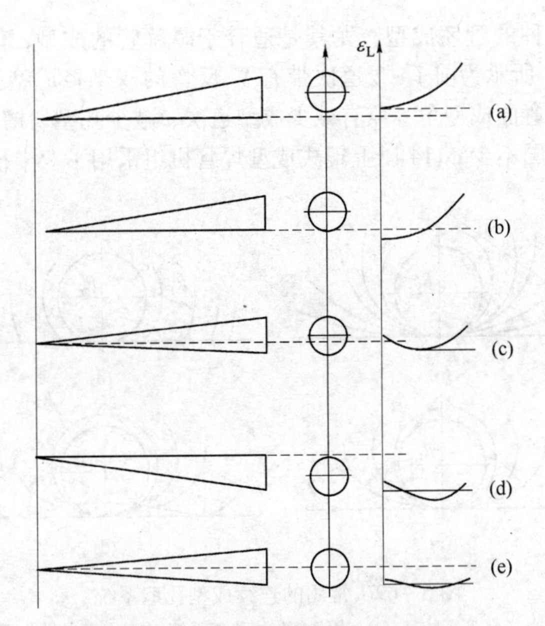

图 6-68 几种典型的成型底线形式

B 横向成型形式（孔型系统）

焊管的横向成型即连续成型的轧辊孔型系统。

连续辊式成型的孔型设计应满足：

（1）成型时管坯边缘所产生的相对延伸最小；

（2）管坯在孔型中稳定；

（3）成型后管坯边缘在焊缝处能精确吻合；

（4）管坯弯曲均匀、成型储能小；

（5）轧辊孔型加工容易，孔型磨损小而均匀。

现有的连续辊式成型孔型系统有 5 种，但最常用的有图 6-69 所示的 4 种孔型系统。图 6-69（a）为单半径孔型系统（圆周弯曲法），孔型圆弧半径随成型道次逐架减小，直至接近成品管半径。这种孔型系统变形均匀、共用性好，易于机械加工，但管坯在孔型中易横向窜动、稳定性差、焊缝处曲率不易保证，影响焊缝质量，目前这种孔型系统只用于小口径管（≤ϕ168mm）的成型。图 6-69（b）为边缘弯曲法孔型系统，其特点是从管坯边缘开始成型，其弯曲半径 R 恒定并等于成品管半径，成型角 φ 随成型道次逐道增大。这种孔型系统的优点是成型稳定，边缘拉伸小，成型质量较好，孔型形状简单、可分片组合、加工制造方便，一般适用于大直径（>ϕ200mm）和低塑性高强度钢种的成型。图 6-69（c）所示为双半径孔型系统（综合成型法），其边部弯曲半径恒定，并且等于成品管半径，中部弯曲半径较大且随成型道次逐架减小（与单半径孔型系统相似）。这种孔型系统比较完善，管坯在孔型中变形分布均匀，孔型磨损也较均匀，管坯在孔型中比较稳定，管坯边部造型质量好，适用于各种规格和钢种的管坯成型，尤其是适合于厚壁管的成型，但其缺点是共用性小。图6－69（d）所示为前1～2道次带有W反弯的双半径成型孔型系统，这种孔型系统扩大了边缘弯曲成型角，兼有减少成型道次、减少孔型切槽深度和变形均匀的优点，因此目前我国不少$\phi114$以上辊式成型焊管机组采用了双半径孔型系统。

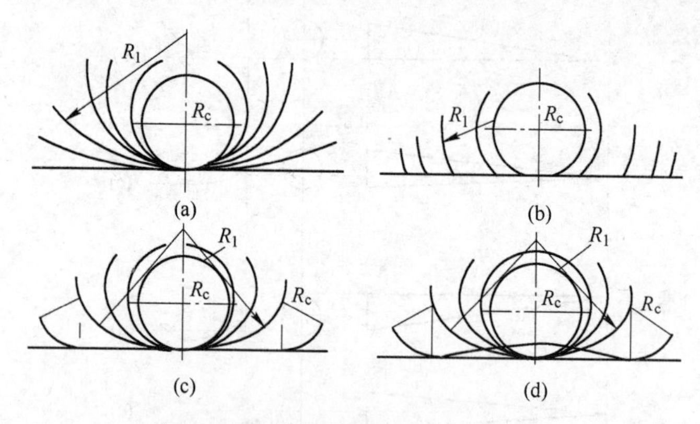

图6－69 常用的连续成型孔型系统

（a）单半径孔型系统；（b）边缘弯曲法孔型系统；（c）双半径孔型系统；（d）带有W反弯的双半径孔型系统

6.5.5 UOE直缝电焊管生产

UOE产品的规格范围为ϕ(406～1625) mm×(6.0～50) mm×(12～18.3) m，是目前生产大口径直缝电焊管的主要方法。

6.5.5.1 UOE法的特点

UOE工艺流程如图6－70所示，原料为板带钢，经刨边、打坡口和预弯等预处理工艺后，依次进入U成型机和O成型机压制成管筒，然后焊接成钢管。UOE法与辊式弯板机成型相比有较好的成型质量和较高的生产率；而与螺旋焊管相比，UOE法有以下特点：

（1）UOE法可生产的最大直径达1625.6mm，最大壁厚达50mm，螺旋焊管最大壁厚为25.4mm；

（2）UOE法操作简单、质量容易保证，相同长度钢管的焊缝仅为螺旋焊管的一半左右，焊缝产生缺陷的概率小；

（3）UOE机组产量高，一套UOE焊管机组的产量一般相当于4～6套螺旋焊管机组的总产量；

（4）UOE焊管经过机械扩径后，可提高钢管强度和内径尺寸精度，管道铺设维修比较方便；

（5）UOE设备比螺旋焊管机组更大、费用更高，而且不能像螺旋焊那样使用较窄的和较小规格的板卷生产出不同直径的大口径钢管。由于UOE焊管在质量和品种上有螺旋焊管不能取代的种种优点，因此目前在大批量生产石油、天然气输送干线用管方面仍有较大优势。

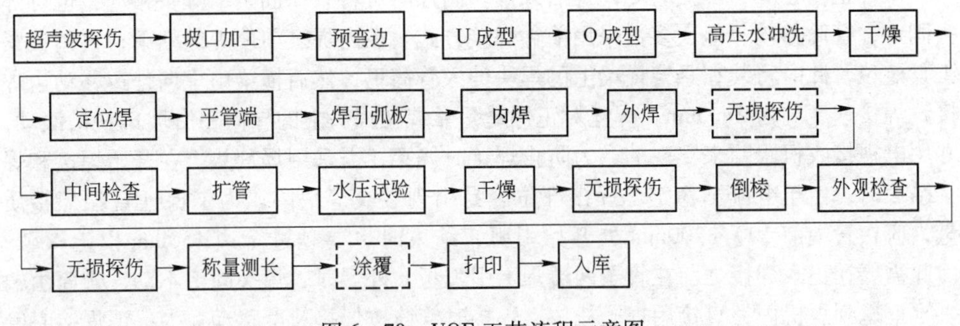

图6－70 UOE工艺流程示意图

6.5.5.2 UOE法焊管生产主要工序

A 预处理

UOE法坯料预处理的内容有探伤、刨边、坡口加工和边部预弯。刨边加工的目的是把钢板加工成符合成型要求的板宽，并将钢板边部按焊接工艺要求加工成有一定形状的坡口，以保证获得良好的焊缝形状。焊接坡口形状和尺寸要根据所要求的焊缝深度和宽度等因素确定，对于薄钢板采用单面焊接时坡口角为45°，而厚钢板采用小的坡口角。例如，钢板宽度大于20mm时，采用30°坡口角、坡口深度一般为钢板厚度的1/3。

钢板两边部预弯曲的目的是为了便于获得正确的正圆管筒，如果不设置预弯边部工序，即使在O成型压力机上成型时进行1%左右的压缩率，在钢板边缘仍然会出现平直线段而使成型后的管筒形状不佳。边部预弯曲在压力机或辊压机上进行。

B 成型、冲洗和干燥

经预处理后的钢板送U成型压力机中将钢板全长一次压成U形，然后用立辊装置将U形钢板送往O成型压力机，经润滑剂喷射装置自动在U形钢板外表面喷射水溶性润滑剂后，进入O成型压力机将U形钢板压制成圆管筒。

UOE法成型中的关键技术在于O成型中对钢板边缘施加足够的压力，使边缘对边紧密贴紧以保证成型质量。大直径直缝焊管成型，如受钢板宽度限制，则可用双缝焊接成型法，即：用两块钢板预先双面焊接成需要的钢板宽度，随后成型，最终焊接成钢管；或者预先将钢板压成半圆，随后将两个半圆焊接成钢管。

成型后的管筒用辊道输送到高压水清洗处进行内、外表面的清洗，去除残留油脂和氧化铁皮，高压水压力约为5MPa。清洗后的钢管送到循环式热风干燥机中干燥（风温约300℃）。

C 预焊、本焊和扩管

预焊（或定位焊）是本焊前的一道重要工序，预焊好坏直接影响本焊后的焊管质量。预焊可采用手工电弧焊，二氧化碳、惰性气体保护焊（MTG）、自动非连续焊（点焊）或连续焊。定位焊接的目的是防止内、外焊接时发生偏心。预焊后的钢管用平头机车平管筒的两端面，用手工在两端焊缝处焊上引弧板，然后开始本焊。

本焊也叫正焊，焊接时先内焊后外焊。内焊时可将管筒固定，焊头移动；也可焊头固定，管筒移动，但大多数采用前种焊接方式。在内焊之前使焊缝朝下，再用夹紧工具定位，此时将装在悬臂横梁上的焊头伸入管筒里，然后横梁由里向外边移动边焊接，焊接速度约为2m/min。焊丝对正焊缝是靠装在焊头上的导向轮沿坡口斜槽滚动，并用电视接收机跟踪来实现的，为防止焊接时烧穿，需采用焊剂垫。在开始焊接和焊接结束时，由于电流不稳定，焊接部位容易出现裂纹等缺陷，为了保证管端焊接质量，应在管端前100~200mm处开始引弧，结束时也要越过管边150mm以上灭弧，因此需要在正式焊接之前在管子两端焊上引弧板。外焊时，焊头固定不动，管筒由输入辊道送到焊机内，直接用辊子托住，焊接时管筒按焊接速度移动，为保证焊接时管筒稳定，管筒上边用滚轮压住。为了提高焊接速度和焊接质量，内、外焊采用双丝埋弧焊（图6-71），焊速为0.3~3m/min。最近也有采用3~4电极的埋弧焊接法。

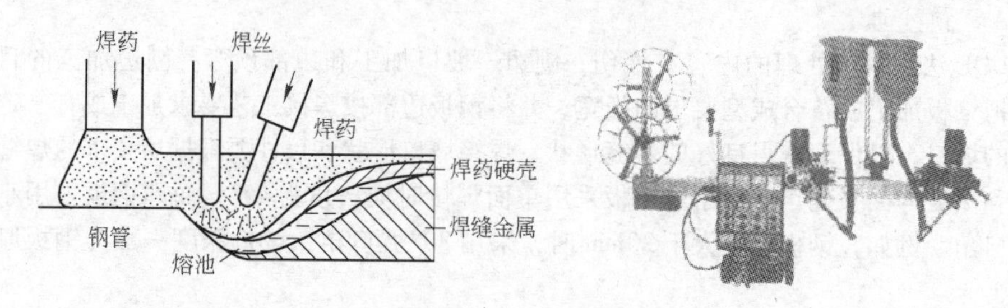

图6-71 双丝埋弧电弧焊

扩管目的是为了矫正钢管的焊接变形，同时可消除焊缝的残余应力，避免发生氢脆破裂。扩管机有水压式和机械式两种，其中机械扩管法在生产大口径焊管时扩管率高，正圆度好，管端形状和几何尺寸较精确，因此被普遍应用于扩管工艺。机械扩管原理如图6-72所示，液压缸通过拉杆拉动楔形装置，迫使扇形芯棒径向压缩，达到扩管的目的。

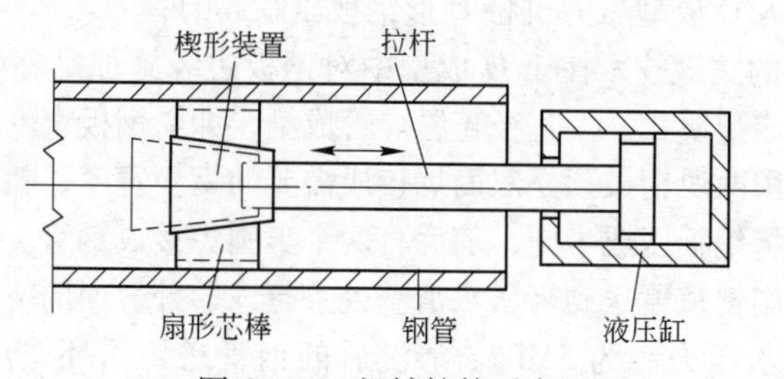

图6-72 机械扩管示意图

6.5.6 螺旋电焊管生产工艺

螺旋焊管机组主要用于生产 ϕ(5689~2450) mm×(0.5~25.4) mm，长度为6~35m的输送管道用管、管桩和某些机械结构用管。

A　螺旋焊管特点

与UOE法相比螺旋焊管有以下特点：

(1) 用同样宽的板卷可生产不同直径的钢管；

(2) 内、外焊缝呈螺旋形，具有增加钢管刚性的作用；

(3) 钢管直度好，不需设置矫直机，外径椭圆度小，但外径偏差比UOE成型法的大；

(4) 生产过程易于实现机械化、自动化和连续化；

(5) 设备外形尺寸小，占地面积小、投资少，建设速度快。

B　螺旋焊管工艺过程

螺旋焊管机组的生产工艺流程如图6-73所示。其生产方式分为连续式和间断式两种。机组采用螺旋成型，焊缝焊接采用内外双弧焊机，焊缝可搭接或对接，为保证焊缝质量，必须控制焊丝对准焊缝中心，为此螺旋焊管机组设有内外焊头跟踪机构。

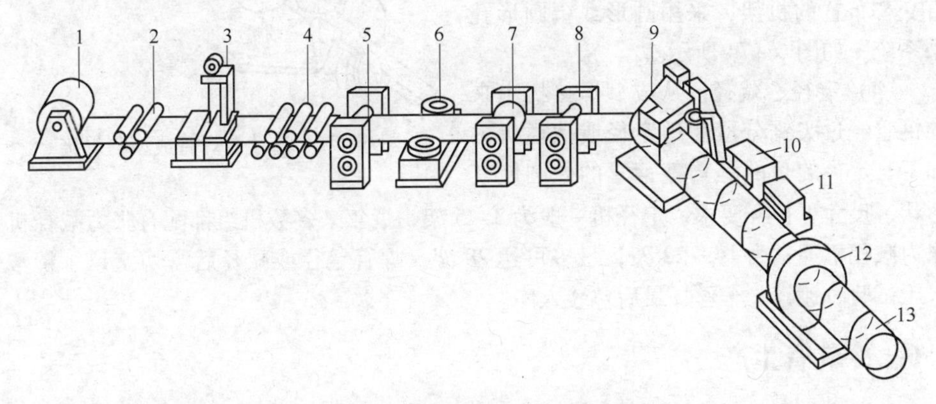

图6-73　螺旋焊管机组工艺流程示意图

1—板卷；2—三辊直头机；3—焊接机；4—矫直机；5—剪边机；6—刨边机；7—主动夹送辊；8—折边机；9—成型机；10—内外自动焊接机；11—超声波探伤机；12—剪切机；13—焊管

焊接后的钢管用超声波进行连续探伤。对焊缝缺陷部位，通道探伤仪自动着色，打标记，然后用飞锯或等离子切割机切断。

6.5.7　连续炉焊管生产

目前，焊管的发展主要是以电焊管为主，但是炉焊管生产，尤其是连续炉焊管机组同其他焊管机组相比较，具有设备简单、重量轻、产量高、成本低等特点。其出口速度可达600m/min，是焊管生产中最经济和生产率最高的一种方法。炉焊管的产品范围通常为ϕ(6～114) mm，可承受压力为25～32atm(1atm = 101325Pa)，一般用于水、煤气的输送，在民用建筑、机械制造、轻工和农业机械等部门中也可用作结构钢管。

连续炉焊管机组生产工艺流程，概括归纳有如下几道工序：坯料准备、加热、成型焊接、定径、减径以及精整。

（1）坯料准备。首先将带钢开卷、矫平、切头尾、对焊，然后经过活套装置。根据规格的不同，一般采用5、7或9辊矫直机，切头、切尾一般采用电动斜刃剪或液压斜刃剪，为实现连续无头生产，将各卷板带对焊起来，并清除焊缝处的毛刺。

（2）加热。多数情况下采用长达数十米的隧道式连续加热炉，使用混合煤气或重油作为燃料。加热过程由热工仪表自动控制，其热工特点是管坯边缘部分较之中间部分温度要高40～80℃，以保证焊接质量且保持足够的强度，使带钢不会被拉裂、拉断。一般加热温度为1250～1350℃。管坯出加热炉后要用喷嘴往其边部吹以压缩空气，用以清除氧化铁皮并使管坯边缘部分温度稍有升高，以利于焊接。

（3）成型与焊接。管坯在焊接前经多次吹风，使其边缘达到近于熔化状态，经过成型机被卷成管筒形状并被压焊在一起。成型焊接机一般为6～16架二辊水平、垂直交替布置的机架，采用圆形或蛋圆形孔型系统，如图6－74所示。

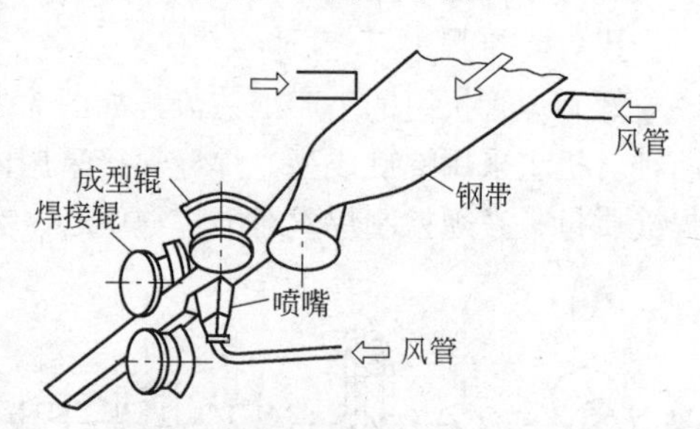

图6－74 连续炉焊管成型与焊接

（4）定径、减径。从成型焊接机出来的钢管经过飞锯分段后送定径或减径机去加工，定径的目的是均整钢管的外圆使其形状、尺寸更符合要求。定径机一般为3～5架，近年来多数机组都配有张力减径机；张力减径机通常为14～22架，最多可达28架。焊管定径或减径后需切定尺、精整、水压试验、镀锌、车丝，最后包装入库。

6.6 冷轧管生产

6.6.1 冷轧管生产特点

冷轧一般都采用周期式轧管法，即通过轧辊组成的孔型断面的周期性变化和管料的送进旋转动作，实现钢管在芯棒上的轧制。冷轧的主要优点是：几乎没有金属损耗；可以得到很大的壁厚压下量（75%～85%）和外径压下量（约65%）；产品的尺寸精度高，特别是壁厚精度好；钢管的表面质量好。

二辊冷轧管机是获得高精度薄壁管的重要手段，它也可以生产外径和内径精度要求高的厚壁管和特厚壁管等，生产范围外径$D=4\sim250$mm，内径$h=1\sim40$mm，壁厚系数$D/h=60\sim100$。冷轧法的变形量很大，其延伸系数一般为$\mu=2\sim7$，如果采用温轧的方法，其μ值可达16。

6.6.2 冷轧的生产工艺过程

冷轧机的变形工具是周期式变断面轧辊和芯棒。轧辊实际上是个组合件，它是在轧辊的切槽中装入带有变断面轧槽的孔型块，上下两个轧辊与中间的芯棒构成了冷轧的闭环孔型。变形用的芯棒长度原则上以满足冷轧变形需要为准，其头部为工作锥，而后部与芯杆相连，芯杆的尾部又固定在轧机后部。当管料从芯棒前部装入芯棒－芯杆系统之后，芯棒－芯杆系统只能旋转而轴向不能自由移动。由变断面轧槽构成的孔型最大处比被加工的管料直径略大一点，最小处相当于管材产品外径。

如图6－75所示，轧制开始时，孔型处于孔型开口的最大极限位置处（Ⅰ），此时管料5由送进机构向前送进一段距离 m，称为送进量；然后轧辊2向前波动，圆形轧槽1的孔型由大变小，并对管料进行轧制直到轧辊处于孔型开口的最小极限位置（Ⅱ）；接着管料与芯棒3同时被回转机构转动60°～90°（芯棒的转动角度略小于或略大于轧件，便于其磨损均匀）；然后机架带动轧辊往回滚动，芯棒的工作锥对刚轧过的管料进行整形和辗轧，直到回到最大极限位置（Ⅰ）；完成一个轧制周期，管料又被送进一段，进入下一循环轧制。在整个过程中，轧辊只转动大约220°左右，如此重复过程，直到完成整根钢管的轧制，由于这一过程是在冷状态下周而复始地进行的，所以这种轧管机称作周期式冷轧管机。为了避免进料和转料时管子与轧槽接触，并保证进料和转料的顺利进行，在轧槽的两端都留有空口。

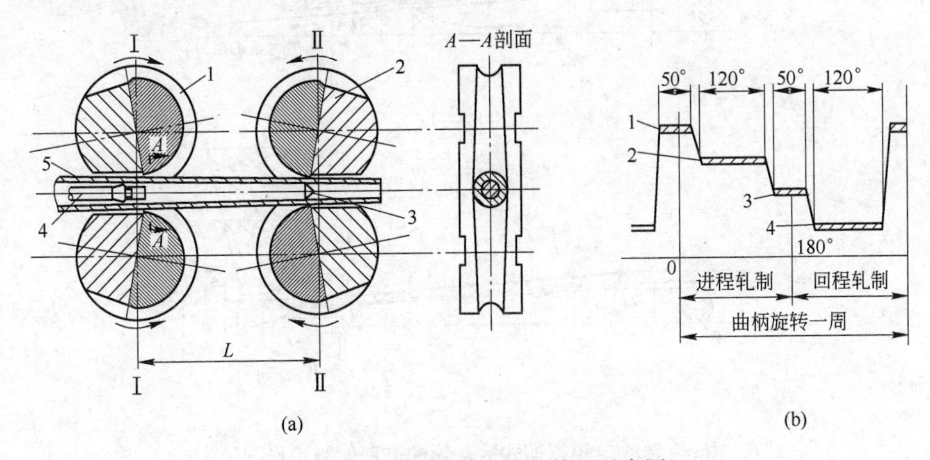

图6－75 二辊周期式冷轧管机示意图

（a）周期冷轧机运动示意图；（b）周期冷轧操作示意图

Ⅰ—Ⅰ：孔型开口最大的极限位置；Ⅱ—Ⅱ：孔型开口最小的极限位置

1—圆形轧槽的孔型块；2—轧辊；3—锥形芯棒；4—芯棒杆；5—管坯

6.6.3 钢管的冷轧

图6－76为二辊周期式冷轧管机的轧制进程工作示意图。其工作进程如下：

（1）管料送进。图6－76（a）所示，轧辊位于进程轧制的起始位置，也称进轧的起点Ⅰ，管料送进距离 m，Ⅰ—Ⅰ移至 $Ⅰ_1$—$Ⅰ_1$，轧制锥前端由Ⅱ—Ⅱ位置移至 $Ⅱ_1$—$Ⅱ_1$，管体内壁与芯棒间形成间隙 Δ。

（2）进程轧制。如图6－76（b）所示，轧辊向前辊轧，轧件被推辗前移，前部的间隙 Δ 随之扩大。瞬时变形区由两部分组成：瞬时减径区和瞬时减壁区，各自所对应的中心角分别为减径角 θ_p 和减壁角 θ_z，两者之和为咬入角 θ_0。

(3) 转动管料和芯棒。如图6-76 (c) 所示，辊轧到管件末端后，孔型直径稍大于成品外径，管料转动60°~90°，芯棒同时转动，但转角略小。轧件末端滑移至Ⅲ—Ⅲ，一次轧出总长 $\Delta L_z = \mu_\Sigma m$ (μ_Σ 为总延伸系数)。

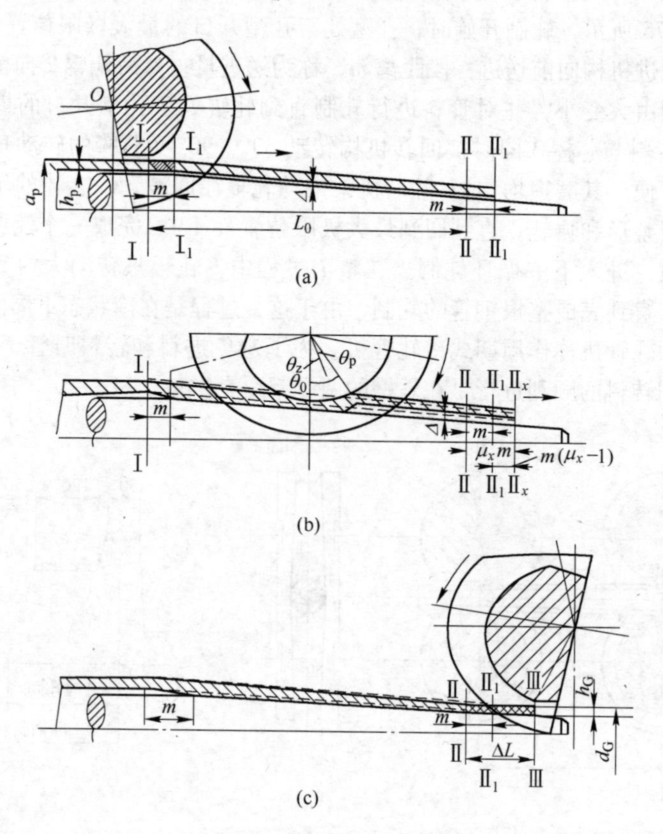

图6-76 二辊周期式冷轧管的进程轧制工作图示

轧至中间任意位置时，轧件末端移至 $Ⅱ_x$—$Ⅱ_x$，轧出长度 $\Delta L_x = \mu_x m$ (μ_x 为中间任意位置的积累延伸系数)。

(4) 回程轧制。轧辊从轧件末端回轧。因为正轧时机架有弹性变形，金属横向有宽展，所以回程轧制时仍有一定减壁量，约占一个周期总减壁量的30%~40%。回轧的瞬间变形区与进程轧制相同，也由减径区和减壁区构成，回轧时，金属仍向原延伸方向流动。

如图6-77所示，沿着轧辊周向有四个变形区：减径区、压下区、预精整区和精整区。

(1) 空轧送进区：管料送进 m。

(2) 减径区：压缩管坯外径直至内表面与芯棒接触为止，减径时略有增壁。由于减径增壁过程中金属的塑性有所降低，变形均匀性增加，宜采用较小减径量，一般插棒间隙 $\Delta_1 \leqslant (3\% \sim 6\%) d_1$，$d_1$ 为来料外径。

(3) 压下区：主要变形区，可同时减径、减壁。此段的变形曲线和孔型宽度是孔型设计的主要内容，应根据加工材料的性能和质量要求进行设计。

(4) 预精整区：定壁，完成主要变形。

(5) 精整区：定径，并提高表面质量和尺寸精度。

(6) 空轧转动区：管料旋转 60°～90°以便回轧，对正轧时各种弹性变形所造成的变形余量和孔型侧部的金属进行精整加工。

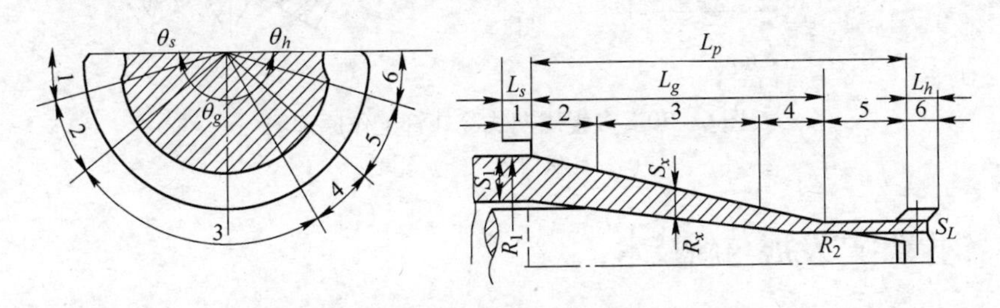

图 6－77　二辊周期式冷轧管机孔型展开图

6.6.4 轧管机的组成及工具

周期式冷轧是目前轧制高精度（厚）壁管和异形管的主要方法，常用的设备为二辊周期式冷轧管机。二辊周期式轧机的生产规格范围为：外径 $D_c=4\sim210\text{mm}$，壁厚 $h_c=0.1\sim40\text{mm}$，并可生产 $D_c/h_c=60\sim100$ 的薄壁管（$D_c>200\text{mm}$，$D_c/h_c>100$ 时，采用旋压式生产）。图 6－78 所示为二辊周期式轧机的轧制变形区展开图。

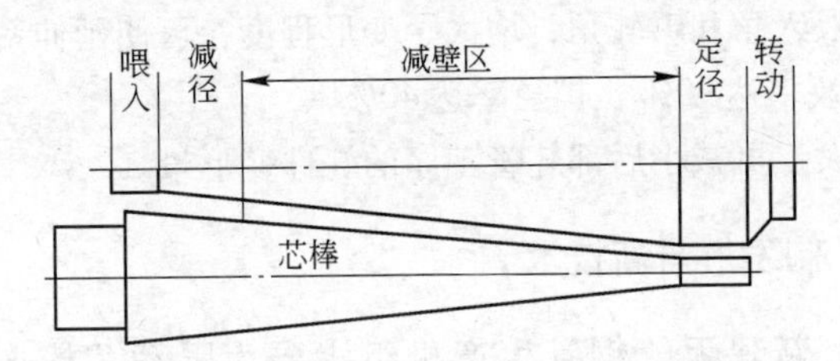

图 6－78　二辊周期式轧机的轧制变形区展开图

二辊周期式冷轧管机的孔型沿工作弧由大向小变化：入口比来料外径略大，出口与成品管直径相同，再往后孔型略有放大以便管料转动。轧辊随机架的往复运动在轧件上前后滚轧，芯棒与轧件相应旋转，转角略有差异，使芯棒磨损均匀；轧辊回轧时能消除壁厚不均；轧辊回至原位，完成一个变形周期，如此往复直至整根管料轧完。

图 6－79 所示为多辊周期式冷轧管工作原理图，其操作过程和二辊式相同，只是对轧件的加工是由安装在隔离架内的 3～5 个小辊进行的。小辊沿固定在机头套筒中的楔形滑轨做往返运动，从而实现压下。其辊径小，轧制力小；孔型切槽浅，轧件和工具间滑动小，因而可生产高精度极薄管。生产规格范围为：$D_c=4\sim120\text{mm}$，$h_c=0.03\sim3.0\text{mm}$，$D_c/h_c=150\sim250$。

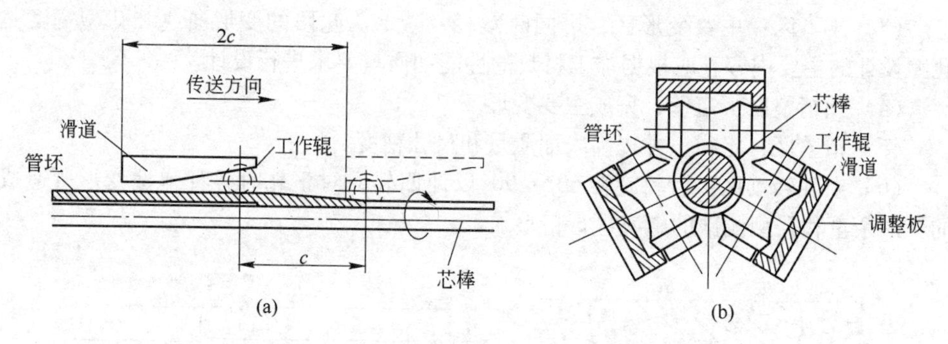

图 6-79 多辊周期式冷轧管工作原理图
(a) 轧机构造；(b) 轧辊

6.7 钢管生产发展与新技术

6.7.1 无缝钢管穿孔技术的发展

随着双支撑式锥形辊穿孔技术的逐渐成熟，近几年来国内外新建的连轧管机组几乎全部采用锥形辊穿孔机。其他热轧管机组（如顶管机组、Accu-Roll 机组等）也开始大量采用锥形辊穿孔机。

锥形穿孔机的优点主要体现在：

(1) 轧辊直径向出口方向逐渐加大，与变形区内金属流动速度逐渐增大相一致，减少了管坯的周向切应力，减少了毛管内外表面缺陷和金属扭曲。

(2) 采用大的喂入角和辗轧角，增大了变形程度，可使延伸系数高达 6，穿孔速度达 1.5m/s，穿孔效率达 90%，扩径率达 40%。

(3) 穿孔变形大，可减小后部轧管工序的轧件变形量。

6.7.2 无缝钢管轧制发展与新技术

近年来，世界上新建无缝钢管生产机组主要为限动芯棒连轧管机（MPM）、Accu-Roll 轧管机、CPE 顶管机及新式 Assel 轧管机。其中限动芯棒连轧管机组的数量最多，分布地域也最广。

A 少机架限动芯棒连轧管机组的发展

少机架限动芯棒连轧管机组（MINI-MPM）的发展是在连铸管坯质量提高、锥形辊穿孔技术取得重大进步的前提下实现的。MINI-MPM 是在确保限动芯棒轧制优点的条件下，将通常采用的 7~8 架连轧管机减少 2~3 架。这一技术的基础是合理改变金属变形分配，也就是将连轧管机承担的纵向大延伸向横向变形的穿孔机上转移。

MINI-MPM 限动芯棒连轧管机较典型的技术改进有：

(1) 减少机架数量。机架数量的减少使得设备重量显著减少，电机容量减小，机组建设投资大幅降低。

(2) 采用液压压下装置。采用液压压下可以实现辊缝的动态调整，提高了钢管尺寸精度，改善了表面质量。

(3) 机架平立布置。将机架由45°倾斜交叉布置改为平立交叉布置，主传动电机等设备布置在机架同一侧，可以减少土建工程及管线敷设费用，使连轧机结构更为合理。

(4) 采用快速换辊装置。在更换产品规格时，过去用轧辊和机架整体更换的办法，换辊时间长（约1.5h），备用机架多。采用新装置换辊时，只需更换轴承座和轧辊，而机架固定不动，更换全套轧辊只需15min，无需成套备用机架。

B 限动芯棒连轧管机的开发

三辊可调式限动芯棒连轧管机（PQF）是意大利INNSE公司为克服二辊连轧管机的固有局限性而研制开发的。PQF连轧管机由4~7架三辊可调式机架组成，所有机架均沿轴向布置在一个刚性圆筒中，机架的3个轧辊均为传动，采用限动芯棒方式轧制，其主要特点是：

(1) 采用三辊孔型轧制。三辊孔型各点间线速度差值小，金属横向流动少，使钢管变形更加均匀，改善了钢管表面质量，提高了壁厚精度。三辊封闭孔型轧制，使金属处于更高的压应力状态，减少了缺陷的产生，提高了轧制薄壁、高钢级钢管及难变形钢管的能力，轧制钢管的径壁比可达5:8。三辊轧制使得单位轧制压力分布均匀，压力峰值低，提高了轧辊及芯棒寿命，同时也为控制轧制创造了条件；另外由于三辊轧制变形均匀，减少了荒管尾端鳍状的产生，提高了金属收得率及轧制流畅程度。

(2) 辊缝可调。由于3个轧辊可同时或单独调整，允许有较大的辊缝开口调节范围，且不影响钢管壁厚的同心度，因此可以采用相同直径的芯棒来轧制更多厚度规格的钢管，减少了芯棒规格、穿孔毛管规格和顶头规格，使机组的生产灵活性增加，不但可实现少规格、大批量生产，也适于多品种、多规格、小批量轧制。

(3) 轧辊均设有单独的液压压下装置，可以更加有效地使用自动控制模型，更加精确地控制钢管壁厚同心度，还可对进入张力减径机前的荒管两端适当轧薄，以减少张力减径机后钢管两端增厚带来的金属损失。

(4) 机架间距缩短，可减少芯棒长度和建设费用。三辊孔型轧制及机架的紧凑式设计，使得钢管沿横断面及全长方向上温度分布更加均匀，轧制过程温度损失更少，金属流动更稳定，便于实现在线常化、在线淬火等工艺。

C 半浮－在线脱棒技术的开发

连轧管机组按照芯棒从钢管中脱离方式的不同，分为浮动芯棒连轧管机组、限动芯棒连轧管机组和半浮动芯棒连轧管机组三种。浮动芯棒生产方式近年来基本不再应用，而限动芯棒方式由于生产节奏时间长，生产小口径无缝钢管时产量偏低，因此主要被应用于大中口径无缝钢管的生产。但由于限动芯棒连轧管机生产的钢管尺寸精度要高于半浮动芯棒，为保留限动芯棒轧制尺寸精度高的优点，同时解决其轧制小规格无缝钢管生产能力低的弱点，意大利 INNSE 公司开发出了半浮－在线脱棒技术，即在连轧管机轧制过程中芯棒保持限动状态，当轧制结束钢管尾部离开轧机末架机架后，芯棒停止运动（芯棒头部位于末架机架与脱管机之间），钢管在脱管机内继续前进，最终与芯棒完全脱离，然后芯棒限动系统松开芯棒，芯棒前行并通过脱管机，在脱管机后台拨出轧制线并进入芯棒循环系统。显然，这种方式的轧制状态与限动芯棒连轧管机完全相同，但由于节省了芯棒回退时间，轧制周期时间大为缩短，使其生产能力达到半浮动芯棒的水平，而钢管尺寸精度比半浮动芯棒要高。值得注意的是，半浮－在线脱棒技术只有在采用轧辊快开式脱管机时才能得以实现，因为只有脱管机轧辊在打开的状态下，芯棒才能顺利通过，否则会出现芯棒毁坏脱管机轧辊的现象。

D MINI－MILL 轧管技术的开发

近年来，紧凑式轧机概念在轧钢各类型生产车间得到了开发应用，无缝钢管生产亦不例外。除我国试验了穿轧组合生产技术外，SMS Meer 公司也开发出轧管机组的 MINI－MILL 概念型轧机（亦称 3RCM 组合式轧管机），与我国研发的穿轧组合生产技术一样，也可实现在 1 个设备上完成 2 个工序的变形任务，两者的不同点只在于：我国开发的技术是在特殊形状顶头及轧辊组成的孔腔中，管坯一次变形即完成穿孔及轧管 2 个变形任务；而 SMS Meer 公司的技术则是首先让管坯正向通过轧机完成穿孔，然后轧件反向运行，进入该轧机进行轧管，即仍维持 2 个变形道次。另外，德国 KOCKS 公司开发出另一种型式的紧凑式轧机，其特点是：轧管机采用新型四辊行星式轧管机（可轧出长达 50m 的荒管），其后紧凑布置张力减径机及回转式飞锯。这种配置由于轧管机与张力减径机的轧制是连续进行的，因此该工艺生产线无需设置再加热设备；同时由于张力减径机轧出的超长钢管立即由飞锯定尺分段，因此无需设置大型宽冷床；另外轧管机轧出的荒管长度达 50m，使得钢管经张力减径机的端部增厚损失降至最小。显然，采用紧凑式轧管技术及设备可大幅度降低投资，特别适用于小型钢管企业的建设。

6.7.3 电焊钢管生产技术的发展趋势

自从高频焊接法代替低频电焊法以来，直缝电焊钢管生产技术有了很大的发展，特别是近年来由于炼钢炉外精炼技术和热轧宽带钢技术的发展，以及焊接自动控制技术和在线检测技术的进步，促使直缝电焊钢管的生产技术得到更大的发展。

从一些工业发达国家的钢管生产情况来看，焊管生产比例不断稳定上升，特别是中、小直径电焊管，到 20 世纪 80 年代初焊管产量占钢管总产量的比例已经由 20 世纪 60 年代的 50% 上升到 65.2%。

从焊管内部构成看，电焊管的比例是相当大的。以美国为例，电焊钢管（包括高频、低频）占 40%，螺旋焊管占 7%，炉焊管占 23%，UOE 焊管占 10%，其他焊管占20%。

电焊钢管特别是高频直缝电焊管比例增加的主要原因是：

(1) 石油和电力工业对电焊管的需求量不断增加，汽车工业所用的传动轴和机械工业所用的汽缸等精密部件要求使用高精度的电焊管。

(2) 炼钢技术的发展和无损探伤的应用工艺、设备的改进，使直缝质量显著提高。

(3) 品种、规格范围逐步扩大，成本低，建厂投资少。

由于上述原因，电焊管生产技术发展迅速，并被广泛应用。以日本为例，电焊管占锅炉用管的62%，占结构用管的67.8%，占油井用管的16%，占电线用管的74.4%，可见电焊管正在逐步代替无缝钢管。目前电焊管生产主要以高频直缝焊管为代表，总的发展趋势是向着大型化、厚壁化、高级化、高通化和自动化发展，其具体发展如下：

(1) 提高生产能力。现代化的高频加热装置，其高频振荡器的功率可达1200kW。而高频焊接机采用的小口径管轧机的焊接速度已经达到120m/min，因此焊接机效率得到很大提高。但从整个轧制作业线看，开卷、活套、对焊、飞切以及后部精整设备对轧机速度都有制约作用，因此提高这些设备的自动化水平，建设自动控制的连续精整作业线是当务之急，目前已取得成果的有：

1) 开卷机的大型化、送料自动化。如过去50mm轧机平均需要2~3t的卷材，而最近需要15t的卷材，从而减少了卷材焊接次数，提高了所有轧机的作业率、成材率并节省了人力成本。

2) 随着开卷机的大型化，活套也大型化了。

3) 在提高焊接速度同时，电焊管生产依靠压力剪的使用及延长圆盘剪的行程，提高了剪断能力，这对全部精整设备的生产能力都有所改善。如在114mm以下的高频电焊管机组配置了张力减径机，以生产小直径的高频焊管，其生产能力可与连续炉焊机组相媲美。

(2) 扩大品种，提高质量。在扩大品种方面，国外除了积极生产厚壁管和特厚壁管外，主要是发展薄壁管和特薄壁管的生产工艺，特别是发展用热轧方法所不能生产的薄壁高强度管的生产工艺。目前，水煤气输送管、管线管、电线管以及一级结构管几乎都是电焊和炉焊生产的中小型直筒焊管。高频焊管也越来越打入油井管、锅炉管等使用部门，代替了无缝钢管。如正在发展的高级输油管、石油钻探管和已经生产的X70、80级输油管、J-55级油井等；锅炉用高级电焊管已经生产了A178-C锅炉管，并用在了大型锅炉上；热交换器用小直径电焊管的生产，代替了过去用冷拔方法生产的19mm和25.4mm的小直径管，满足了石油精炼和石油化工等部门的大量使用。由于出现了厚壁、特厚壁高频焊接机，因此可以大力发展用于机械制造的厚壁管和特厚壁管以及高强度焊管的生产。所有这些都说明部分电焊管代替无缝管已是高频直缝焊管生产的一个重要使命。当前生产高强度焊管有极大的经济意义，以输送管为例，现今输送管线的工作压力一般为7MPa，有的已达10MPa，而提高工作压力的方法有两个：一是增加管壁厚度；二是提高管料的材料强度。由于输送管线很长，因此靠增加壁厚是不经济的，因此只有发展材料的高强度化。从生产实践证明，高强度焊管的屈服强度已提高到457MPa以上，很快将达到502MPa以上，预计不久将要生产703MPa的更高级输送管。焊管的高强度化还可以使现有管壁减薄，从而节省了金属用量，降低了管线费用。

在提高焊管质量方面，除不断改进成型、焊接工艺外，还可进行以下改革：

1）推行质量管理一贯制，建立冶炼、轧制和焊管生产之间的协调一致、富有成效的质量管理体系和技术联系，从原料到成品管实行严格质量控制，确保符合成品管的质量要求。

2）试验研究高频直缝焊管的热处理工艺及设备。

3）试验研究焊接温度、焊接速度和挤压力的自动调节系统，采用新技术，以提高焊缝质量。

（3）采用新工艺、新技术，提高焊管质量。高级焊管的质量在很大程度上依赖于无损探伤技术的发展而得到保证。因为无损探伤一方面可以检查出焊管的缺陷，保证焊管使用的可靠性；另一方面还可以通过检验结果的信息反馈系统，对生产过程进行质量控制。因此采用无损探伤是提高焊管质量、产量的重要技术措施。

6.7.4 冷轧钢管生产的技术发展

冷加工不锈钢管趋向于采用以冷轧为主、冷拔为辅的联合生产工艺，冷轧机、冷拔机在向高速、高精度、长行程、多线的方向发展。不锈钢管有50%～80%是通过冷加工而成。因此，对冷加工工艺设备的发展给予了较多的关注。冷加工工艺基本有三种，即冷拔工艺、冷轧工艺、冷轧－冷拔联合工艺。国外的不锈钢管冷加工大多数采用冷轧－冷拔联合工艺，这是一种以冷轧为主、冷拔为辅的加工方法。现代冷轧机可实现大减径量和大减壁量，钢管轧制变形量的80%是在冷轧机上完成。冷轧－冷拔联合工艺采用冷轧定壁、辅以冷拔改变规格和控制外径，满足不同品种和规格的要求。冷轧－冷拔联合工艺生产的优点是：钢管质量好，冷轧钢管壁厚精度和表面质量较高，冷拔确保钢管外径精度；冷加工周期短，减少中间脱脂、热处理、缩口、矫直等工序，节省能源，减少金属消耗；可采用大规格荒管生产小直径的钢管，简化原料规格种类。目前，世界上冷轧、冷拔工艺技术和装备水平有了很大的发展。冷轧机正向高速、长行程、高精度的方向发展，这种轧机的特点是：

（1）采用惯性力和惯性扭矩垂直平衡机构，使轧机往返次数提高。

（2）采用环形孔型，轧制变形区长度比短行程轧机长70%，轧制变形的均匀性提高、送入量增加。

(3) 采用长管坯，荒管原料长度可增加到12～15m，可生产长钢管，提高轧机利用率，轧制有效利用系数高达80%以上。

(4) 采用曲线型芯棒和最佳抛物面孔型，金属变形合理，工模具寿命长。

上述特点使冷轧机的生产能力和产品精度大大提高。生产不锈钢管的冷拔管机在结构上仍以链式冷拔机为主，也有少数液压冷拔机。多线、高速、全自动是当前冷拔机发展的方向。

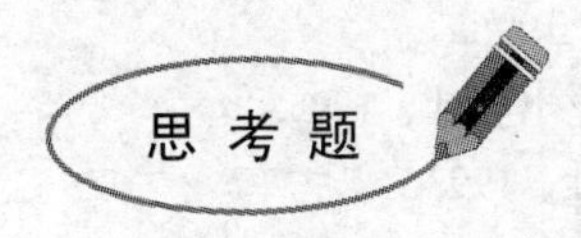

思考题

1. 钢管的品种有哪些？
2. 简述钢管的热轧生产方法。
3. 热连轧无缝钢管的主要工序有哪些？
4. 轧制表的编制原则和依据是什么？
5. 简述连轧钢管的生产控制技术。
6. 简述焊接钢管的生产工艺过程。
7. 简述冷轧钢管的生产工艺过程。
8. 简述钢管生产发展及新技术现状。

参考文献

[1] 康永林．轧制工程学［M］．北京：冶金工业出版社，2004.

[2] 王廷溥．金属塑性加工学［M］．北京：冶金工业出版社，2007.

[3] 白光润．型钢孔型设计［M］．北京：冶金工业出版社，1995.

[4] 翁正中．型钢生产［M］．北京：冶金工业出版社，1993.

[5] 陈林，吴章忠．型线材生产技术问答［M］．北京：化学工业出版社，2011.

[6] 王有铭．型钢生产理论与工艺［M］．北京：冶金工业出版社，1996.

[7] 梁爱生．小型连轧及近终形连铸500问［M］．北京：冶金工业出版社，1995.

[8] 赵松筠，唐文林．型钢孔型设计［M］．北京：冶金工业出版社，1993.

[9] 熊及滋．压力加工设备［M］．北京：冶金工业出版社，1995.

[10] 袁康．轧钢车间设计基础［M］．北京：冶金工业出版社，1999.

[11] 胡彬．型钢孔型设计［M］．北京：冶金工业出版社，2010.

[12] 陈林，吴章忠．型线材生产技术问答［M］．北京：化学工业出版社，2011.

[13] 齐克敏，丁桦．材料成形工艺学［M］．北京：冶金工业出版社，2006.

[14] 陈龙官．冷轧薄板钢酸洗工艺与设备［M］．北京：冶金工业出版社，2005.

[15] 李鹤林．油井管供需形势分析与对策［J］．钢管，2010，1：1~13.

[16] 傅作宝．冷轧薄钢板生产［M］．2版．北京：冶金工业出版社，2005.

[17] 赵志业．金属塑性变形与轧制理论［M］．2版．北京：冶金工业出版社，2006.

[18] 刘宝珩．轧钢机械设备［M］．北京：冶金工业出版社，1984.

[19] 华建新．全连续式冷连轧机过程控制［M］．北京：冶金工业出版社，2000.

[20] 张景进．板带冷轧生产［M］．北京：冶金工业出版社，2006.

[21] 陈守群．中国冷轧板带大全［M］．北京：冶金工业出版社，2005.

[22] 赵家骏．板带钢生产［M］．北京：冶金工业出版社，1992.

[23] 温景林．金属压力加工车间设计［M］．北京：冶金工业出版社，1992.

[24] 阮煦寰，王连忠．板带钢轧制生产工艺学．北京科技大学，1995.

[25] 陈瑛．中厚板发展与技术装备进步的分析［J］．技术与装备纵横，2005：46~50.

[26] 李林虎．中厚板生产现状及市场需求趋势分析［J］．河北冶金，2005：9~11.

[27] 纪贵．世界钢号对照手册［M］．北京：中国标准出版社，2007.

[28] 黄远坚，王学志．控轧控冷工艺在2500mm中厚板生产线上的应用［J］．宽厚板，2006：52~53.

[29] 邵正伟．国内中厚板热处理工艺与设备发展现状及展望［J］．山东冶金，2006：11~14.

[30] 李戬．热轧板带钢的生产工艺［J］．青海大学学报，2003，21（2）：18~21.

[31] 武其俭，刘振玺．热轧板带生产设备的发展［J］．钢铁，2000，35（8）：67~70.

[32] 刘相华，王国栋．热轧带钢新技术的发展［J］．钢铁研究，2000（5）：1~4.

[33] 李培禄．中国热轧宽带钢轧机及生产技术［M］．北京：冶金工业出版社，2002.

[34] 王廷溥．轧钢工艺学［M］．北京：冶金工业出版社，1981.

[35] 赵志业．金属塑性变形与轧制理论［M］．北京：冶金工业出版社，2004.

[36] 王廷溥，齐克敏．金属塑性加工学——轧制理论与工艺［M］．北京：冶金工业出版社，2001.
[37] 黄庆学，秦建平，梁爱生．轧钢生产实用技术［M］．北京：冶金工业出版社，2004.
[38] 唐崇明，任启．现代热轧板带技术（下）［M］．沈阳：东北大学出版社，1992.
[39] 北京钢铁设计总院．日本热轧带钢技术［M］．北京：冶金工业出版社，1982.
[40] 宋配莼，韦光．板带钢生产工艺学［M］．西安：西安交通大学出版社，1987.
[41] 梁正伟，康永林，江海涛，等．炉卷轧机生产 X65 管线钢 TMCP 工艺的实验研究［J］．轧钢，2005，22（6）：14～16.
[42] 王春明，吴杏芳．X70 管线钢微观组织分析［J］．鞍钢技术，2004（5）：21～25.
[43] 张才安．无缝钢管生产技术［M］．北京：冶金工业出版社，2010.
[44] 张喜庆，卢明忠，徐能慧．全自动石油钢管调质生产线［J］．重型机械，2002（4）：12～14.
[45] 双远华．钢管生产技术问答［M］．北京：化学工业出版社，2009.
[46] 董志洪．世界 H 型钢与钢轨生产技术［M］．北京：冶金工业出版社，1999.
[47] 中岛浩卫．型钢轧制技术［M］．北京：冶金工业出版社，2004.
[48] 储双杰，瞿标，戴元远，等．合金元素对硅钢性能的影响［J］．特殊钢．1998（1）：7～12.
[49] 高岛埝，等．高效电机用无取向电工钢板 50RMA350 的开发［J］．电工钢，1998（3）：39～43.
[50] 何忠治．电工钢［M］．北京：冶金工业出版社，1996.
[51] 杨觉先．金属塑性变形物理基础［M］．北京：冶金工业出版社，1990.
[52] 殷瑞钰．钢的质量现代进展［M］．北京：冶金工业出版社，1995.
[53] 王有铭，李曼云，韦光．钢材的控制轧制和控制冷却［M］．北京：冶金工业出版社，1995.
[54] 项程云．合金结构钢［M］．北京：冶金工业出版社，1999.
[55] 谢香山．高性能油井管的发展及其前景［J］．上海金属，2000，22（3）：1～10.
[56] 张毅，李鹤林，陈诚德．我国油井管现状及存在问题［J］．焊管，1999（5）：1～10.
[57] 贺毓辛．轧制工程学［M］．北京：化学工业出版社，2010.

关键词索引

Z